普通高等学校网络工程专业规划教材

计算机网络管理技术
（第3版）

杨云江 主编

魏节敏 罗淑英 肖利平 唐丽华 编著

清华大学出版社

北京

<h2 style="text-align:center">内 容 简 介</h2>

本书在介绍网络管理的基本概念与基础理论的基础上,全面介绍了网络管理的主要实现技术、网络管理体系结构、IP 地址与域名管理、简单网络管理协议 SNMP、信息安全与网络安全管理技术、网络通信管理技术、访问控制技术、网段规划与管理技术、网络监控与故障管理技术、网络认证与记账管理技术、IPv6 管理技术、云计算管理技术、网络数据的存储与备份技术以及网络管理实用工具的应用技术。

本书内容全面完整,结构安排合理,图文并茂,通俗易懂,注重理论联系实际,旨在更好地帮助读者学习、理解和掌握计算机网络管理技术。

本书的编写遵循的原则是:在深度介绍网络管理理论的基础上,突出实用性,遵循理论性与实践性相结合、先进性与实用性相结合、专业性与通用性相结合。

本书的可读性和实用性强,可作为大专院校计算机科学、通信及其相关专业本(专)科生的教材和网络管理员的培训教材,也可供"网络管理员"资格考试应试人员、网络工程及通信工程技术人员参考。

图书在版编目(CIP)数据

计算机网络管理技术/杨云江主编. —3 版. —北京:清华大学出版社,2017(2023.1重印)
(普通高等学校网络工程专业规划教材)
ISBN 978-7-302-44468-8

Ⅰ. ①计… Ⅱ. ①杨… Ⅲ. ①计算机网络—高等学校—教材 Ⅳ. ①TP393

中国版本图书馆 CIP 数据核字(2016)第 171533 号

责任编辑:袁勤勇 薛 阳
封面设计:常雪影
责任校对:时翠兰
责任印制:沈 露

出版发行:清华大学出版社
  网 址:http://www.tup.com.cn,http://www.wqbook.com
  地 址:北京清华大学学研大厦 A 座   邮 编:100084
  社 总 机:010-83470000   邮 购:010-62786544
  投稿与读者服务:010-62776969,c-service@tup.tsinghua.edu.cn
  质量反馈:010-62772015,zhiliang@tup.tsinghua.edu.cn
  课件下载:http://www.tup.com.cn,010-83470236
印 装 者:三河市君旺印务有限公司
经 销:全国新华书店
开 本:185mm×260mm 印 张:24.75 字 数:601 千字
版 次:2005 年 10 月第 1 版 2017 年 2 月第 3 版 印 次:2023 年 1 月第 10 次印刷
定 价:59.80元

产品编号:040108-03

总　序

　　计算机网络管理技术是近二十年发展起来的一门新的学科,它涉及的学科和技术有计算机技术、网络技术、通信技术、人工智能技术、数据库技术、管理技术以及计算机仿真技术,是多学科、多技术有机结合的产物。随着科学技术的突飞猛进,计算机技术、通信技术、网络技术也在迅猛发展,特别是 Internet 日益膨胀,网络结构也变得越来越庞大和复杂。对于网络的管理,传统的管理手段和管理技术已显得苍白无力,必须要利用具有异型网络的管理技术、跨平台的管理技术、多学科的综合管理技术的现代网络管理手段和管理技术来对网络进行管理,才能使网络高效、安全地运行和持续、稳定地发展。

　　在普通高校中,特别是综合性大学中,计算机及计算机网络技术已普遍作为公共平台课。随着社会的进步和科学技术的发展,计算机网络管理技术已不仅仅是计算机及通信专业的课程,也会逐步列为非计算机专业的必修课程,最终必将会作为公共平台课。同时,计算机网络管理技术也是计算机网络和通信工程技术人员必须掌握的重要知识和技能。

　　在此,特向广大读者推荐本书。本书的作者长期从事计算机软件、网络工程、校园网络的研究开发以及教学工作,具有深厚的理论基础和丰富的实践经验,本书就是在作者总结多年教学经验、网络建设与管理经验的基础上编写而成的。

　　本书从计算机网络的基本知识入手,在详细介绍计算机网络管理的基础理论和技术的基础上,全面地介绍了计算机网络管理的体系结构、管理手段和实施技术。在本书的前几章系统地介绍了计算机网络管理技术的理论基础和体系结构,后面几章主要介绍网络管理的实用技术(如网络安全管理技术、网络通信管理技术、IPv6 管理技术、网络数据的存储与备份技术、网络故障诊断和分析与排除技术),最后详细介绍了几款常用的、优秀的网络实用工具(如"网络执法官"、"网路岗"等)的安装配置和使用技术。

　　本书的特点是:全书体现了理论与实践相结合的思想,书中列举了大量的应用实例,并附有大量的图形,能很好地帮助读者学习和理解;内容全面完整,结构安排合理,叙述深入浅出,通俗易懂。

FOREWORD

　　本书适应性广，可读性和实用性强，每章后都附有思考题，是一本优秀的大专院校教材。相信本书的出版会给广大师生、计算机和通信工程技术人员，尤其是计算机网络管理人员带来很大的收益和帮助。

原贵州大学校长、博士生导师：李祥

第 3 版前言

《计算机网络管理技术(第3版)》在第1版和第2版的基础上整理改编,删除了部分旧的内容,增加了大量的新技术,相对于前两个版本,内容更加全面完整,结构安排更加合理。第3版的编写遵循的原则是:在深度介绍网络管理理论的基础上,突出实用性,遵循理论性与实践性相结合、先进性与实用性相结合、专业性与通用性相结合。

第3版共15章。第1章是网络管理技术的预备知识,其主要内容有网络通信协议及网络体系结构、IPv6 网络与云计算基础、网络管理基础理论与技术;第2章介绍计算机网络管理基础知识,主要有网络管理的基本概念、基本功能和基本模型;第3章主要内容有网络管理体系结构、网络管理的基本模型、网络管理模式和网络管理基本协议;第4章介绍简单网络管理协议 SNMP 的基本概念、基本结构及基本功能(包括 SNMP 的三个版本);第5章主要内容有访问控制模型、Web 访问控制技术及邮件访问控制技术;第6章主要内容有 IP 地址规划与管理技术、域名管理技术和 VLAN 规划与管理技术;第7章主要内容有网络监控管理技术、上网行为监控管理技术、网络故障管理技术;第8章主要内容有网络认证与记账管理技术;第9章主要内容有网络系统的常规攻击手段及防范措施、网络操作系统安全管理技术和 Internet 安全管理技术、网络接入安全管理技术、网络服务器访问管理技术以及日志管理技术;第10章主要内容有网络通信协议、路由器管理技术、拥塞控制及流量控制技术、差错控制技术;第11章主要内容有 IPv6 地址分配与域名管理技术、IPv6 安全管理技术及 IPv6 路由管理技术;第12章主要有虚拟化技术、云平台管理技术、云数据存储技术、云安全管理技术及云运维管理技术;第13章主要介绍网络数据存储管理技术;第14章介绍信息服务管理技术,主要内容有 WWW、DHCP、DNS 及 E-mail 服务器的配置与管理技术;第15章主要介绍几款常用的网络管理实用工具的使用技术。

本书由贵州理工学院信息网络中心副主任杨云江教授主编,参编的老师有贵州大学的罗淑英、贵州理工学院的魏节敏、肖利平和唐丽华。肖利平编写第1章,唐丽华编写第2章,罗淑英编写第3章和第4章,魏节敏编写第5~9章,

FOREWORD

杨云江编写第 10～15 章。杨云江教授负责全书目录结构，书稿内容结构的组织、规划与审定工作以及书稿的初审工作。

本书作者长期从事高校教学工作，网络工程、大学校园网络的研究开发工作与建设管理工作，积累了丰富的教学经验、网络应用开发及网络管理经验，本书是作者教学经验与网络管理经验的结晶。希望本书的出版，能给相关专业的老师、学生和其他读者带来全新的感受和帮助。

由于作者水平有限，书中难免有疏漏和不足之处，请广大读者指正，不甚感谢！

杨云江

2016 年 3 月

FOREWORD

第 2 版前言

近几年来,随着电子技术、通信技术、计算机技术、网络技术的迅猛发展,计算机网络管理技术也在迅速地发展、变革和更新。为了适应计算机网络及其管理技术发展的需要,作者对本书的第 1 版做了修改,调整和删除了部分陈旧的内容,同时增加了部分网络管理新技术(如 IPv6 管理技术)及实用工具的使用技术而形成了本书的第 2 版。

第 2 版修改的主要内容有:第 1 章增加了"IPv6 网络技术";第 5 章增加了"SNMP 组件的使用技术"以及"MIB Browser 的使用技术";第 6 章增加了"信息安全管理技术"及"网络安全综合管理技术";新增了第 9 章"IPv6 管理技术(其内容有 IPv6 地址分配与域名管理技术、IPv6 网络安全管理技术及 IPv6 路由管理技术)",同时将原第 9 章改为第 10 章,将原第 10 章改为第 11 章,将原第 11 章改为第 12 章;第 10 章增加的内容有"数据备份与还原技术、网络备份软件 SmartSync Pro 的使用技术"。

本书第 2 版的特点是:技术更新颖、内容更丰富、实用性更强。尤其是增加了当前网络的最新技术——IPv6 网络及其管理技术。希望第 2 版的出版能给读者带来新的感受和帮助。

本书第 2 版的出版,得到了许多专家、老师和同行的指教,在此,本人对支持、帮助和关心本书的广大读者表示感谢! 在本书的撰写过程中,参考了大量相关的著作和网站资料,在此向有关作者致谢! 贵州大学计算机与科学学院的研究生郑宗兴对本书第 2 版的出版做了部分工作,在此一并表示感谢!

杨云江

2008 年 10 月

FOREWORD

第 1 版前言

当今世界是高科技的时代,也是信息爆炸的时代,电子技术、计算机技术尤其是计算机网络技术正在迅猛发展,计算机网络技术已渗入了经济和社会生活的各个领域,特别是随着近几年 Internet 的广泛应用,使得上至国家和企业,下至家庭和个人,都已离不开计算机网络。在面临各种机遇和挑战的信息时代,谁掌握了计算机及网络技术,谁就抢到了激烈竞争的制高点和主动权,使自己立于不败之地。因此,学习和掌握计算机网络技术,管好和用好网络,是当务之急。

目前,计算机网络已从最初的终端联机模式、多用户系统、个人网络,发展到局域网络、广域网络和国际互联网络,网络拓扑结构越来越庞大,联入网络的用户越来越多,网络协议和网络通信也越来越复杂,因此,如何管理好网络,使之能够高效、稳定地运行,是摆在网络工程师和网络管理人员面前越来越严峻的课题。

本书从计算机网络的基本知识入手,在详细介绍计算机网络管理的基础理论和技术的基础上,全面地介绍了计算机网络管理的体系结构、管理手段和实施技术。切实希望本书的出版能给广大读者带来收益和帮助。

本书作者长期从事计算机软件、网络工程、管理信息系统的研究开发以及教学工作,积累了丰富的教学经验和网络应用开发及网络管理的实践经验,本书是作者教学经验和网络应用开发经验的结晶。

本书共 11 章。第 1 章介绍计算机网络管理技术中涉及的最基本的计算机网络常识;第 2 章介绍网络管理的基本概念和基本功能;第 3 章介绍网络管理的体系结构,主要内容有网络管理的基本模型、网络管理模式和网络管理协议;第 4 章介绍 IP 地址与域名管理技术;第 5 章介绍简单网络管理协议 SNMP 的基本概念和基本结构,以及 SNMP 的三个版本的基本结构和基本功能;第 6 章介绍网络安全管理技术,网络系统的常规攻击手段及防范措施、网络操作系统安全管理技术和 Internet 安全管理技术;第 7 章介绍网络通信管理技术,路由器的配置策略、差错控制技术和几种常规的通信测试技术;第 8 章介绍几种常用信息服务器 WWW、FTP、DHCP、DNS 的配置和管理技术;第 9 章介绍网络数据存储管理技术;第 10 章介绍局域网故障诊断、分析与排除技术;第 11 章介绍几种常用的网络管理实用工具的使用技术。

由于通信技术、计算机技术和网络技术的发展日新月异,网络管理内容和技术也在不断变革和更新,因此,建议读者在学习本书的同时,要时刻关注并了解计算机网络和网络管理发展的新动态及成果,以拓宽视野,更好地学习和理解本书的内容。

由于时间仓促,加上作者水平有限,书中难免有疏漏之处,恳请广大读者批评指正,不胜感谢。

杨云江

2005 年 1 月

CONTENTS

目　录

CONTENTS

CONTENTS

C O N T E N T S

CONTENTS

CONTENTS

CONTENTS

CONTENTS

C O N T E N T S

第1章 预备知识

计算机网络管理是一门综合性的技术,涉及计算机技术、网络技术、通信技术、数据库技术、人工智能技术、计算机仿真技术等。最主要的是网络通信协议和网络体系结构(含 IPv6 及云计算的相关技术)。本章主要介绍网络管理技术所涉及的相关基础知识。

本章主要内容:
- 计算机网络通信协议;
- 计算机网络体系结构;
- IPv6 及其相关管理协议;
- 云计算基础知识;
- 网络管理基础理论与技术。

1.1 网络体系结构

1.1.1 网络通信协议

通俗地说,通信协议就是在网络信息传输过程中,数据通信格式的约定,是在网络中规定信息怎样流动的一组规则。它包括控制格式、分时和纠错的有关内容,它的基本功能是对外来信息进行译码。协议一般成组应用在网络上,每一种协议完成一种类型通信功能。

协议代表着标准化,它是一组规则的集合,是进行交互的双方必须遵守的约定。在网络系统中,为了保证数据通信双方能正确而自动地进行通信,针对通信过程的各种问题,制定了一整套约定,这就是网络系统的通信协议。通信协议是一套语义和语法规则,用来规定有关功能部件在通信过程中的操作。通信协议的特点如下。

1. 通信协议具有层次性

这是由于网络系统体系结构是有层次的,通信协议也被分为多个层次,在每个层次内又可以被分成若干子层次,协议各层次有高低之分。

2. 通信协议具有可靠性和有效性

如果通信协议不可靠就会造成通信混乱和中断,只有通信协议有效,才能实现系统内各种资源共享。

网络通信协议的三个要素如下。

(1) 语法:是数据与控制信息的结构或格式,如数据格式、编码、信号电平等。

(2) 语义:是用于协调和进行差错处理的控制信息,如需要发生何种控制信息,完成何种动作,做出何种应答等。

(3) 同步(定时):是对事件实现顺序的详细说明,如速度匹配、排序等。

协议只确定计算机各种规定的外部特点,不对内部的具体实现做任何规定,这同人们日常生活中的一些规定是一样的,规定只说明做什么,对怎样做一般不加以描述。计算机网络软硬件厂商在生产网络产品时,是按照协议规定的规则生产的,使生产出的产品符合协议规定的标准,但生产厂商选择什么电子元件,采用什么样的生产工艺,使用何种语言来编程是不受约束的。

用一个通俗而形象的比喻来说,语法就是规定要做什么(即要响应什么事件);语义就是规定怎么做(事件的具体响应方法);同步则是规定什么时候做(即哪一个时刻响应该事件)。

1.1.2 网络体系结构

计算机网络的结构可以从网络体系结构、网络组织和网络配置等三个方面来描述。网络组织是从网络的物理构成,从网络实现的方面来描述计算机网络的;网络配置是从网络应用方面来描述计算机网络的布局、硬件、软件和通信线路的;网络体系结构则是从功能上来描述计算机网络结构的,网络体系结构又称网络逻辑结构。计算机网络的体系结构是抽象的,是对计算机网络通信所需要完成的功能的精确定义。而对于体系结构中所确定的功能如何实现,则是网络产品制造者遵循体系结构研究和实现的问题。

计算机网络系统的体系结构,类似于计算机系统多层的体系结构,它是以高度结构化的方式设计的。所谓结构化是指将一个复杂的系统分解成一个个容易处理的子问题,然后加以解决。这些子问题相对独立,又相互联系。所谓层次结构是指将一个复杂的系统设计问题划分成层次分明的一组组容易处理的子问题,各层执行自己所承担的任务。层与层之间有接口,它们为层与层之间提供了组合的通道。层次结构是结构化设计中最常用、最主要的设计方法之一。

网络体系结构是分层结构,它是网络各层及其协议的集合。实质上是将大量的、多类型的协议合理地组织起来,并按功能顺序的先后进行逻辑分割。网络体系结构的研究内容包括:如何分层,每一层应具有什么样的功能,各层之间的联系和接口,对应层之间应遵守什么样的协议等。

1. ISO/OSI 体系结构

任何计算机网络系统都是由一系列用户终端、计算机、具有通信处理和数据交换能力的结点(如路由器、交换机等)、数据传输链路等组成的。完成计算机与计算机、用户终端的通信都要具备下述基本功能,这是任何一个计算机网络系统所具有的共性。

(1) 保证存在一条有效的传输路径;

(2) 进行数据链路控制、误码检测、数据重发,以保证实现数据无误码的传输;

(3) 实现有效的寻址和路径选择,保证数据准确无误地到达目的地;

(4) 进行同步控制,保证通信双方传输速率的匹配;

(5) 对报文进行有效的分组和组合,适应缓冲容量,保证数据传输质量;

(6) 进行网络用户对话管理和实现不同编码、不同控制方式的协议转换,保证各终端用户进行数据识别。

根据这些特点,ISO 组织推出了开放系统互连协议,简称 ISO/OSI 7 层结构的开放式互连参考模型。OSI 开放系统模型把计算机网络通信分成 7 层,即物理层,数据链路层,网络层,传输层,会话层,表示层,应用层,如图 1-1 所示。

1) 物理层

物理层(Physical Layer)是 OSI 分层结构体系中的最底层,也是最重要、最基础的一层。

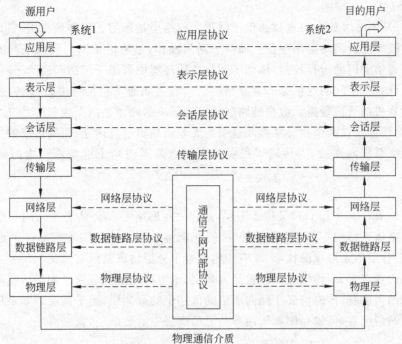

图 1-1　ISO/OSI 开放系统互连参考模型

它是建立在通信介质基础上的,实现设备之间的物理接口。

物理层在物理信道实体之间合理地通过中间系统,为比特传输所需的物理连接的激活、保持和激活提供机械的、电气的、功能特性和规程特性的手段。当发送端要发送一个比特时,在接收端要做好接收该比特的准备,准备好接收该比特所需的必要资源,如缓冲区。当接收端接收完比特流后,接收端要释放为接收比特流而准备和占用的资源。

物理层是利用物理的、电气的、功能和规程特性在 DTE(数据终端设备)和 DCE(数据通信设备)之间实现对物理信道的建立、保持和拆除功能。其中,DTE 指的是数据终端设备,是对所有联网的用户设备或工作站的通称,如数据输入输出设备、通信处理机、计算机等。DTE 既是信源,又是信宿,它具有根据协议控制数据通信的功能。DCE 指的是数据电路端接设备或数据通信(传输)设备,如调制解调器、自动呼叫应答机等。

物理层不负责传输的检错和纠错任务,检错和纠错工作由数据链路层完成。物理层协议规定了为此目的进行建立、维持与拆除物理信道有关的特性。这些特性分别是物理特性(机械特性)、电气特性、功能特性和规程特性。

2) 数据链路层

物理层是通过通信介质,实现实体之间链路的建立、维护和拆除,形成物理连接。物理层只是接收和发送一串比特位信息,不考虑信息的意义和信息的结构。物理层不能解决真正的数据传输与控制,如异常情况处理、差错控制与恢复、信息格式、协调通信等。为了进行真正有效的、可靠的数据传输,就需要对传输操作进行严格的控制和管理,这就是数据链路传输控制规程,也就是数据链路层协议。数据链路层协议是建立在物理层基础上的,通过一些数据链路层协议,在不太可靠的物理链路上实现可靠的数据传输。

3）网络层

网络层(Network Layer)也称通信子网层。网络层是通信子网的最高层,是高层与低层协议之间的接口层。网络层用于控制通信子网的操作,是通信子网与资源子网的接口。网络层关系到通信子网的运行控制,体现了网络应用环境中资源子网访问通信子网的方式。

两台主计算机之间的通信是非常复杂的。它们之间通常包括许多段链路,这些链路构成了两台计算机的通信通路。数据链路层研究和解决的问题是两个相邻的结点之间的通信问题,实现的任务是在两个相邻结点间透明的无差错的帧信息传送;而网络层的主要功能是实现整个网络系统内连接,为传输层提供整个网络范围内两个终端用户之间数据传输的通路。

4）传输层

传输层(Transport Layer)又称运输层,是建立在网络层和会话层之间的一个层次。实质上它是网络体系结构中高低层之间衔接的一个接口层。传输层不仅是一个单独的结构层,而是整个分层体系协议的核心,没有传输层整个分层协议就没有意义。

从不同的观点来看,传输层可以被划入高层,也可以被划入低层。如果从面向通信和面向信息处理的角度看,传输层属于面向通信的低层中的最高层,属于低层。如果从网络功能和用户功能的角度看,传输层则属于用户功能的高层中的最低层,属于高层。

5）会话层

会话层(Session Layer)又称会晤层,其服务就如两个人进行对话。会话层可以看成是用户与网络之间的接口,其基本任务是负责两主机之间的原始报文的传输。通过会话层提供的一个面向用户的连接服务,为合作的会话层用户之间的对话和活动提供组织和同步所必需的手段,并对数据的传输进行控制和管理。

会话是提供建立连接并有序传输数据的一种方法,在 OSI 体系结构中,会话可以使一个远程终端登录到远地计算机上,并进行文件传输或进行其他的应用。

6）表示层

表示层(Presentation Layer)向上对应用层服务,向下接受来自会话层的服务。表示层为在应用过程之间传送的信息提供表示方法的服务,它只关心信息发出的语法和语义。

表示层为应用层提供的服务有三项内容:语法转换,语法选择和连接管理。

7）应用层

应用层(Application Layer)中包含若干个独立的、用户通用的服务协议模块。网络应用层是 OSI 的最高层,为网络用户之间的通信提供专用的应用程序(如 WWW、FTP、Telnet等)。应用层的主要内容取决于用户各自的需要,这一层涉及的主要内容有:分布数据库、分布计算技术、网络操作系统和分布操作系统、远程文件传输、电子邮件、终端电话及远程作业录入与控制等。

应用层是直接面向用户的一层协议,用户的通信内容要由应用进程解决,这就要求应用层采取不同的应用协议来解决不同类型的应用要求,并且保证不同类型的应用所采取的低层通信协议是一样的。

OSI 参考模型定义了不同计算机互连标准的框架结构,得到了国际上的承认。它通过分层结构把复杂的通信过程分成多个独立的、比较容易解决的子问题。在 OSI 模型中,下一层为上一层提供服务,而各层内部的工作与相邻层是无关的。

2. Internet 体系结构

Internet 采用的是 4 层体系结构,其采用的协议就是 TCP/IP。

TCP/IP 又称为 TCP/IP 模型,是国际互联网 Internet 的协议簇,也是一种分层的结构,该协议共分为 4 层:网络接口层(Network Interface Layer),互联网层(Internet Layer),传输层(Transport Layer)和应用层(Application Layer)。其中,网络接口层对应于 OSI 模型的第一层(物理层)和第二层(数据链路层),互联网层对应于 OSI 模型的第三层(网络层),传输层对应于 OSI 模型的第四层(传输层),应用层对应于 OSI 模型的第五层(会话层)、第六层(表示层)和第七层(应用层)。其对应关系如图 1-2 所示。

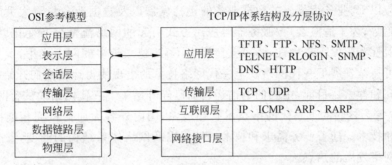

图 1-2　OSI 参考模型与 TCP/IP 对应关系

1) TCP/IP 网络接口层

网络接口层提供 TCP/IP 与各种物理网络的接口,提供数据包的传送和校验。并为上一层(互联网层)提供服务。

由于 TCP/IP 网络接口层完全对应于 OSI 模型的物理层和数据链路层,因此,其协议也与 OSI 的最低两层协议基本相同。

2) TCP/IP 互联网层

互联网层又称网间网层。网络接口层只提供简单的数据流传送任务,而不负责数据的校验和处理,这些工作正是互联网层的主要任务。

3) TCP/IP 传输层

传输层中的 TCP 提供了一种可靠的传输方式,解决了 IP 协议的不安全因素,为数据包正确、安全地到达目的地提供了可靠的保障。

4) TCP/IP 应用层

应用层包含会话层和表示层,包含所有高层协议,主要提供用户与网络的应用接口以及数据的表示形式。

1.2　IPv6 网络

1.2.1　IPv6 的基本概念

1. 什么是 IPv6

现有的互联网是在 IPv4 的基础上运行的。IPv6(IP version 6)是下一版本的互联网协议,也可以说是下一代互联网的协议,它的提出最初是因为随着互联网的迅速发展,IPv4 定义的有限地址空间将被耗尽,地址空间的不足必将妨碍互联网的进一步发展。为了扩大地址空间,拟通过 IPv6 重新定义地址空间。IPv4 采用 32 位地址长度,只有大约 43 亿个地址,现已基本分配完毕,而 IPv6 采用 128 位地址长度,几乎可以不受限制地提供地址。

为了彻底解决 IPv4 存在的问题,从 1995 年开始,互联网工程特别小组(IETF)就开始着手研究开发下一代 IP 协议,即 IPv6。IPv6 具有长达 128 位的地址空间,可以彻底解决 IPv4 地址不足的问题。除此之外,IPv6 还采用分级地址模式、高效 IP 包头、服务质量保证、主机地址自动配置、认证和加密等新技术。

2. IPv6 与下一代网络

为了适应以 IP 业务为代表的数据业务的迅猛发展以及数据业务量将大大超过话音业务量的发展趋势;为了适应客户/服务器等应用方式引起的网络流量分布变化以及 IP 业务特有的自相似性和收发不对称性;为了支持层出不穷、越来越多的网上应用,世界各国都在探索与试验可持续发展下一代网络。下一代网络技术的出现使得运营商们开始投入对下一代网络的研究和探索。目前,中国的电信运营商已经开始了下一代网络的试验网络建设,以软交换、IPv6 等为核心的下一代网络技术日趋成熟,国内外各大通信厂商相继推出下一代网络的产品和技术。随着业务需求和技术的发展以及网络体系结构的演变,下一代网络已经成为通信网络发展的热点。

下一代网络是 IP 网络、光网络、无线网络的世界。下一代网络是基于 IPv6 技术的网络,即:从核心网到用户终端,信息的传递以 IPv6 的形式进行。除了互联网的各种应用不断深入和普及外,各种传统的电信业务也不断向基于 IPv6 的网络转移。宽带的发展需求迎来了光通信的快速发展,光通信现已渗入网络的各个层面,从广域网、城域网,一直到局域网;从长途网、本地网、接入网,一直到用户驻地网,光纤宽带网的发展为日益广泛的宽带应用提供了广阔的发展前景。无线使人摆脱了线缆的束缚,可以不受地理位置限制随时随地地获得通信与信息服务。近几年,移动通信在全球的快速发展也证明,移动通信方式将逐渐占领传统有线网的中心舞台,把网络从地上的线缆移至空中的无线电波。

1.2.2 IPv6 地址结构

1. IPv6 地址类型

RFC1884 规定了三种类型的 IPv6 地址,它们分别占用不同的地址空间。

(1) 单播地址:单播地址又叫单目地址,单播表示一个单接口的标识符。送往一个单播地址的数据包将被传送至该地址标识的接口上。

(2) 组播地址:组播,是一组接口(一般属于不同结点)的标识符。送往一个组播地址的包将同时被拥有该标识符的所有网络接口收到。

(3) 泛播地址:泛播地址又称任播地址。泛播是一组接口(一般属于不同结点)的标识符。组播地址在某种意义上可以由多个接口共享,凡组播对象的所有结点都有接收发给该组播地址的所有数据包的资格。泛播地址与组播地址类似,同样是多个结点接口一组泛播地址,不同的是,只有一个接口期待接收传给泛播地址的数据报(通常是路由协议认为距离最近的一个网络接口)。

2. IPv6 地址表示方式

IPv6 地址长度 4 倍于 IPv4 地址,表达起来的复杂程度也是 IPv4 地址的 4 倍。IPv6 地址长 128 位,由 8 个地址节组成,每个地址节长 16 位,用十六进制书写,地址节之间用冒号 ":"分隔,其基本表达方式是 X:X:X:X:X:X:X:X,其中,X 是一个 4 位十六进制整数。下面是一些合法的 IPv6 地址。

0025:910A:2222:5498:8475:1111:3900:2020

2001:250:2100:2:1::5

1030:0:0:0:C9B4:FF12:48AA:1A2B

2000:0:0:0:0:0:0:1

地址中的每个整数都必须表示出来,但左边的"0"可以不写。

从以上可看出:IPv4 地址是"点分十进制地址格式",而 IPv6 地址是"冒分十六进制地址格式"。这是一种比较标准的 IPv6 地址表达方式,此外还有另外两种更加清楚和易于使用的方式。有些 IPv6 地址中可能包含一长串的 0(如上面的第 3 个和第 4 个地址)。当出现这种情况时,IPv6 地址中允许用简写成双冒号来表示这一长串的 0。例如,地址"2000:0:0:0:0:0:0:1"可以简写成"2000::1"。在这种表示方法中,只有当 16 位组全部为 0 时才会被两个冒号取代,且两个冒号在一个地址中只能出现一次,否则就会产生二义性而导致 IP 地址错误。

在 IPv4 和 IPv6 的混合环境中还有第三种表示方法。IPv6 地址中的最低 32 位可以用于表示 IPv4 地址,该地址可以按照一种混合方式表达,即 X:X:X:X:X:X:d.d.d.d,其中,X 表示一个 16 位整数,而 d 表示一个 8 位十进制整数。

例如:

0:0:0:0:0:0:210.0.0.1

就是一个基于 IPv6 网络的 IPv4 地址的表示,该地址也可以表示为:

::210.0.0.1。

IPv6 地址分为单播地址、组播地址和泛播地址三种。

3. IPv6 地址前缀

IPv6 地址前缀就是 IPv6 地址中的高位部分,属于 128 位地址空间范围之内。地址前缀部分或者有固定的值,或者是路由或子网的标识。其表示方式为"地址/前缀长度"。例如:

12AB:0:0:CD30::/60

4. IPv6 地址结构

IPv4 地址只是一台终端计算机的网络代号,不能表达网络路由结构,而 IPv6 地址则能充分表达网络路由结构信息,即为点对点通信设计了一种具有分级结构的地址,这种地址被称为可聚合全球单播地址,如图 1-3 所示。其地址的最开头的 3 个地址位是地址类型前缀,用于区别其他地址类型。其后是 13 位 TLA ID、32 位 NLA ID、16 位 SLA ID 和 64 位主机接口 ID,分别用于标识分级结构中的 TLA(Top Level Aggregator,顶级聚合体)、NLA(Next Level Aggregator,二级聚合体)、SLA(Site Level Aggregator,站点级聚合体)和主机接口。TLA 是与长途服务供应商和电话公司相互连接的公共网络接入点,它从国际互联网注册机构如 IANA 处获得地址;NLA 通常是大型 ISP,它从 TLA 处申请获得地址,并为 SLA 分配地址;SLA 也可称为订户(Subscriber),它可以是一个机构或一个小型 ISP;SLA 负责为属于它的订户分配地址,SLA 通常为其订户分配由连续地址组成的地址块,以便这些机构可以建立自己的地址分级结构以识别不同的子网。分级结构的最底级是网络主机。

3位	13位	8位	24位	16位	64位
FP	TLA ID	RES	NLA ID	SLA ID	接口标识符

图 1-3　可聚合全球单播地址格式

FP 字段：IPv6 地址中的格式前缀，3 位长，用来标识该地址在 IPv6 地址空间中属于哪类地址。目前该字段为"001"，标识这是可聚合全球单播地址。

TLA ID 字段：顶级集聚标识符，包含最高级地址选路信息。这指的是网络互连中最大的选路信息。该字段为 13 位，可得到最大 8192 个不同的顶级路由。

RES 字段：该字段为 8 位，保留为将来用。最终可能会用于扩展顶级或下一级集聚标识符字段。

NLA ID 字段：二级集聚标识符，24 位。该标识符被一些机构用于控制顶级集聚以安排地址空间。换句话说，这些机构(可能包括大型 ISP 和其他提供公网接入的机构)能按照他们自己的寻址分级结构来将此 24 位字段切开用。这样，一个实体可以用两位分割成 4 个实体内部的顶级路由，其余的 22 位地址空间分配给其他实体(如规模较小的本地 ISP)。这些实体如果得到足够的地址空间，可将分配给它们的空间用同样的方法再子分。

SLA ID 字段：站点级集聚标识符，被一些机构用来安排内部的网络结构。每个机构可以用与 IPv4 同样的方法来创建自己内部的分级网络结构。若 16 位字段全部用作平面地址空间，则最多可有 65 535 个不同子网。如果用前 8 位作该组织内较高级的选路，那么允许有 255 个高级子网，每个高级子网可有多达 255 个子网。

接口标识符字段：64 位长，包含 IEEE EUI-64 接口标识符的 64 位值。

IPv6 地址的体系结构体现在可聚合全球单播地址的分层结构上，IPv6 可聚合全球单播地址具有以下三个层次。

(1) 公共拓扑(Public Topology)：是提供公用 Internet 传送服务的网络提供商和网络交换商群体。

(2) 站点拓扑(Site Topology)：是本地的特定站点或组织，其功能是提供本站点之内的传输服务。

(3) 网络接口标识(Interface Topology)：是用于标识链路上的网络接口。

例如，贵州大学 IPv6 网站的 IP 地址为 2001:250:2100:2:1::5，其前缀"2001:250:2000::/35"表示"中国-教育行业-中国教育与科研计算机网络"，也即"顶级集聚标识符(中国)"+"二级集聚标识符(教育行业的中国教育与科研计算机网络)"。

由于篇幅所限，IPv6 的组播地址结构及泛播地址结构在这里不作介绍，有兴趣的读者可参阅相关资料，比如本书参考文献[23]。

1.2.3　IPv6 相关管理协议

1. Internet 控制消息协议(ICMPv6)

用于 IPv6 的 Internet 控制消息协议 ICMPv6 是在 RFC 2463(即 Internet Control

Message Protocol for the Internet Protocol Version 6 Specification）中定义的标准。有了 ICMPv6 后，使用 IPv6 通信的主机和路由器就可以报告错误并发送简单的回显消息了。

ICMPv6 协议主要功能如下。

（1）多播侦听器探索（MLD）技术：MLD 中有三个 ICMPv6 消息（多播侦听器查询、多播侦听器报告及多播侦听器完成），这三个替代 IPv4 的"Internet 组管理协议（IGMP）"管理子网多播成员。

（2）邻机发现（ND）技术："邻机发现"中有 5 个 ICMPv6 消息，用来管理链接上结点到结点的通信。在 IPv6 中，用"邻机发现"替代 IPv4 的"地址解析协议（ARP）"、"ICMPv4 路由器发现"和"ICMPv4 重定向"消息。

ICMPv6 消息的不同类型标识在 ICMPv6 报头中。由于 ICMPv6 消息携带在 IPv6 数据包中，因此不可靠。

当 IPv6 数据包不能到达其目标时，通常将自动发送 ICMPv6 消息。

ICMPv6 消息可以封装，并作为 IPv6 数据包的有效负载发送，如图 1-4 所示。

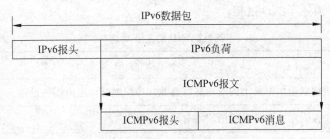

图 1-4　带有 ICMPv6 的 IPv6 数据包格式

表 1-1 列出并描述了 ICMPv6 消息。

表 1-1　ICMPv6 消息功能描述

ICMPv6 消息	功　能　描　述
无法访问目标	错误消息，通知发送主机，不能发送数据包
数据包太大	错误消息，通知发送主机，数据包太大以至无法转发
超时	错误消息，通知发送主机，IPv6 数据包的"跃点限制"已过期
参数问题	错误消息，通知发送主机，在处理 IPv6 报头或 IPv6 扩展报头时发生错误
回显请求	用来确定 IPv6 结点在网络上是否可用的信息消息
回显答复	用来答复"ICMPv6 回显请求"消息的信息性消息

可以使用 Ping6 命令发送 ICMPv6 回显请求消息并记录收到的 ICMPv6 回显答复消息。使用 ping 命令，可以检测网络或主机通信故障，并解决常见的 IPv6 连接问题。

可以与"跳极限"字段中持续增加的值一起使用 Tracert6 命令发送 ICMPv6 回显请求消息。Tracert 将跟踪并显示由 IPv6 数据包在源和目标之间经过的路径，可以解决常见的 IPv6 路由问题。

2. 邻机发现协议

IPv6 邻居发现协议（Neighbor Discovery，ND）是一组确定邻居结点之间关系的消息和过程。ND 代替了在 IPv4 中的"地址解析协议(ARP)"、"Internet 控制消息协议(ICMP)"、"路由器发现"和"ICMP 重定向"。ND 在 RFC 2461"Neighbor Discovery for IP Version 6 (IPv6)"中定义。

ND 用于主机时,其功能如下。

(1) 探索邻居路由器。

(2) 探索地址、地址前缀,以及其他配置参数。

ND 用于路由器时,其功能如下。

(1) 通告路由器的存在、主机配置参数,以及链接前缀。

(2) 通知主机更好的下一跳地址,以便转发针对特定目标的数据包。

ND 用于结点时,其功能如下。

(1) 既解析 IPv6 数据包所转发到的邻居结点的链接层地址,又确定邻居结点的链接层地址何时发生变化。

(2) 确定 IPv6 数据包是否可以发送到邻居和能否收到来自邻居的数据包。

表 1-2 列出并描述了 ND 过程。

表 1-2　ND 的主要功能

过　　程	功　能　描　述
路由器探索	主机探索附加链接上的本地路由器并自动配置默认路由器的过程
前缀探索	主机探索用于本地目标的网络前缀的过程
参数探索	主机探索其他操作参数的过程,包括链接最大传输单位(MTU)和用于出站数据包的默认跃点限制
地址自动配置	为控制状态的地址配置服务器的存在或不存在的接口配置 IP 地址的过程
地址解析	将邻居结点的 IPv6 地址解析为它的链接层地址(等价于 IPv4 中的 ARP)的过程。所解析的链接层地址将成为结点的邻居缓存中的项。可以使用 netsh interface ipv6 show neighbors 命令在运行 Windows Server 2003 家族和 Windows XP 的计算机上查看邻居缓存的内容
下一跳确定	确定根据目标地址而将数据包转发到的邻居的 IPv6 地址的过程。转发到下一跳地址,或是数据包被发送到的目标地址,或是邻居路由器的地址。用于已解析的下一跳目标地址,将成为结点的目标缓存中的项(也称为路由缓存)。可以使用 netsh interface ipv6 show destinationcache 命令在运行 Windows Server 2003 家族和 Windows XP 的计算机上查看目标缓存的内容
邻居无法建立连接检测	确定 IPv6 数据包不能被送达邻居结点和不能从邻居结点收到的过程。在邻居的链接层地址被确定后,将跟踪邻居缓存中项的状态。如果邻居不再接收和发送回数据包,则邻居缓存项最终将被删除。邻居无法建立连接检测为 IPv6 提供了一种机制,用来确定邻居主机或路由器在本地网络段上不再可用
重复地址检测	确定被认为在使用的地址已经不再由邻居结点使用的过程(等价于 IPv4 中无偿 ARP 帧的使用)
重定向功能	路由器通知主机更好地到达目标的第一个跃点 IPv6 地址的过程(等价于 IPv4 ICMP 重定向消息的功能)

1.3 云计算

1.3.1 云计算概述

1. 云计算的概念

云计算（Cloud Computing）是一种基于 Internet 的计算模式，即把分布于网络中的服务器、个人计算机和其他智能设备的计算资源和存储资源进行整合，集中管理和统一调度，以提高计算能力和存储容量。可以说，云计算是现代计算机网络发展的必然趋势。

云计算具有极高的计算速度、超强的数据处理能力、海量的存储容量、丰富的信息资源。

云计算是互联网和超级计算能力的结合，是一种通过网络以便捷、按需分配的形式从共享性可配置的资源池（这些资源包括网络、服务器、存储、应用和服务）中获取服务的业务模式。数十亿台个人计算机和其他设备（如智能手机）接入云计算中心，将带来工作方式和商业模式的彻底变革，这就好比是从古老的单台发电机模式转向了电厂集中供电的模式。

特别值得注意的是，云计算并不是一种新技术，而是一种新兴的商业计算模型。它将计算任务分派到异地资源池上，使各种应用系统能够根据需要获取计算能力、存储空间和各种软件服务。

这种资源池称为"云"。"云"是一些可以自我维护和管理的虚拟计算资源，通常为一些大型服务器集群，包括计算服务器、存储服务器、宽带资源等。云计算将所有的计算资源集中起来，并由软件实现自动管理，无须人为参与。这使得应用提供者无须为烦琐的细节而烦恼，能够更加专注于自己的业务，有利于创新和降低成本。

云计算可以应用于模拟核爆炸、天气预报计算、空气动力学、地理信息和流体力学计算、旱情与汛情预报、大型数据库的建设与数据处理等高科技领域。

2. 云计算的分类

1）从服务方式的角度来划分

从服务方式角度来划分，云计算可分为三种：为公众提供开放的计算、存储等服务的"公共云"，如百度的搜索和各种邮箱服务等；部署在防火墙内，为某个特定组织提供相应服务的"私有云"；以及将以上两种服务方式进行结合的"混合云"，如图 1-5 所示。

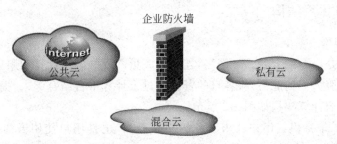

图 1-5 公共云、私有云和混合云部署图

（1）公有云。公有云是由若干企业和用户共享使用的云环境。在公有云中，用户所需的服务由一个独立的、第三方云提供商提供。该云提供商也同时为其他用户服务，这些用户共享这个云提供商所拥有的资源。

（2）私有云。私有云是由某个企业独立构建和使用的云环境。私有云是指为企业或组织所专有的云计算环境。在私有云中，用户是这个企业或组织的内部成员，这些成员共享着该云计算环境所提供的所有资源，公司或组织以外的用户无法访问这个云计算环境提供的服务。

（3）混合云。指公有云与私有云的混合。

2）按服务类型分类

所谓云计算的服务类型，就是指其为用户提供什么样的服务；通过这样的服务，用户可以获得什么样的资源；以及用户该如何去使用这样的服务。目前业界普遍认为，以服务类型为指标，云计算可以分为以下三类：基础设施云 IaaS、平台云 PaaS 和应用云 SaaS，如图 1-6 所示。

图 1-6 云计算的三种部署方式

基础设施云（基础设施即服务 IaaS）：这种云为用户提供的是底层的、接近于直接操作硬件资源的服务接口。通过调用这些接口，用户可以直接获得计算能力和存储能力，而且非常自由灵活，几乎不受逻辑上的限制。

平台云（平台即服务 PaaS）：这种云为用户提供一个托管平台，用户可以将他们所开发和运营的应用托管到云平台中。

应用云（软件即服务 SaaS）：云平台提供的各种应用服务如表 1-3 所示。

表 1-3 云平台提供的应用服务

分　　类	服务类型	运用的灵活性	运用的难易程度
基础设施云	接近原始的计算存储能力	高	难
平台云	应用的托管环境	中	中
应用云	特定的功能应用	低	易

3. 云计算系统

如上所述，典型的云计算系统是将所有计算资源、存储资源和网络资源进行整合，构成一个具有海量存储容量、超级科学计算和数据处理能力的计算机网络系统，如图 1-7 所示。

1.3.2 云计算体系结构

1. 云计算架构

云计算平台是一个强大的"云"网络，连接了大量并发的网络计算和服务，可利用虚拟化技术扩展每一个服务器的能力，将各自的资源通过云计算平台结合起来，提供超级计算和存储能力。通用的云计算架构如图 1-8 所示。

（1）云端用户：提供云用户请求服务的交互界面，也是用户使用云的接口，例如，用户通过 Web 浏览器可以注册、登录及定制服务、配置和管理用户。

（2）服务目录：云用户在取得相应权限（付费或其他限制）后可以选择或定制的服务列表，也可以对已有服务进行退订操作，在云端用户界面生成相应的图标或列表的形式展示相关的服务。

（3）管理系统和部署工具：提供管理和服务，能管理云用户，能对用户授权、认证、登录

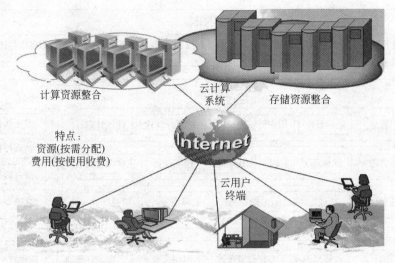

图 1-7 云计算系统

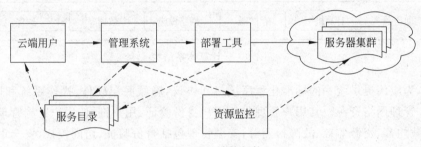

图 1-8 云计算架构

进行管理,并可以管理可用计算资源和服务,接收用户发送的请求,根据用户请求并转发到相应的程序,调度资源智能地部署资源和应用,动态地部署、配置和回收资源。

(4) 资源监控:监控和计量云系统资源的使用情况,以便做出迅速反应,完成结点同步配置、负载均衡配置和资源监控,确保资源能顺利分配给合适的用户。

(5) 服务器集群:虚拟的或物理的服务器,由管理系统管理,负责高并发量的用户请求处理、大运算量计算处理、用户 Web 应用服务,云数据存储时采用相应数据切割算法采用并行方式上传和下载大容量数据。

用户可通过云用户端从列表中选择所需的服务,其请求通过管理系统调度相应的资源,并通过部署工具分发请求、配置 Web 应用。

2. 云计算体系结构

云计算体系结构由物理资源层、资源池层、管理中间件和 SOA 构件层组成,如图 1-9 所示。

(1) SOA 构件层:SOA 构件层又称 SOA 服务接口层,其功能是统一规定了使用计算机的各种规范、云计算服务的各种标准等,是用户端与云端交互操作的接口,可以完成用户或服务注册,对服务的定制和使用。

(2) 管理中间件层:在云计算技术中,中间件位于服务和服务器集群之间,提供管理和服务即前述的云计算架构中的管理系统。对标识、认证、授权、目录、安全性等服务进行标准

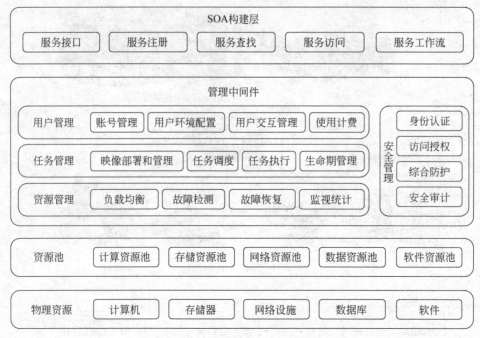

图 1-9　云计算体系结构

化和操作,为应用提供统一的标准化程序接口和协议,隐藏底层硬件、操作系统和网络的异构性,统一管理网络资源。其用户管理包括用户身份验证、用户许可、用户定制管理;资源管理包括负载均衡、资源监控、故障检测等;安全管理包括身份验证、访问授权、安全审计、综合防护等;映像管理包括映像创建、部署、管理等。

(3)资源池层:指可以实现一定操作并具有一定功能,但其本身是虚拟的资源,如计算池、存储池和网络池、数据库资源等,通过软件技术来实现相关的虚拟化功能包括虚拟环境、虚拟系统、虚拟平台。

(4)物理资源层:主要指能支持计算机正常运行的一些硬件设备及技术,可以是价格低廉的 PC,也可以是价格昂贵的服务器及磁盘阵列等设备,可以通过现有网络技术和并行技术、分布式技术将分散的计算机组成一个能提供超强功能的集群用于计算和存储等云计算操作。在云计算时代,本地计算机可能不再像传统计算机那样需要空间足够的硬盘、大功率的处理器和大容量的内存,只需要一些必要的硬件设备如网络设备和基本的输入输出设备即可。

1.4　网络管理基础理论与技术

1. 网络性能分析技术

计算机网络的性能分析与评价,无论是对网络的设计,还是对网络的选用,都是十分重要的。网络设计者将根据网络系统的主要技术指标进行设计,网络正常运行后,应对其性能进行综合测试、分析和评价,以调整、修改和完善其网络性能。对于计算机网络的选用,也必须明确分析、评价计算机网络性能的主要指标和方法。

1) 计算机网络的主要性能指标

网络的性能是通过性能指标来反映的,主要的网络性能指标有下列几项。

(1) 业务量:某条电路的业务量是指在观察时间内该条电路被占用的时间。业务量的量纲是时间。

(2) 业务量强度:是指电路被占用时间与观察时间之比。业务量强度的单位是爱尔兰(Erlang)。在实际应用中,通常将"业务量强度"中的"强度"二字省略,因此一般所说的"业务量"指的是"业务量强度"。

(3) 时延:网络的时延主要包括传输时间、服务时间和等待时间。传输时间是很小的,在性能分析中所说的时延主要指服务时间和等待时间。

(4) 呼损:在损失制系统中,由于设备线路忙而使得一个呼叫发生(或一个数据包发送)后被"损失"掉的概率。

(5) 吞吐量:单位时间内通过的业务量被定义为吞吐量,即吞吐量等于单位时间发生的业务量减去单位时间内损失掉的业务量。

(6) 信息传输速率:指的是结点之间传输信息的速率。

(7) 信道有效传输率:指的是线路传输信息的速率。

(8) 系统效率:又称系统利用率,指的是系统传送有效信息和系统能传输的最大信息之比。

(9) 平均报文延迟时间:指从一个源结点发送一个报文到目标结点,再从目标结点返送回一个确认信息所需的时间。

网络性能分析的理论基础是排队论和马尔科夫链理论。

通常将网络划分为电路转接、信息转接和多址接入三种典型系统,对这三种典型系统采用不同的模型和方法加以分析。

信息转接系统包括 X.25、FR、SMDS 和 ATM 这些分组交换系统。信息转接系统中的性能分析主要讨论吞吐量、等待时间、队列长度等性能。

多址接入系统包括 ALOHA、CSMA、POLLING 等系统。多址接入系统的性能分析主要讨论信道利用率、吞吐量、碰撞概率、重发次数等性能。

2) 局域网和广域网性能指标

根据网络的覆盖范围和距离,计算机网络分为局域网络和广域网络,这两种网络的应用场合是不同的,其性能指标也是完全不同的。

广域网络的主要性能指标有以下几个。

(1) 时延:由于广域网络的传输距离远,时间延迟指标十分重要,而时延的大小与链路的容量是成反比的,若想提高链路的容量,就得增加成本,因此,广域网络常在高速率与低成本之间进行抉择。

(2) 信息传输:广域网络大多采用存储转发方式进行传输,会发生较多的流量和拥塞问题,由于受到成本的制约,传输速率不能太高,所以,对报文格式就要求很严格,报头长度尽量短,以提高传输效率。由于广域网络协议十分复杂,通常以较大的软件开销来换取较高传输速率和可靠性。

对于局域网络,由于距离近,具有信息传输速率高和成本低等特点。局域网的主要性能指标有以下几个。

(1) 信息传输率;

(2) 信道传输速率;

(3) 系统效率;

(4) 报文延迟时间。

3) 网络性能分析

(1) 网络延迟的分析方法

平均报文延迟时间是网络的重要性能指标,时延主要由两部分构成,一是信息在信道上传输产生的延迟,这种延迟对广域网来说,时延较大;对局域网来说,时延较小。二是存储转发延迟,无论是广域网还是局域网,存储转发时延都是主要性能指标。通常是用排队论方法构成分析模型进行研究。

排队论研究的是一种排队现象,例如,顾客到商店里买东西,若顾客多,售货员忙不过来的时候,顾客就得排队。顾客从排队开始到售货员为其服务的这段时间称为"等待时间",售货员为顾客售货服务的时间称为"服务时间"。二者之和为顾客买东西所花的总时间。

对于用存储转发方式传输报文的网络结点,也是相似的排队过程,在中转报文的结点输入端,如果报文过多,则需要在输入缓冲区中排队等待,形成"等待时间"。这里的报文类似于前述的顾客,当排在它前面的报文发送完毕后,输出线路才开始为其服务,用于发送一个报文的时间称为"服务时间"。这里的输出线路相当于前述的售货员,"等待时间"和"服务时间"之和称为"排队延迟时间"。

(2) 网络性能分析与研究的主要方法

对计算机网络系统性能的分析和研究与对其他系统一样,常常采用模拟方法:一是数学模拟,二是物理模拟。当今,在计算机上对实际系统进行数学模拟的方法已被许多人采用。所谓数学模拟,就是将实际系统的运行规律,用数学形式表达出来,构成一个数学模型,然后,在计算机上用程序去实现这个模型并要求求解主要的性能参数。数学模拟法,一般工作量小、周期短,实现起来较为方便。但由于一个现实中的网络系统是十分复杂的,在处理时要忽略一些参数,再运用概率论、随机过程和排队论等数学方法去求解问题。因此,要构造一个优秀的数学模型是不容易的。

物理模拟方法,一般是事先建造一个小型试验网络,此小型网络应尽量接近实际系统,在其上面可对网络性能进行较充分的研究,但在使用物理模型时,既费钱又费时,实现起来也相当困难。

在进行网络设计阶段,要充分考虑到对网络性能的测试手段,以便对网络性能进行测试分析。网络建成后,应对其运行情况进行统计、测试和分析,一方面验证模拟研究的结果,另一方面对网络性能进行分析和评价,并作为对网络进一步改进的主要依据。

2. 网络可靠性技术

网络的可靠性有三种定义:第一种定义为全网的连通性;第二种定义为以端点间正常通信为基础的全网综合可靠度;第三种定义是利用随机图的概念将网络是否可靠定义为网中尚未连接的端点数是否大于某规定值。

第一种定义是网络可靠性最常用的定义,可以根据图论中图的连通性来研究,连通性越好,则可靠性越高。根据这一定义,可靠性的计算方法是很简单的,但是在端点数和边数较大时,计算量却是很大的。

第二种定义将全网的可靠性计算简化为任意两端点之间的可靠性计算,同时在计算端点间可靠度的时候,不仅要考虑它们之间的连通性,还要考虑呼损、时延等质量指标,从而获得端点间的综合可靠性。

第三种定义用随机图来描述网络。所谓随机图就是边的存在不是确定型的,而是概率型的。但是对于结点数很多的网络,由随机图模型计算出的结论是有参考价值的,尤其对于强破坏发生时网络的可靠性的计算很有价值。

网络可靠性的理论基础是图论。虽然对于以上三种定义都有理论模型和计算方法,但这些模型往往只在网络规模较小时才有效,对于有一定规模的实际网络,只能采取近似的方法计算可靠性。

网络的可靠性计算在网络的规划阶段是很重要的,一个好的网络可靠性的计算,可以在网络的可靠性满足要求的前提下,优化网络结构,降低成本。

3. 网络优化技术

网络的优化包含两个方面的内容,一个是在现有网络设备条件下,通过采取合理的控制措施,如路由选择、流量分配、流量控制等,提高网络的性能和利用率。另一个含义是进行合理的规划和设计,达到网络建设规模适当、结构合理、投资节省等优化目标。

在网络的规划设计中,首先要进行业务需求预测。通过业务需求预测,可以估算出未来各类业务的总的增长情况以及各局域网间的业务量。这种预测结果,便是确定网络的建设规模和网络合理结构的基础数据。进行业务需求预测可以采用多种方法,但最常用的方法是时序外推法和相关回归法。

4. 人工智能技术

人工智能是研究用计算机模拟人的智能行为的理论。主要目标是模拟人的问题求解、感知、推理、学习等方面的能力。

问题求解是人工智能的核心问题,当计算机有了对某些问题的求解能力以后,在应用场合遇到这类问题时,便会自动找出正确的解决策略。这种问题求解能力是基于规则的,是能够举一反三的。有了问题求解能力的计算机就能比普通计算机更灵巧地分析问题,处理问题,从而适用于更加复杂多变的应用场合。

在人工智能中,一个重要的特点是系统具有"自主学习"的能力。"学习"是一个专用术语,"学习"一词有多种含义。在专家系统等应用中,它指的是知识的自动积累;在模式识别系统中,它指的是用已知模式训练系统,使其掌握各类模式的特征;在问题求解中,它指的是根据执行情况修改计划;在数学推理系统中,它指的是根据一些简单的数学概念和公理形成较复杂的概念,做出数学猜想等。

在 20 世纪 90 年代,人工神经网络理论的发展为人工智能又注入了新的生机。人工神经网络在自组织、自适应、自学习、并行计算等方面明显优于传统的人工智能,由人工神经网络模型实现的记忆、联想、识别等机能更接近人的同类机能。

在人工智能领域,遗传算法的研究非常引人注目。所谓遗传算法,就是模拟生物进化原理,优胜劣汰,自然选择。应用遗传算法使得一些复杂的优化问题有了解决的办法。

模式识别是应用计算机模拟人的认识机能对事物进行辨别分类的理论。识别的对象可以是文字、声音、图像等具体对象,也可以是状态、程度等抽象对象。这些对象与数字形式的对象相区别。

人工智能技术作为控制论、信息论、系统论、计算机科学、生理学、心理学、数学、哲学等各种学科相互渗透的产物,其理论和应用的研究领域几乎涉及人类的一切活动范畴。

5. 面向对象的分析与设计技术

常用的程序设计方法有两种:面向过程的设计方法和面向对象的设计方法。

面向对象的分析与设计技术与面向过程技术相比,其根本区别在于:面向过程技术是将处理问题的方案看成一个过程,然后把过程逐步顺序分解为更小的过程,直至小过程的复杂度易于处理为止;而面向对象技术是将问题看成是事物(对象)之间的相互作用,通过定义有关对象的属性、可产生的或被施加的操作以及对象之间的相互关系来处理问题。

面向对象技术的抽象性是简化分析和设计的非常有力的手段。对于一个事物,不同的人有不同的观点。这一点,也是综合网络管理系统设计要遵守的一个准则。比如,对于同一台设备,维护人员想看到的是它的可靠性能和当前运转的状态,而财务人员想看到的是它的购入价格、折旧和维护费用。利用抽象性,可以用各种各样较单纯的观点来观察同一对象,这对于网络管理中大型复杂对象的管理具有决定性的意义。在网络管理中,抽象性有两种方法,一种是先将网络资源逐级分类,然后从各类资源中找出相同性,作为对象进行描述。另一种是构造公共型对象,用来表示那些对网络资源的公共"观点"。在具体实现上,抽象性是通过定义对象的公开属性和公开操作来实现的。这种公开属性和操作就是外部世界与该对象进行相互作用的接口,该接口便成了外部世界对该对象的"观点"。

6. 数据库技术

1) 数据库概述

在现代网络管理模型中,数据库是管理系统的心脏。在 OSI 标准中这个数据库称为管理信息库(Management Information Base,MIB)。网络操作员在管理网络时,只与 MIB 打交道。当他要对网络进行功能性改变时,只要更新数据库中对应的数据即可,实际对物理网络的操作由数据库系统控制完成。

数据库不是简单的数据堆积,而是为了满足多个用户共享数据的需要,将相关数据按照合理的数据模型在计算机中进行组织和存储,以提供方便、高效、可靠、一致的信息服务。数据库的控制、管理和维护需要有数据库管理系统(DataBase Management System,DBMS),由 DBMS 提供定义数据模式和操纵数据(包括数据的添加、删除、修改、查询、报表等)的语言、编程环境及运行环境。数据库按其采用的数据模型分为层次数据库、网状数据库和关系数据库三种。与层次数据库和网状数据库相比,关系数据库具有数据结构简单清晰、描述数据模式和编写数据操作程序的语言功能强、用户性能好等优点,已经成为实际应用中最主要的数据库种类。随着关系数据库应用的深入,还制定了有关的国际标准,如数据操作语言 SQL 国际标准。为各种商业关系数据库系统之间数据的互换提供了条件,给应用带来了很大方便。

计算机网络的主要功能是对信息的处理与传输,因此,网络系统的核心问题是如何从形式多样、相互联系、错综复杂、量大和杂乱无章的原始数据中及时、精确地提炼出有用的信息;对数据进行合理的、有效的存储,为有关人员准确、快速地提供有用的信息;对数据进行正确、快速的收集、存储、传播、检索、分类等处理,保证数据的一致性、完整性和正确性。

网络系统与单用户系统和多用户系统的区别在于:单用户系统和多用户系统都不存在对数据的"并行"处理的问题,只有计算机网络系统和分布式计算机系统才存在对数据进行

"并行"处理的问题。对数据进行并行处理给系统的管理和数据的组织与存储都带来了极大的复杂性，所以，一个网络系统要实现这一目标，不仅要求系统能够对数据进行合理的组织，系统还要有良好的适应网络特点的管理模式，这一工作，通常是使用数据库设计技术来实现的。

2）集中式数据库管理技术

集中式数据库的特点是，系统中的各用户在其终端上共用中心计算机的集中数据库，即将所有网上用户的所有数据都集中存放在中心存储器上，终端计算机上是不存放数据的，系统以共享主存储器为主要特征，其数据库之间、子系统之间关系密切，相互依赖性强。集中式数据库设计主要在中小型或大型中心计算机上设计数据库时使用。其数据库结构如图 1-10 所示。

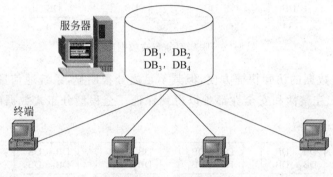

图 1-10　集中式数据库结构

集中式数据库的主要优点是数据共享的高效性、数据的一致性和完整性能够得到保证，但数据的安全性比分布式数据库差。

3）分布式数据库管理技术

分布式数据库主要用于网络系统，特别是对网络管理信息系统（Network Management Information System，NMIS）。在 NMIS 中，各子系统分布在各自的工作站中，它要求各子系统在物理上是独立的、分散的，而在逻辑上是统一的、完整的。通过网络通信，数据得到了共享。分布式数据库设计用于 NMIS 中，给系统带来许多好处，使系统可靠性更高、响应时间更快、系统维护更方便、便于系统管理。但是，分布式数据库设计给系统带来了并发控制、数据查询和数据恢复处理等方面的难题。

分布式数据库有三种结构：层次型、联邦型和全程型。

（1）层次型。这种系统的特点是，系统中存在一个中心数据库，该库中存放有系统所有的数据库，各用户终端上存放着自身所用的数据库，其内容与中心数据库的数据内容完全一致，即中心工作站数据库的内容与各工作站数据库的内容同步。这样做的好处在于，在系统运行过程中，各用户终端可以使用中心工作站上的数据库，也可以使用自身的数据库，还可以通过中心工作站共享其他用户终端的数据，如图 1-11 所示。

（2）联邦型。联邦型数据库的特点是，系统中无中心数据库，所有用户数据库都分布存放在各自的计算机上，且各终端相对独立。用户终端之间可以通过网络访问实现数据库的共享访问。联邦型分布式数据库的结构如图 1-12 所示。

（3）全程型。这种结构的特点是，各用户终端上都存放有系统上所有用户所用的数据

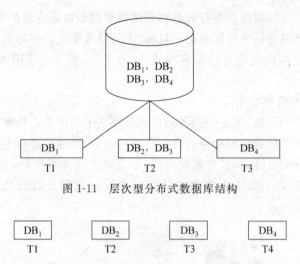

DB_1，DB_2
DB_3，DB_4
DB_1
DB_2，DB_3
DB_4
T1
T2
T3

图 1-11　层次型分布式数据库结构

DB_1
DB_2
DB_3
DB_4
T1
T2
T3
T4

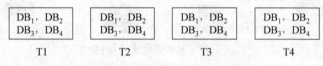

图 1-12　联邦型分布式数据库结构

库，其显著特点是数据的访问快捷方便，但其不足之处很明显，系统通信量大、数据冗余量大，数据的一致性、完整性和安全性都难以得到保证。全程型分布式数据库系统如图 1-13 所示。

DB_1，DB_2
DB_3，DB_4
DB_1，DB_2
DB_3，DB_4
DB_1，DB_2
DB_3，DB_4
DB_1，DB_2
DB_3，DB_4
T1
T2
T3
T4

图 1-13　全程型分布式数据库结构

4) ODBC 技术

由于不同的厂商生产出的数据库系统的性能和应用范围上的差异，也由于一个综合网络数据库系统的各工作组需求的差异等原因，需要选择不同的数据库系统。因此，在一个综合网络数据库中就可能存在多种不同的数据库，特别当用户需要从客户机访问不同的服务器时更是如此。为了解决这一问题，微软公司开发的开放式数据库互连(Open Date Base Connectivity，ODBC)提供了一个强有力的解决方案。

ODBC 为用户提供了一个简单、标准和透明的数据库连接的公共编程接口，各开发厂商根据 ODBC 的标准来实现其底层的驱动程序。底层驱动对各用户都是透明的，并允许用户根据不同的数据库系统来采用不同的技术对其加以优化实现。

在传统的方式中，系统开发技术人员和管理人员需要熟悉多个数据库系统及其数据库应用程序接口。一旦数据库系统端出现变动或更改，则会导致用户在端系统重新设计或对源代码进行修改，给开发和维护工作带了极大的困难。

在 ODBC 方式中，由于用户在程序中都使用了同一套标准的代码，所以无论底层网络环境如何变化，也无论用户采用的是何种数据库系统，用户端的源程序都不会因系统底层的变化而需要进行重新统建和修改。基于这一思想，用户就无须对所有的数据库系统及其数据库应用程序接口都进行了解，从而减轻了用户维护的工作量，缩短了系统的开发周期。ODBC 还为程序集成提供了便利，为客户/服务器系统结构的异质计算机环境的数据库访问提供了技术支持。

传统的数据库连接方式和 ODBC 方式的数据库连接逻辑结构如图 1-14 所示。

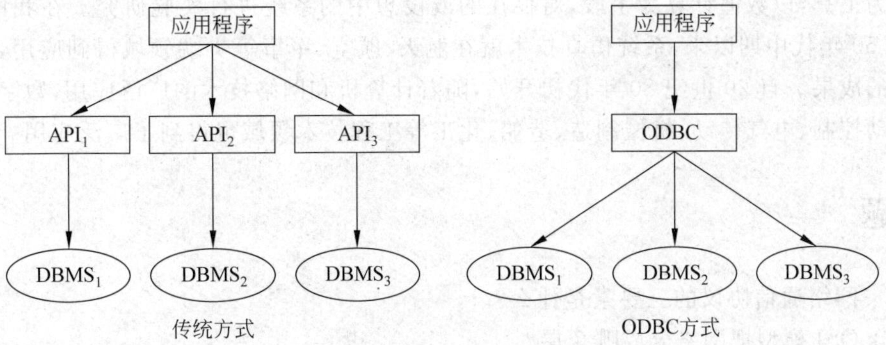

图 1-14 两种数据库系统连接方式逻辑图

在图 1-14 中，API 表示数据库应用程序接口，DBMS 表示数据库管理系统。

5) 数据的一致性

数据共享带来了许多 DBMS 面临的复杂性，其中最困难的问题之一就是数据的一致性控制问题，它决定了如何处理两个或更多用户访问数据库中的一个记录，以改变数据的方法。一致性控制即要确定哪一个用户的变化有效，然后锁定其他用户，避免其他用户进入该文件或记录，直到第一个用户完成数据的更改或维护工作。

一致性控制可采用多种方法完成，不同的数据库采用不同的方法或综合几种方法来完成。一致性控制可以完全交给 DBMS 处理，但更成熟的软件通常允许用户或编程人员选择所要采取的行动。

7. 计算机仿真技术

在网络规划中，要根据性能和成本来选择拓扑结构和技术，因此必须对各种候选网进行性能分析与预测。通过性能分析，还可以排除网络中的瓶颈，发现异常性能，在发生故障时，确定操作策略。由此可见，性能分析预测在网络管理与控制中具有非常重要的意义。可以用解析、经验、实验、计算机仿真等不同方法进行性能分析预测。与其他方法相比，计算机仿真具有突出的优点，已经成为网络性能分析预测的主要方法。

用计算机仿真方法进行性能分析预测，网络由计算机程序来模拟，通信协议为程序的算法，对网络资源的随机需求利用随机数发生器来模拟，这样的模型称为概率模型。这样的模型可以忠实地模拟现实网络，将有关网络动作的大量信息包含进来，而无须进行解析算法的简化。

用计算机仿真的方法进行网络性能分析预测的目的，通常不只是调查在给定条件下系统的性能，而且要对多种可选系统进行比较。

在网络计算机仿真中包含以下三个要素：

(1) 网络业务需求和网络资源需求模型；

(2) 系统对这些需求的处理模型；

(3) 在模型中采用的关于性能分析预测的统计方法。

控制系统的计算机仿真是一门建立在控制理论、数值方法、计算机技术、系统工程和控制工程基础上的综合性实验学科，它已成为自动控制学科的一支分支，它为控制系统的分析、综合和设计提供了快速、经济的手段。

　　计算机仿真技术把现代仿真技术与计算机发展结合起来,通过建立系统的数学模型,以计算机为工具,以数值计算为手段,对存在的或设想中的系统进行实验研究。在我国,自从 20 世纪 50 年代中期以来,系统仿真技术就在航天、航空、军事等尖端领域得到应用,并取得了重大的成果。自 20 世纪 80 年代初开始,随着计算机和网络技术的广泛应用,数字仿真技术在自动控制、电气传动、机械制造、造船、化工等工程技术领域也得到了广泛应用。

思考题

　　1-1：网络通信协议的三要素是什么?

　　1-2：OSI 模型把网络分成哪 7 层?

　　1-3：简述 OSI 模型 7 层的基本功能。

　　1-4：TCP/IP 共有几层?它与 OSI 模型有哪些对应关系?

　　1-5：试述 IPv6 与下一代互联网络的关系。

　　1-6：云计算架构由哪些部分组成?

　　1-7：简述图 1-8 的工作过程。

　　1-8：网络性能分析与研究的主要方法有哪些?

　　1-9：试述面向过程技术和面向对象技术的区别。

　　1-10：集中式数据库的特点是什么?

　　1-11：计算机仿真技术在网络中的应用体现在哪几个方面?

第 2 章　网络管理基础

为了更好地学习和理解计算机网络管理技术,需要先了解和掌握网络管理的基础知识及基本模型,这就是本章的主要内容。

本章主要内容:

- 网络管理的基本概念;
- 网络管理的基本功能;
- 网络管理的基本模型。

2.1　网络管理的基本概念

1. 网络管理概述

网络的开放性使不同的设备能够以透明的方式进行通信,虽然它给网络通信带来了极大的好处,但由于网络系统的复杂性、开放性,要保证网络能够持续、稳定和安全、可靠、高效地运行,使网络能够充分发挥其作用,就必须实施一系列的管理。

网络管理就是为保证网络系统能够持续、稳定、安全、可靠和高效地运行,不受外界干扰,对网络系统设施采取的一系列方法和措施。为此,网络管理的任务就是收集、监控网络中各种设备和设施的工作参数、工作状态信息,及时通知管理员并接受处理,从而控制网络中的设备、设施的工作参数和工作状态,以实现对网络的管理。

具体来说,网络管理包含两大任务:一是对网络运行状态的监测;二是对网络运行状态进行控制。通过对网络运行状态的监测可以了解网络当前的运行状态是否正常,是否存在瓶颈和潜在的危机;通过对网络运行状态的控制可以对网络状态进行合理的调节,提高性能,保证服务质量。可以说,监测是控制的前提,控制是监测结果的处理方法和实施手段。

2. 网络管理的目标

网络管理的目标是最大限度地满足网络管理者和网络用户对计算机网络的有效性、可靠性、开放性、综合性、安全性和经济性的要求。

(1) 网络的有效性:网络要能准确而及时地传递信息。值得一提的是,这里所说的网络的有效性和常规通信的有效性的意义是不同的,网络的有效性指的是网络服务要有质量保证,而通信的有效性则是指传递信息的效率。

(2) 网络的可靠性:网络必须要保证能够持续稳定地运行,要具有对各种故障以及自然灾害的抵御能力和有一定的自愈能力。

(3) 网络的开放性:网络要能够兼容各个厂商的不同类型的设备。

(4) 网络的综合性:网络不能是单一化的,要从电话网、电报网、数据网分立的状态向综合业务过渡。

(5) 网络的安全性:网络必须对所传输的信息具有可靠的安全保障。

(6) 网络的经济性:网络的建设、营运、维护等费用要求尽可能少,即要保证用最少的投入得到最大的收益。

3. 网络管理的基本内容

网络管理主要内容包括如下几方面。

1）数据通信网中的流量控制

因受到通信介质带宽的限制，计算机网络传输容量是有限的，在网络中传输的数据量超过网络容量时，网络就会发生阻塞，严重时会导致网络系统瘫痪。所以，流量控制是网络管理需要首先解决的问题。

2）网络路由选择策略

网络中的路由选择方法不仅应该具有正确、稳定、公平、最佳和简单的特点，还应该能够适应网络规模、网络拓扑和网络数据流量的变化。这是因为，路由选择方法决定着数据分组在网络系统中通过哪条路径传输，它直接关系到网络传输开销和数据分组的传输质量。

在网络系统中，数据流量总是不断变化的，网络拓扑也有可能发生变化，为此，系统始终应保持所采用的路由选择方法是最佳的，所以，网络管理必须要有一套管理和提供路由的机制。

3）网络安全防护

计算机网络系统给人们带来的最大好处是人与人之间可以非常方便和迅速地实现信息交换和资源共享，但对于网络系统中共享的资源存在完全开放、部分开放和不开放等问题，从而出现系统资源的共享与保护之间的矛盾，网络必须要引入安全机制，其目的就是保护网络用户信息不受非法侵占和破坏。

4）网络故障诊断

由于网络系统在运行过程中会不可避免地发生故障，而准确及时地确定故障的位置，掌握故障产生的原因是排除故障的关键。对网络系统实施强有力的故障诊断是及时发现系统隐患，保证系统正常运行所必不可少的环节。

5）网络费用计算

公用数据网必须能够根据用户对网络的使用核算费用并提供费用清单。数据网中费用的计算方法通常要涉及互联的多个网络之间费用的核算和分配的问题。所以网络费用的计算也是网络管理中非常重要的一项内容。

6）网络病毒防范

随着计算机技术和网络技术突飞猛进的发展，计算机病毒也日益猖獗，据不完全统计，每个月都有数以万计的计算机网络受到病毒的攻击，造成大面积的网络和计算机终端的瘫痪。作为网络管理人员，必须要认识到网络病毒对网络的危害性，采取相应的防范措施。

7）网络黑客防范

网络黑客指的是窃取内部机密数据、蓄意破坏和攻击内部网络软硬件设施的非法入侵者。可采取防火墙技术和对机密数据加密的方法以及使用入侵检测工具来对付网络黑客。

8）网络管理员的管理与培训

网络系统在运行过程中，会出现各种各样的问题。网络管理员的基本工作是保证网络平稳地运行，保证网络出现故障后能够及时恢复。所以，对于网络系统来说，加强网络管理员的管理与培训，用训练有素的网络管理员对系统进行维护与管理是非常重要的。

9）内部管理制度

再安全的网络也经不住网络内部管理人员的蓄意攻击和破坏，所以，对网络的内部管理，尤其是对网络管理人员的教育和管理是很有必要的，为了确保网络安全、可靠地运行，必须制定严格的内部管理制度和奖惩制度。

4．网络管理的发展历程

事实上，网络管理技术是伴随着计算机网络和通信技术的发展而发展的，二者相辅相成。从网络管理范畴来分类，可分为对网"路"的管理，即针对交换机、路由器等主干网络进行管理；对接入设备的管理，即对内部 PC、服务器、交换机等进行管理；对行为的管理，即针对用户的使用进行管理；对资产的管理，即统计 IT 软硬件的信息等。根据网络管理软件的发展历史，可以将网络管理软件划分为以下三代。

第一代网络管理软件就是最常用的命令行方式，并结合一些简单的网络监测工具，它不仅要求使用者精通网络的原理及概念，还要求使用者了解不同厂商的不同网络设备的配置。

第二代网络管理软件有着良好的图形化界面。用户无须过多了解设备的配置方法，就能图形化地对多台设备同时进行配置和监控，大大提高了工作效率。但仍然存在由于人为因素造成的设备功能使用不全面或不正确的问题，容易引发误操作。

第三代网络管理软件相对来说比较智能，是真正将网络和管理进行有机结合的软件系统，具有"自动配置"和"自动调整"功能。对网络管理人员来说，只要把用户情况、设备情况以及用户与网络资源之间的分配关系输入网络管理系统，系统就能自动地建立图形化的人员与网络的配置关系，并自动鉴别用户身份，分配用户所需的资源（如电子邮件、Web、文档服务等）。

2.2　网络管理的基本功能

常规的网络管理有故障管理、配置管理、性能管理、安全管理和计费管理 5 大功能，除此之外，还有容错管理、地址管理、软件管理、文档管理和网络资源管理等功能。在本节中，将分别对这些功能加以介绍。

2.2.1　网络故障管理

故障管理是用来维护网络正常运行的。在网络运行过程中，经常由于故障使系统不能达到它们的运营目的。故障管理主要解决的是与检测、诊断、恢复和排除设备故障有关的网络管理，通过故障管理来及时发现故障，找出故障原因，实现对系统异常操作的检测、诊断、跟踪、隔离、控制和纠正等。

计算机网络服务发生意外中断是常见的，这种意外中断会对企业和政府部门带来很大的影响。在大型计算机网络中，当发生失效故障时，往往不能轻易、具体地确定故障所在的准确位置，而需要相关技术上的支持。因此，需要有一个故障管理系统，科学地管理网络发生的所有故障，并记录每个故障的产生及相关信息，最后确定并改正这些故障，保证网络能提供连续可靠的服务。

故障管理提供的主要功能如下。

（1）告警报告；

（2）事件报告管理；

（3）日志控制；

（4）测试管理。

2.2.2　网络配置管理

网络配置是指网络中各设备的功能、设备之间的连接关系和工作参数等。由于网络配置经常需要进行调整，所以网络管理必须提供足够的手段来支持系统配置的改变。配置管理就是用来支持网络服务的连续性而对管理对象进行的定义、初始化、控制、鉴别和检测，以适应系统要求。

一个现实中使用的计算机网络是由多个厂家提供的产品、设备相互连接而成的，因此各设备需要相互了解和适应与其发生关系的其他设备的参数、状态等信息，否则就不能正常工作。尤其是网络系统常常是动态变化的，如网络系统本身要随着用户的增减、设备的维修或更新来调整网络的配置。因此需要有足够的技术手段支持这种调整或改变，使网络能更有效地工作。

配置管理提供的主要功能有如下几个方面。

（1）将资源与其资源名称对应起来；

（2）收集和传播系统现有资源的状况及其现行状态；

（3）对系统日常操作的参数进行设置和控制；

（4）修改系统属性；

（5）更改系统配置初始化或关闭某些资源；

（6）掌握系统配置的重大变化；

（7）管理配置信息库；

（8）设备的备用关系管理。

2.2.3　网络计费管理

计费管理是用来对使用管理对象的用户进行流量计算、费用核算、费用的收取。

在计算机网络系统中的信息资源是有偿使用的情况下，需要能够记录和统计哪些用户利用哪条通信线路传输了多少信息，以及做的是什么工作等。在非商业化的网络上，仍然需要统计各条线路工作的繁闲情况和不同资源的利用情况，以供决策参考。

将应该缴纳的费用通知用户；支持用户费用上限的设置；在必须使用多个通信实体才能完成通信时，能够把使用多个管理对象的费用结合起来，是计费管理的主要功能。

计费管理提供的功能主要体现在以下几方面。

（1）以一致的格式和手段来收集、总结、分析和表示计费信息；

（2）在计算费用时应有能力选取计算所需的数据；

（3）有能力根据资源使用情况调整价目表，根据选定的价目、算法计算用户费用；

（4）有能力提供用户账单、用户明细账和分摊账单；

（5）所出账单应有能力根据需要改变格式而无须重新编程；

（6）便于检索、处理，费用可再分配。

2.2.4　网络性能管理

网络性能管理用于对管理对象的行为和通信活动的有效性进行管理。性能管理通过收集有关统计数据,对收集的数据运用一定的算法进行分析以获得系统的性能参数,以保证网络的可靠、连续通信的能力。性能管理由两部分组成:一部分是用于对网络工作状态信息的收集及整理的性能检测,另一部分是用于改善网络设备的性能而采取的动作及操作的网络控制。

网络性能管理提供的主要功能如下。

(1) 工作负荷监测、收集和统计数据;

(2) 判断、报告和报警网络性能;

(3) 预测网络性能的变化趋势;

(4) 评价和调整性能指标、操作模式和网络管理对象的配置。

2.2.5　网络安全管理

1. 网络安全管理的意义

随着人类社会生活对 Internet 需求的日益增长,网络安全逐渐成为 Internet 及各项网络服务和应用进一步发展的关键问题,特别是 1993 年以后 Internet 开始商用化,通过 Internet 进行的各种电子商务业务日益增多,加之 Internet/Intranet 技术日趋成熟,很多组织和企业都建立了自己的内部网络并将之与 Internet 联通。电子商务应用和企业网络中的商业秘密均成为攻击者的目标。

在计算机网络系统中,多个用户共处在一个大环境中,系统资源是共享的,用户终端可直接访问网络和分布在各用户处理机中的文件,数据和各种软件、硬件资源。随着计算机和网络的普及,政府、军队的核心机密和重要数据、企业的商业机密,甚至是个人的隐私都存储在互连的计算机中,而因系统原因和不法之徒千方百计地"闯入"、破坏,使有关方面蒙受了巨大的损失。因此,网络安全问题已成为当今计算机领域中最重要的研究课题之一。

2. 安全管理的基本内容

安全管理包括安全特征的管理和信息安全的管理。

安全管理提供的基本内容如下。

(1) 安全告警管理;

(2) 安全审计跟踪功能管理;

(3) 安全访问控制管理。

3. 网络安全管理的基本要素

(1) 安全策略:制定对系统进行有效管理的安全策略。

(2) 防火墙:将非法信息和非法入侵人员挡在"墙外"的一种技术。在计算机网络系统中,"防火墙"是用来限制和隔离网络用户的某些工作的一种特殊技术,安全系统对外来造访者可以通过防火墙技术来实现安全保护。

(3) 记录:将网络运行情况详细记录下来,随时进行分析。系统必须能自动记录网上的每项活动,系统管理员则采取一些特殊手段对这些记录信息进行处理,以便获得所需信息来定位入侵行为。

（4）脆弱性评价：详细分析系统的脆弱性，及时改进。

（5）物理保护：主要防止搭线窃取网络数据。物理保护指的是对计算机网络的物理设备和通信介质进行有效的保护。

（6）注册登录：注册登录的限制。

4. 网络安全技术

1）数据加密技术

数据加密技术是最基本的网络安全技术，被誉为信息安全的核心，最初主要用于保证数据在存储和传输过程中的保密性。它通过变换和置换等各种方法将被保护信息置换成密文，然后再进行信息的存储或传输，即使加密信息在存储或传输过程为非授权人员所获得，也可以保证这些信息不为其认知，从而达到保护信息的目的。该方法的保密性直接取决于所采用的密码算法和密钥长度。

2）防火墙技术

尽管近年来各种网络安全技术在不断涌现，但到目前为止防火墙仍是网络系统安全保护中最常用的技术。据公安部计算机信息安全产品质量监督检验中心对 2000 年所检测的网络安全产品的统计，在数量方面，防火墙产品占第一位，其次为网络安全扫描和入侵检测产品。

防火墙系统是一种网络安全部件，它可以是硬件，也可以是软件，也可能是硬件和软件的结合，这种安全部件处于被保护网络和其他网络的边界，比如 Intranet 与 Internet 的结合部，如图 2-1 所示。

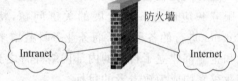

图 2-1　防火墙的连接

3）网络安全扫描技术

网络安全扫描技术是为使系统管理员能够及时了解系统中存在的安全漏洞，并采取相应防范措施，从而降低系统的安全风险而发展起来的一种安全技术。利用安全扫描技术，可以对局域网络、Web 站点、主机操作系统、系统服务以及防火墙系统的安全漏洞进行扫描，系统管理员可以了解在运行的网络系统中存在不安全的网络服务，在操作系统上存在可能导致遭受缓冲区溢出攻击或者拒绝服务攻击的安全漏洞，还可以检测主机系统中是否被安装了窃听程序，防火墙系统是否存在安全漏洞和配置错误。

4）网络入侵检测技术

网络入侵检测技术也叫网络实时监控技术，它通过硬件或软件对网络上的数据流进行实时检查，并与系统中的入侵特征数据库进行比较，一旦发现有被攻击的迹象，立刻根据用户所定义的动作做出反应，如报警、切断网络连接、通知防火墙系统对访问控制策略进行调整，或将入侵的数据包过滤掉等。

5）黑客诱骗技术

黑客诱骗技术是近几年发展起来的一种网络安全技术，通过一个由网络安全专家精心设置的特殊系统来引诱黑客，并对黑客进行跟踪和记录。这种黑客诱骗系统通常也称为"蜜罐"系统，其最重要的功能是特殊设置的对于系统中所有操作的监视和记录，网络安全专家通过精心的伪装使得黑客在进入目标系统后，仍不知晓自己所有的行为已处于系统的监视之中。为了吸引黑客，网络安全专家通常还在蜜罐系统上故意留下一些安全后门来吸引黑客上钩,或者放置一些网络攻击者希望得到的敏感信息,当然这些信息都是虚假信息。这样,当黑客正为攻入目标系统而沾沾自喜的时候,他在目标系统中的所有行为,包括输入的字符、执行的操作都已经为蜜罐系统所记录。有些蜜罐系统甚至可以对黑客网上聊天的内容进行记录。蜜罐系统管理人员通过研究和分析这些记录,可以知道黑客采用的攻击工具、攻击手段、攻击目的和攻击水平,通过分析黑客的网上聊天内容还可以获得黑客的活动范围以及下一步的攻击目标。根据这些信息,管理人员可以提前对系统进行保护。同时在蜜罐系统中记录下的信息还可以作为对黑客进行起诉的证据。

6）网络病毒的防治

病毒,曾使许多计算机爱好者身受其害,随着 Internet 的发展,病毒更是无孔不入。因此,病毒防治也是网络管理的重要内容。

2.2.6 网络容错管理

再先进的网络设备,再完善的网络管理制度,差错总是会产生的。硬盘、内存和电源故障是最常见的差错因素。当这些故障产生时,网络就会产生错误。解决硬件设备故障的有效方法是实行系统"热备份",又称系统冗余备份。

以主机为例,可以使用双机热备份的方式以提高网络系统的可靠性和稳定性,即用两台相同档次、相同性能的计算机同时运行网络操作系统,其中一台与网络连接,另一台作为备份,当连接网络的主机故障时,系统能自动切换到备份主机上继续运行,保证网络连续不断地运行。

对于极易发生故障的硬盘,通常利用硬盘组来实现冗余备份,低价格的硬盘冗余阵列(Redundant Arrays of Inexpensive Disks,RAID)便是一种典型的实现方法。它使用多个物理硬盘的群集,而对于网络操作系统表现出的是一个逻辑驱动器形式。存放在单个驱动器上的数据会自动映射到其他驱动器上,一旦某个驱动器出现故障,则可通过其他驱动器存取数据。

值得一提的是,热备份系统至少要配备两套设备,其价格比单台设备的两倍还要高,因此,在设计网络时,是否要热备份,什么地方要热备份,一定要进行认真的探讨和研究。

2.2.7 网络地址管理

我们知道,每一台联网的计算机上都安装有一块网卡 NIC,NIC 可以看作是计算机与网络的接口,计算机就是通过网卡与网络进行通信的。

为了使网络能区分每一台上网的计算机,规定任何一个生产厂商生产的网卡都分配有一个全世界唯一的编号,这种编号被称为 MAC 地址(即介质存取控制地址,又称为物理地址)。MAC 地址由 48 位二进制数组成,前 24 位代表网卡生产厂商代号,后 24 位为顺序号。

一台网上的计算机要与另一台网上的计算机通信时,需知道对方机器上的网卡 MAC 地址。我们关心的是,如何才能知道对方的 MAC 地址。每一种网络协议都有自己的寻址机制,在这里,以 TCP/IP 中的 IP 地址为例,介绍 MAC 地址的查找方法。

我们知道,IP 地址是由网络号和主机号组成的,通过网络号,就可以定位对方计算机所在的网段,主机号则可定位主机的具体位置。对于 IP 地址,通过子网掩码就可以区分其网络号部分和主机号部分。

MAC 地址的查找方式有两种：引导链接协议（BOOTP）和动态主机配置协议（DHCP）。BOOTP 的基本过程如下。

首先由发送端向网络广播一条消息，询问是否有接收端 IP 地址的配置信息，实质上是查询一张已知的 MAC 地址表，如果接收端主机的 MAC 地址在 MAC 地址表中，则 BOOTP 服务器就将与该 MAC 地址相联系的 IP 配置参数返回给发送端主机。若在 MAC 地址表中查找不到相应的 MAC 地址信息，则 BOOTP 操作失败，此时，就要用其他方法（如动态主机配置协议 DHCP）寻求 MAC 地址。

动态主机配置协议（DHCP）是一种自动分配 IP 地址的策略，DHCP 提供了一种动态分配 IP 配置信息的方法。其基本步骤是，DHCP 再次向网络发送一条消息，请求地址配置信息，由地址解析协议（ARP）返回相应的 MAC 地址信息，再由 DHCP 发送给发送端计算机。

2.2.8　软件管理

在早期的计算机网络系统中，应用软件是采用面向主机的集中管理方式，即将所有用户应用软件和数据都集中存放在一台网络主机上，各个用户终端则根据各自的使用权限来访问相应的应用软件和数据。这种管理方式最大的优点在于软件和数据能保持高度的一致性，并给软件的维护和管理带来极大的方便。但这种管理方式有其致命的弱点，一是主机负担过重，尤其是大型网络中随着用户终端数量的增加和应用软件数量的增加，系统的效率便随之下降；二是一旦网络主机故障或网络主机不开机，则用户终端无法使用相应的应用软件。分布式应用软件管理模式就是解决上述问题的有效方法，分布式管理模式就是将应用软件分别存放在用户终端上，比如有两台计算机上要用 100 个应用程序，就要求两台计算机都要安装这 100 个应用程序。分布式管理方式的弱点是，一是软件的管理和维护不方便，二是应用软件经多次维护和修改后，很难保持其软件的一致性。如何解决软件分布和软件一致性的问题，是对网络管理的一项严峻挑战。

1. 软件计量管理

软件开发商为了保护自身的利益，大多数应用软件对用户的访问数量是有限制的，即使是花高额费用购置的应用软件也是如此。

软件计量系统提供的是这样的功能：它可以自动统计出系统访问某一应用软件的用户数目，当注册的用户超过限度时，禁止新的用户访问该应用软件。所有计量软件均是在面向服务器的应用环境下工作的，但也有通过配置对面向客户的软件进行计量的。

2. 软件分布管理

前面介绍过，应用软件的集中管理方式带来了管理和维护的方便，一致性得到保证，但软件的系统效率不高，软件的分布式管理方式使得软件的使用效率提高，但软件的一致性难以得到保证。

解决这一问题可以采用折中的方法，采用多个分布式文件服务器管理模式，即在一个网络中配置多台文件服务器，每一台文件服务器为相关的一部分应用软件服务。可以这样理解，将所有的应用软件进行分类，将不同类别的应用软件分别存放在不同的文件服务器上（一台文件服务器可以存放多个类别），这样既解决了软件的一致性和管理维护的方便性，又能充分发挥网络系统的效率。

3. 软件核查管理

软件核查的主要功能就是对主机和用户终端新安装的应用软件进行监视和控制管理，监控的主要内容为：新安装软件的版本、新软件与原有软件及系统的兼容性、是否是正版软件等。其目的是保证软件的版权以及软件的兼容性和网络系统的稳定性。

软件核查方法有两种：第一种是人工核查方法，即网络管理员通过走访和调查掌握所有工作站安装的软件系统情况，这种方式的效率是很低的，尤其是很多用户经常批量地安装新软件时更是如此。第二种是自动核查的方法，即利用网络管理平台提供的自动核查组件进行软件的自动核查。

2.2.9　文档管理

文档是支持和维护网络的重要工具，所以人们把文档管理列入网络管理和重要组成部分。

网络文档管理有三项基本内容：硬件配置文档、软件配置文档和网络连接拓扑结构图。硬件配置文档是最重要的文档之一，当硬件出现故障或是系统要进行升级时，应当仔细分析当前配置，阅读相应的文档，以确保替换的设备与现有设备不会发生冲突。

硬件配置文档包括以下内容。

(1) CMOS 配置；

(2) 跳线设置；

(3) 驱动程序设置；

(4) 内存映像；

(5) 已安装类型和版本。

软件配置文档应包括以下内容。

(1) 应用程序和用户文件的目录结构；

(2) 应用程序系列号、软件许可证和购买证明；

(3) 系统启动和配置文件。

网络连接拓扑结构图应详细描绘网络服务器、工作站、网络通信设备的名称、规格、型号、位置，网络连接线缆的规格、型号及连接方式。

2.2.10　网络资源管理

网络资源管理指的是与网络有关的设备、设施以及网络操作、维护和管理人员进行登记、维护和查阅等一系列管理工作，通常以设备记录和人员登记表的形式对网络的物理资源和员工实施管理。设备记录中可以记录网络中使用的每个设备的参数设置、设备利用率统计结果、有关制造厂家的数据、备用零部件数量及其存储地等信息。存储这些设备记录的数据库及其管理系统可以是网络管理系统的一部分，也可以是网络管理系统的附加功能，甚至可以独立于网络管理系统，因为这些数据大多数都是静态的，与网络运行过程无直接关系。

网络资源除了物理设备以外，还有一些不单独成为设备的资源，如长途线路、租用线路等，这些都称为设施。设施的记录相对较简单，只需记录诸如电路的容量、条数、编号、连接头位置、载波频率、工作条件、原来的用途和上次使用结束时的状况等。这些信息有助于分析这些设施的性能变化趋势,可以预先发现故障苗头,及时修复,保证网络服务质量。

网络的操作和维护人员是网络的一个重要组成部分。在过去,人们并没有把网络操作和维护人员包括在"网络资源"管理的范畴。其实,在现代网络管理中,人与资产一样,也是很重要的,可以说人是最具有价值的网络资源之一,应该把网络操作与维护人员的管理纳入网络资源管理的内容之中。在资源管理的人员记录中可将每个员工的工作经验、受教育程度、所受专门训练等人员素质信息保存在数据库中,这些信息在分配和安排操作维护任务时将是非常有用的。

2.2.11　网络流量控制

1. 流量控制的概念

网络流量控制(Network Traffic Control)是利用软件或硬件方式来实现对网络数据流量进行控制的一种措施。它的最主要方法是引入 QoS 的概念,通过为不同类型的网络数据包标记,从而决定数据包通行的优先次序。

流量控制用于防止在端口阻塞的情况下丢帧,这种方法是当发送或接收缓冲区开始溢出时通过将阻塞信号发送回源地址实现的。流量控制可以有效地防止由于网络中瞬间的大量数据对网络带来的冲击,保证用户网络高效而稳定地运行。

流量控制又可以理解为一种流量整形,也是一项计算机网络数据交换的管理技术,从而延缓部分或所有数据包,使之符合人们所需的网络交通规则,是速率限制的其中一种主要形式。

网络流量控制提供了一种手段来控制在指定时间内(带宽限制),被发送到网络中的数据量,或者是最大速率的数据流量发送。这种控制可以实现的途径有很多,但是通常情况下,网络流量控制总是利用拖延发包来实现的,一般应用在网络边缘,以控制进入网络的流量,但也可直接应用于数据源(例如,计算机或网卡)或是网络中的一个元素。

2. 流量控制方式

网络流量控制有全双工和半双工两种方式。

(1) 在半双工方式下,流量控制是通过反向压力(Backpressure)计数实现的,这种计数是通过向发送源发送 jamming 信号使得信息源降低发送速度。

(2) 在全双工方式下,流量控制一般遵循 IEEE 802.3X 标准,是由交换机向信息源发送"pause"帧令其暂停发送。

有的交换机的流量控制会阻塞整个 LAN 的输入,这样大大降低了网络性能;高性能的交换机仅阻塞向交换机拥塞端口输入帧的端口。采用流量控制,使传送和接收结点间的数据流量得到控制,可以防止数据包丢失。

3. 网络流量控制技术

随着网络技术的快速发展,基于网络的应用越来越多、越来越复杂。种类繁多的应用正在吞噬着越来越多的网络资源,网络作为一种新的传媒载体,也正在遭受媒体的冲击。尤其是网络视频、个人媒体、传统电视等媒体向互联网的渗入使得网络中的流量急剧上升,这使运营商的运营和管理成本大幅度增长。运营商可以应用限流的方法控制网络流量,但这同时也限制了网络媒体的发展,最终不利于互联网的进一步发展。于是开发一种新的技术来控制网络流量成为一个研究热点。

现阶段互联网上的流量主要由 P2P 和 HTTP 产生,据估计这两种流量已经占到全部流量的 70% 以上,并且仍呈上升趋势。因此流量控制的重点是 P2P 和 HTTP,降低这两种协议产生的流量将有效降低网络整体流量。通过对多种网络流量控制系统的比较,然后采用一种最优的系统。将系统部署在网络出口来缓存 P2P 和 HTTP 流量,对同一种资源的后续请求将由缓存来响应,从而降低网络流量、节省带宽并提高用户体验。

2.2.12 网络路由选择策略

网络路由选择策略,是指在分组交换网络中,如何选择最佳路由的策略。网络路由选择有两种策略:静态路由选择策略和动态路由选择策略。

1. 静态路由选择策略

(1) 固定式路由选择策略:在源站和信宿之间选择一条永久的路由;每个网络结点存储一张表格,表格中每一项记录着对应某个目的结点的下一结点或链路,当一个分组到达某结点时,该结点只要根据分组上的地址信息,便可从固定的路由表中查出对应的目的结点及所应选择的下一结点。

(2) 泛洪法策略:一个分组由源站发送到与其相邻的所有结点。

(3) 泛射路由选择:又叫扩散法,一个分组由源站发送到与其相邻的所有结点,最先到达目的结点的一个或若干个分组肯定经过了最短的路径,其主要应用在诸如军事网络等强壮性要求很高的场合。

(4) 随机路由选择策略:这种选择方法又称随机徘徊法,一个分组只在与其相邻的结点中随机地选择一条转发。

2. 动态路由选择策略

(1) 独立路由选择策略:在这类路由算法中,结点仅根据自己搜到的有关信息做出路由选择的决定,与其他结点不交换路由选择信息,虽然不能正确确定距离本结点较远的路由选择,但还是能较好地适应网络流量和拓扑结构的变化。一种简单的独立路由选择算法是 Baran 在 1964 年提出的热土豆(HotPotato)算法。当一个分组到来时,结点必须尽快脱手,将其放入输出队列最短的方向上排队,而不管该方向通向何方。

(2) 集中路由选择策略:集中路由选择也像固定路由选择一样,在每个结点上存储一张路由表。不同的是,固定路由选择算法中的结点路由表由手工制作,而在集中路由选择算法中的结点路由表由路由控制中心(Routing Control Center, RCC)定时根据网络状态计算、生成并分送各相应结点。由于 RCC 利用了整个网络的信息,所以得到的路由选择是完美的,同时也减轻了各结点计算路由选择的负担。

(3) 分布路由选择策略:采用分布路由选择算法的网络,所有结点定期地与其每个相邻结点交换路由选择信息。每个结点均存储一张以网络中其他每个结点为索引的路由选择表,网络中每个结点占用表中一项,每一项又分为两个部分,即所希望使用的到目的结点的输出线路和估计到目的结点所需要的延迟或距离。度量标准可以是毫秒或链路段数、等待的分组数、剩余的线路和容量等。对于延迟,结点可以直接发送一个特殊的称作"回声(Echo)"的分组,接收该分组的结点将其加上时间标记后尽快送回,这样便可测出延迟。有了以上信息,结点可由此确定路由选择。

（4）混合式路由选择策略：综合上述各种路由选择策略的优点，通常选择两种以上的路由选择策略进行路由选择。

2.3 网络管理基本模型

一个现代网络管理模型由下面 4 个方面组成。

（1）信息模型（Information Model）：描述被管理对象，与管理信息库 MIB 有着直接的关联。

（2）组织模型（Organization Model）：描述网络管理体系结构中各要素的角色及其作用。

（3）通信模型（Communication Model）：描述为实施管理目的所需的通信方式和过程。

（4）功能模型（Function Model）：描述网络管理任务的组成结构。

2.3.1 信息模型

管理信息是指所有允许网络操作和使用的信息和数据，它在逻辑概念上的管理和存储表现为管理信息库 MIB。管理信息库及描述管理信息的信息模型构成了网络管理体系结构的核心，是网络管理系统的基础。

网络资源以对象的形式存放在管理信息库中，它们记录了可管理的网络设备的各种配置、统计、状态等重要的数据和信息，对应于被管设备（Managed Device），这些对象也被称为被管对象（Managed Object）。

被管对象在管理信息库中的存放形式被称作管理信息结构（Structure Managed Information，SMI）。目前有两个管理信息结构标准：Internet SMI 和 OSI SMI。对于 Internet SMI，网络管理信息是面向属性的，因此它没有对象的概念，它更注重简单性和可扩展性。而 OSI SMI 采用完全的面向对象方法，其被管对象与对象相关的属性、方法、事件封装而成，对象之间有继承或派生等对象关系。这两种 SMI 都用 ISO 的抽象语法表示语言 ASN.1（Abstract Syntax Notation One）描述。

一般来说，网络系统中每个可被管理的设备都包括一组或多组 MIB。MIB 定义了网络管理协议可以访问的对象。这些对象是被管理结点，如路由器、服务器等的具体变量都是关于被管理设备的网络信息或者硬件信息，网络管理实体可以通过读取 MIB 中的对象值来监视网络资源，也可以通过更改这些值来控制资源。

MIB 虽然叫作管理信息库，但不是数据库，确切地说不是通常意义上的数据库，它并不包含具体的变量值，获取变量值的方法可在网络管理代理模块中实现。

一个 MIB 其实就是一个定义文件。该文件是由网络结点的可被管理信息定义的，我们把每一个可被管理信息称为一个被管对象。文件中定义了这些对象的名称，对象的类型，对象的存取方法，关于对象的备注说明等。MIB 变量名的命名方法采用的是一种树状分级定义，如图 2-2 所示。

图 2-2 是 Internet 域名的树状结构实例，在该结构中有一个根结点 root，不同的分支对应着不同的组织及机构，从根结点下，第一层有三个结点：iso,ccitt,joint-iso-ccitt。结点 iso 下，有一个子树（org 结点）是给其他机构使用的，而这些机构之一是美国国防部（dod 结点）。

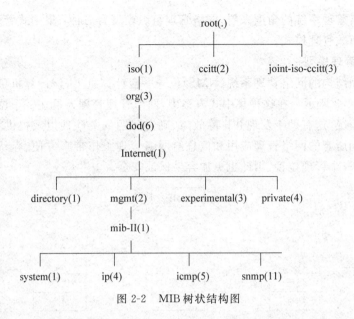

图 2-2　MIB 树状结构图

dod 下的一个子树分配给 Internet 体系结构委员会来管理。Internet 结点下定义了 4 个子树。

（1）directory：这个子树是保留给 OSI 目录服务的。

（2）mgnt：这个子树用于那些在 IAB 所批准认可的文档中定义的对象。

（3）experimental：这个子树用于标识在 Internet 实验中使用的对象。

（4）private：这个子树用于标识那些厂商单方面定义的对象。

在 MIB 结构树中，只有叶子结点的 MIB 对大家来说能被访问，每个可被访问的 MIB 对象是由对象标识符（Object IDentifier，OID）唯一确定的。对象标识符有两种表示方式：文字形式和数字形式。图中结点名称的数字表示对应结点的数字标识，当在程序中使用 MIB 变量时，每个变量名后还要加一个数字后缀，对于简单变量，后缀 0 指具有该名字的变量的实例。比如，要获取一个路由器某时刻接收的全部 IP 数据报文的个数，对应的 MIB 对象标识符如下。

文字形式：iso. org. dod. internet. mgnt. mib. ip. experimental. 0

对应的数字形式：1. 3. 6. 1. 2. 1. 4. 3. 0

2.3.2　组织模型

虽然在前面提到网络管理体系结构中有 4 个基本要素，即网络管理系统、被管对象代理、网络管理信息库和网络管理协议，但是，在网络管理标准中并没有明确规定这些部件在网络中所处的位置。网络管理的组织模型的建立就是为了描述网络管理体系结构中各要素的角色及其作用。

网络管理组织模型的建立形式主要取决于网络管理部件的分散程度和网络管理结构的自适应能力。前者指数据收集、数据处理、网络监视和网络控制等功能的分布程度。后者指灵活地配置网络管理部件以及灵活地指定某个管理功能域应该包含的被管对象等。

从面向网络管理系统的角度来看,网络管理组织模型有三种：集中式管理模式、分层式管理模式和分布式管理模式。

1. 集中式管理模型

集中式组织结构的网络管理系统(NMS)位于一台计算机上,该计算机负责所有的网络管理任务,如图 2-3 所示。在这种集中式方案中,网络管理管理人员在一个位置就可以查看到所有的网络情况,这有助于发现并排除故障、确定问题的关联性以及提供相对的安全性。从一个地点访问所有的网络管理应用和信息给网络管理工作带来方便、容易操作和安全的好处,因为仅有一个管理位置,因此也更加容易保证安全。

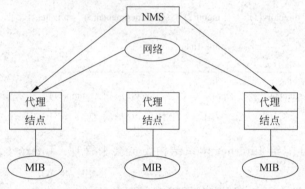

图 2-3 集中式管理模型

让所有的网络管理功能完全依赖于单一的系统并不能做到冗余或容错。理想情况下,应当在另一个物理位置保存系统的备份。随着网络部件的增加,对单一系统进行扩展以处理更多的负荷将变得越来越困难,成本也太高。这种体系结构最大的缺点是不得不从一个位置查询所有的网络设备,这会给所有连接到管理站点的网络链路以至整个网络带来过多的管理流量。如果从网络管理站点到网络的连接中断了,那就会丧失所有的网络管理功能。

2. 分层式管理模型

在分层式模式下,网管功能是分层实现的。

分层结构的主要特点如下。

(1) 不依赖单一的管理系统;

(2) 网络管理任务的分散;

(3) 在网络各处进行网络监控;

(4) 对收集到的信息数据的存储可以分层存储,也可以集中存储管理。

图 2-4 是典型的分层管理模型,在网络分层管理模型中,首先对网络进行分层,在网络管理层次的顶端是网络顶级管理中心,接下来是次级管理中心,然后逐层划分,最后到每个联网的用户。

除了顶级管理的层次之外,在网络管理的每一个层次,网络管理被划分为互不重叠的不同区域的范围,而又覆盖整个网络,每个范围又分别属于上一层次管理中心,这样就构成了分层式网络管理模式。这种管理方法有效解决了因网络跨地域给管理带来的负担,使每一层的网络管理都只负责有限的网络对象,大大减轻网络管理的负担。

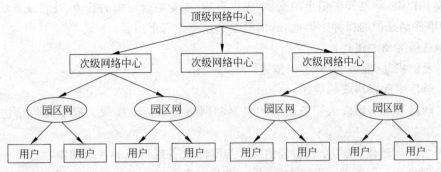

图 2-4 分层网络管理模型

3. 分布式管理模型

分布式管理模型（如图 2-5 所示）是集中式和分层式的结合。在这种模型中使用了多个对等网络管理系统（NMS），其中有一个系统是这一组对等系统的管理者。分布式管理模型的每个对等网络管理系统都带有完整的数据库，使其可以执行多种任务并向管理者提供网络运行状态。

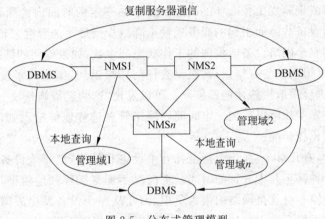

图 2-5 分布式管理模型

分布式管理模型的特点如下。

（1）不依赖单一的系统；

（2）网络管理任务的分布；

（3）网络管理监控的分布；

（4）各网络管理系统之间可以实现信息交互；

（5）任何网络地点都能够获得所有的网络信息、警报和事件；

（6）任何网络地点都能够访问所有的网络应用。

2.3.3 通信模型

网络管理涉及对地理上分散的资源的控制和监视，因此，为了在网络管理过程中实现管理信息的交换，必须要有网络管理的通信模型。

网络管理体系结构的通信模型定义了在多个网络管理系统和被管设备之间交换管理信

息的方案和机制,涉及控制信息的交换,用以影响、改变被管对象的行为、被管设备状态的查询、异步事件消息的通报等。因此,通信模型必须覆盖以下内容。

(1) 通信对象的描述;

(2) 通信机制(服务和协议)的描述;

(3) 通信中数据格式的描述;

(4) 网络管理协议嵌入服务结构的机制和网络管理协议层嵌入底层通信结构机制的描述。

在网络管理过程中,用来使管理信息库与实际设备或设施的状态和参数保持一致的方法主要有两个:一个是事件驱动方法;另一个是轮询驱动方法。事件驱动方法是由网络中的被管代理中的设备监控实体,在发现被监测设备或设施的状态和参数发生变化时,及时向管理进程报告,这种报告称为事件报告。事件报告并不意味着发生了坏事情。管理进程中一般对事件进行分类,根据事件发生时对网络服务影响的大小来划分事件的严重等级,如分成"致命事件"、"严重事件"、"轻微事件"、"一般告警"等。

轮询驱动往往可以弥补事件驱动方法的不足。当设备发生类似"掉电"的故障,或报告事件的渠道发生故障时,管理进程是无法得到此类事件报告的。所以需要有另一种措施来保证无论网络设备或设施发生什么样的故障都能够在一定的时间内检测到,以便管理进程采取措施。使因为设备故障而引起的服务质量下降减少到最小的程度。轮询是管理进程主动去逐个轮流查询整个网络设备或设施的工作状态和参数,如果返回的结果正常,则无须处理;如果返回的结果说明设备有错误,甚至没有任何结果返回,则说明了设备存在难以克服的故障,需要管理进程采取措施才能够恢复。可以发现,这两套措施是缺一不可的。轮询虽然能够保证在设备发生故障以后的一定时间内网络管理进程能够检测到,但从发生故障到被检测到的时延是比较长的。

试想,一个网络有几百个、几千个甚至几万个设备和设施,把每个设备或设施都查询一遍往往要花费几分钟甚至几十分钟的时间。更何况不能毫无停顿地轮询,否则因为轮询而造成的管理信息传输本身就是网络的很大负担,因此从一个设备发生故障至被轮询到而发现故障的平均时延可能是数十分钟的数量级。而事件报告则不同,什么时候事件发生,网络管理进程很快就会收到事件报告。由此可见,事件驱动管理方式的优点是及时性,而轮询驱动管理方式的优点则是完整性。轮询和事件报告各具特色,相辅相成。

不同的网络管理功能要求不同的通信和信息交换的能力,SNMP虽然在功能上弱于CMIS/CMIP,但考虑到实际的应用情况,一般网络管理系统采用得较多。

2.3.4 功能模型

网络管理体系结构的功能模型将所有的网络管理任务分成几个不同的功能域,并且为每个功能域定义通用的管理功能以及在一个功能域的范围内生成所要求的有帮助的功能、服务和模型。

在OSI的网络管理框架标准中,定义了5个基本的功能域:故障管理、配置管理、性能管理、计费管理和安全管理。其中,故障管理是网络管理的核心,配置管理是网络管理的基础。这5个功能是一个网络管理系统应该实现的基本功能,其他的诸如网络规划、网络设计和网络管理系统操作人员的管理等功能则由具体的网络管理系统自行实现。

思考题

2-1：网络管理的基本任务是什么?

2-2：网络管理的主要目标是什么?

2-3：网络管理的 5 大基本功能是什么?

2-4：网络故障管理的主要功能是什么?

2-5：网络性能管理的基本功能是什么?

2-6：网络管理的基本模型有哪些?

第3章 网络管理体系结构

每个计算机网络都是计算机、连接介质、系统软件和协议的组合,网络之间又互联形成更加复杂的互联网。因此,在进行网络管理系统开发时,必须用逻辑模型来表示这些复杂的网络组件,这就是本章要讲到的网络体系结构。所谓网络体系结构就是从现实复杂的网络中抽象出逻辑模型,作为网络管理系统开发的支持。

本章主要内容:

- 网络管理基础架构;
- 网络管理基本模式;
- 网络管理基本协议。

3.1 网络管理基础架构

3.1.1 网络管理架构

网络管理系统是用于实现对网络的全面有效的管理,实现网络管理目标的系统。在一个网络的运营管理中,网络管理人员是通过网络管理系统对整个网络进行管理的。概括地说,一个网络管理系统从逻辑上包括管理对象、管理进程、管理信息库和管理协议4部分。网络管理系统的逻辑架构如图3-1所示。

图 3-1 网络管理逻辑架构

1. 管理对象

管理对象是网络中具体可以操作的数据。例如,记录设备或设施工作状态的状态变量、设备内部的工作参数、设备内部用来表示性能的统计参数等;需要进行控制的外部工作状态和工作参数;为网络管理系统设计,为管理系统本身服务的工作参数等。

2. 管理进程

管理进程是一个或一组软件程序,一般运行在网络管理站(网络管理中心)的主机上,它可以在 SNMP 的支持下命令管理代理执行各种管理操作。

管理进程完成各种网络管理功能,通过各设备中的管理代理对网络内部的各种设备、设施和资源实施监测和控制。另外,操作人员通过管理进程对全网进行管理。因而管理进程也经常配有图形用户接口,以容易操作的方式显示各种网络信息,如给出网络中各管理代理的配置图等。有时管理进程也会对各管理代理中的数据集中存档,以备事后分析。

3. 管理信息库

管理信息库 MIB 用于记录网络中管理对象的信息。例如,状态类对象的状态代码、参数类管理对象的参数值等。管理信息库中的数据要与网络设备中的实际状态和参数保持一致,达到能够真实地、全面地反映网络设备或设施情况的目的。

管理信息库的结构必须符合使用 TCP/IP 的 Internet 的管理信息结构。这个 SMI 实际上是参照 OSI 的管理信息结构制定的。尽管两个 SMI 基本一致,但 SNMP 和 OSI 的 MIB 中定义的管理对象却并不相同。Internet 的 SMI 和相应的 MIB 是独立于具体的管理协议的(包括 SNMP)。

4. 网络管理协议

网络管理协议用于在管理系统与管理对象之间传递操作命令,负责解释管理操作命令。通过管理协议来保证管理信息库中的数据与具体设备中的实际状态、工作参数保持一致。

管理站和网管代理者之间通过网络管理协议进行通信,网络管理者进程通过网络管理协议来完成网络管理。目前最有影响的网络管理协议是 SNMP 和 CMIS/CMIP。它们代表了目前两大网络管理解决方案。其中 SNMP 流传最广,应用最多,获得支持也最广泛,已经成为事实上的工业标准。

在这里,以 SNMP 为例,解释网络管理协议的含义。SNMP 作为应用层协议,是 TCP/IP 协议族的一部分。SNMP 在 UDP、IP 及有关的特殊网络协议(如 Ethernet,FDDI,X.25)之上实现。SNMP 通过用户数据报协议(UDP)来操作,所以要求每个网管代理也必须能够识别 SNMP、UDP 和 IP。在管理站中,网络管理者进程在 SNMP 的控制下对 MIB 进行访问,并发布控制指令。在被管对象中,网管代理进程在 SNMP 的控制下,负责解释 SNMP 消息和控制 MIB 指令。

3.1.2　网络管理者与网管代理

1. 概述

在网络管理中,一般采用网络管理者——网管代理模型。网络管理模型的核心是一对相互通信的系统管理实体。它采用一个独特的方式使两个管理进程之间相互作用,即管理进程与一个远程系统相互作用,来实现对远程资源的控制。在这种简单的体系结构中,一个系统中的管理进程担当管理者角色,而另一个系统中的对等实体担当代理者角色,代理者负责提供对被管对象的访问。前者称为网络管理者,后者称为网管代理。无论是 OSI 的网络管理,还是 IETF 的网络管理,都认为现代计算机网络管理系统是由以下 4 个要素组成的。

(1) 网络管理者(Network Manager);

(2) 网管代理(Managed Agent);

(3) 网络管理协议 NMP(Network Management Protocol);

(4) 管理信息库 MIB(Management Information Base)。

网络管理者(管理进程)是管理指令的发出者。网络管理者通过各网管代理对网络内的各种设备、设施和资源实施监视和控制。网管代理负责管理指令的执行,并且以通知的形式向网络管理者报告被管对象发生的一些重要事件。网管代理具有两个基本功能:一是从 MIB 中读取各种变量值;二是在 MIB 中修改各种变量值。MIB 是被管对象结构化组织的一种抽象。它是一个概念上的数据库,由管理对象组成,各个网管代理管理 MIB 中属于本地的管理对象,各网管代理控制的管理对象共同构成全网的管理信息库。网络管理协议是最重要的部分,它定义了网络管理者与网管代理间的通信方法,规定了管理信息库的存储结构信息库中关键词的含义以及各种事件的处理方法。

在系统管理模型中,管理者角色与网管代理角色不是固定的,而是由每次通信的性质所决定的。担当管理者角色的进程向担当网管代理角色的进程发出操作请求,担当网管代理角色的进程对被管对象进行操作并将被管对象发出的通报传向管理者。

2. 网络管理者

网络管理者是指实施网络管理的处理实体,网络管理者驻留在管理工作站上,管理工作站通常是指工作站、PC 等,一般位于网络系统的主干或接近于主干的位置,它负责发出管理操作的指令,并接收来自网管代理的信息。网络管理者要求网管代理定期收集重要的设备信息。网络管理者定期查询网管代理收集到的有关主机运行状态、配置及性能数据等信息,这些信息将用于确定独立的网络设备、部分网络或整个网络运行的状态是否正常。

网络管理者和网管代理通过交换管理信息来进行工作,信息分别驻留在被管设备和管理工作站上的管理信息库中。这种信息交换通过一种网络管理协议来实现,具体的交换过程是通过协议数据单元(Protocol Data Unit,PDU)进行的。通常是管理站向网管代理发送请求 PDU,网管代理响应 PDU 回答,管理信息包含在 PDU 参数中。在有些情况下,网管代理也可以向管理站发送消息,这种消息叫作事件报告或通知,管理站可根据报告的内容决定是否做出回答。

管理站作为网络管理员与网络管理系统的接口,其基本要素如下。

(1) 一组具有分析数据、发现故障等功能的管理程序;

(2) 一个用于网络管理员监控网络的接口;

(3) 将网络管理员的要求转变为对远程网络元素的实际监控的能力;

(4) 一个从所有被管网络实体的 MIB 中抽取信息的数据库。

3. 网管代理

网管代理是一个软件模块,它驻留在被管设备上。这里的设备可以是工作站、网络打印机,也可以是其他网络设备。通常将主机和网络互连设备等所有被管理的网络设备统称为被管设备。网管代理的功能是把来自网络管理者的命令或信息的请求转换成本设备特有的指令,完成网络管理者的指示或把所有设备的信息返回到网络管理者,包括有关运行状态、设备特性、系统配置和其他相关信息。另外,网管代理也可以将自身系统中发生的事件主动通知给网络管理者。

网管代理就像是每个被管理设备的信息经纪人,它们完成网络管理者布置的信息收集任务。网管代理实际所起的作用就是充当网络管理者与网管代理所驻留的设备之间的信息中介。网管代理通过控制设备的管理信息库(MIB)中的信息来实现管理网络设备功能。

3.2 网络管理模式

网络管理模式分为集中式网络管理模式、分布式网络管理模式以及混合管理模式三种。它们各有自身的特点,适用于不同的网络系统结构和不同的应用环境。

3.2.1 集中式网络管理模式

集中式网络管理模式是所有网管代理在管理站的监视和控制下,协同工作实现集成的网络管理模式,如图 3-2 所示。

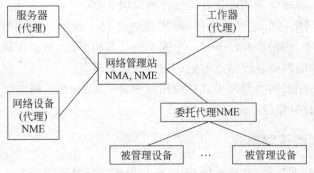

图 3-2　集中式网络管理模式

在集中式网络管理配置图中,有一个叫作委托网管代理的结点,为什么要引入托管代理呢?原因是网络中存在非标准设备,通过委托网管代理来管理一个或多个非标准设备,委托网管代理的作用是进行协议转换。

该配置中至少有一个结点担当管理站的角色,其他结点在网管代理模块(NME)的控制下与管理站通信。其中,NME 是一组与管理有关的软件,NMA 是指网络管理应用,它们之间的关系如图 3-3 所示。

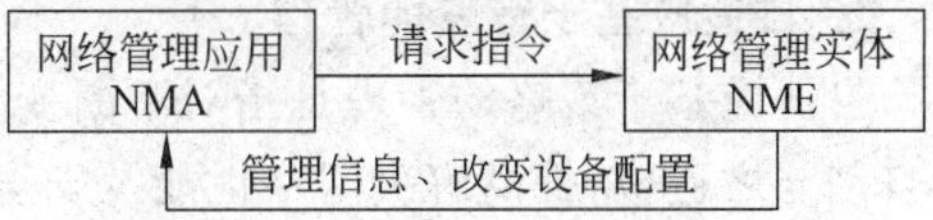

NME 的主要作用有以下 4 个方面。

(1) 收集统计信息;

(2) 记录状态信息;

(3) 存储有关信息,响应请求,传送信息;

图 3-3　NME 与 NMA 的关系

(4) 根据指令,设置或改变参数。

集中式网络管理模式在网络系统中设置专门的网络管理结点,管理软件和管理功能要集中在网络管理结点上,网络管理结点与被管结点是主从关系。

网络管理结点通过网络通信信道或专门网络管理信道与所有结点相连。网络管理结点可以对所有结点的配置、路由等参数进行直接控制和干预,可以实时监视全网结点的运行状态,统计和掌握全网的信息流量情况,可以对全网进行故障测试、诊断和修复处理,还可以对一般被管结点进行远程加载、转储以及远程启动等控制。一般被管结点定时向网络管理结点提供自己的位置信息和必要的管理信息。

从集中式网络管理模式的自身特点可以看出,集中式网络管理模式的优点是管理集中,有专人负责,有利于从整个网络系统的全局对网络实施较为有效的管理;缺点是管理信息集中汇总到网络管理结点上,导致网络管理信息流比较拥挤,管理不够灵活,管理结点如果发生故障有可能影响全网正常工作。

集中式网络管理模式适用于以下几种网络。

(1) 小型局域网络:这种网络的结点不多,覆盖范围有限,集中管理比较容易。

(2) 部门专用网络:特别是对于一些行政管理比较集中的部门,如军事指挥机关、公安系统等,集中式网络管理模式与行政管理模式匹配,便于实施。

(3) 统一经营的公共服务网:这种网络从经营、经济核算方面考虑,用集中式网络管理模式比较适宜。

(4) 专用 C/S 结构网:这种结构,客户机和服务器专用化,客户机的结构已经简化,与服务器呈主从关系,网络管理功能往往集中于网络服务器。

(5) 企业互联网络:在这种网络中,越来越多地引入各种专用网络互连设备,如路由器、桥接器、交换机等,它们本身已不是一个完整的计算机结点,但又在计算机网络中有着重要的地位,应有集中的网络管理结点对它们进行统一管理。

目前,单纯的集中式网络管理模式的应用并不常见,而分布式网络管理模式由于自身的特点则相对应用得比较广泛。

3.2.2 分布式网络管理模式

为了降低中心管理控制台、局域网连接、广域网连接以及管理信息系统人员不断增长的负担,就必须对被动式的、集中式的网络管理模式进行根本的改变。具体的做法是将信息管理和智能判断分布到网络不同结点,使得管理变得更加自动,在问题源或靠近故障源的地方能够做出最基本的故障处理决策。

分布式管理将数据采集、监视以及管理分散开来,它可以从网络上的所有数据源采集数据而不必考虑网络的拓扑结构。分布式管理为网络管理员提供了针对大型的、地理分布广泛的网络的更加有效的管理方案。分布式网络管理模式主要有以下功能。

1. 自适应基于策略的管理

自适应基于策略的管理是指对不断变化的网络状况做出响应并建立策略,使得网络能够自动与之适应,提高解决网络性能及安全问题的能力。自适应基于策略的管理减少了网络管理的复杂性,利用它,用户或者应用软件可以确定他们合适的服务质量级别以及带宽需求。例如,一个机构里的某位决策人员或某个敏感的多媒体应用,可以被认定或被确定来接受一个有保障的带宽或是高优先级别的服务。

2. 分布式的设备查找与监视

分布式的设备查找与监视是指将设备的查找、拓扑结构的监视以及状态轮询等网络管理任务从管理网站分配到一个或多个远程网站的能力。这种重分配既降低了中心管理网站的工作负荷,又降低了网络主干和广域网连接的流量负荷。

采用分布式管理,安装网络管理软件的网站可以配置"采集网站"或"管理网站"。采集网站是那些具有监视功能的网站,它们向有兴趣的管理网站通告它们所管理的网络的任何变化或拓扑结构。每个采集网站负责对一组用户可规范地称之为"域"的管理对象进行信息采集,域可以建立在一系列基准之上,包括拓扑或类型。

采集/管理网站跟踪着它们的域内所发生的网络的增加、移动和变化。在有规律的间歇期内,各网站的数据库将与同一级或高一级的网站进行同步调整。这就使得网址的信息系统管理员在监控他们自己资源的同时,也让全网络范围的管理员了解所有设备的现有状况。采集网站与管理网站之间的数据复制实际上也使得在网络上的任何控制台都能够看到整个网络设备的最新状况。

3. 智能过滤

为了在非常大的网络环境中限制网管信息流量超负荷,分布式管理采用了智能过滤器来减少网管数据。通过优先级控制,不重要的或不良的数据就会从系统中排除,从而使得网络控制台能够集中处理高优先级的事务,如趋势分析和容量规划等。为了在系统中不同地点排除不必要的数据,分布式管理采用以下4种过滤器。

（1）设备查找过滤器：规定采集网站应该查找和监视哪些设备。

（2）拓扑过滤器：规定哪些拓扑数据被转发到哪个管理网站上。

（3）映像过滤器：规定哪些对象将被包容到相应的管理网站的映像中去。

（4）报警和事件过滤器：规定哪些报警和事件被转发给任意优先级的特定管理，目的是排除掉那些与其他控制台无关的事件。

4. 轮询引擎

轮询引擎可以自动地和自主地调整轮询间隙，从而在出现异常高的读操作或网络出现故障时，获得对设备或网段的运行及性能的更加明了的显示。

5. 分布式管理任务引擎

分布式管理任务引擎可以使网络管理更加自动，更加独立。其典型功能包括：分布式软件升级及配置、分布式数据分析、分布式 IP 地址管理。

6. 分布式网络管理模式的优点

（1）提供网络的可扩展性，以适应全新的、不断扩大的网络应用。分布式管理的根本属性就是能容纳整个网络的增长和变化，这是因为随着网络的扩展，智能监视及任务职责会同时不断地被分布开来。

（2）降低网络管理的复杂性。随着网络结点在数量上的增多，网络结构变得更加复杂，如果在唯一的一台工作站上监视数以万计的结点显然是行不通的。本地管理控制台能够针对相应网段出现的问题，迅速有效地采取修正行动，能够有效地避免因问题由小变大，最后导致大面积网络瘫痪的状况。

（3）网络管理的响应时间更快，性能更好。分布式管理还极大地减少了由网络管理生成的流量开销，其结果是网络的总体性能变得更好。

（4）提供网络管理信息共享能力。分布式管理最重要的特性之一就是能提供共享“状态、监视及拓扑映像”信息的能力。这种智能的分布式网络管理信息共享极大地减轻了中心管理网站对内存及 CPU 资源的需求，同样重要的是，它还使得管理信息系统人员能够在企业网的任何地方，显示特定的状态、监视以及拓扑映像信息。

7. 分布式网络管理模式的适应范围

（1）通用商用网络。国际上流行很广的一些商用计算机网络，如 DECnet、TCP/IP 网、SNA 网等，就其管理模式而言，都属于上述分布式网络管理模式，因为它们并不设置专门的网络管理结点，但仍可保证网络的正常运行，因而可以比较方便地适应各种网络环境的配置和应用。

（2）对等 C/S 结构网络。对等 C/S 结构意味着网络中各结点基本上是平等、自治的，因而也便于实施分布式网管体制。

（3）跨地区、跨部门的互联网络。这种网络不仅覆盖范围广、结点数量大，且跨部门甚至跨国界，难以实现集中管理。因此，分布式网络管理模式是互联网络的管理模式。

3.2.3　混合网络管理模式

所谓混合管理模式就是集中式管理模式和分布式管理模式相结合的产物。

现代计算机网络系统正向进一步综合、开放的方向发展。因此，网络管理模式也在向分布式与集中式相结合的方向发展。集中或分布的网络管理模式，分别适用于不同的网络环境,各有其优点和缺点。目前,计算机网络正向着局域网与广域网结合、专用网与公用网结合、专用 C/S 与互动 B/S 结构结合的综合互联网方向发展。计算机网络的这种发展趋势,促使网络管理模式也向集中式与分布式相结合的方向发展,以便取长补短,更有效地对各种网络进行管理。按照系统科学理论,大系统的管理不能过分集中,也不能过于分散,宜采用集中式与分布式相结合的混合网络管理模式,应采用以下管理策略和方法。

(1) 以分布管理模式为基础,指定某个或某些结点为网络管理结点,指定专人负责,给予其较高的特权,可以对网络中其他结点进行监控管理,其他结点的报告信息也向指定结点汇总。

(2) 部分集中,部分分布。网络中计算机结点,尤其是处理能力较强的中、小型计算机,仍按分布式管理模式配置,它们相互之间协同配合,实行网络分布式管理,保证网络的基本运行。同时在网络中又设置专门的网络管理结点,重点管理那些专用网络设备,同时也对全网的运行进行有效的监控,这种集中式与分布式相结合的网络管理模式是在多企业网络中自然形成的一种网管体制。

(3) 联邦制管理模式。这经常出现在一些大型跨部门、跨地区的互联网结构中,各部分有自己的网络,往往各有自己相对集中的管理模式,但整个互联网,并没有一个总的集中管理实体,在一般情况下,相互之间并不干预,当涉及互联网正常运行、安全和性能优化等全局问题时,可通过各部门网络管理之间的通信来协调解决。这类似于一种联邦制国家之间的协调关系。

(4) 分级网中的分级管理。一些大型部门、企业的行政体制就是一种分级树状管理模式,如政府机关、军事、银行、邮电、石油等部门和系统,它们的内部关系就是一种分级从属关系;因此,这些部门所建的计算机网络,在管理模式上也自然需要一种分级管理模式与之适应。在这种分级管理模式中基层部门的网络,有自己相对独立和集中的管理,它们的上级部门,也有自己的网络管理,同时对它们的下属网络具有一定的指导以及干预能力。

3.2.4 网络管理软件结构

网络管理软件包括三部分:用户接口软件、管理专用软件和管理支持软件。

1. 用户接口软件

用户通过网络管理接口与管理专用软件交互作用,监视和控制网络资源。接口软件不但存在于管理主机上,而且也可能出现在网管代理系统中,以便对网络资源实施本地配置、测试和排错。

若要实施有效的网络管理,用户接口软件应具备下列特点。

(1) 统一的用户接口。不论主机和设备出自何方厂家,运行什么操作系统,都需要统一的用户接口,这样才可以方便地对异构型网络进行监控。

(2) 具备一定的信息处理能力。对大量的管理信息要进行过滤、统计、求和,甚至进行简化,以免传递的信息量太大而阻塞网络通道。

(3) 图形用户界面。具有非命令行或表格形式的用户操作维护界面。

2. 管理专用软件

复杂的网络管理软件可以支持多种网络管理应用,如配置管理、性能管理和故障管理等。这些应用可以适用于各种网络设备和网络配置。

网络管理软件结构还表达了用大量的应用元素支持少量管理应用的设计思想。应用元素实现初等的通用管理功能(例如产生报警,对数据求和等),可以由多个应用程序调用。根据传统的模块化设计方法,还可以提高软件的重用性,产生高效率的实现。网络管理软件利用这种服务接口可以检索设备信息,设置设备参数,网管代理则通过服务接口向管理站通告设备事件。

3. 管理支持软件

管理支持软件包括 MIB 访问模块和通信协议栈。网管代理中的 MIB 包含反映设备配置和设备行为的信息,以及控制设备操作的参数。管理站的 MIB 中除保存本地结点专用的管理信息外,还保存着管理站控制的所有网管代理的有关信息。MIB 访问模块具有基本的文件管理功能,使得管理站或网管代理可以访问 MIB,同时该模块还能把本地的 MIB 数据转换成适用于网络管理系统传送的标准格式。通信协议栈支持结点之间的通信。由于网络管理协议位于应用层,原则上任何通信体系结构都能胜任,虽然具体的实现可能有特殊的通信要求。

3.3　网络管理基本协议

3.3.1　简单网络管理协议 SNMP

1. SNMP 概述

简单网络管理协议(Simple Network Management Protocol,SNMP)的体系结构分为 SNMP 管理者(SNMP Manager)和 SNMP 代理者(SNMP Agent),每一个支持 SNMP 的网络设备中都包含一个网管代理,网管代理随时记录网络设备的各种信息,网络管理程序再通过 SNMP 通信协议收集网管代理所记录的信息。从被管理设备中收集数据有两种方法:一种是轮询(Polling)方法;另一种是基于中断(Interrupt Based)的方法。

SNMP 使用嵌入到网络设施中的代理软件来收集网络的通信信息和有关网络设备的统计数据。代理软件不断地收集统计数据,并把这些数据记录到一个管理信息库(MIB)中,网络管理员(简称网管员)通过向代理的 MIB 发出查询信号可以得到这些信息,这个过程就叫轮询。为了能够全面地查看一天的通信流量和变化率,网络管理人员必须不断地轮询 SNMP 代理,每分钟就要轮询一次。

SNMP 的体系结构是从早期的简单网关管理协议(Simple Gateway Management Protocol,SGMP)发展而来的,是 Internet 组织用来管理 TCP/IP 互联网和以太网的。

2. SNMP 的基本组成

SNMP 管理模型由三个部分组成:管理代理(Agent)、管理进程(Manager)和管理信息库(MIB),如图 3-4 所示。

1) 管理代理

管理代理是一种软件,在被管理的网络设备中运行,负责执行管理进程的管理操作。管理代理直接操作本地信息库(MIB),如果管理进程需要,它可以根据要求改变本地信息库或提取数据传回到管理进程。管理代理的作用主要如下。

每个管理代理拥有自己的本地 MIB,一个管理代理管理的本地 MIB 不一定具有

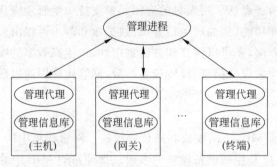

图 3-4　SNMP 基本结构图

Internet 的全部内容,而只需要包括与本地设备或设施有关的管理对象。

管理代理有以下两个基本功能。

(1) 在 MIB 中读取各种变量值;

(2) 在 MIB 中修改各种变量值。

这里的变量值也就是管理对象。

2) 管理进程

管理进程是用于对网络中的设备和设施进行全面管理和控制的软件。

3) 管理信息库

管理信息库用于记录网络中管理对象的信息。

SNMP 更多内容详见第 4 章。

3.3.2　域名服务 DNS

1. DNS 的引入

1) DNS 的基本概念

在引入 DNS(Domain Name System,域名系统)以前,网络上的用户需要维护一个 HOSTS 配置文件,这个文件包括当此工作站和网络上的其他系统通信时所需要的一切信息。每台机器的 HOSTS 文件需要手工单独更新,几乎没有自动配置。

HOSTS 文件包括名字和 IP 地址的对应信息。当一台计算机需要定位网络上的另一台计算机时,就会查看本地 HOSTS 文件,如果在 HOSTS 文件中没有关于此计算机的表项,说明其不存在。域名服务 DNS 改变了这一切,DNS 允许系统管理员使用一个服务器作为 DNS 主机。

DNS 就如其组织结构分层一样,从顶级 DNS 根服务器向下延伸,并把名字和 IP 地址传播到遍布世界的各个服务器上。DNS 服务器不在本地存储全部的名字和 IP 地址的映射,一旦 DNS 服务器在自身的数据库中没有找到 IP 地址,它会请求上一级 DNS 服务器查看是否能找到这 IP 地址,这个过程会继续下去直到找到答案或超时出错。

用户有一个顶级域,如 COM 或 EDU。顶级域又称为通用名,因为它们包含层次在其下面的域和子域,它们非常像树根。从顶级移至中间级,中间域名的例子包括 coke. com、whitehouse. gov 以及 dimey. com。除美国之外,所有网站的域名都必须指定国家和地区域。如 www. bbc. co. uk 是指 BBC 的 Web 站点,是一个商业站点(这里 co 和 com 相似)位于英国(UK)。

2）DNS 的使用方式

为了把一个名字映射成 IP 地址,应用程序调用一种名叫解析器(Resolver)的库过程,参数为域名。解析器将 UDP(用户数据报协议)分组传送到本地 DNS 服务器上,本地 DNS 查找名字并将 IP 地址返回给解析器,解析器再把它返回给调用者。有了 IP 地址,程序就可以和目的方建立 TCP 连接,或者向它发送 UDP 分组信息。

2. DNS 域名空间

DNS 的域名空间是由树状结构组织的分层域名组成的集合。

DNS 域名空间树的最上面是一个无名的根(root)域,在根域之下就是顶级域名,如 com、edu、gov、org、mil、net 等。所有的顶级域名都由 InternetNIC(Internet 网络信息中心)控制。表 3-1 列出的是 DNS 常用顶级域名。

表 3-1　常用 DNS 顶级域名

域名字	含　义	域名字	含　义
com	商业组织	net	网络组织和 ISP(Internet 服务供应商)等
edu	教育机构	org	非商业组织
gov	政府部门	cn	用于国家代码的域名,cn 表示中国
mil	军队组织		

顶级域名主要分为两类：组织性域和地域性域。

顶级域名之下是二级域名。二级域名通常是由顶级域名管理中心授权的。一个拥有二级域名的单位可以根据自己的情况再将二级域名分为更低级的域名授权给单位下面的部门,如图 3-5 所示。

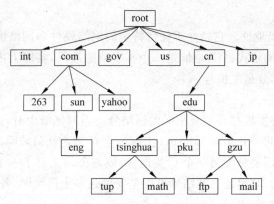

图 3-5　Internet 域名结构

DNS 域名树的最下面的叶结点为单个的计算机,域名的级数通常不多于 5 个。

在 DNS 树中,每一个结点都用一个简单的字符串(不带点)标识。这样,在 DNS 域名空间的任何一台计算机都可以用从叶结点到根的结点标识,中间用点"."连接的字符串来标识：叶结点名.三级域名.二级域名.顶级域名。

3. 域名服务器

域名服务器负责管理存放主机的 IP 地址以及域名和 IP 地址映射表。域名服务器分布在不同的地域,它们之间通过特定的方式进行联络,这样可以保证用户通过本地的域名服务器查找到 Internet 上所有的域名信息。

所有域名服务器的数据库文件中的主机和 IP 地址的集合构成 DNS 域名空间。

4. 域名解析服务

DNS 域名服务在 Internet 中起着至关重要的作用,其他任何服务都依赖于域名服务。因为任何服务都需要进行域名到 IP 地址,或 IP 地址到域名的转换,也就是所谓的域名解析。

Internet 上的域名服务器也是按照层次来安排的。每个域名服务器只对域名体系中的一部分进行管理。例如,根服务器(Root Server)用来管理顶级域(如 com)。根服务器并不直接对顶级域下面所属的所有域名进行转换,但根服务器一定能够找到所有的二级域名服务器,如图 3-5 所示。

Internet 允许各个单位和部门根据本单位的具体情况,将本单位的域名划分为若干域名服务器管理区,并在各个管理区设置相应的授权服务器。

3.3.3 网间网协议 IP

1. IP 协议概述

网间网协议 IP(Internet Protocol),又称网际协议,是在由网络连接起来的源计算机和目的计算机之间的信息传送协议。它提供对数据大小的重新组装功能,以适应不同网络对报文的要求。IP 的任务是把数据从源传送到目的地,不负责保证传送的可靠性和流量控制。

IP 分组分为头和数据区。分组的头包含源和目的地址(IP 地址)。IP 分组可以为任意长度(1~256B),当它们从一台机器移动到另一台机器时,必须放在物理网络帧中进行传输。

IP 地址是一个逻辑地址。它独立于任何特定的网络硬件和网络配置,不管物理网络的类型如何,它都有相同的格式。IP 地址是一个 4 字节的数码,实际上由两部分合成,第一部分是 IP 网络号,第二部分是主机号。

2. 子网

一个网络上的所有主机都必须有相同的网络号。当网络增大时,这种 IP 编址特性会引发问题。例如,一个公司一开始在 Internet 上有一个 C 类地址局域网。一段时间后,其机器数超过了 254 台,因此需要分配另一个 C 类地址;或该公司又有了一个不同类型的局域网,需要与原先网络不同的 IP 地址。其结果可能是要创建多个局域网,各个局域网都有它自己的路由器和 C 类网络地址。

随着各个局域网的增加,管理成了一件很困难的工作。每次安装新网络时,系统管理员就向网络信息中心 NIC 申请一个新的网络号。然后该网络号必须向全世界公布;而且当把机器从一个局域网上移到另一个局域网上必须更改 IP 地址,又需要修改其配置文件并向全世界公布其 IP 地址。

解决这个问题的办法是:在网络内部分成多个组,但对外仍是一个单独网络,这样的分组作子网。

一个被子网化的 IP 地址实际包含三部分:网络号、子网号、主机号。其中,子网号和主机号是由原先 IP 地址的主机地址部分分割成两部分得到的。因此,用户分子网的能力依赖于被子网化的 IP 地址类型。IP 地址中主机地址位数越多,就能划分更多的子网和主机。然而,子网减少了能被寻址主机的数量,实际上是把主机地址的一部分用于子网号。子网由伪 IP 地址(又称"子网掩码")标识。

在网络外部,子网是不可见的,因此分配一个新子网不必与 NIC 联系,也不需改变外部数据库。

使用 A 类和 B 类 IP 地址的单位可以把它们的网络划分成若干个部分,每个部分称为一个子网。每个子网对应于一个下属部门或一个地理范围(如一座或一个小院的数栋办公楼),或者对应一种物理通信介质(如以太网,点到点连接线路或 X.25 网)。它们通过网关互联或进行必要的协议转换。

划分子网以后,每个子网看起来就像一个独立的网络。对于远程的网络而言,它们不知道这种子网的划分。在单位网络内部,IP 软件识别所有以子网作为目的地的地址,将 IP 分组通过网关从一个子网传输到另一个子网。当一个 IP 分组从一台主机送往另一台主机时,它的源地址和目标地址被掩码,子网掩码的主机号部分是 0,网络号部分的二进制表示码是全 1,子网号部分的二进制表示码也是全 1。因此,使用 4 位子网号的 B 类地址的子网掩码是 255.255.240.0。

3. IP 地址转换

对于小型网络,可以使用 TCP/IP 体系提供的叫作 HOSTS 的文件来进行从主机域名到 IP 地址的转换。文件 HOSTS 上有许多主机名字到 IP 地址的映射,供主叫主机使用。

对于大型网络,则可在网络的几个地方放置域名系统(DNS)服务器,分层次存放主机域名到 IP 地址转换的映射表。

IP 地址到物理地址的转换由地址转换协议(ARP)来完成。由于 IP 地址是 32 位,而局域网的物理地址(即 MAC 地址)是 48 位,因此它们之间不是简单的转换关系。

3.3.4　传输控制协议 TCP

1. TCP 的基本概念

传输控制协议(Transmission Control Protocol,TCP)是一个基于连接的可靠传输协议,TCP 处于应用层和网络层之间,实现端到端的通信,也可以说传输控制协议是端服务协议。

如果一个报文段较大,路由器将其分解为多个报文段,每个新的报文段都有自己的 TCP 头和 IP 头,所以通过路由器对报文段进行分解会增加系统的总开销。

TCP 实体的基本协议是滑动窗口协议。当发送方传送一个报文段时,还要启动计时器。当该报文段到达目的地后,接收方的 TCP 实体给发送端发送一个报文段,其中包括一个确认序号,该序列号等于收到的下一个报文段的顺序号。如果发送方的定时器在确认信息到达之前超时,发送方会重发该报文段。

TCP 为它的高层协议数据流中的每一字节都分配一个顺序号。在与对等 TCP 交换报文段时,即给这些段附加控制信息,包括该段中第一个字节的顺序号以及该段中所有数据字节的个数。这样就使得接收端 TCP 能将这些段还原成一个不间断的数据流发送给它的高层协议。

当需要重传一系列报文段时,TCP 可以方便地对数据进行重新封装。为了提高线路通信效率,往往需要传输的段尽可能大一些,从而降低报文段头部信息相对于用户数据的比例。

图 3-6 表明了从发送方的高层协议通过 TCP 到达接收方的高层协议的数据传输过程。

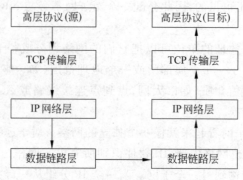

图 3-6　TCP/IP 报文段传输过程

TCP/IP 报文段的传输过程说明如下。

(1)发送方的高层协议发出一个数据流给它的 TCP 实体进行传输。

(2)TCP 将数据流分成段。可提供的传输措施包括:全双工式的定时重传、顺序传递、安全性指定和优先级指定、流量控制、错误检测等。

(3)IP 对这些报文段执行其服务过程,包括创建 IP 分组、数据报分割等,并在数据报通过数据链路层和物理层后经过网络传给接收方的 IP。

(4)接收方的 IP 在可能采取校验和重组分段的工作后,将数据报变成段的形式发送给接收方的 TCP。

(5)接收方的 TCP 完成它自己的服务,将报文段恢复成它原来的数据流形式,发送给接收方的高层协议。

TCP 的特点如下。

(1)面向连接;

(2)可靠的数据传递;

(3)具有流量控制能力;

(4)具有拥塞控制能力;

(5)只支持点到点的连接,不支持点到多点(组播)的连接。

2. 端口和套接字

UDP 和 TCP 都使用了应用层接口处的端口与上层的应用进程进行通信。为了识别不同的应用进程,TCP 中引进了端口和套接字的概念,每个端口有一个 16 位标识符,称为端口号。当传输层收到了互联网络层提交上来的数据时,就要根据其首部中的端口号来决定应当通过哪一个端口把数据上交给接收此数据的应用进程。

一个 TCP 连接由通信双方的套接字确定。而且套接字为通信双方的输入和输出所用,因而是全双工式的。从 TCP 的规定来看,端口与任何进程可自由进行连接,这是实现 TCP 的各操作系统环境自己的事情。不过还是有一些基本的约定。例如,对一些公共的服务规定使用固定的端口号,FTP 的端口号为 20 和 21、Telnet 的端口号为 23、SMTP 的端口号为

25、HTTP 的端口号为 80。

3. TCP 服务

尽管 TCP 和 UDP 都使用相同的网络层(IP),TCP 却向应用层提供与 UDP 完全不同的服务。TCP 提供一种面向连接的、可靠的字节流服务。

面向连接表明两个使用 TCP 的应用(通常是一个客户和一个服务器)在彼此交换数据之前必须先建立一个 TCP 连接会话。这一过程与打电话很相似,先拨号振铃,等待对方摘机应答后,然后才自我介绍和交流。

在一个 TCP 连接中,仅有两方进行通信。TCP 通过下列方式保证传输的可靠性。

(1) 应用数据分割成 TCP 认为最适合发送的数据块。而 UDP 应用程序产生的数据报长度将保持不变。由 TCP 传递给 IP 的信息单位称为报文段或段。

(2) 当 TCP 发出一个段后,启动定时器,等待目的端确认收到这个报文段。如果不能及时收到一个确认(即超时),将重发这个报文段。

(3) 当 TCP 收到发自 TCP 连接另一端的数据,将发送一个确认。

(4) TCP 将保持其首部和数据的校验和。这是一个端到端的校验和,目的是检测数据在传输过程中是否发生了变化。如果收到段的校验和有差错,TCP 将丢弃这个报文段和否认应答,希望发送端超时并重发。

(5) 由于 TCP 报文段作为 IP 数据报来传输,而 IP 数据报的到达可能会失序,因此 TCP 报文段的到达也可能会失序。如果必要,将对收到的数据进行重新排序,并将收到的数据以正确的顺序交给应用层。

(6) 由于 IP 数据报会发生重复(这是由于未及时收到"确认"消息所引起的),TCP 的接收端必须丢弃重复的数据。

(7) TCP 还能提供流量控制。TCP 连接的每一方都有固定大小的缓冲空间。TCP 的接收端只允许另一端发送接收端缓冲区所能接纳的数据,这将能有效地防止快发慢收而致使接收方主机的缓冲区溢出。

3.3.5 用户数据报协议 UDP

用户数据报协议(User Datagram Protocol,UDP)采取无连接方式提供高层协议间的事务处理服务,允许互相发送数据报。也就是说,UDP 是在计算机上规定用户以数据报方式进行通信的协议。UDP 与 IP 的差别在于,一般用户无法直接使用 IP,而 UDP 是普通用户可直接使用的,故称为用户数据报协议。UDP 必须在 IP 上运行,即它的下层协议是以 IP 作为前提的。

由于 UDP 是一种无连接的数据报投递服务,所以不能保证可靠投递。它与远方的 UDP 实体不建立端到端的连接。而只是将数据报送上网络,或者从网上接收数据报。UDP 根据端口号对若干个应用程序进行多路复用,并能利用校验和检测数据的完整性。

与传输控制协议 TCP 类似,一台计算机上的应用程序和 UDP 的接口是 UDP 端口。这些端口是从 0 开始的数字编号,每种应用程序都在属于它的固定端口上等待来自其他计算机的客户的服务请求。例如,简单网络管理协议(SNMP)服务方(又称代理)总是在 161 号端口上等待远方客户的服务请求。一台计算机只能有一个 SNMP 代理程序。当某台计算机的客户请求 SNMP 服务时,就把请求发到备有这一服务的目标计算机的 161 号 UDP

端口。

UDP 保留应用程序定义的报文边界,它从不把两个应用报文组合在一起,也不把单个应用报文划分成几个部分。也就是说,当应用程序把一块数据交给 UDP 发送时,这块数据将作为独立的单元到达对方的应用程序。例如,如果应用程序把 5 个报文交给本地 UDP 端口发送,那么接收方的应用程序就需要从接收方的 UDP 端口读 5 次,而且接收方收到的每个报文的大小都和发出的报文大小一致。

一个 TCP/IP 主机的 UDP 模块必须具备产生和验证 UDP 校验和的功能。一个应用程序使用服务时可以选择是否产生 UDP 校验和,默认值是否需要产生。当 IP 模块收到一个 IP 分组并且发现该分组的头部类型(type)段标明为 UDP 时,就将其中的 UDP 数据报传给 UDP 模块。UDP 模块接收由 IP 模块传来的 UDP 数据报,并检测 UDP 校验和。如果校验和是 0,就表明发送方没有计算 UDP 校验和。如果校验和非 0,且检测的结果不正确,则 UDP 模块必须抛弃该数据报。如果校验和有效,UDP 模块就检测该数据报的目标端口号,如果因其端口号与本地的一个应用程序被指定的端口号符合,就将数据中的应用报文放入队列,让相关的应用程序来读取。

UDP 数据报的格式如图 3-7 所示。

0	15	16	31
UDP源端口号		UDP目标端口号	
UDP报文长度		UDP校验和	
数据			
...			

图 3-7　UDP 数据报格式

字段说明:

(1) UDP 源端口号:发送端端口号是任选项。该端口号若被指定,当接收进程返回数据时,这些数据就不会被别人得到。若不想指定这个域时,将其值设置为 0 即可。

(2) UDP 目标端口号:该端口号用以在等待数据报的进程之间进行多路分离,也就是具有接收主机内与特定应用进程相关联的地址的意义。

(3) UDP 报文长度:表示数据报头及其后面数据的总长度。最小值是 8 字节,即 UDP 数据报头长度。

(4) UPD 校验和:根据 IP 分组头中的信息作出伪数据报头,跟 UDP 数据报头和数据一起进行 16 位的校验和计算。对数据为奇数字节的情况,增加一个全 0 字节使其成为偶数字节后再行计算。校验和计算的方法与 IP 中所使用的校验和计算方法相同。当校验和的结果为 0 时,将其所有位都置成 1。伪报头是放在 UDP 报头前边的,其格式如图 3-8 所示。

发送方IP地址		
接收方IP地址		
0	协议标识符	UDP长度

图 3-8　计算 UDP 校验和时使用的 12 字节的伪报头

使用伪报头的目的在于验证 UDP 数据报是否已到达它的正确报宿。理解伪报头的关键是,要认识到正确报宿的组成包括互联网中一台唯一的计算机和这个计算机上唯一的协议端口。UDP 报头本身只是确定了协议端口的编号,因而,为验证报宿,发送方计算机的 UDP 要计算一个校验和,这个校验和包括报宿主机的 IP 地址,也包括 UDP 数据报。

在目的地,UDP 使用从运载 UDP 报文的 IP 分组头中得到的目标 IP 地址验证校验和,如果校验和一致,那么数据报确实到达所希望的报宿主机和这个主机内的正确协议口。

在伪报头中标有发送方 IP 地址和接收方 IP 地址的字段,分别包括报源 IP 地址和报宿 IP 地址,这两个地址在发送 UDP 数据报时都要用到。协议标识符段包括 IP 分组的协议类型码,对于 UDP 应该是 17。标明 UDP 长度的段包括 UDP 数据报长度(不包括伪报头)。为验证校验和,接收者必须从当前 IP 分组头中提取这些段,把它们汇集到伪 UDP 报头格式中,再重新计算这个校验和。

UDP 在 TCP 及 Internet 的名字服务等应用中使用。在 UNIX 上,UDP 也在一些检测网络用户的命令中使用。Sun Microsystems 公司开发的 NFS(Network File System)也是在 UDP 上实现的。由于 UDP 简单,在每个系统中运行时网络负载很轻,故有利于大量数据的高速传送。

UDP 的特点如下。

(1) 无连接操作;

(2) 传输不可靠;

(3) 无流量控制和拥塞控制;

(4) 在 UDP 分组头中的源端口号及目的端口号提供了一种简单的复用/解复用服务;

(5) 支持点到点和点到多点(组播)的传输。

3.3.6 Internet 控制报文协议 ICMP

如果一个网关不能为 IP 分组选择路由,或者不能递交 IP 分组,或者这个网关测试到某种不正常状态,例如,网络拥挤影响 IP 分组的传递,就需要使用 Internet 控制报文协议(Internet Control Message Protocol,ICMP)来通知源发主机采取措施,避免或纠正这类问题。

ICMP 也是在网络层中与 IP 一起使用的协议,ICMP 通常由某个监测到 IP 分组中错误的站点产生。从技术上说,ICMP 是一种差错报告机制,这种机制为网关或目标主机提供一种方法,使它们在遇到差错时能把差错报告给原始报源。例如,如果 IP 分组无法到达目的地,那么就可能使用 ICMP 警告分组的发送方:网络、机器或端口不可到达。ICMP 也能通知发送方网络出现拥挤。

ICMP 是互联网协议(IP)的一部分,但 ICMP 是通过 IP 来发送的。ICMP 的使用主要包括下面三种情况。

(1) IP 分组不能到达目的地;

(2) 在接收设备接收 IP 分组时,缓冲区大小不够;

(3) 网关或目标主机通知发送方主机,如果这种路径确实存在,应该选用较短的路径。

ICMP 数据报和 IP 分组一样不能保证可靠传输,因此,ICMP 信息有可能丢失。为了防止 ICMP 信息无限地连续发送,对 ICMP 数据报传输的问题不能再使用 ICMP 传输。另外,对于被划分成片的 IP 分组而言,只对分组偏移值等于 0 的分组片(也就是第一个分组片)才能使用 ICMP。

ICMP 报文有两种：一种是错误报文，另一种是信息报文。错误报文是当报文在传输过程中发生错误时(如超时)所产生的 ICMP 报文，而信息报文则用于查询(请求)或通告(应答)网络运行状态而产生的 ICMP 报文(如 ping 命令的请求报文与应答报文、路由的请求与应答报文)。每个 ICMP 报文的开头都包含 4 个字段：1 字节的类型字段、1 字节的编码字段和 2 字节的校验和字段。8 位的类型字段标志报，表示不同的 ICMP 报文。16 位的校验和的算法与 IP 头的校验和算法相同，但检查范围限于 ICMP 报文结构。

表 3-2 表明了 ICMP 8 位类型字段定义的部分常用报文的名称，每一种都有自己的 ICMP 头部格式。

表 3-2　常用 ICMP 报文类型表

类型字段	ICMP 报文
0	回送应答(用于 Ping 命令)
3	无法到达目的地
4	抑制报源(拥挤网关丢弃一个 IP 分组时发给报源)
5	重导向路由
8	回送请求(用于 Ping 命令)
11	IP 分组超时
12	一个 IP 分组参数错
13	时间戳请求
14	时间戳应答
15	信息请求(已过时)
17	地址掩码请求(发给网关或广播)
18	地址掩码应变(网关回答子网掩码)

回送请求报文(类型＝8)用来测试发送方到达接收方的通信路径。在许多主机上，这个功能叫作 ping。发送方发送一个回送请求报文，里面包含一个 16 位的标识符及一个 16 位的序列号，也可以将数据放在报文中传输。当目的地址机器收到报文时，把源地址和目标地址倒过来，重新计算校验和，并传回一个回送应答(类型＝0)报文，在有的情况下数据字段中的内容也要返回给发送方。

3.3.7　Internet 组管理协议 IGMP

TCP/IP 传送形式有三种：单目传送、广播传送和多目传送(组播)。

单目传送是一对一的，广播传送是一对多的，组内广播也是一对多的，但组员往往不是全部成员，因此可以说组内广播是一种介于单目与广播传送之间的传送方式，称为多目传送，也称为组播。

对于一个组内广播应用来说，假如用单目传送实现，则采用端到端的方式完成，如果小组内有 n 个成员，组内广播需要 $n-1$ 次端到端传送，组外对组内广播需要 n 次端到端传送；

假如用广播方式实现,则会有大量主机收到与自己无关的数据,造成主机资源和网络资源的浪费。因此,IP 协议对其地址模式进行扩充,引入多目编址机制以解决组内广播应用的需要。

IP 协议引入组播之后,有些物理网络技术开始支持多目传送,如以太网技术。当多目跨越多个物理网络时,便存在多目组的寻径问题。传统的网关是针对端到端而设计的,不能完成多目寻径操作,于是多目路由器用来完成多目数据报的转发工作。

IP 采用 D 类地址支持多点传送。每个 D 类地址代表一组主机。共有 28 位可用来标识小组。当一个进程向一个 D 类地址发送分组信息时,尽最大努力将它发送给小组成员,有些成员可能收不到这个分组。

Internet 支持两类组地址:永久组地址和临时组地址。永久组地址总是存在而且不必创建,每个永久组有一个永久组地址。永久组地址的一些例子如表 3-3 所示。

表 3-3 永久组地址

永久组地址	描 述
224.0.0.1	局域网上的所有系统
224.0.0.2	局域网上的所有路由器
224.0.0.5	局域网上的所有 OSPF(开放最短路径优先)路由器
224.0.0.6	局域网上的所有指定 OSPF 路由器

临时组必须先创建后使用,一个进程可以要求其主机加入或脱离特定的组。当主机上的最后一个进程脱离某个组后,该组就不再在这台主机中出现。每个主机都要记录它当前的进程属于哪个组。

组播路由器可以是普通的路由器。各个多点播送路由器周期性地发送一个硬件多点播送信息给局域网上的主机(目的地址为 224.0.0.1),要求它们报告其进程当前所属的是哪一组,各主机将选择的 D 类地址返回。

多目路由器和参与组播的主机之间交换信息的协议称为 Internet 组管理协议,简称为 IGMP(Internet Group Management Protocol)。IGMP 提供一种动态参与和离开多点传送组的方法。它让一个物理网络上的所有系统知道主机当前所在的组播组。组播路由器需要这些信息以便知道组播数据报应该向哪些接口转发。

IGMP 与 ICMP 的相似之处在于它们都使用 IP 服务的逻辑高层协议。事实上,因为 IGMP 影响了 IP 协议的行为,所以 IGMP 是 IP 的一部分,并作为 IP 的一部分来实现。为了避免网络通信量问题,当投递到多点传送地址中的消息被接收时,不生成 ICMP 错误消息。

当路由器有一个 IGMP 消息需要发送时,创建一个 IP 数据报,把该 IGMP 消息封装在 IP 数据报中再进行传输。

IGMP 工作过程如下。

目的 IP 地址 224.0.0.1 被称为全主机组地址。它涉及在一个物理网络中的所有具备组播能力的主机和路由器。当接口初始化后,所有具备组播能力接口上的主机均自动加入这个组播组。这个组的成员无须发送 IGMP 报告。

一个主机通过组地址和接口来识别一个组播组。主机必须保留一张表,该表中包含所有含有一个以上进程的组播组以及组播组中的进程数量。

IGMP工作过程分为以下两个阶段。

第一阶段:某主机加入一个新的多目组时,按全主机多目地址组员身份传播出去。本地多目路由器收到该信息后,一方面将此信息记录到相应表格中;另一方面向Internet上的其他多目路由器通知此组员身份信息,建立必要的路径。

第二阶段:为适应组员身份的动态变化,本地多目路由器周期性地查询本地主机,以确定哪些主机仍然属于哪些多目组。假如查询结果表明某多目组中已无本地主机成员,多目路由器一方面将停止通告相应的组员身份信息,另一方面不再接收相应的多目数据报。

组播是一种将报文发往多个接收者的通信方式。在许多应用中,它比广播更好,因为组播降低了不参与通信的主机的负担。简单的主机成员报告协议是组播的基本模块。在一个局域网中或跨越邻近局域网的组播需要使用这些技术。广播通常局限在单个局域网中,对目前许多使用广播的应用来说,可采用组播来替代。

3.3.8 公共管理信息协议CMIP

1. 概述

ISO制定的公共管理信息协议(Common Management Information Protocol,CMIP)主要是针对OSI 7层协议模型的传输环境而设计的。在网络管理过程中,CMIP不通过轮询而是通过事件报告进行工作的,而由网络中的各个监测设施在发现被检测设备的状态和参数发生变化后及时向管理进程进行事件报告。管理进程先对事件进行分类,根据事件发生时对网络服务影响的大小来划分事件的严重等级,再产生相应的故障处理方案。

CMIP与SNMP相比,两种管理协议各有所长。SNMP是Internet组织用来管理TCP/IP互联网和以太网的,由于实现、理解和排错很简单,所以受到很多产品的广泛支持,但是安全性较差。CMIP是一个更为有效的网络管理协议。一方面,CMIP采用了报告机制,具有及时性的特点;另一方面,CMIP把更多的工作交给管理者去做,减轻了终端用户的工作负担。此外,CMIP建立了安全管理机制,提供授权、访问控制、安全日志等功能。但由于CMIP涉及面太广,大而全,所以实施起来比较复杂且花费较高。

CMIP的所有功能都要映射到应用层的相关协议上实现。管理联系的建立、释放和撤销是通过联系控制协议(Association Control Protocol,ACP)实现的。操作和事件报告是通过远程操作协议(Remote Operation Protocol,ROP)实现的。

2. 管理模型

CMIP管理模型有以下三种。

(1)组织模型:用于描述管理任务如何分配。

(2)功能模型:用以描述各种网络管理功能和它们之间的关系。

(3)信息模型:提供描述被管对象和相关管理信息的准则。

从组织模型来说,所有CMIP的管理者和被管代理者存在于一个或多个域中,域是网络管理的基本单元。从功能模型来说,CMIP主要实现故障管理、配置管理、性能管理、计费管理和安全管理,每种管理均由一个特殊管理功能领域(Special Management Functional Area,MFA)负责完成。从信息模型来说,CMIP的MIB库是面向对象的数据存储结构,每一个功能领域以对象为 MIB 库的存储单元。

CMIP 是一个完全独立于下层平台的应用层协议,它的 5 个特殊管理功能领域由多个系统管理功能(SMF)加以支持。相对来说,CMIP 是一个相当复杂和具体的网络管理协议。它的设计宗旨与 SNMP 相同,但用于监视网络的协议数据报文要相对多一些。CMIP 共定义了 11 类 PDU。在 CMIP 中,变量以非常复杂和高级的对象形式出现,每一个变量包含变量属性、变量行为和通知。CMIP 中的变量体现了 CMIP MIB 库的特征,并且这种特征表现了 CMIP 的管理思想,即基于事件而不是基于轮询。每个代理独立完成一定的管理工作。

3.3.9　远程监控协议 RMON

1. 概述

远程网络监控(Remote Network Monitoring,RMON)协议最初的设计是用来解决从一个中心点管理各局域分网和远程站点的问题。RMON 的网络监视数据包含一组统计数据和性能指标,它们在不同的监视器(或称探测器)和控制台系统之间相互交换。结果数据可用来监控网络利用率,以用于网络规划、性能优化和协助网络错误诊断。

当前 RMON 有两种版本:RMONv1 和 RMONv2。RMONv1 在目前使用较为广泛的网络硬件中都能发现,它定义了 9 个 MIB 组服务于基本网络监控;RMONv2 是 RMON 的扩展,专注于 MAC 层以上更高的流量层,它主要强调 IP 流量和应用程序层流量。RMONv2 允许网络管理应用程序监控所有网络层的信息包,这与 RMONv1 不同,后者只允许监控 MAC 及其以下层的信息包。

RMON 监视系统由两部分构成:探测器(代理或监视器)和管理站。RMON 代理在 RMON MIB 中存储网络信息,它们被直接植入网络设备(如路由器、交换机等),代理也可以是 PC 上运行的一个程序。代理只能看到流经它们的流量,所以在每个被监控的 LAN 段或 WAN 链接点都要设置 RMON 代理,网管工作站用 SNMP 获取 RMON 数据信息。

2. RMON MIB

SMON MIB(远程网络监控管理信息库)是由 RMON 扩展而来的,主要用来为交换网络提供 RMON 分析的数据。

RMON 规范定义了 RMON MIB,它是对 SNMP 框架的重要补充,其目标是要扩展 SNMP 的 MIB-Ⅱ,使 SNMP 能更为有效、更为积极主动地监控远程设备。RMON MIB 分为 10 个组(即统计组、历史组、警报组、事件组、主机组、过滤组、矩阵组、捕获组、主机组和令牌环网组)。存储在每一组中的信息都是监视器从一个或几个子网中统计和收集的数据。

3. RMON2

RMON2 是 RMON 的第二代产品,主要用于监视 OSI 第 3～7 层的通信,能对数据链路层以上的分组进行译码。使得监视器可以管理网络层协议,包括 IP 协议,从而能了解分组的源和目标地址,知道路由器负载的来源,将其监视的范围扩大到局域网之外。监视器也能监视应用层协议。

RMON2 增加了两种新功能:外部对象索引功能和时间过滤器索引功能。

RMIB2 扩充了原来的 RMON MIB,增加了 9 个新的功能组(即协议目录组、协议分布组、地址映像组、网络层主机组、网络层矩阵组、应用层主机组、应用层矩阵组、用户历史组和监视器配置组)。

3.3.10　管理信息库 MIB

1. 概述

管理信息库(Management Information Base,MIB)是一个信息存储库,它是网络管理系统中的一个非常重要的组成部分。MIB 定义了一种对象数据库,由系统内的许多被管对象及其属性组成。通常,网络资源被抽象为对象进行管理。对象的集合被组织为管理信息库。MIB 作为设在网管代理者处的管理站访问点的集合,管理站通过读取 MIB 中对象的值来进行网络监控。管理站可以在网管代理处产生动作,也可以通过修改变量值改变网管代理处的配置。

MIB 中的数据可分为三类:感测数据、结构数据和控制数据。

(1) 感测数据表示测量到的网络状态,是通过网络的监测过程获得的原始信息,包括结点队列长度、重发率、链路状态、呼叫统计等。这些数据是网络的计费管理、性能管理和故障管理的基本数据。

(2) 结构数据描述网络的物理和逻辑构成,对应感测数据,结构数据是静态的(变化缓慢的)网络信息,包括网络拓扑结构、交换机和中继线的配置、数据密钥、用户记录等,这些数据是网络的配置管理和安全管理的基本数据。

(3) 控制数据存储网络的操作设置,控制数据代表网络中那些可调整参数的设置,如中继线的最大流、交换机输出链路业务分流比率、路由表等,控制数据主要用于网络的性能管理。

2. TCP/IP 管理协议框架

TCP/IP 网络管理协议标准框架可分为以下三大部分。

第一部分为网络管理协议 SNMP。SNMP 主要涉及同信息通信相关的关系和消息流,定义了管理系统上运行的管理站软件如何与管理代理通信,包括两者之间交换的消息分组的格式、含义及名字与值的表示等,此外也定义了被管设备间的管理关系,即提供了管理系统的授权管理。

第二部分为管理信息结构 SMI。SMI 是描述管理信息的标准符号,说明了定义和构造 MIB 的总体框架,以及数据类型的表示和命名方法。

第三部分为管理信息库 MIB。MIB 定义了受管设备必须保存的数据项、允许对每个数据项进行的操作及其含义,即管理系统可访问的受管设备的控制和状态信息等数据变量都保存在 MIB 中。MIB 定义的通用化格式支持对每一个新的被管理设备定义其特定的 MIB 组,因此厂家可以采用标准的方法定义其专用的管理对象,从而可以管理许多新协议和设备,可扩展性很好。

上述三部分相互独立,每部分都定义了单独标准。SNMP 定义通信的方式和格式,但不指明具体设备上的具体数据,每种设备的数据细节在 MIB 中定义,这样做达到了"控制与数据相分离"的目的,能提供很好的兼容性和可扩展性。而 SMI 又为保持 MIB 的简单性和可扩展性提供了很好的支持。

3. MIB-Ⅱ

1988 年 8 月,在 RFC 1066 中公布了第一组被管理对象,这一组被称为 MIB-Ⅰ。1990 年 5 月,在 RFC 1158 中定义的 MIB-Ⅱ取代了 MIB-Ⅰ。MIB-Ⅱ引入了三个新组:cmot、 transmission 和 snmp,并引入了很多新的对象从而扩展了 MIB-Ⅰ已有的对象组。

1991 年 3 月,RFC 1213 取代了 RFC 1158,在 RFC 1213 中 MIB-Ⅱ彻底修订并采纳 RFC 1212 中的简洁 MIB 定义。

MIB 定义了可访问的网络设备及其属性,包含信息的组织形式、通用结构和可能包含的分为若干组的大量对象。

用于 TCP/IP 的 MIB 将管理信息划分为许多类,用于数据变量的对象标示符必须包含一个类别的代码。表 3-4 列出了 MIB 常用类别,这些类别是 MIB 结构树中 MIB 结点的子树。

表 3-4　MIB 类别

MIB 类别	包含的相关信息
system	被管理对象(如主机、路由器等设备)系统的总体信息
interface	各个网络接口的相关信息
at	地址转换(如 ARP 映射)的相关信息
ip	IP 的实现和运行相关信息
icmp	ICMP 的实现和运行相关信息
tcp	TCP 的实现和运行相关信息
udp	UDP 的实现和运行相关信息
ospf	OSPF(开发最短路径优先)协议的实现和运行相关信息
bgp	BGP(边界网关)协议的实现和运行相关信息
rmon	远程网络监视和实现和运行相关信息
rip-2	RIP 的实现和运行相关信息
dns	域名系统的实现和运行相关信息

SNMPv1 和 SNMPv2 把各个设备的数据变量收集在一个大 MIB 中,然后把整个集合收录到一个 RFC 中。发布第二代 MIB(MIB-Ⅱ)后,IETF 采取了不同的策略,允许发布许多单独的 MIB 文档,每个文档定义特定类型设备的数据变量。作为标准过程的一部分,已经定义了一百多个单独的 MIB,这些 MIB 中定义了一万多个单独的数据变量。MIB-Ⅱ被广泛实现和应用。表 3-5 中列举了 MIB 变量及其类别、含义。

表 3-5　MIB 数据变量

MIB 变量	类别	含　义
sysUpTime	system	数据上次重启动的时间
ifNumber	Interface	网络接口数
ifMtu	Interface	某特定接口的 MTU 值
ipDefaultTTL	ip	IP 的默认 TTL 值
ipOutNoRoutes	ip	IP 选录失败的数目

MIB 变量	类别	含 义
ipRoutingTable	ip	IP 选路
icmpInEchos	icmp	接收的 ICMP 回送请求数目
tcpRyoMin	tcp	TCP 允许的最小重传时间
tcpInSegs	tcp	已收到的 TCP 报文段数目
udpInDatagrams	udp	已收到的 UDP 报文分组数目
egpInMsgs	egp	已收到的 EGP 消息数目

MIB 变量只给出每个数据项的逻辑定义,不规定具体实现,因此被管理对象(设备)中使用的内部数据结构与 MIB 的定义不同,这时由被管理对象(设备)的管理代理进行两者间的映射。

4. MIB 结构

管理信息库 MIB 指明了网络元素所维持的变量(即能够被管理进程查询和设置的信息),给出了一个网络中所有可能的被管理对象的集合的数据结构。SNMP 的管理信息库采用和域名系统 DNS 相似的树状结构,它的根在最上面,根没有名字。图 3-9 是管理信息库的一个实例,又称为对象命名。

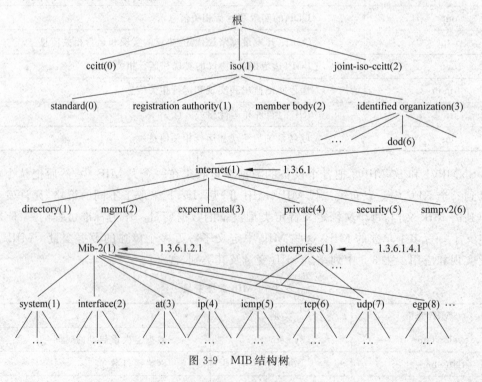

图 3-9 MIB 结构树

对象命名树的顶级对象有三个,即 ccitt、iso 和 joint-iso-ccitt。在 ISO 的下面有 4 个结点,其中的一个(标号 3)是被标识的组织。在其下面有一个美国国防部(Department of Defense)的子树(标号是 6),再下面就是 Internet(标号是 1),并在 Internet 结点旁边标注上

{1.3.6.1}即可。在 Internet 结点下面的第二个结点是 mgmt(管理),标号是 2。再下面是管理信息库,原先的结点名是 mib。1991 年定义了新的版本 MIB-Ⅱ,故结点名现改为 mib-2,其标识为{1.3.6.1.2.1},这种标识就是"对象标识符"。对象标识符指明了从根结点通向本结点的路径。

　　MIB 的定义与具体的网络管理协议是无关的,这主要是出对于厂商和用户的考虑。生产厂商可以在产品(如路由器)中包含 SNMP 代理软件,并保证在定义新的 MIB 项目后该软件仍遵守标准,用户可以使用同一网络管理客户软件来管理具有不同版本的 MIB 的多个路由器。

思考题

　　3-1:从逻辑上来叙述,网络管理包括哪几个部分?

　　3-2:现代计算机网络管理系统由哪几个要素组成?

　　3-3:网络管理模式有哪几种?

　　3-4:在网络管理的基本模型中网络管理者的作用有哪些? 网管代理的作用有哪些?

　　3-5:什么是管理信息库? 它有什么作用?

　　3-6:集中式网络管理模式的优缺点有哪些? 它适合什么网络环境?

　　3-7:分布式网络管理模式的优缺点有哪些? 它适合什么网络环境?

　　3-8:网络管理软件有哪几个部分?

　　3-9:SNMP 的基本组成部分有哪些?

第 4 章　简单网络管理协议

简单网络管理协议(Simple Network Management Protocol,SNMP)是 1990 年 5 月问世的。当时的 ARPANET 变为全球范围的 Internet,拥有了众多的主干和用户,为适应这样的网络管理而研制了 SNMP。RFC 1157 定义了 SNMP 的第一个版本,简称为 SNMP v1。SNMP 提供了一种监控和管理计算机网络的系统方法。这个框架和协议被广泛应用,并成为 21 世纪网络管理的标准。

简单网络管理协议是广泛用于 TCP/IP 网络的网络管理标准。

随着实践的检验,SNMP 第一个版本的缺点逐渐暴露出来,于是,人们又提出了一个 SNMP 的加强版本 SNMP v2,并逐渐成为 Internet 标准。但是 SNMP v2 在安全协议操作方面没有提供有效的解决方案,针对这一问题,又开发出了 SNMP 的第三个版本 SNMP v3。

本章主要内容:
- SNMP 基本概念;
- SNMP 基本架构;
- SNMP 三个版本介绍;
- SNMP 的应用。

4.1　SNMP 基础及 SNMP v1

4.1.1　SNMP 的基本概念

1. SNMP 概述

SNMP 是一种简单的 SNMP 管理进程和 SNMP 代理进程之间的请求应答协议。MIB (管理信息库)定义了所有代理进程所包含的、能够被管理进程查询和设置的变量。这些变量的数据类型并不多,所有这些变量都以对象标识符进行标识,这些对象标识符构成了一个层次命名结构,由一长串的数字组成,但通常缩写成便于阅读的简单名字。一个变量的特定实例可以用附加在这个对象标识符后面的一个实例来标识。

很多 SNMP 变量是以表格形式体现、并有固定的栏目,但记录数目并不固定。对于 SNMP 来讲,重要的是如何对表格中的每一行进行标识(尤其当不知道表格中有多少条记录时)以及如何按字典方式进行排序。SNMP 的 GetNext 操作符对任何 SNMP 管理进程都是最基本的操作。

为了更好地学习和理解本章内容,对与 SNMP 相关的术语介绍如下。

(1) 被管设备:又被称为网络元素,是指计算机、路由器、转换器等硬件设备。

(2) 代理(Agent):驻留在网络元素中的软件模块,它们收集并存储管理信息,如网络收到的错误包的数量等。

（3）管理对象：管理对象是能被管理的所有实体（网络、设备、线路、软件）。例如，在特定的主机之间的一系列现有活动的 TCP 线路是一个管理对象。管理对象不同于变量，变量只是管理对象的实例。

（4）管理信息库（MIB）：把网络资源看成对象，每一个对象实际上就是一个代表被管理的一个特征的变量，这些变量构成的集合就是 MIB。MIB 存放报告对象的管理参数；MIB 函数提供了从管理工作站到代理的访问点，管理工作站通过查询 MIB 中多值对来实现监测功能，通过改变 MIB 对象的值来实现控制功能。每个 MIB 应包括系统与设备的状态信息，运行的数据统计和配置参数等。

（5）语法：一个语法可使用一种独立于机器的格式来描述 MIB 管理对象的语言。Internet 管理系统利用 ISO 的 OSI ASN.1（抽象语言表示记法）来定义管理协议间相互交换的包和被管理的对象。

（6）管理信息结构（SMI）：SMI 定义了描述管理信息的规则，SMI 由 ASN.1 定义报告对象及在 MIB 中的表示，这样就使得这些信息与所存放设备的数据存储表示形式无关。

（7）网络管理工作站（NMS）：又称为控制台，这些设施运行管理应用来监视和控制网络元素，在物理上 NMS 通常是具有高速 CPU、大内存、大硬盘等的工作站，作为管理网络的界面。在管理环境中至少需要一台 NMS。

（8）部件：部件是一个逻辑上的 SNMP v2 的实体，它能初始化或接收 SNMP v2 的通信，每个 SNMP v2 实体包括一个唯一的实体标识。SNMP v2 的信息是在两个实体间通信的。一个 SNMP v2 的实体可以定义多个部件，每个部件具有不同的参数。

（9）管理协议：管理协议是用来在代理和 NMS 之间转换管理信息，提供在网络管理站和被管设备间交互信息的方法。

（10）网络管理系统：真正的网络管理功能的实现，它驻留在网络管理工作站中，通过对被管对象中的 MIB 信息变量的操作实现各种网络管理功能。

2. SNMP 管理对象

SNMP 管理体系结构是由管理进程（又称管理者）、网管代理和管理信息库（MIB）三个部分组成的，该体系结构的核心是 MIB，MIB 由网管代理维护而由管理者读写。管理者是管理指令的发出者，这些指令包括一些管理操作。管理者通过各设备的网管代理对网络内的各种设备、设施和资源实施监视和控制。网管代理负责管理指令的执行，并且以通知的形式向管理者报告被管对象发生的一些重要事件。代理具有两个基本功能：从 MIB 中读取各种变量值；在 MIB 中修改各种变量值。网络中所有可管对象的集合称为 MIB，MIB 是被管对象结构化组织的一种抽象。

SNMP 模型采用 ASN.1 语法结构描述对象以及进行信息传输。按照 ASN.1 命名方式，SNMP 代理维护的全部 MIB 对象组成一棵树（即 MIB－Ⅱ 子树）。树中的每个结点都有一个标号（即一个字符串）和一个数字，相同深度结点的数字按从左到右的顺序递增，而标号则互不相同。每个结点（MIB 对象）都是由对象标识符唯一确定的，对象标识符是从树根到该对象对应的结点的路径上的标号或数字序列。在传输各类数据时，SNMP 首先要把内部数据转换成 ASN.1 语法表示，然后发送出去，另一端收到此 ASN.1 语法表示的数据后也必须首先变成内部数据表示，然后才执行其他的操作，这样就实现了不同系统之间的无缝通信。

IETF RFC1155 的 SMI 规定了 MIB 能够使用的数据类型及如何描述和命名 MIB 中的管理对象类。SMI 采用 ASN.1 描述形式,定义了 Internet 的以下 6 个主要管理对象类。

(1) 网络地址;

(2) IP 地址;

(3) 时间标记;

(4) 计数器;

(5) 计量器;

(6) 非透明数据类型。

SMI 用 ASN.1 中的宏来定义 SNMP 中对象的类型和值。SNMP 实体不需要在发出请求后等待响应到来,是一个异步的请求/响应协议。SNMP 仅支持对管理对象值的检索和修改等简单操作,SNMP v1 支持 4 个基本操作:get 操作、get_next 操作、set 操作和 trap 操作,详见 4.1.2 节。

在以上 4 个操作中,前三个是请求由管理者发给代理的操作,需要代理发出响应给管理者,最后一个则是由代理发给管理者的操作,但并不需要管理者响应。

SNMP 的弱点如下。

(1) 不适合真正大型网络管理,因为它是基于轮询机制的,在大型网络中效率很低;

(2) SNMP 的 MIB 模型不适合复杂的查询,不适合查询大量数据;

(3) SNMP 的 trap 是无确认的操作,不能确保将所有的告警信息发送给管理者;

(4) SNMP 不支持如创建、删除等类型的操作,要完成这些操作,必须用 set 命令间接触发;

(5) SNMP 的安全管理较差;

(6) SNMP 定义了众多的管理对象类,管理者必须明白所有管理对象类的准确含义。

3. 团体名与变量绑定

1) 团体名

SNMP 支持普通鉴别,它使用了一种类似于密码的数据,叫作团体名(Community Name)。最简单的解释就是使用 get 或 get_next 操作来读团体名,从而获取对象;使用 set 操作来写团体名,从而修改对象。大多数设备都将支持两个团体名:一个读团体名和一个写团体名。更精确地说,是使用一个团体名来访问该团体内的对象。通常一个网管代理定义两个团体:一个用于可以读取的管理对象(具有只读权限的对象),另一个用于可改的管理对象(具有读写权限的对象)。团体可以是一个设备的 MIB 内的任何对象的集合。一个代理支持的最多团体数目取决于它的实现。

SNMP 网络管理是一种分布式应用协议,这种应用的特点是管理站和被管理站之间的关系,可以是一对多的关系,即一个管理站可以管理多个代理,从而管理多个被管理设备。只有属于同一团体的管理站和被管理站才能互相作用,发送给不同团体的报文被忽略。SNMP 的团体是一个代理和多个管理站之间的认证和访问控制关系。

SNMP 网络管理是一种分布式的应用,团体概念的引出正是为了满足这种应用的如下三个特点。

(1) 管理者和代理之间的关系可以是一对多,即一个管理者可以管理多个代理;

(2) 管理和代理之间的关系可以是多对一,代理控制自己的管理信息库,也控制着多个

管理者来管理信息库的访问,只有授权的管理者才允许访问管理信息库;

(3) 委托代理也可能按照预定访问策略控制对其代理设备的访问。

团体是一个代理和多个管理者之间的一种认证、代理和访问控制关系。团体是定义在代理上的一个本地概念,代理为每一个必要的认证、访问控制和代理特性的联合建立的一个团体。每个团体被赋予唯一的名字,管理者只能以代理认可的团体名行使其访问权。团体之中的管理者必须使用该团体的团体名进行 get 和 set 操作。

2) 变量绑定

变量绑定用于指定要收集或修改的管理对象。更精确地说,变量绑定是一个 OBJECT IDENTIFIER 值对应的列表,对于 get 或 get_next 请求,将忽略该值部分。RFC 1157 建议在 get 和 get_next 协议数据单元中发送实体把变量置为 ASN.1 的 NULL 值,接收实体处理时忽略它,在返回的应答协议数据单元中设置为变量的实际值。

由于 get_next 操作用变量绑定中提供的管理对象执行一次 MIB 树遍历,所以可以指定 MIB 树中的任何对象。

4. SNMP v1 报文格式

SNMP v1 是 SNMP 最初的版本,在 SNMP v1 中,管理者和代理之间信息的交换都是通过 SNMP 报文实现的。管理者和代理之间交换的管理信息构成了 SNMP 报文,所有 SNMP v1 操作都嵌入在一个 SNMP 报文中。

SNMP v1 报文由三部分构成,格式如下所示。

版本号	团体名	SNMP PDU

字段说明:

(1) 版本号:指定 SNMP 的版本号(对于 SNMP v1,版本号为 0)。

(2) 团体名:用于身份认证的一个字符串。

(3) PDU:是协议数据单元(Protocol Data Unit)的缩写。

在 SNMP v1 中,只有命令(get、get_next、set)和响应(get_response)两种 PDU 格式拥有共同的结构。由于 TrapPDU 包含的信息不同,结构上有细微的差别。

第一种 PDU 格式中共同结构包含的 4 个字段如下所示。

PDU 类型	请求标识符	差错状态	差错索引	变量绑定表

字段说明:

(1) PDU 类型字段:上述拥有共同结构的 PDU 类型的一种。

(2) 请求标识符(request ID)字段:赋予每个请求报文唯一的整数,用于区分不同的请求。

(3) 差错状态(error status)字段:表示代理处理管理者的请求时可能出现的各种错误。该字段只在 GetResponse PDU 中使用,在其他类型的 PDU 中,这个值必须是 0。

(4) 差错索引(error index)字段:当差错状态非 0 时,指向变量绑定表中第一个导致差错的变量。该字段只在代理进程发送 GetResponse PDU 时使用,在其他类型的 PDU 中,这个值必须是 0。

（5）变量绑定列表（variable binding list）字段：变量名和对应值的表，说明要检索或设置的所有变量及其值。

第二种 PDU 格式，即 TrapPDU，详见 4.1.2 节中的 traps 操作。

5. 部分 SNMP RFC 的规范

RFC 1901：基于团体的 SNMP v2 介绍。

RFC 1902：SNMP v2 管理信息结构。

RFC 1903：SNMP v2 文本条约。

RFC 1904：SNMP v2 一致性描述。

RFC 1905：SNMP v2 协议操作。

RFC 1906：SNMP v2 传输映射。

RFC 1907：SNMP v2 管理信息。

RFC 1908：SNMP v1 和 SNMP v2 的共存及转换。

本章将在介绍 SNMP 的基础上，分别对 SNMP v1，SNMP v2 和 SNMP v3 进行介绍。最后，给出了 Windows XP 下 SNMP 组件的安装、配置与使用技术。

4.1.2 SNMP v1 的基本操作

1. 概述

SNMP v1 主要涉及通信报文的操作处理，协议规定管理进程如何与代理通信，定义了它们之间交换报文的格式和含义，以及每种报文该怎样处理等。

关于管理进程和代理进程之间的交互信息，SNMP v1 定义了以下 5 种报文，分别对应 5 种基本操作。

（1）GetRequest 操作：管理进程用来从代理进程处提取一个或多个参数值。

（2）GetNextRequest 操作：从代理进程处提取一个或多个参数的下一个参数值。

（3）SetRequest 操作：设置（或改变）代理进程的一个或多个参数值。

（4）GetResponse 操作：返回的一个或多个参数值。这个操作是由代理进程发出的。它是前面三种操作的响应操作。

（5）Trap 操作：代理进程主动发出的报文，通知管理进程有某些异常事件的发生。

前面的三个操作是由管理进程向代理进程发出的。GetRequest、GetNextRequest 和 SetRequest 这三种操作都具有原子特性，即如果一个 SNMP 报文中包括对多个变量的操作，要么执行所有操作，要么都不执行。例如，一旦对其中某个变量的操作失败，其他的操作都不再执行，已执行的操作也要恢复。

后两个操作是代理进程发给管理进程的。

这些操作中的前 4 种操作是简单的请求-应答方式（也就是管理进程发出请求，代理进程应答），而且在 SNMP 中往往使用 UDP，所以有可能会发生管理进程和代理进行之间数据报丢失的情况。因此一定要有超时和重传机制。

管理进程发出的前三种操作采用 UDP 的 161 端口。代理进程发出的 Trap 操作采用 UDP 的 162 端口。由于收发采用了不同的端口号，所以一个系统可以同时作为管理进程和代理进程。

2. get 操作

get、get_next 和 set PDU 有相同的格式，其格式如下所示。其中，PDU 类型是十六进制数，0xA0 表示 get，0xA1 表示 get_next，0xA3 表示 set。

PDU 类型	请求标识符	0	0	变量绑定表

3. get_next 操作

get_next 比 get 功能更强，不但允许用户遍历 MIB 树，并能判断哪些对象存在，哪些行在表中存在。get_next 是如何工作的呢？对于变量绑定中指定的每一个对象标识符，都将执行一次 MIB 树遍历，并按字典次序获取下一个叶对象。

4. set 操作

set 操作用于修改或创建管理对象。在 set 操作中提供的变量绑定定义了要设置的变量以及要设置的值。set 操作是整体性的，要么全部变量设置成功，要么没有变量设置成功。因此，如果有一个变量不能设置或提供了一个错误值，则将不设置任何变量，并发送差错状态和差错索引的指示。

如果设置成功，则在响应消息中将包含与请求中相同的变量绑定。

如何在表中添加或删除行呢？这取决于表中对象的定义方式。如果使用的是 RowStatus 对象，则可以用标准方式添加或删除行。

5. traps 操作

代理可以查找特定的事件并检测它们，发送一个陷阱消息给预先配置好的管理工作站。与 SNMP Request 和 Response 消息不同的是，trap 消息被发送到 UDP 端口 162 上。Trap PDU 的格式如下所示。

0xA4	制造商 ID	代理地址	通用陷阱	特殊陷阱	时间戳	变量绑定表

字段说明：

（1）0xA4：第一个字段的值为十六进制的 0xA4，指示该 SNMP PDU 是一个 trap。

（2）制造商 ID（Entaprise）字段：标识生成该 trap 的设备。它的值为 sysObjectID（取自 MIB_Ⅱ 的 System 组）。

（3）代理进程地址（agent address）字段：是生成该 trap 消息的设备的 IP 地址，表明了陷阱的发送者。

（4）通用陷阱（generic trap）字段：是一个整数值，表示 SNMP 已经定义的标准陷阱。有 7 种类型的通用陷阱：冷启动（coldStart）、热启动（warmStart）、链路故障（linkDown）、链路正常（linkUp）、鉴别失败（authenticationFailure）、esp 邻站消失（espNeighborLoss）、特定企业（enterpriseSpecific）。

（5）特殊陷阱（specific trap）字段：与设备有关的特殊陷阱代码。

（6）时间戳（time stamp）字段：是生成该 trap 时 sysUpTime 的值。

（7）变量绑定列表（variable binding list）字段：变量绑定允许不同的 trap 以提供附加的信息，共定义了 6 个通用的 traps。如果 generic－trap 号位于 0～5 之间，则该 trap 是如下内容之一。

① coldStart(0)：指示该代理被重置。在多数情况下,这表示该设备曾经重新启动过。

② warmStart(1)：指示该代理正在重新初始化它自己,但是在其视图中的管理对象还没有更新。

③ linkDown(2)：指示一个接口已经从 up 状态进入到 down 状态。变量绑定中的第一个变量指示了这个接口。

④ linkUp(3)：指示一个接口已改变到 up 状态。变量绑定中的第一个变量指示了这个接口。

⑤ authenticationFailure(4)：指示一条 SNMP 消息已经接收到,鉴别失败(例如,错误的团体名)。

⑥ egpNeighborLoss(5)：指示一个 EGP 邻居已经过渡到 down 状态。变量绑定中的第一个变量指示了该 EGP 邻居的 IP 地址。

4.1.3　SNMP v1 管理信息结构

1. 网络管理站和被管理网络单元

基于 TCP/IP 的网络管理包括以下两个部分：网络管理站(也叫管理进程)部分和被管理网络单元(也叫被管设备)部分。

被管设备种类繁多,例如路由器、终端服务器和打印机等。这些被管设备的共同点就是都运行 TCP/IP。在被管设备端,与管理相关的软件叫作代理程序(Agent)或代理进程。管理站一般都是带有监视器的工作站,可以显示所有被管设备的状态,例如,连接是否掉线、各种连接上的流量状况等。

2. 管理进程和代理进程之间的通信方式

管理进程和代理进程之间的通信方式有两种：一种是管理进程向代理进程发出请求,询问一个具体的参数值,例如产生了多少个不可达的 ICMP(Internet 控制报文协议)端口等;另外一种方式是代理进程主动向管理进程报告发生的事件,例如一个连接口掉线了。当然,管理进程除了可以向代理进程询问某些参数值以外,还可以按要求改变代理进程的参数值,例如,把默认的 TP TTL(生存周期)值改为 64。

3. SNMP 标准

SNMP 的核心思想是在每个网络结点上存放一个管理信息库(MIB),由结点上的代理(Agent)负责维护,管理站(Manager)通过应用层协议对这些信息库进行管理。

SNMP 标准主要由三部分组成：简单网络管理协议(SNMP)、管理信息结构(SMI)和管理信息库(MIB)。

(1) 管理信息库(MIB)：包括所有代理进程的所有可被查询和修改的参数。RFC 1213 定义了第二版的 MIB,叫作 MIB_Ⅱ。

(2) MIB 一套公用的结构和表示符号,叫作管理信息结构(SMI)。SMI 在 RFC 1155 中定义。SMI 定义的计数器是一个非负整数,它的计数是 0～4 294 967 295,当达到最大值时,又从 0 开始计数。

(3) 管理进程和代理进程之间的通信协议叫作简单网络管理协议(SNMP),在 RFC 1157 中定义。SNMP 包括数据报交换的格式等。尽管可以在传输层采用各种各样的协议,但是在 SNMP 中,用得最多的协议还是 UDP。RFC 所定义的 SNMP 叫作 SNMP v1,或者叫 SNMP。

　　SNMP 提供的是无连接服务,它不能确保其他实体一定能收到管理信息流。SNMP 是通过轮询方式来进行管理的,即管理中心每隔一段时间向各个对象发出询问,以得到信息来进行管理。但是为了对紧急情况做出迅速的处理,SNMP 还引进了汇报,当被管对象发生了紧急情况时就主动向管理中心汇报。

　　在 Internet 管理模型中,一个完整的网络管理体系如图 4-1 所示。

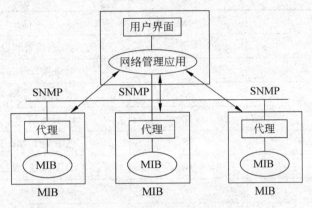

图 4-1　网络管理体系结构

4. SNMP 体系结构

　　SNMP 是基于管理器/代理服务器模型之上的。大多数的处理能力和数据存储器都驻留于管理系统,只有相当少的功能驻留在被管理系统中。SNMP 体系结构如图 4-2 所示。

应用层	管理应用层(SNMP PDU)
表示层	管理信息结构层(SNMP PDU)编码
会话层	真实层(文件头 SNMP)
传输层	用户数据报协议(UDP)
网络层	网络协议(IP)
数据链路层 物理层	局域网或广域网 接口协议

图 4-2　SNMP 体系结构与 OSI 模型的对应关系图

　　为了简化,SNMP 只包括有限的管理命令和响应。管理系统发送 Get、GetNext 和 Set 消息来检索单个或多个对象变量或给定一个单一变量的值。被管理系统在完成 Get、GetNext 的指示后,返回一个响应消息。被管理系统发送一个事件通知,告知管理系统。

　　SNMP 假定信道是一个没有联系的通信子网,也就是说,在传输数据之前,没有预先设定的信道。结果是 SNMP 不能保证数据传递的可靠性。SNMP 采用的主要协议是数据报协议(UDP)和网际协议(IP)。SNMP 还要求数据链路层协议,例如,以太网或令牌环网开辟从管理系统到被管系统的通信渠道。

　　SNMP 的简单管理和非联系通信产生很大的作用,管理器和代理器在操作中都无须依赖对方。这样,即使远程代理器失效,管理器仍能继续工作,如果代理器恢复工作,它能给代理器发送一个陷阱,通知运行状态的变化。

4.1.4 SNMP 管理信息库

SNMP 管理的对象集合定义在管理信息库(MIB)中。为了方便起见,这些对象被分为 10 种,与 ASN.1 对象命名树中 MIB-Ⅱ下的 10 个结点一致。10 个对象种类提供了一个管理站的基础。表 4-1 就是这 10 个对象种类的描述。

表 4-1　10 个对象种类

组　别	对象	描　述
System 系统	7	名字、位置和设备描述
Interface 接口	23	网络接口及其标称通信量
AT	3	地址转换
IP	42	IP 分组统计
IP 分组统计 ICMP	26	已收到 ICMP 消息的统计
TCP	19	TCP 算法、参数和统计
UDP	6	通信量统计
EGP	20	外部网关协议通信量统计
Transmission(传输)	0	保留为与介质有关的 MIB
SNMP	29	通信量统计

(1) 系统组允许管理员了解设备的名称、制造者及所使用的硬件和软件,它的位置及功能。还有最近一次启动时间以及访问者的名字和地址。

(2) Interface 组处理网络适配器。它记录从网络上发送和接收的分组和字节数,丢弃的分组和广播分组的数目以及当前输出队列的大小。

(3) AT 组存在于 MIB 中,提供地址映射的信息,例如,以太网到 IP 地址,在 SNMP v2 中该信息被移到与协议有关的 MIB 中。

(4) IP 组处理进出结点的 IP 传输。它有许多计数器记录由于各种原因而丢失的分组数目(例如,没有达到目的地的已知路由或缺少的资源)。此外,还提供数据报分段和重组的统计资料。

(5) ICMP 组是关于 IP 错误消息的。几乎每种 ICMP 信息都是一个计数器,记录共有多少条该类型的信息。

(6) TCP 组支持 TCP 连接,记录有关状态转移操作的信息、有关收发流量信息、每个连接的端口和 IP 地址。

(7) UDP 组记录发送和接收的 UDP 数据报数,以及后者有多少是由于未知端口或其他一些原因而未传送的。

(8) EGP 用于支持外部网关协议的路由器。它记录各种分组有多少被发送、接收、正确转发后被丢失。

(9) Transmission 组是保留与介质有关的信息。例如,保存与以太网有关的统计信息。

(10) SNMP 收集本身操作的统计:发送了多少信息,都是什么信息等。

4.2　SNMP v2

4.2.1　SNMP v2 的产生背景

SNMP v2 的出现是 SNMP 发展史上一个重要的阶段,这个版本消除了 SNMP v1 的多种缺陷,扩充了适用范围。

最初,SNMP 技术是为了弥补网络管理协议发展阶段之间空缺的一种临时性措施而引入和提出的。SNMP 问世后,迅速得到了广泛的应用,主要是因为它简单、容易实现。1988年,为适应当时网络管理的紧迫需要,确定了一个双轨策略:一个是基于 SNMP 的网络管理,SNMP 可以满足当时网络管理的所有需要,并将它作为一个过渡方案;另一个是基于 CMOT(CMIS/CMIP over TCP/IP,基于 TCP/IP 上的公共管理服务/协议)的网络管理,将 OSI 的网络管理标准 CMOT 作为一个长期的解决办法,用于管理复杂的网络,并提供更加全面的管理功能。

然而,这种双轨制没能实施多久,主要原因是它存在着一些难以克服的困难和矛盾:一方面是 OSI 定义的管理信息库是复杂的面向对象模型,在此基础上实现 SNMP 几乎是不可能的,因为 SNMP 只能使用简单 MIB;另一方面是 SNMP 得到了制造厂商的广泛支持。虽然 SNMP 得到了广泛的应用,但是它也存在着明显的缺点:缺乏安全措施、无数据源认证、不能防止偷听,另外,SNMP 的团体名在对付日益猖獗的网络入侵和窃听技术方面也是无能为力的。

为弥补 SNMP 的上述安全缺陷,1992 年出现了一个新的标准 S-SNMP(Security SNMP,安全 SNMP),这个协议增强的安全功能如下。

(1) 用报文摘要算法对数据完整性和数据源进行认证;

(2) 用时间戳对报文排序;

(3) 用 DES(Data Encryption Standard,数据加密标准)算法提供数据加密功能。

在开发 SNMP v2 的过程中,首先采用了一个过渡性的协议 SMP(Simple Management Protocol,简单管理协议)。SMP 在 SNMP 的功能和效率方面进行了改进,包括下面几个方面:扩充了适用范围,可管理任意资源(网络、应用、系统),可实现管理者之间的通信;继续保持了 SNMP 的简单性并提供了数据传送能力,因而速度和效率更高;在安全方面结合了 S-SNMP 的措施;在兼容性方面,适用于 TCP/IP 和遵循 OSI 的其他通信协议。

以 SMP 为基础的 SNMP v2,经过了数年的试验和论证,新的 RFC 文档集合在 1996 年完成,如表 4-2 所示。该版本保留了 SNMP v1 的报文封装格式,称为基于团体名的 SNMP (Community-based SNMP),即 SNMP v2c。

表 4-2　SNMP v2c 的 RFC 文档

RFC	说　　明	RFC	说　　明
RFC 1901	基于团体的 SNMPv2 介绍	RFC 1905	SNMPv2 协议操作
RFC 1902	SNMPv2 管理信息结构	RFC 1906	SNMPv2 传输映射
RFC 1903	SNMPv2 文本条约	RFC 1907	SNMPv2 管理信息
RFC 1904	SNMPv2 一致性描述	RFC 1908	SNMPv1 和 SNMPv2 的共存及转换

SNMP v2 相对 SNMP v1 着重在管理信息结构、管理者之间的通信能力和协议操作三方面进行了重大的改进,包括以下几个方面的内容。

(1) 加强了数据定义语言,改进了管理信息结构和标识(Structure of Management Information,SMI),定义扩充了对象类型宏,增强了对象表达能力,扩展了数据类型。

(2) 遵循 RMON 中的有关规定,提供了更完善的表操作功能,支持分布式网络管理。

(3) 定义了新的 MIB 功能组,丰富了故障处理能力,增加了集合处理功能。

(4) 在协议操作上引入了两种新的 PDU,分别用于大数据块的传送和管理者之间的通信,可以实现大量数据的同时传输,提高了效率和性能。

SNMP v2u 是 SNMP v2c 的另一个改进版本。SNMP v2u 采取了不同的实现方法,为 SNMP 引入了基于用户的安全模型。SNMP v2u 在 RFC 1910 文档中说明,定义了基于 SNMP 系统的访问控制方法。SNMP v2u 的目标是提供一种方法用于验证用户以防止对信息的非授权访问。由于种种原因,SNMP v2u 开发出来后并没有推广应用,但 SNMP v3 中许多增强功能却是基于 SNMP v2u 的。

4.2.2 SNMP v2 的功能

SNMP 标准取得成功的主要原因是:在大型的、各种产品构成的复杂网络中,管理协议的明晰是至关重要的;但同时这又是 SNMP 的缺陷所在,为了使协议简单易行,SNMP 简化了许多功能。

(1) 没有提供成批存取机制,对大块数据进行存取效率很低。

(2) 没有提供足够的安全机制,安全性很差。

(3) 只在 TCP 上运行,不支持其他网络协议。

(4) 没有提供管理程序与管理程序之间通信的机制,只适合集中式管理,而不利于进行分布式管理。

(5) 只适于监测网络设备,不适于监测网络本身。

到 1993 年年初,推出了 SNMP v2。SNMP v2 包括以前对 SNMP 所做的各项改进工作,并在保持了 SNMP 清晰性和易于实现的特点的基础上,功能更强,安全性更好。

SNMP v2 的增强功能包括如下几个方面。

(1) 管理信息结构;

(2) 协议操作;

(3) 管理站与管理站之间的通信能力;

(4) 安全性。

SNMP v2 SMI 在许多方面对 SNMP SMI 进行了扩充。用来定义对象的宏被扩充为包括多个新的数据类型,并增强了关于对象的文档说明。

当处理协议信息时,SNMP v2 实体可以作为一个代理器或管理器,或两者兼容。当协议信息,或者当它发送一个陷阱通知时,SNMP v2 实体是一个代理器。当发送协议信息或者回答一个陷阱或 Inform 通知时,SNMP v2 实体作为一个管理器。SNMP v2 实体可以作为一个委托代理。

SNMP v2 提供了三种访问网络管理信息的类型,这三种类型由网络管理实体的角色决定,并与管理器对管理器的性能有关。第一种交互式类型是一个实体式管理器,另一实体是代理器的请求回答式,当一个 SNMP v2 管理器发送一个请求到 SNMP v2 代理器时,SNMP v2 代理器回答。第二种交互式类型是两个实体都是管理器的请求回答式。第三种类型是不确认的交互式,SNMP v2 代理器主动向管理器发送一个信息或陷阱,但并不回答返回。

SNMP v2 的 SMI 是 SNMP v1 SMI 的超集,主要在以下 4 个方面进行了改进和更新。

(1) 对象定义;

(2) 概念表;

(3) 通知定义;

(4) 信息模块。

对象的定义与 SNMP v1 比较,都是用 ASN.1 宏定义 Object type 表示管理对象的语法和语义。

4.3　SNMP v3

1996 年发布的 SNMP v2c 增强许多功能,但是安全性能仍没有得到很好的改善,仍然使用的是 SNMP v1 的基于明文密钥的身份验证方式。IETF 于 1997 年 3 月着手研究 SNMP v2 的升级版本 SNMP v3,于 1998 年 1 月提出了互联网建议 RFC 2271-2275,正式颁布了 SNMP v3,如表 4-3 所示。这一系列文件定义了包含 SNMP v1、SNMP v2 所有功能在内的体系框架和包含验证服务、加密服务在内的全新安全机制,同时还规定了一套专门的网络安全和访问控制规则。可以说,SNMP v3 是在 SNMP v2 基础之上增加了安全和管理机制。

表 4-3　SNMP v3 的 RFC 文档

RFC	文　档　说　明	RFC	文　档　说　明
RFC 2271	SNMP v3 管理框架	RFC 2274	基于用户的安全模型
RFC 2272	消息处理与调度	RFC 2275	基于视图的访问控制
RFC 2273	SNMP v3 应用程序		

RFC 2271 定义的 SNMP v3 体系结构,体现了模块化的设计思想,可以简单地实现功能的增加和修改。

4.3.1　SNMP v3 的基本功能和特点

1. SNMP v3 的基本功能

SNMP v3 是具有附加的安全和管理能力的 SNMP v2。它主要定义了 SNMP v2 缺少的网络安全方面的 4 个关键域。

(1) 验证(原始身份、信息的完整性和传输保护);

(2) 保密;

(3) 授权和进程控制;

(4) 以上三种功能所需的远程配置和管理能力。

2. SNMP v3 的特点

(1) 适应性强:适用于多种操作环境,既可以管理最简单的网络,实现基本的管理功能,又能够提供强大的网络管理功能,满足复杂网络的管理需求。

(2) 扩充性好:可以根据需要增加管理模块。

(3) 安全性好:具有多种安全处理模块。

4.3.2 SNMP v3 的结构

1. SNMP v3 体系结构

SNMP v3 是 SNMP v2 的扩展,它主要解决了网络管理的有效性和安全性两个方面的问题。SNMP v3 的主要目标是支持一种可以很容易扩充的模块化体系结构。这样,如果产生了新的安全协议,则可以通过把它们定义为单独的模块,以使 SNMP v3 支持它们。

在理解 SNMP v3 体系结构之前,先介绍在 SNMP v3 中的一个新的概念:SNMP 实体。所谓 SNMP 实体,就是以前的 SNMP 代理和 SNMP 管理者的统称,SNMP 实体由两部分组成:SNMP 引擎和 SNMP 应用程序,如图 4-3 所示。

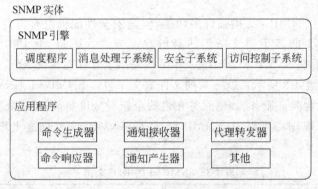

图 4-3　SNMP 实体模型

1) SNMP 引擎

(1) 调度程序

调度程序负责发送和接收消息。当接收到消息时,调度程序试图确定该消息的版本号,然后把该消息传递给适当的消息处理模型。如果无法确定消息的版本号,则 snmpInASNParseERRS 计数器加 1,并丢失该消息。如果消息处理子系统不支持该消息的版本,则 snmpInBadVersions 计数器加 1,并丢失该消息。

(2) 消息处理子系统

消息处理子系统由一个或多个消息处理模型组成,包括 SNMP v1,SNMP v2,SNMP v3 和其他内容的支持模型,如图 4-4 所示。

图 4-4　消息处理子系统

消息处理子系统的主要功能是准备要发送的消息并从接收到的消息中提取数据。

（3）安全子系统

安全子系统提供了验证消息和加密/解密消息的安全服务。图 4-5 显示了一个安全子系统，它支持 SNMP v3 基于团体名模型以及称为 other 的模型。基于团体名的模型还支持 SNMP v1、SNMP v2 和 SNMP v2c。

基于用户的安全模型提供身份验证和数据保密服务。SNMP v3 使用私钥和验证密钥来实现这两种功能。

身份验证是指代理（管理者）接到消息时首先必须确认消息是否来自有权限的管理者并且消息在传输过程中是否被改变。实现这个功能要求管理者和代理必须共享同一密钥。管理者使用密钥计算验证码，然后将其加入消息中，而代理使用同一密钥从接收的消息中提取出验证码，从而得到消息。

基于团体的安全模型增加了团体的安全性。SNMP v1 和 SNMP v2c 安全模型只提供了团体名的鉴别，但没有提供保密性。

（4）访问控制子系统

访问控制子系统的责任是确定是否允许访问管理对象，如图 4-6 所示。目前只定义了一种访问控制模型，即基于视图的访问控制模型（View-based Access Control Model，VACM）。使用 VACM 可以控制哪些用户和哪些操作可以具有对哪些对象的访问权限。SNMP v3 框架还允许将来定义附加的访问控制模型，即其他访问控制模型。

图 4-5　安全子系统

图 4-6　访问控制子系统

当处理一个 SNMP Get、Get_next、Get_Bulk 或 SetPDU 时，需要调用访问控制子系统，以确认在变量绑定中所指定的 MIB 对象允许访问。

当生成一个通知（Notification、SNMP v2 trap 或 Inform）时，需要调用访问控制子系统，以确保在变量绑定中所指定的 MIB 对象允许访问。

2）应用程序

SNMP v3 框架中的应用程序，实际上是指 SNMP 实体内的内部应用程序，而不是通常所指的应用程序。这些内部应用程序可以完成一些特定的操作，例如，生成 SNMP 消息、响应接收到的 SNMP 消息、生成通知、接收通知以及在 SNMP 实体之间转发消息等。

SNMP v3 共定义了以下 5 种类型的应用程序。

（1）Command Generators（命令生成器）：生成收集或设置管理数据的 SNMP 命令。

（2）Command Responders（命令应答器）：提供对管理数据的访问。Get、Get_next、Get_Bulk 和 Set PDU 等处理都是由 Command Responder 应用程序来完成的。

（3）Notification Originators（通知产生器）：初始化 Trap 或 Inform 消息。

（4）Notification Receivers（通知接收器）：接收并处理 Trap 或 Inform 消息。

（5）Proxy Forwarders（代理转发器）：转发 SNMP 实体之间的消息。

2. SNMP v3 消息格式

SNMP v3 消息定义了一种新的格式,其中包含许多 SNMP v2 PDU 所没有的内容,如图 4-7 所示。

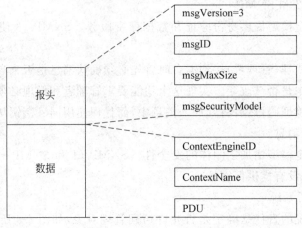

图 4-7　SNMP v3 消息格式

参数说明:

(1) msgVersion(消息版本):当版本值为 3 时表示该消息的版本为 SNMP v3 消息。

(2) msgID(消息标识符):它是一个整数值,用于协调两个 SNMP 实体之间的请求和响应消息。它的用法与 PDU 中请求标识符的用法类似。SNMP 使用请求标识符来标识 PDU。引擎使用 msgID 来标识载有 PDU 的消息。

(3) msgMaxSize(最大消息尺寸):整数值,表示发送器可以支持的最大消息尺寸。这个值用于确定对请求消息的响应可以有多大。它的取值范围是 $484 \sim 2^{31}-1$。

(4) msgSecurityModel(消息安全模型):一个整数值,它标识发送方用于生成该消息安全模型。显然,接收方必须使用相同的安全模型才能进行该消息的安全处理。它的取值由 SnmpSecurityModel 类型定义。提供的安全参数取决于使用的安全模型。这些值将直接传递给映射到报头部分中的 msgSecurityModel 字段。

以上 4 个部分是 SNMP v3 消息格式的报头部分的内容,消息格式的数据部分包括以下三部分内容。

(1) ContextEngineID:环境引擎标识符。

(2) ContextName:环境名称。

(3) PDU:协议数据单元。

消息的数据部分可以是加密的,也可以是未加密的普通文本。如果在消息部分中设置了 privFlag,则表明数据部分是加密的。不管是加密的还是普通文本,数据部分都包括环境信息和一个有效的 SNMP v2c PDU(Get、Get_next、Ge_Bulk、Set、Response、Inform、Report 或 SNMP v2 trap)。

环境信息包括上下文引擎标识符和环境名称。有了这些信息,就可以确定处理 PDU 的适当环境。注意,如果一个 Request PDU(Get、Get_next、Get_Bulk、Set)包含不等于 SNMP 引擎的管理唯一标识符(SnmpEngineID)的上下文引擎标识符,则代理转发器

(Proxy Forwarder)应用程序就会将该消息转发到适当的目标机器上。

4.4 SNMP 的应用

4.4.1 Windows 系统中 SNMP 组件的应用

通过前面章节对 SNMP 的几个版本的介绍,我们已经对 SNMP 体系有了系统的了解。简单网络管理协议(SNMP)作为最早提出的网络管理协议之一,它一推出就得到了众多公司及厂商的支持,其中包括 Microsoft、IBM、HP、Sun 等大公司。目前,SNMP 已成为网络管理领域中事实上的工业标准,并被广泛支持和应用,大多数网络管理系统和平台都是基于 SNMP 的。在这一节中,将介绍 SNMP 在 Windows 2003/XP 下的应用技术。

1. SNMP 组件的安装

出于实际使用问题的考虑,SNMP 只是作为 Windows 2003/XP 系统的一个可选的安装组件,在 Windows 2003/XP 系统的默认安装中并不会安装这一协议。必须对其协议进行安装之后,才可以在系统中使用这一协议。

在 Windows 2003/XP 桌面上,单击"开始"→"控制面板"→"添加或删除程序"。打开如图 4-8 所示的"添加或删除程序"窗口。

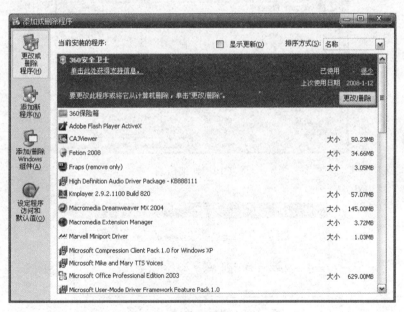

图 4-8 "添加或删除程序"窗口

在图 4-8 中,单击左边的组件"添加/删除 Windows 组件",打开如图 4-9 所示的"Windows 组件向导"对话框。

选择"管理和监视工具"并单击"详细信息"按钮,得到如图 4-10 所示的屏幕。

单击"确定"按钮,回到如图 4-9 所示的屏幕。

在如图 4-9 所示的对话框中,选择"管理和监视工具"组件(即在该选件前打钩),再单击"下一步"按钮,得到如图 4-11 所示的提示框。

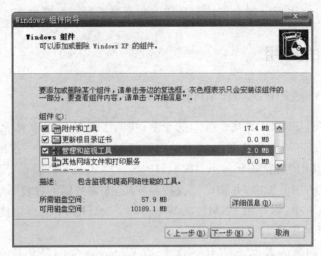

图 4-9　"Windows 组件向导"对话框

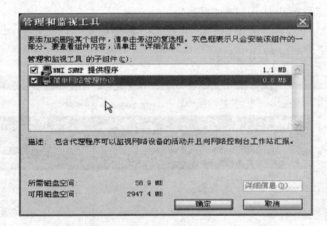

图 4-10　详细信息

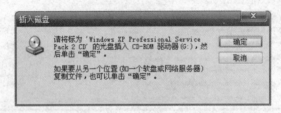

图 4-11　系统提示框

此时,插入 Windows 2003/XP 系统光盘,单击"确定"按钮,系统开始自动安装组件。组件安装完成后出现如图 4-12 所示的提示框。

在图 4-12 中,单击"完成"按钮,SNMP 组件安装完毕。

2. SNMP 的服务设置

完成了 SNMP 的安装之后,就可以使用 SNMP 服务在 Windows 2003/XP 平台下对各个网络中的代理进行管理。但在这之前还须对 SNMP 服务进行相关的设置,才可以按照自

图 4-12　组件安装完成

已的要求使用 SNMP 的服务。其设置过程如下。

在 Windows 2003/XP 桌面上，选择"开始"→"控制面板"→"管理工具"，然后双击"服务"图标，出现如图 4-13 所示的窗口。

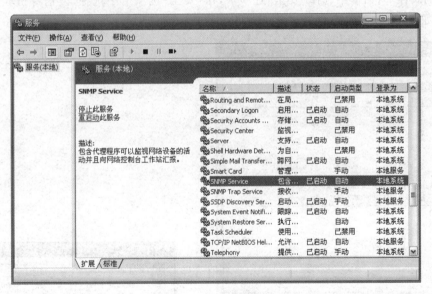

图 4-13　本地服务

其中有两个服务是与 SNMP 有关的：一个是 SNMP Service，这个服务主要包含一些基本的 SNMP 代理和主机之间的一些基本服务，另一个是 SNMP Trap Service，该服务主要是接收和管理网络内各个代理之间的 Trap 消息。

在如图 4-13 所示的窗口中，单击 SNMP Service，选择操作菜单上的属性选项，得到如图 4-14 所示的"SNMP Service 属性"界面。

在图 4-13 中，单击 SNMP Trap Service，选择操作菜单上的"属性"选项。打开如图 4-15 所示的"SNMP Trap Service 的属性"界面。

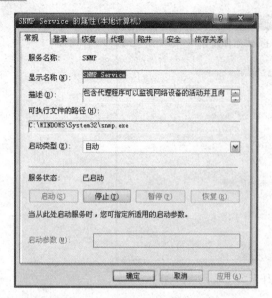

图 4-14　SNMP Service 属性设置

图 4-15　SNMP Trap Service 属性设置

　　如果想在身份验证失败的时候发出陷阱提示信息,则在如图 4-14 所示的"SNMP Service 的属性"对话框中选择"安全"选项卡,在"安全"选项卡中选择"发送身份验证陷阱"复选框,如图 4-16 所示。

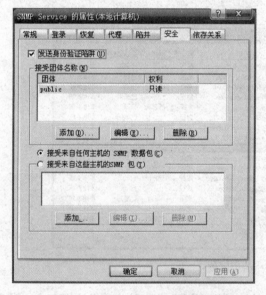

图 4-16　SNMP 属性的"安全"设置

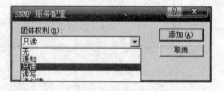

图 4-17　SNMP 服务配置

　　在"接受团体名称"下单击"添加"按钮,得到如图 4-17 所示的界面。此时,先输入一个团体的名字,SNMP 以后就会根据团体来判断网络中的主机,只有团体名相同的情况下,才可以互相发送 SNMP 管理信息数据包,并且共同接受主机的管理。然后在"团体权利"下,为自己的主机选择一个许可的级别以处理从被选团体接收的请求。这样做主要目的是为了在以后的网络管理过程中为相应的团体赋予合适的读写权利,如果是代理机一般都选择只读或者通知选项,而网络中的主机则需要选择一些读写的高级权利,这样才方便以后的管理。

　　然后再指定是否从主机接收 SNMP 数据包,要想从网络上的任何主机接收 SNMP 请求,且无论其身份,请单击接收来自任何主机 SNMP 数据包。要想限制接收 SNMP 数据包,请单击接收来自这些主机的 SNMP 数据包,单击"添加"按钮,输入适当的主机名、IP 或 IPX 地址,然后再次单击"添加"按钮。单击"应用"按钮,完成 SNMP 服务的基本设置。

　　然后,开始配置 SNMP Trap Service,由于系统默认情况下这个服务是没有开启的,如果想使用 SNMP 服务中的 Trap 消息服务,就需要启动这一服务。服务启动之后,就可以在 SNMP 的各个代理上直接接收和发送 Trap 消息了。

4.4.2　MIB Browser

　　正如前面所说,SNMP 有着强大的功能,可以很方便地管理整个网络中的各个设备。但是由于 SNMP 操作语句不太容易掌握,并且系统没有提供可视化的图形操作界面,所以一般在实际的应用过程中还会使用第三方的 SNMP 管理软件来对网络中的设备进行管理。MG-SOFT 公司的 MIB Browser 是一个使用灵活,有着强大的性能和用户界面友好的 SNMP Browser。强大且全面的功能使得 MIB Browser 成为在 Microsoft Windows 操作系统(Windows Me、Windows NT、Windows 2000、Windows XP、Windows Server 2003 和 Windows Vista)下使用最为广泛的 SNMP 管理软件。并且也有在 Linux 操作系统下使用的版本。软件的下载地址为 http://www.mg-soft.com/。其操作界面如图 4-18 所示。

图 4-18　MG SOFT MIB Browser 主界面

　　MIB Browser 可监控和管理在网络上的所有 SNMP 设备(包括文件服务器、数据库服务器、调制解调器、打印机、路由器、交换机等)。它还支持在 IPv4、IPv6 和 IPX 的网络上使用 SNMP v1,SNMP v2 和 SNMP v3 的协议标准,可以无缝地连接和管理网络中的设备。

　　MIB Browser 还可执行 SNMP 的 Get、Getnext、Set、Traps 和其他一些 SNMP 设置操

作。此外,该软件可以让用户捕获从任意 SNMP 的设备或应用程序在网络上发送的 SNMP 陷阱消息和 SNMP 通知消息数据包。

MIB Browser 在监测 SNMP 设备的同时,还有 SNMP Table 的"查看"、"编辑"和"记录"功能,实时图形介绍相关的数值,扫描管理 MIB 中没有记录的代理,比较 SNMP 代理,管理 SNMP v3 的 USM 使用者通过远程 SNMP 的代理等。

SNMP Trace 窗口可以显示 MIB 数据库和 SNMP 代理之间的 SNMP 交换信息。显示将十六进制格式通过编码转换为可读形式的 SNMP 信息。密封式的 MIB 编译器可编译任何代理的 MIB 文件,然后再由 MIB Browser 加载和使用。通常情况下可以包含管理对象的属性描述和 SNMP 下的设备信息。

思考题

4-1:SNMP 有几个版本? 这几个版本分别简称什么?

4-2:SNMP 体系结构由哪几个部分组成?

4-3:Internet 定义了哪几个主要管理对象类?

4-4:SNMP v1 的基本操作有哪几种?

4-5:试述管理进程和代理进程之间的通信方式。

4-6:SNMP v2 是在 SNMP v1 的基础上发展起来的,相对于 SNMP v1 来说,SNMP v2 增加了哪些功能?

4-7:SNMP v3 的特点是什么?

4-8:SNMP v3 消息的格式由哪几部分组成?

第 5 章　访问控制管理

访问控制是授权用户、组和计算机访问网络或计算机上的对象的过程,是按用户身份及其所归属的某项定义来限制用户对某些信息项的访问,或限制对某些控制功能的使用的一种技术,访问控制通常用于系统管理员控制用户对服务器、目录、文件等网络资源的访问。

本章主要内容:

- 访问控制基本模型;
- Web 访问控制技术;
- 邮件访问控制技术。

5.1　访问控制模型

5.1.1　访问控制的基本概念

1. 概述

访问控制是一门研究用户对资源的访问权限进行控制的技术,能够防止对任何资源进行未授权的访问,从而使计算机系统在合法的范围内使用。

保证合法用户访问授权保护的网络资源,防止非法主体进入受保护的网络资源,或防止合法用户对受保护的网络资源进行非授权的访问。访问控制首先需要对用户身份的合法性进行验证,同时利用控制策略进行选用和管理工作。当用户身份和访问权限验证之后,还需要对越权操作进行监控。因此,访问控制的内容包括认证、控制策略和安全审计。

(1) 认证:包括主体对客体的识别及客体对主体的确认。

(2) 控制策略:通过合理地设定控制规则集合,确保用户对信息资源在授权范围内的合法使用。既要确保授权用户的合理使用,又要防止非法用户侵权进入系统,使重要信息资源泄漏。同时对合法用户,也不能越权行使权限以外的功能及访问范围。

(3) 安全审计:系统可以自动根据用户的访问权限,对计算机网络环境下的有关活动或行为进行系统的、独立的检查验证,并做出相应评价与审计。

2. 访问控制策略

访问控制是系统保密性、完整性、可用性和合法使用性的重要基础,是网络安全防范和资源保护的关键策略之一,也是主体依据某些控制策略或权限对客体本身或其资源进行的不同授权访问。限制访问主体对客体的访问,从而保障数据资源在合法范围内得以有效使用和管理。为了达到上述目的,访问控制需要完成两个任务:识别和确认访问系统的用户,决定该用户可以对某一系统资源进行何种类型的访问。包括主体、客体和控制策略。

(1) 主体 S(Subject):是指提出访问资源具体请求者,是某一操作动作的发起者,但不一定是动作的执行者,可能是某一用户,也可以是用户启动的进程、服务和设备等。

（2）客体 O(Object)：是指被访问资源的实体。所有可以被操作的信息、资源、对象都可以是客体。客体可以是信息、文件、记录等集合体，也可以是网络上硬件设施、无限通信中的终端，甚至可以包含另外一个客体。

（3）控制策略 A(Attribution)：是主体对客体的相关访问规则集合，即属性集合。访问策略体现了一种授权行为，也是客体对主体某些操作行为的默认。

访问控制策略基于以下两点。

（1）有效地保障合法用户(授权用户)访问资源；

（2）拒绝非法用户(非授权用户)访问资源。

在用户身份认证和授权之后，访问控制机制将根据预先设定的规则对用户访问某项资源(目标)进行控制，只有规则允许时才能访问，违反预定安全规则的访问行为将被拒绝。资源可以是信息资源、处理资源、通信资源或者物理资源，访问方式可以是获取信息、修改信息或者完成某种功能，一般情况下可以理解为读、写或者执行的访问行为。

5.1.2 访问控制的基本模型

访问控制一般包括三大模型：自主访问控制、强制访问控制和基于角色的访问控制，如图 5-1 所示。

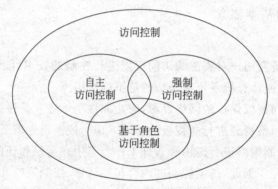

图 5-1 访问控制模型

1. 自主访问控制

自主访问控制(Discretionary Access Control,DAC)是一种最基本的访问控制方式，它是基于对主体或主体所属的主体组的识别来限制对客体的访问，这种控制是自主的。自主是指主体能够自主地将访问权或访问权的某个子集授予其他主体。简单来说，自主访问控制就是由拥有资源的用户自己来决定一个或多个主体可以在什么程度上访问哪些资源。

自主访问控制是一种比较宽松的访问控制，一个主体的访问权限具有传递性。比如大多数交互系统的工作流程是这样的：用户首先登录，然后启动某个进程为该用户做某项工作，这个进程就继承了该用户的属性，包括访问权限。这种权限的传递可能会给系统带来安全隐患：某个主体通过继承其他主体的权限而得到了它本身不应具有的访问权限，就可能破坏系统的安全性，这是自主访问控制方式最大的缺陷。

自主访问控制主要有访问控制列表和访问能力表两种技术。

2．访问控制列表

1）访问控制列表的基本功能

访问控制列表（Access Control List，ACL）是基于访问控制矩阵中列的自主访问控制。它在一个客体上附加一个主体明晰表，用以表示各个主体对该客体的访问权限。明晰表中的每一项都包括主体的身份和主体对这个客体"列"的访问权限。如果使用组（group）或者通配符"＊"，可以有效地缩短表的长度。

访问控制表是实现自主访问控制较好的一种方式，下面通过例子进行详细说明。

对系统中一个需要保护的客体 O_j，附加的访问控制表的结构如图 5-2 所示。

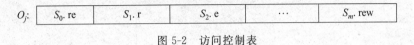

| O_j: | S_0. re | S_1. r | S_2. e | … | S_m. rew |

图 5-2　访问控制表

其中：

$S_i(i=1,2,\cdots,m)$：主体名；

r（read）：读；

e（execute）：执行；

w（write）：写；

n（no）：未授权。

在图 5-2 中，对于客体 O_j，主体 S_0 具有读（r）和执行（e）的权利：主体 S_1 只有读的权利；主体 S_2 只有执行的权利；而主体 S_m 具有读、写和执行的权利。

在一个很大的系统中，会有非常多的主体和客体，这会导致访问控制表非常长，占用很多的存储空间，而且访问时效率下降。为解决这一问题就需要分组和使用通配符。

在多用户系统中，用户可根据部门结构或工作性质被分为几类，同一类中的所有用户使用的资源基本上是相同的。因此，可以把同一类的用户作为一个组，分配一个组名，简称"GN"。这时，访问控制表中的主体标识为（在这里，通配符"＊"可以代替任何组名或者主体标识符）：

主体标识＝ID. GN

其中，ID 是主体标识符，GN 是主体所在组的组名，如图 5-3 所示。

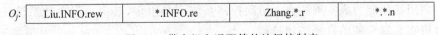

| O_j: | Liu.INFO.rew | *.INFO.re | Zhang.*.r | *.*.n |

图 5-3　带有组和通配符的访问控制表

在图 5-3 的访问控制表中，第一个和第二个表项说明属于 INFO 组的所有主体都对客体 O_j 具有"读"和"执行"的权利，但只有 INFO 组中的主体 liu 才额外具有"写"的权限；第三个表项说明无论是哪一组中的 zhang 都可以"读"客体 O_j；最后一个表项说明所有其他的主体，无论属于哪个组，都不具备对 O_j 有任何访问权限。

在访问控制表中还需要考虑的一个问题是默认问题。默认功能的设置可以方便用户的使用，同时也避免了许多文件泄漏的可能。最基本的，当一个主体生成一个客体时，该客体的访问控制表中对应生成者的表项应该设置成默认值，比如具有读、写和执行权限。另外，当某一个新的主体第一次进入系统时，应该说明它在访问控制表中的默认值，比如只有读的权限。

2) ACL 工作原理

ACL 遵循逐项匹配原则进行访问控制,只要有一项匹配成功,则允许进行访问,否则不允许访问,如图 5-4 所示。

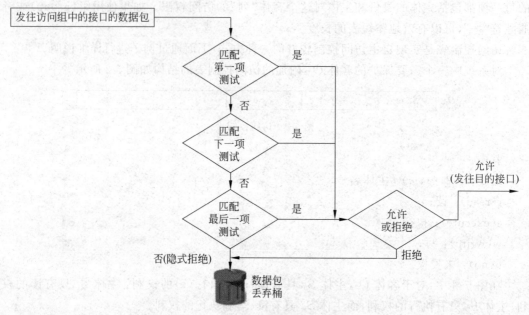

图 5-4　ACL 工作原理及工作过程

3. 访问能力表

前面说过,访问控制表是基于"列"的自主访问控制技术,而访问能力表(Access Capabilities List)则是基于"行"的自主访问控制技术。能力(Capability)是为主体提供的、对客体具有特定访问权限且不可伪造的标志,它决定主体是否可以访问客体以及对客体有什么访问权限。主体可以将能力转移给为自己工作的进程,在进程运行期间,还可以添加或者修改能力。能力的转移不受任何策略的限制,所以对于一个特定的客体,还不能确定所有有权访问它的主体。因此,访问能力表不能实现完备的自主访问控制,而访问控制表是可以实现的。利用访问能力表实现的自主访问控制系统不是很多,其中只有少数系统试图通过增加其他措施实现完备的自主访问控制。

图 5-5 说明了访问能力表的样式。

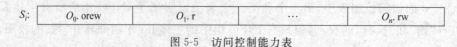

图 5-5　访问控制能力表

图 5-5 是主体 S_i 的访问能力表,图中的每一表项包括客体的标识和 S_i 对该客体的访问能力。如图 5-5 所示,S_i 是客体 O_0 的拥有者,并对它具有最大的访问能力(读、写、执行);S_i 对客体 O_1 只有读的能力;S_i 对客体 O_n 具有读和写的能力。

能力机制的最大特点是能力的拥有者可以在主体中转移能力。在转移的能力中有一种叫作"转移能力",它允许接受能力的主体继续转移能力。比如,进程 A 将某个能力的拷贝转移给进程 B,B 又将能力的拷贝传递给进程 C。如果 B 不想让 C 继续转移这个能力,就在转移给 C 的能力拷贝中去掉转移能力,这样 C 就没有转移能力了。主体为了在能力取消时从所有主体中彻底清除自己的能力,需要跟踪所有的转移。

4. 强制访问控制

自主访问控制的最大特点是自主,即资源的拥有者对资源的访问策略具有决策权,因此是一种限制比较弱的访问控制策略。这种方式给用户带来灵活性的同时,也带来了安全隐患。

在一些系统中,需要更加强硬的控制手段,强制访问控制(Mandatory Access Control,MAC)就是一种这样的机制。

强制访问控制系统为所有的主体和客体指定安全级别,比如绝密级、机密级、秘密级和无密级。不同级别标记了不同重要程度和能力的实体。不同级别的主体对不同级别的客体的访问是在强制的安全策略下实现的。

在强制访问控制机制中,将安全级别进行排序,比如按照从高到低排列,规定高级别可以单向访问低级别,也可以规定低级别可以单向访问高级别。这种访问可以是读,也可以是写或修改。在 Bell Lapadula 模型中,信息的完整性和保密性是分别考虑的,因而对读写的方向进行了反向规定,如图 5-6 所示。

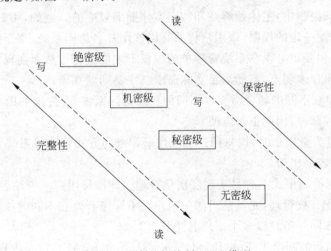

图 5-6 强制访问控制 MAC 模型

其信息保密性策略有两个方面:保障信息完整性策略和保障信息机密性策略。

(1) 保障信息完整性策略:为了保障信息的完整性,低级别的主体可以读高级别客体的信息(不具保密性),但低级别的主体不能写高级别的客体(保障信息完整),因此采用的是上读/下写策略。即属于某一个安全级的主体可以读本级和本级以上的客体,可以写本级和本级以下的客体。比如机密级主体可以读绝密级、机密级的客体,可以写机密级、秘密级、无密级的客体。这样,低密级的用户可以看到高密级的信息,因此,信息内容可以无限扩散,从而使信息的保密性无法保障;但低密级的用户永远无法修改高密级的信息,从而保障信息的完整性。

(2) 保障信息机密性策略:与保障完整性策略相反,为了保障信息的保密性,低级别的主体不可以读高级别的信息(保密),但低级别的主体可以写高级别的客体(完整性可能破坏),因此采用的是下读/上写策略。即属于某一个安全级的主体可以写本级和本级以上的客体,但只能读本级和本级以下的客体。比如机密级主体可以写绝密级、机密级的客体,可以读机密级、秘密级、无密级的客体。这样,低密级的用户可以写高密级的信息,因此,信息完整性得不到保障;但低密级的用户永远无法看到高密级的信息,从而保障信息的保密性。

综上所述,自主访问控制技术较弱,而强制访问控制技术又太强,会给用户带来许多不便。因此,在实际应用中,往往将自主访问控制技术与强制访问控制技术结合在一起综合应用。自主访问控制作为基础的、常用的控制手段;强制访问控制作为增强的、更加严格的控制手段。某些客体可以通过自主访问控制保护,重要客体必须通过强制访问控制保护。

例如,在 UNIX 文件系统强制访问控制机制的 Multics 方案中,文件系统和 UNIX 文件系统一样,是一个树形结构,所有的用户和文件(包括目录文件)都有一个相应的安全级。用户对文件的访问需要遵守下述安全策略。

(1) 仅当用户的安全级别不低于文件的安全级别时,用户才可以读文件(下读策略);

(2) 仅当用户的安全级别不高于文件的安全级别时,用户才可以写文件(上写策略)。

这就是保密性策略。

5. 基于角色的访问控制

1) 问题的提出

在传统的访问控制中,主体始终是和特定实体捆绑对应的。例如,用户以固定的用户名注册,系统给其分配一定的权限,该用户将始终以该用户名访问系统,直至销户。其间,用户的权限可以变更,但变更必须在系统管理员的授权下才能进行。然而在现实社会中,这种访问控制方式表现出很多弱点,不能满足实际需求。主要问题在于:

(1) 同一用户在不同的场合需要以不同的权限访问系统,按传统的做法,变更权限必须经系统管理员授权修改,因此很不方便。

(2) 当用户量大量增加时,按每用户一个注册账号的方式将使得系统管理变得复杂、工作量急剧增加,也容易出错。

(3) 传统访问控制模式不容易实现层次化管理。即按每用户一个注册账号的方式很难实现系统的层次化分权管理,尤其是当同一用户在不同场合处在不同的权限层次时,系统管理很难实现。除非同一用户以多个用户名注册。

基于角色的访问控制模式(Role Based Access Control,RBAC),就是为克服以上问题而提出来的。在基于角色的访问控制模式中,用户不是自始至终以同样的注册身份和权限访问系统,而是以一定的角色访问,不同的角色被赋予不同的访问权限,系统的访问控制机制只看到角色,而看不到用户。用户在访问系统前,经过角色认证而充当相应的角色。用户获得特定角色后,系统依然可以按照自主访问控制或强制访问控制机制控制角色的访问能力。

2) 角色的概念

一组特定应用的操作(或过程)称为角色(Role)。在这里,角色是指从事相关工作内容的一类人员,或是一组完成相同处理的相关进程。主体从它们履行的角色上获得访问权限。

在基于角色的访问控制中,角色定义为与一个特定活动相关联的一组动作和责任。系统中的主体担任角色,完成角色规定的责任,具有角色拥有的权限。一个主体可以同时担任多个角色,它的权限就是多个角色权限的总和。基于角色的访问控制就是通过各种角色的不同搭配授权来尽可能实现主体的最小权限(最小授权指主体在能够完成所有必需的访问工作基础上的最小权限）。

例如，在一个银行系统中，可以定义出纳员、分行管理者、系统管理员、顾客、审计员等角色。其中，担任系统管理员的用户具有维护系统文件的责任和权限，无论这个用户具体是谁。系统管理员可能是由某个出纳员兼任，这时他就具有两种角色。但是出于责任分离的考虑，需要对一些权利集中的角色组合进行限制，比如规定分行管理者和审计员不能由同一个用户担任。

基于角色的访问控制可以看作是基于组的自主访问控制的一种变体，一个角色对应一个组。

3）基于角色的访问控制技术

基于角色的访问控制就是通过定义角色的权限，为系统中的主体分配角色来实现访问控制的，其访问模型如图 5-7 所示。用户先经认证后获得一定角色，该角色被分派了一定的权限，用户以特定角色访问系统资源，访问控制机制检查角色的权限，并决定是否允许访问。

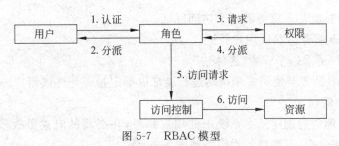

图 5-7 RBAC 模型

下面通过一个实例来说明基于角色的访问控制策略。上面已经定义了角色的银行系统，可以设计如下的访问策略。

（1）允许出纳员修改顾客的账号记录（包括存款、取款、转账等），并允许出纳员询问所有账号的注册项；

（2）允许分行管理者修改顾客的账号记录（包括存款、取款，但不包括规定的资金数目的范围），并允许分行管理者查询所有账号的注册项，还可以创建和取消账号；

（3）允许一个顾客询问自己的注册项，但不能询问其他任何的注册项；

（4）允许系统管理员询问系统注册项和开关系统，但不允许修改顾客的账号信息；

（5）允许审计员阅读系统中所有的信息，但不允许修改任何信息。

这种策略陈述具有很明显的优势，包括：

（1）表示方法和现实世界一致，使得非技术人员也容易理解；

（2）很容易映射到访问矩阵和基于组的自主访问控制，便于实现。

5.2 Web 访问控制

5.2.1 Web 访问控制工作流程及 Web 账户管理

1. Web 访问流程

Web 访问管理（Web Access Management，WAM）是控制用户在使用 Web 浏览器与基

于 Web 的访问交互时能够访问哪些资源。其访问流程分为以下 4 个步骤(如图 5-8 所示)。

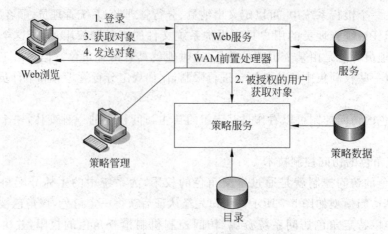

图 5-8　Web 访问流程

第 1 步：用户向 Web 服务器提交访问凭证。

第 2 步：Web 服务器验证用户凭证。

第 3 步：用户请求一个资源(客体)。

第 4 步：Web 服务器使用安全策略进行验证以确定是否允许该用户访问该资源。

2．Web 账户管理

Web 账户管理负责创建所有系统中的用户账号,在必要的时候更改账户权限,并在不再需要时删除账户。Web 账户管理模型如图 5-9 所示。

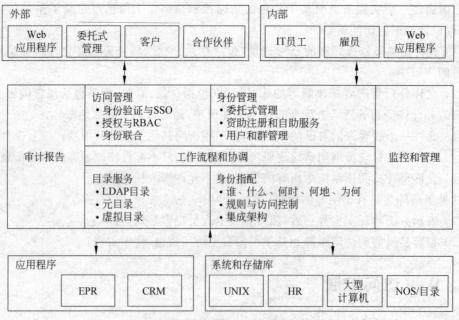

图 5-9　Web 账户管理模型

5.2.2 Web 安全管理

1．Web 安全模型体系结构

Web 安全模型体系结构由客户端 Web 服务请求层、客户端报文处理层、服务器端报文处理层和 Web 服务控制提供层组成，如图 5-10 所示。

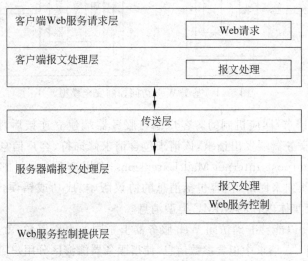

图 5-10 Web 安全模型体系结构图

（1）客户端 Web 服务请求层：该层是 Web 服务的请求者。该层包括两个功能：第一是当客户端向 Web 服务发送请求时，将信息发送给下一层报文处理层；第二是当接收到相应报文时，对报文进行相应的转化，获得客户端应用程序识别的数据。

（2）客户端报文处理层：该层的主要功能是负责对请求报文和响应报文处理。

（3）传送层：该层的主要功能是通过互联网传输 SOAP（Simple Object Access Protocol，简单对象访问协议）报文，报文的传送不受底层网络传输的影响。

（4）服务器端报文处理层：该层负责对 SOAP 报文进行安全处理，从收到的报文中获得客户端的用户凭据。访问控制处理器根据用户凭据从访问权限列表中取出权限，判断此用户是否具有使用该服务的权限。

（5）Web 服务控制提供层：该层负责从请求报文中提取出 Web 服务逻辑调用的信息，调用相应的 Web 服务，并将获得调用的结果发送给客户请求端。

2．Web 访问控制安全模型

Web 访问控制安全模型的安全机制由两部分实现：SOAP 报文的安全处理部分和 Web 服务的访问控制部分，如图 5-11 所示。SOAP 报文处理器包括加密解密处理器、签名验证处理器和断言处理器。SOAP 报文的安全处理是 Web 应用安全的基础。

5.2.3 URL 访问控制

1．HTTP

HTTP（HyperText Transfer Protocol，超文本传输协议）是应用级协议，它满足了分布式超媒体协作系统对灵活性及快速处理的要求。

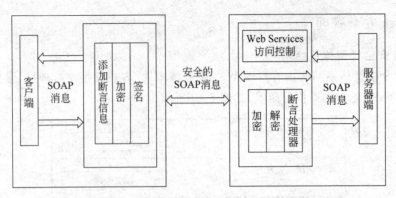

图 5-11 基于 Web 访问控制安全模型

HTTP 是基于请求/回应机制的。客户端与服务器端建立连接后,以请求方法、URL、协议版本等方式向服务器端发出请求,该请求包含请求修饰符、客户信息及可能的请求体内容的 MIME(Multipurpose Internet Mail Extensions,多用途 Internet 邮件扩展)类型消息。服务器端通过状态队列来回应,内容包括消息的协议版本、成功或错误代码,还包含着服务器信息、实体信息及实体内容的 MIME 类型消息。

Web 浏览器之所以能够准确访问 Web 服务器上不同的页面资源,就是利用 HTTP 向服务器发送不同的请求,在请求中包含参数信息,使得服务器能够区分用户需要访问的资源。

2. URL 与 Web 信息资源的访问过程

统一资源定位符 URL,是 Internet 上用来描述信息资源的字符串,通俗地讲,URL 就是网页资源的地址及路径,简称网址,它用统一的格式来描述各种信息资源,包括文件、服务器地址、目录等,URL 格式如下:

protocol://hostname[:port]/path/[parameters][?query]#fragment

(1) protocol(协议):指的是传输协议,对于 Web 而言,常用的传输协议是 HTTP。

(2) hostname(主机名):指的是存放信息资源的服务器的域名系统或 IP 地址。

(3) port(端口号):指的是 Web 服务器的端口号。

(4) path(路径):指的是 Web 服务器存放信息资源的相对路径,path 下的[parameters]指的是信息资源的路径参数。

(5) query(查询):以 get 方式传递参数,用于给服务端动态脚本程序传递参数。可包含多个参数,参数名与参数值之间用"="隔开。不同的参数之间用"&"隔开。这类传递参数对信息资源做了更为确切的定位和描述。

(6) fragment(信息片断):字符串,用于指定网络资源中的片断。例如,一个网页中有多个名词解释,可使用 fragment 直接定位到某一名词解释。

主体用户对 Web 资源的访问浏览是主体用户在客户端利用浏览器,通过 HTTP 与网页服务器交互并获得 URL 指定的 Web 资源的过程。首先,浏览器把主体用户的请求 URL 提交给服务器端,服务器端根据 URL 中描述的资源信息,调用服务端脚本程序,然后由脚本程序根据 URL 参数信息执行具体的访问任务,最后脚本执行访问任务后,将资源信息发送给客户端。概括起来,Web 资源的访问浏览就是资源请求发送、脚本调用并执行访问任务、任务结果返回及资源的响应过程,如图 5-12 所示。

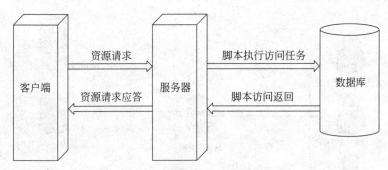

图 5-12 主体访问 Web 的基本过程

3. Web 应用防火墙

Web 应用防火墙用于网站安全防御,使得网站能够抵御各类 SQL 注入、XSS(跨站)、漏洞扫描、Webshell(网页后门)、应用层 CC/DDOS 等攻击。

Web 应用防火墙可以通过客户端远程管理服务端,主要功能有:查看/修改/启用/禁用相关安全策略、限制客户端登录的 IP 策略(IP 白名单策略/IP 黑名单策略)、查看/修改产品默认参数(如绑定的 IP,监听的端口,不同情形下 WAF 的相应形式等)、系统控制(重启 IIS、关闭 IIS、重启服务器、关闭服务器)、管理员用户添加/删除/修改/激活/禁用、普通用户添加/删除/修改/激活/禁用/权限设置(本产品的普通用户这一概念可以方便 IDC 用户开设 Web 防火墙网络安全增值服务)、产品日志/Web 防火墙拦截日志/管理日志/错误日志的查看/删除/下载、日志记录对象管理(可以只记录指定策略的拦截日志)、服务器文件管理(查看/删除文件或文件夹(可批量操作)/新建文件夹/重命名文件或文件夹/上传文件或文件夹(可批量操作)/下载文件或文件夹(可批量操作))、命令行模拟(远程模拟执行 cmd 命令)等。

Web 应用防火墙通常安装在 Web 服务器中,用户通过客户端可以远程管理服务端。服务端在 IIS 中内置安全检测模块,对所有的流入与流出请求做出分析,再确定是否放行或采取相关动作,这一过程好比"WAF:清洗流入与流出的 IIS 数据",其组网架构如图 5-13 所示。其反向代理部署架构如图 5-14 所示。

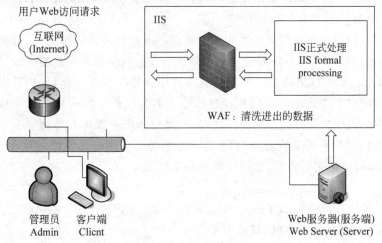

图 5-13 Web 防火墙组网架构

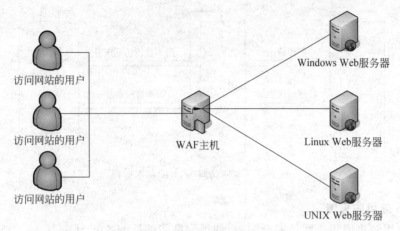

图 5-14 Web 防火墙反向部署架构

5.3 邮件访问控制

5.3.1 SMTP/POP

1. SMTP

SMTP(Simple Mail Transfer Protocol,简单邮件传输协议)是一组用于由源地址到目的地址传送邮件的规则,主要用来控制信件的中转方式。SMTP 属于 TCP/IP 协议簇,它帮助每台计算机在发送或中转信件时找到下一个目的地。通过 SMTP 所指定的服务器,就可以把 E-mail 寄到收信人的服务器上,整个过程只要几秒钟时间。SMTP 服务器则是遵循 SMTP 的发送邮件服务器,用来发送或中转发出的电子邮件。

它使用由 TCP 提供的可靠的数据传输服务把邮件消息从发信人的邮件服务器传送到收信人的邮件服务器。跟大多数应用层协议一样,SMTP 也存在两个端:在发信人的邮件服务器上执行的客户端和在收信人的邮件服务器上执行的服务器端。SMTP 的客户端和服务器端同时运行在每个邮件服务器上。当一个邮件服务器在向其他邮件服务器发送邮件消息时,它是作为 SMTP 客户在运行的。

SMTP 与人们用于面对面交互的礼仪之间有许多相似之处。首先,运行在发送端邮件服务器主机上的 SMTP 客户,发起建立一个到运行在接收端邮件服务器主机上的 SMTP 服务器端口号 25 之间的 TCP 连接。如果接收邮件服务器当前不工作,SMTP 客户就等待一段时间后再尝试建立该连接。SMTP 客户和服务器先执行一些应用层握手操作。就像人们在转手东西之前往往先自我介绍那样,SMTP 客户和服务器也在传送信息之前先自我介绍一下。在这个 SMTP 握手阶段,SMTP 客户向服务器分别指出发信人和收信人的电子邮件地址,彼此自我介绍完毕之后,客户发出邮件消息。

2. POP

POP 的全称是 Post Office Protocol,即邮局协议,用于电子邮件的接收,它使用 TCP 的 110 端口。现在使用的是第 3 版,简称为 POP3。

POP3 规定怎样将个人计算机连接到 Internet 的邮件服务器和下载电子邮件的电子协

议。它是因特网电子邮件的第一个离线协议标准,POP3 允许用户从服务器上把邮件存储到本地主机(即自己的计算机)上,同时删除保存在邮件服务器上的邮件,而 POP3 服务器则是遵循 POP3 协议的接收邮件服务器,用来接收电子邮件。

收取电子邮件的过程为:在电子邮件软件的账号属性上设置一个 POP 服务器的 URL,以及邮箱的账号和密码,当单击电子邮件软件中的收取按钮后,电子邮件软件首先会调用 DNS 协议对 POP 服务器进行 IP 地址解析,当 IP 地址被解析出来后,邮件程序便开始使用 TCP 连接邮件服务器的 110 端口,当邮件程序成功地连上 POP 服务器后,首先会使用 USER 命令将邮箱的账号传给 POP 服务器,然后再使用 PASS 命令将邮箱的密码传给服务器,当完成这一认证过程后,邮件程序使用 STAT 命令请求服务器返回邮箱的统计资料,比如邮件总数和邮件大小等,然后 LIST 便会列出服务器里的邮件数量,然后邮件程序就会使用 RETR 命令接收邮件,接收一封后便使用 DELE 命令将邮件服务器中的邮件置为删除状态,当使用 QUIT 时,邮件服务器便会将置为删除标志的邮件给删除。

5.3.2 邮件过滤技术

1. 邮件过滤的基本概念

邮件过滤的基本思想是:基于邮件的源(发件人、IP 地址等)或标题字符串来过滤邮件。采用两种邮件过滤机制,用映射表和 Sieve 服务器端规则(SSR)控制对 MTA 的访问。

使用映射表限制对 MTA 的访问,使得可以基于 From 和 To 地址,IP 地址、端口号和源通道或目标通道过滤邮件,映射表允许启用或禁用 SMTP 中继。Sieve 是一个邮件过滤脚本,允许基于标题中的字符串过滤邮件。

如果要进行信封级别控制,则使用映射表来过滤邮件。如果要进行基于标题的控制,则使用 Sieve 服务器端规则。

邮件过滤技术分为以下两部分。

(1) 映射表。允许管理员通过配置特定映射表来控制对 MTA 服务的访问。管理员可以控制别人能否通过 Messaging Server 发送邮件或接收邮件。

(2) 邮箱过滤器。允许用户和管理员基于邮件标题中的字符串来过滤邮件并指定对已过滤的邮件的操作。使用 Sieve 过滤语言并可以在通道级别、MTA 级别或用户级别过滤。

2. 使用映射表控制访问

可以通过配置特定的映射表来控制对邮件服务的访问。这些映射表(如表 5-1 所示)可以控制别人能否发送邮件、接收邮件,或同时控制这两个方面。

表 5-1 访问控制映射表

映 射 表	说 明
SEND_ACCESS	用于基于信封的 From 地址、To 地址、源通道和目标通道阻止外来连接。执行重写、别名扩展等操作后将检查 To 地址
ORIG_SEND_ACCESS	用于基于信封的 From 地址、To 地址、源通道和目标通道阻止外来连接。执行重写之后、别名扩展之前将检查 To 地址
MAIL_ACCESS	用于基于 SEND_ACCESS 和 PORT_ACCESS 表中找到的组合信息阻止外来连接:即 SEND_ACCESS 中找到的通道和地址信息结合 PORT_ACCESS 中找到的 IP 地址和端口号信息

映 射 表	说 明
ORIG_MAIL_ACCESS	用于基于 ORIG_SEND_ACCESS 和 PORT_ACCESS 表中找到的组合信息阻止外来连接；即 ORIG_SEND_ACCESS 中找到的通道和地址信息结合 PORT_ACCESS 中找到的 IP 地址和端口号信息
FROM_ACCESS	用于基于信封 From 地址过滤邮件。如果 To 地址是不相关的地址,请使用该表
PORT_ACCESS	用于根据 IP 编号阻塞外来的连接

MAIL_ACCESS 和 ORIG_MAIL_ACCESS 映射是最常规的,不仅包含 SEND_ACCESS 和 ORIG_SEND_ACCESS 中的地址和通道信息,还包含可以通过 PORT_ACCESS 映射表获取的所有信息(包括 IP 地址和端口号信息)。

3. 使用邮箱过滤器控制访问

1) Sieve 过滤概述

邮箱过滤器是应用于邮件消息的一组指定操作(取决于邮件标题中的字符串)。Messaging Server 过滤器存储在服务器上并由服务器评估,因此,这些过滤器有时称为服务器端规则 SSR。Messaging Server 过滤器是基于 Sieve 过滤语言的,因此有时称为 Sieve 过滤器。

Sieve 过滤器由一个或多个要应用于邮件消息的条件操作组成(取决于邮件标题中的字符串)。Messaging Server 过滤器存储在服务器上,并由服务器进行估算。因此,它们有时被称为服务器端规则。

作为管理员,可以创建通道级别的过滤器和 MTA 范围内的过滤器,用以防止传送不需要的邮件。用户可以使用 Messenger Express 为其自己的邮箱创建基于用户的过滤器。

2) 用户级别的过滤器

如果个人邮箱过滤器明确接收或拒绝一个邮件,则过滤器对该邮件的处理完成。但是如果收件人用户没有邮箱过滤器,或者用户的邮箱过滤器没有明确应用到有问题的邮件,Messaging Server 接着将应用通道级别的过滤器,设置基于用户的过滤器。

3) 通道级别的过滤器

如果通道级别的过滤器明确接收或拒绝一个邮件,则过滤器对该邮件的处理完成。否则,Messaging Server 将应用 MTA 范围内的过滤器。

4) MTA 范围内的过滤器

默认情况下,所有用户均没有邮箱过滤器。用户使用 Messenger Express 界面创建一个或多个过滤器时,他们的过滤器将存储在目录中,并在目录同步进程期间由 MTA 进行检索。

5) 创建用户级别的过滤器

基于用户的邮件过滤器将应用于发往特定用户的邮箱的邮件,注意只能使用 Messenger Express 创建基于用户的邮件过滤器。

6) 创建通道级别的过滤器

通道级别的过滤器将应用于在通道内排队的每个邮件。此类过滤器的典型用途是阻止通过特定通道的邮件。

思考题

5-1：访问控制的基本功能和目的是什么？

5-2：试述访问控制列表和访问控制能力表各自的适用范围。

5-3：访问控制的基本模型有哪几种？

5-4：试述邮件过滤器的主要功能和用途。

第6章　网段规划与管理

无论是局域网络还是广域网络,其规模越来越大,网上的广播信息也越来越多,这样会导致网络性能恶化,甚至形成广播风暴,引起网络堵塞和瘫痪。为了避免这种情况的发生,最有效的方法就是进行子网划分,即将一个大型网络划分成多个 VLAN(虚拟局域网),由于广播信息是不能跨越 VLAN 的,只能在一个 VLAN 内部传播,这样就缩小了广播范围,也就缩小了广播域,从而提高网络性能;其次,基于安全考虑,比如在一个公司中,生产工艺、财务数据、客户资料等,非本部门人员是不能随意访问和修改的,这就需要将这些部门所有员工及其计算机相对独立起来,将相关部门划分成一个 VLAN 就可达到安全管理的目的。如何规划和管理 VLAN 是本章的核心内容。

本章主要内容:
- IP 地址分配与管理策略;
- 域名管理技术;
- VLAN 划分与管理技术。

6.1　IP 地址分配与管理

6.1.1　IP 地址分配策略

1. 基本概念
在设计 IP 地址分配方案之前,应综合考虑以下几个问题。

(1) 是否将局域网络连入 Internet;

(2) 是否将局域网络划分为若干网段以方便网络管理;

(3) 是采用静态 IP 地址分配还是动态 IP 地址分配。

如果不准备将局域网络连到 Internet 上,则可用 RFC 1918 中定义的非 Internet 连接的网络地址,称为"专用 Internet 地址分配"。RFC 1918 规定了不需连入 Internet 的 IP 地址分配指导原则。在 Internet 地址授权机构(IANA)控制 IP 地址分配方案中,留出了三块 IP 地址(称为私网 IP 地址或内网地址),给不需连接到 Internet 上的专用网使用,分别用于 A、B 和 C 类网络。

(1) A 类保留地址:10.0.0.0~10.255.255.255。

(2) B 类保留地址:172.16.0.0~172.31.255.255。

(3) C 类保留地址:192.168.0.0~192.168.255.255。

IANA 保证这些 IP 地址不分配给任何用户,可以说这些 IP 地址是公共地址,网上的任何人都可以自由地选择这些网络地址作为自己的内部网络地址。

2. 地址分配策略
IP 地址分配有两种策略:静态地址分配策略和动态地址分配策略。

所谓静态 IP 地址分配,指的是给每一个连入网络的用户固定分配一个 IP 地址,该用户每次上网都是使用这个地址,系统在给该用户分配 IP 地址的同时,还可给该用户分配一个域名。使用静态 IP 地址分配策略分配的 IP 地址,是一台终端计算机专用的 IP 地址,无论该用户是否上网,分配给它的 IP 地址是不能再分配给其他用户使用的。

动态 IP 地址分配的基本思想是,事先并不给上网的用户分配 IP 地址,这类用户上网时自动给其分配一个 IP 地址。该用户下线时,所用的 IP 地址自动释放,可再次分配给其他用户使用。使用动态 IP 地址分配策略的用户只有临时 IP 地址而无域名。通常来说,使用拨号上网的用户大都是使用动态 IP 地址分配策略分配的 IP 地址。

6.1.2 静态 IP 地址分配

使用静态 IP 地址分配可以对各部门进行合理的 IP 地址规划,能够在第三层上方便地跟踪和管理网络,当然,如果通过加强对 MAC 地址的管理,同样也会有效地解决这一问题。

静态 IP 地址分配通常是利用域名服务器 DNS 进行的,并为每一个 IP 地址(每个 IP 地址对应一个用户)配置一个相关的域名。

实际上,在 DNS 服务器中,建立有一张 IP 地址与域名映射表,该表中除了有 IP 地址和域名以外,还有与用户相关的其他信息,比如在 Windows NT 服务器上还要为用户建立组名、用户名、用户标识、用户口令以及用户上网操作权限等信息。

在用户端,使用下述步骤进行静态 IP 地址的配置(在这里,以 Windows XP 系统为例进行配置)。

在 Windows 下,执行"开始"→"设置"→"网络连接"→"本地连接",得到如图 6-1 所示的屏幕。

单击图 6-1 中的"属性"按钮,得到如图 6-2 所示的"本地连接属性"对话框。

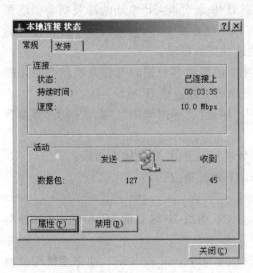

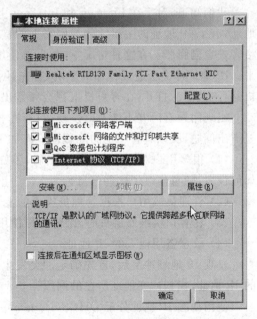

图 6-1 "本地连接状态"对话框 　　图 6-2 "本地连接属性"对话框

选择"Internet 协议(TCP/IP)",单击"属性"按钮,得到"Internet 协议(TCP/IP)属性"对话框,如图 6-3 所示。

在图 6-3 中,首先选择"使用下面的 IP 地址"单选按钮,并填入固定的 IP 地址、子网掩码和默认网关地址,然后再选择"使用下面的 DNS 服务器地址"单选按钮,并在"首选 DNS 服务器地址"栏中填入相应的服务器的 IP 地址。单击"确定"按钮,用户终端 IP 地址配置完毕。

使用静态 IP 地址分配策略,为每一计算机配置一个固定的 IP 地址,这对于网络管理和维护、用户之间的信息交换、虚网划分与管理、域名配置、路由器及防火墙的设置都带来极大的方便。但这种分配策略,也有其致命的弱点:首先,必须保证 IP 地址有足够的空间,如果本单位连入网络的计算机台数比 IP 地址

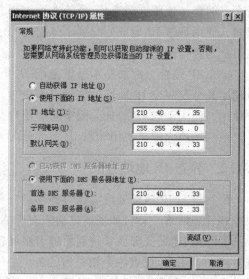

图 6-3 "Internet 协议(TCP/IP)属性"对话框

多,就不能使用静态 IP 地址分配,因为在这种情形下,不可能为每台计算机配置一个 IP 地址,只能使用动态 IP 地址分配策略进行 IP 地址分配。其次,如果用户计算机经常移动,甚至要从一个网段移到另一个网段,这种情形也不能使用静态 IP 地址分配,必须使用动态 IP 地址分配。

6.1.3 动态 IP 地址分配

我们知道,对于在 Internet 和 Intranet 上,使用 TCP/IP 时每台主机必须具有独立的 IP 地址,有了 IP 地址的主机才能与网络上的其他主机进行通信。随着网络应用日益推广,网络客户急剧膨胀。在这种情况下,如果再使用静态 IP 地址分配,IP 地址的冲突就会相继而来。IP 地址冲突会造成很坏的影响,首先,网络客户不能正常工作,只要网络上存在冲突的机器,一旦电源打开,在客户机上都会频繁出现地址冲突的提示。

出现问题有时并不能及时发现,只有在相互冲突的网络客户同时都在开机状态时才能显露出问题,所以具有一定的隐蔽性。有如下几种原因可以造成 IP 地址冲突。

(1) 很多用户对 TCP/IP 并不了解,不知道"IP 地址"、"子网掩码"、"默认网关"等参数如何设置,随意修改了这些信息;

(2) 管理员或用户根据管理员提供的上述参数进行设置时,参数输入错误;

(3) 在客户机维修调试时,维修人员使用临时 IP 地址造成;

(4) 故意盗用他人的 IP 地址。

发现 IP 地址冲突后,首先确定冲突发生的 VLAN,通过 IP 规划的 VLAN 定义和冲突的 IP 地址,找到冲突地址所在的网段。

使用动态 IP 地址分配 DHCP(Dynamic Host Configuration Protocol,动态主机配置协议)的最大优点是客户端网络的配置非常简单,在没有管理员的帮助和干预的情况下,用户自己便可以对网络进行连接设置。但是,因为 IP 地址是动态分配的,网管员不能从 IP 地址

上鉴定客户的身份,相应的 IP 层管理将失去作用,而且使用动态 IP 地址分配还需要设置额外 DHCP 服务器。

DHCP 可使计算机通过一个报文获取全部信息,DHCP 允许计算机快速、动态地获取 IP 地址。为使用 DHCP 的动态地址分配机制,管理员必须配置 DHCP 服务器,使其能提供一组 IP 地址,任何时候一旦有新的计算机连到网络上,该计算机就与服务器联系,申请一个 IP 地址,服务器收到用户的申请后,自动在指定的动态 IP 地址池中找到一个空闲的 IP 地址,并将其分配给该计算机。

动态地址分配与静态地址分配是完全不同的,静态地址分配中的 IP 地址与用户终端是严格一一对应关系,而动态地址分配却不存在这种一对一的映射关系,并且,服务器事先并不知道客户的身份。

静态地址分配为每台主机分配的 IP 地址是永久性的,而动态地址分配的 IP 地址是临时性的,一个用户使用动态地址分配策略分配得到一个 IP 地址后,一旦下线,则相应 IP 地址自动释放,以备其他用户使用。

在图 6-3 中,选择"自动获得 IP 地址"选项,得到如图 6-4 所示对话框。

在图 6-4 中,单击"高级"按钮,得到如图 6-5 所示的对话框。

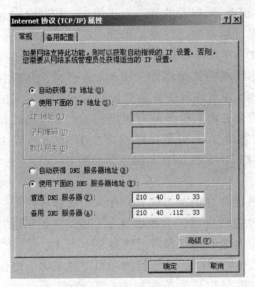

图 6-4　动态 IP 地址配置

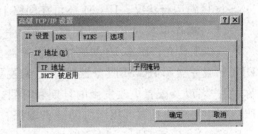

图 6-5　"IP 设置"选项卡

从图 6-5 可看出,DHCP 已被启用,即说明动态 IP 地址设置完毕。单击"确定"按钮即可。

DHCP 服务器的配置与管理参见第 14 章。

6.1.4　IP 地址管理系统 IPAM

IPAM 是 IP Address Management(IP 地址管理)的缩写。IPAM 是全新系列的基于 RS-485 总线接口的数据采集模块,该模块在单个设备中集成了 I/O、数据采集和隔离的 RS-485 总线接口。

1. IPAM 基本功能

1）IPAM 发现

IPAM 发现要求访问 Active Directory,以便发现网络基础结构服务器。管理员可以运行 Windows Server 且安装 DNS 服务器、DHCP 服务器和 ADDS 角色服务的服务器。发现的作用域可通过选择或删除域以及特定服务器角色进行实时修改。

2）IPAM 地址空间管理

IPAM 地址空间管理(ASM)功能提供在网络上有效查看、监视和管理 IP 地址空间的能力。ASM 支持 IPv4 公用地址和专用地址,而且 IP 地址可以在网络上动态发布或作为静态 IP 地址提供。可基于自定义字段(如区域、区域互联网注册管理机构 RIR、设备类型或客户名称)进行排序。网络管理员不仅可以跟踪 IP 地址利用率和阈值交叉点状态,还可以显示利用趋势。IPAM ASM 工具通过确保更好地计划、实施和控制,能够解决不断增长的分布式环境下的 IP 地址空间管理问题。IPAM 还可让管理员检测不同 DHCP 服务器上指定的重叠的 IP 地址范围,找到某个范围内的免费 IP 地址,创建 DHCP 保留,并创建 DNS 记录。

3）多服务器管理和监视

IPAM 允许管理员监视和管理多个 DHCP 服务器,以及监视遍布于集中式控制台中各个区域的多个 DNS 服务器。管理任务经常在多台服务器之间重复出现。跨服务器统一执行这些任务,可减少涉及的工作和错误的可能性。多服务器管理(MSM)功能允许管理员在组织中轻松编辑和配置多台 DHCP 服务器和作用域的关键属性。IPAM 还有利于监视和跟踪 DHCP 服务状态和 DHCP 作用域的利用率,并允许对服务器标记内置和用户定义的自定义字段值,同时允许对这些服务器进行虚拟化并将其分组到逻辑组和子组中。通过显示所有权威 DNS 服务器中某个区域的聚合状态,IPAM 可帮助监视多个 DNS 服务器上 DNS 区域的运行状况。IPAM 还可在网络上跟踪 DNS 和 DHCP 服务器的服务状态。

4）可操作审核和 IP 地址跟踪

审核工具允许跟踪 IP 基础结构服务器上可能存在的配置问题。IPAM 能够对托管的 DHCP 服务器和 IPAM 服务器的统一配置更改进行查看。会跟踪详细信息,如服务器名称、用户名以及配置更改发生的日期和时间。IP 地址租约跟踪通过收集 DHCP、DC 和 NPS 服务器中的租约日志可用于协助调查取证。IPAM 允许 IP 地址租约和用户登录的历史记录跟踪。这将允许对与 MAC 地址、用户名、主机名和其他参数相关的 IP 地址活动进行跟踪。

2. IPAM 部署

IPAM 服务器是一台域成员计算机,一般通过以下两种方法部署 IPAM 服务器。

(1) 分布式:企业的每个站点都部署 IPAM 服务器。

(2) 集中式:企业仅部署一台 IPAM 服务器。

在企业中不同的 IPAM 服务器之间没有通信或数据库共享。如果部署了多台 IPAM 服务器,可以自定义每台 IPAM 服务器的发现作用域,或筛选托管服务器的列表。一台 IPAM 服务器可能管理某个特定的域或位置,并且可能具有配置为备份的另一台 IPAM 服务器。

IPAM 定期在网络上查找指定发现作用域内的网络策略服务器、域控制器、DNS 服务器和 DHCP 服务器,必须明确这些服务器是否由 IPAM 管理。用这种方式,可以选择由 IPAM 管理或不由 IPAM 管理的不同服务器组。若要由 IPAM 管理,服务器安全设置以及防火墙端口必须配置为允许 IPAM 服务器访问,以执行所需的监视和配置功能。若选择手动配置,则可以使用组策略对象(GPO)自动配置。如果选择自动的方法,则当服务器标记为托管时应用设置,并且当标记为非托管时删除设置。IPAM 服务器将使用 RPC 或 WMI 接口与托管的服务器通信。IPAM 为了进行 IP 地址跟踪而监视域控制器和 NPS 服务器,除了监视功能之外,还可以使用 IPAM 配置多个 DHCP 服务器和作用域属性。区域状态监视以及有限的配置功能集也可用于 DNS 服务器。

3. IPAM 安全策略

IPAM 用户:可以查看服务器发现、IP 地址空间和服务器管理方面的所有信息。

IPAM MSM 管理员:IPAM 多服务器管理(MSM)管理员具有 IPAM 用户权限,并且可以执行 IPAM 常见管理任务和服务器管理任务。

IPAM ASM 管理员:IPAM 地址空间管理(ASM)管理员具有 IPAM 用户权限,并且可以执行 IPAM 常见管理任务和 IP 地址空间任务。

IPAM IP 审核管理员:这个组的成员具有 IPAM 用户权限,并且可以执行 IPAM 常见管理任务和查看 IP 地址跟踪信息。

IPAM 管理员:IPAM 管理员具有查看所有 IPAM 数据和执行所有 IPAM 任务的权限。

4. IPAM 解决方案

有两种常见方法可以实现域名系统(DNS)、动态主机配置协议(DHCP)和 IPAM(DDI)解决方案:更换技术与叠加技术。

1) 更换技术

如果是在一个预算充足的大型组织,那么 IP 地址交付基础架构更换可能是最佳选择。那些由于兼并和收购而拥有混合技术、地址空间、供应商和团队的组织尤其适合采用这种方法,因为进行部分系统的迁移与整合更容易获得主管批准。采用更换方法,保证获得业务运营部门、预算部门、各级 IT 管理部门和实现团队的广泛支持是成功的关键。

2) 叠加技术

在大多数环境中,IPAM 叠加更为高效且更容易实现。一般而言,已经使用 DHCP 和 DNS 可靠交付日常服务的组织更可能会选择 IPAM 叠加方法。

叠加策略的主要优势在于分阶段部署,它只需要较少的人力,而且风险也较低,因为服务交付组件仍然在原来的位置正常工作。此外,IPAM 叠加产品也可以采用分阶段的网络重设计。因为叠加产品必须整合各种供应商和服务商,所以在 IP 子网、服务器或园区网络中,最新部署和发现的相同自动化特性也可以用于整合碎裂的网络。

6.2 域名管理

我们知道,系统为每一台上网的计算机至少分配一个 IP 地址,由于 IP 地址是一个 32 位长的数字编码,难以记忆和识别,为了解决这一难题,引入了域名机制,即为每一个 IP 地址都另外取了一个相应的便于记忆和识别的名字,这个名字就是域名。

有了域名之后,要与访问一台目标计算机,既可以使用其 IP 地址,也可以使用其域名,比如要访问贵州大学网站,可以使用其 IP 地址"210.40.0.58",也可以使用其域名"www. gzu. edu. cn"。但在网络通信中,系统只能识别终端计算机的 IP 地址。如何将一台计算机的域名转换成对应的 IP 地址,即这里要介绍的"IP 地址与域名管理"的问题。

在现代网络系统中,通常用一台被称为域名服务器 DNS 的主机来管理 IP 地址和域名。在 DNS 中,建立一张 IP 地址与域名对应表,在需要进行域名转换时,查询这一张 DNS 表即可。

6.2.1 集中管理模式

我们知道,由于局域网的网络覆盖范围有限,连入的计算机数量有限,从用户 IP 地址分配、用户权限设置以及 IP 地址和域名管理都可集中在一台主机上进行(如 Windows NT 或 Windows 2000 Server 服务器)。这就是典型的集中管理模式。

集中管理模式的最大优点在于,能保证 IP 地址及域名的建立、维护和管理的方便性和使用的高效性。

集中管理模式实际上是在服务器上建立一张用户登记表,该表中有用户类型(用户类型用以指明该用户是"管理员"还是一般"客户")、用户名、IP 地址、域名以及对网络服务器的访问权限等项目,每个连接上网的用户要访问服务器或与其他用户通信时,都要先查询这一张表,然后再进行相应的操作。

IP 地址与域名集中管理模式网络拓扑如图 6-6 所示。

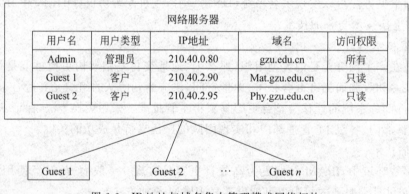

图 6-6　IP 地址与域名集中管理模式网络拓扑

6.2.2 分布管理模式

集中管理模式只适合于局域网络的 IP 地址与域名管理,对于广域网络,由于其网络覆盖的地理范围很广、联网的计算机台数可上亿,在这种情形下,若仍用一台计算机来存放 IP 地址及域名,可带来如下三个无法解决的问题。

(1) 存储容量问题:若将全世界数十亿个用户的 IP 地址、域名及相关信息集中存放在一台计算机上,其数据量相当庞大,一台计算机的存储容量是不够的。

(2) 网络运行效率问题:全世界的用户都要集中到一台中心主机上去查询通信双方的 IP 地址和域名,会造成严重的线路拥塞、域名服务器不能响应,从而会导致网络瘫痪。

(3) IP 地址与域名的建立、维护,域名与网络的管理问题:如此庞大的数据量,在一台计算机上建立和修改都是难以完成的,且会给域名和网络的维护和管理带来混乱。

所以,对于广域网络,则要用分布管理模式进行域名的管理与服务。

所谓分布管理,是将网上的 IP 地址与域名分布存放在地域上不同(不同单位、不同机构、不同地区甚至不同国家)的主机上,在结构上呈树状分级拓扑结构,如图 6-7 所示。

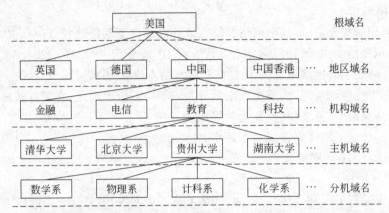

图 6-7 IP 地址及域名分布式管理模式拓扑结构

图 6-7 是 Internet 域名分布式管理拓扑结构,在 Internet 的域名系统中,共分为 5 级管理模式,即根域、地理域、机构域、主机域及分机域,每一级都设有一个域名服务器 DNS。根域设在美国,根域名服务器只负责管理国家和地区域名;而各个国家和地区的下一级域名(如金融、电信、教育、科技等机构性域名),则由各个国家及地区的域名服务器进行管理;机构性域名服务器负责管理其下一级域名:主机域名;主机域名服务器负责管理其下一级的分机域名。

6.3 VLAN 管理

6.3.1 IP 地址和子网掩码

1. IP 地址

IP 地址用于在网络上标识唯一一台机器。根据 RFC 791 的定义,IP 地址由 32 位二进制数组成(4B),表示为用圆点分成每组三位的 12 位十进制数字(×××.×××.×××.×××)每个三位数代表 8 位二进制数(一个字节)。由于 1 个字节所能表示的最大数为255,根据 IP 地址中表示网络地址字节数的不同 IP 地址划分为三类:A 类地址、B 类地址及C 类地址。

A 类用于超大型网络(千万结点),B 类用于中等规模的网络(上万结点),C 类用于小网络(最多 254 个结点)。

(1) A 类地址用第一个字节代表网络地址,后三个字节代表结点地址。

(2) B 类地址用前两个字节代表网络地址,后两个字节表示结点地址。

(3) C 类地址用前三个字节表示网络地址,第四个字节表示结点地址。

网络设备根据 IP 地址的第一个字节来确定网络类型。

(1) A 类网络第一个字节的第一个二进制位为 0;

(2) B 类网络第一个字节的前两个二进制位为 10;

(3) C 类网络第一个字节的前三个二进制位为 110。

换成十进制可见 A 类网络地址为 1~127,B 类网络地址为 128~191,C 类网络地址为 192~223,224~239 为 D 类地址(即组播地址),239 以上的网络号保留。

2. 子网掩码

子网掩码用于找出 IP 地址中网络及结点地址部分。子网掩码长 32 位,其中,1 表示网络部分,0 表示结点地址部分。例如,一个结点 IP 地址为 192.168.202.195,子网掩码 255.255.255.0,表示其网络地址为 192.168.202,结点地址为 195。

有时为了方便网络管理,需要将网络划分为若干个网段。为此,必须打破传统的 8 位界限,从结点地址空间中"抢来"几位作为网络地址。

具体说来,建立子网掩码需要以下两步。

(1) 确定运行 IP 的网段数;

(2) 确定子网掩码。

首先,确定运行 IP 的网段数。例如,网络上有 5 个网段,但只让三个网段上的用户访问 Internet,则只有这三个网段需要配置 IP。在确定了 IP 网段数后,再确定从结点地址空间中截取几位才能为每个网段创建一个子网络号。方法是计算这些位数的组合值。比如,取两位有 4 种组合(00、01、10、11),取三位有 8 种组合(000、001、010、011、100、101、110、111)。

子网掩码是一个 32 位的二进制数,其对应网络地址的所有位置都为 1,对应于主机地址的所有位置都为 0。

由此可知,A 类网络的默认子网掩码是 255.0.0.0,B 类网络的默认子网掩码是 255.255.0.0,C 类网络的默认子网掩码是 255.255.255.0。将子网掩码和 IP 地址按位进行逻辑"与"运算,得到 IP 地址的网络地址,剩下的部分就是主机地址,从而区分出任意 IP 地址中的网络地址和主机地址。

子网掩码常用点分十进制表示,也可以用 CIDR 的网络前缀法表示掩码,即"/<网络地址位数>;"。如 138.96.0.0/16 表示 B 类网络 138.96.0.0 的子网掩码为 255.255.0.0。

子网掩码告知路由器,IP 地址的前多少位是网络地址,后多少位(剩余位)是主机地址,使路由器正确判断任意 IP 地址是否是本网段的,从而正确地进行路由。

例如,有两台主机,主机 1 的 IP 地址为 222.21.160.6,子网掩码为 255.255.255.192,主机 2 的 IP 地址为 222.21.160.73,子网掩码为 255.255.255.192。现在主机 1 要给主机 2 发送数据,先要判断两个主机是否在同一网段。

主机 1:

222.21.160.6 即 11011110.00010101.10100000.00000110

255.255.255.192 即 11111111.11111111.11111111.11000000

按位逻辑与运算结果为: 11011110.00010101.10100000.00000000

十进制形式为(网络地址): 222.21.160.0

主机 2:

222.21.160.73 即 11011110.00010101.10100000.01001001

255.255.255.192 即 11111111.11111111.11111111.11000000

按位逻辑与运算结果为：11011110.00010101.10100000.01000000

十进制形式为（网络地址）：222.21.160.64

C 类地址判断前三位是否相同，即可确定两个 IP 地址是否在同一网段内，但本例中的 222.21.160.6 与 222.21.160.73 不在同一网段，因为这两个 C 类 IP 地址已经做了子网划分就不能只判断前三位是否相同就确认这两个 IP 是否在同一网段。其中，222.21.160.6 在 222.21.160.1～222.21.160.62 段，222.21.160.73 在 222.21.160.65～222.21.160.126 段，所以不在同一网段，如果双方要进行通信必须通过路由器转发。

6.3.2 VLAN 的基本概念

1. VLAN 概述

VLAN（虚拟局域网）是将一个物理 LAN 逻辑上划分成多个虚拟 LAN 的以太网技术。VLAN 划分多个虚拟 LAN 的目的就是要缩小广播域（一个"广播域"就是一个 LAN 网段，即广播数据帧可以到达的结点范围），减小广播数据帧对 LAN 内用户通信的影响，因为一个广播数据帧会在整个 LAN 内各个结点泛洪发送，其流量非常大，所占用的带宽资源也非常多。但广播数据帧只能在一个 LAN 中广播，属于二层通信，不能通过路由设备跨网段传输（但可以通过一些代理设备实现跨网段转发，如 ARP 代理），所以只需要把一个大的物理 LAN 划分成多个小的虚拟 LAN 就可以实现缩小广播域的目的，这就是 VLAN 技术产生的背景。

最终形成的 VLAN 技术标准 IEEE 802.1Q 是于 1999 年 6 月由 IEEE 委员会正式颁布实施的。经过多年的发展，VLAN 技术得到广泛的支持，在大大小小的企业网络中广泛应用，成为当前最主要的一种以太局域网技术。

VLAN 主要用来解决如何将大型网络划分为多个小网络，隔离原本在同一个物理 LAN 中的不同主机间的二层通信（在物理 LAN 中，各主机是可以直接通过网络体系结构中的第二层，即数据链路层进行通信的，但划分 VLAN 后，不同 VLAN 中的主机是不可以直接通过第二层进行通信的，必须通过第三层，即网络层），以使广播流量不会占据更多带宽资源（因为广播数据帧每复制传播一次都需要消耗一定的带宽和系统资源），同时也提高网段间的安全性，因为广播域缩小了，广播风暴产生的可能性也大大降低了。因为传统共享介质的以太网和交换式以太网中，所有的用户在同一个广播域中（即在同一个 LAN 中）。

但在这里不得不说明的是，VLAN 的技术基础还是基于以网桥或交换机为集中设备的交换式网络，在以前以集线器为集中设备的共享式网络中 VLAN 标签是不能识别的，因为在集线器的共享网络中数据帧都是以复制方式广播的。只有在交换式网络中才可能针对具体的目的地址、VLAN 标签进行数据转发。

通过将物理 LAN 划分为多个虚拟的 VLAN 网段，不仅可以控制不必要的广播数据帧传输，还可以强化网络管理和网络安全，另外，VLAN 的划分可以突破用户主机地理位置的限制，即不论用户主机实际上是与网络中哪个物理交换机连接，也不管它们所在网络中的物理位置如何，都可以把它们放进同一个虚拟的用户组（VLAN）中。

如图 6-8 所示的是一个对分布在各楼层的交换机划分不同 VLAN 的案例。案例中每个 VLAN 中的成员都分布在不同楼层，而不像物理划分那样仅在一个楼层或者一个部门。所划分的每个 VLAN 相当于一个小的独立二层交换网络，也就是一个小的广播域。这样每个 VLAN 中的广播包就只在本地 VLAN 中广播,而不会传输到其他的 VLAN 中去,其影响范围和程度自然就会大大降低。同时如果没有通过三层设备的话,不同 VLAN 之间不能直接相互通信,这样就加强了企业网络中各部门内部的安全性。

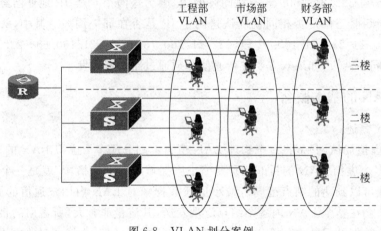

图 6-8　VLAN 划分案例

2. VLAN 划分原则

1) 基于端口划分的 VLAN

按 VLAN 交换机上的物理端口和内部的 PVC(永久虚电路)端口来划分。

优点:定义 VLAN 成员时非常简单,只要将所有的端口都定义为相应的 VLAN 组即可。

缺点:如果某用户离开原来的端口到一个新的交换机的某个端口,必须重新定义。

2) 基于 MAC 地址划分 VLAN

这种划分 VLAN 的方法是根据每个用户主机的 MAC 地址来划分。

优点:当用户物理位置从一个交换机换到其他的交换机时,VLAN 不用重新配置。

缺点:初始化时,所有的用户都必须进行配置,适用于小型局域网。

3) 基于网络层协议划分 VLAN

按网络层协议来划分 VLAN,可分为 IP、IPX、DECnet、AppleTalk 等 VLAN。适用于需要同时运行多协议的网络。

优点:用户的物理位置改变了,不需要重新配置所属的 VLAN,而且可以根据协议类型来划分 VLAN,并且可以减少网络通信量,可使广播域跨越多个 VLAN 交换机。

缺点:效率低下。

4) 根据 IP 组播划分 VLAN

IP 组播实际上也是一种 VLAN 的定义,即认为一个 IP 组播组就是一个 VLAN。适合于不在同一地理范围的局域网。

优点:更大的灵活性,而且也很容易通过路由器进行扩展。

缺点:只适合局域网,主要是效率不高。

5) 按策略划分 VLAN

基于策略的 VLAN 能实现多种分配,包括端口、MAC 地址、IP 地址、网络层协议等。

适用于需求比较复杂的环境。

优点：网络管理人员可根据自己的管理模式和需求来决定选择哪种类型的 VLAN。

缺点：建设初期步骤繁复。

6）按用户定义、非用户授权划分 VLAN

是指为了适应特别的 VLAN，根据具体的网络用户的特别要求来定义和设计 VLAN，而且可以让非 VLAN 群体用户访问 VLAN，但是需要提供用户密码，在得到 VLAN 管理的认证后才可以加入一个 VLAN。适用于安全性较高的环境。

3. VLAN 形成原理

如前所述，网络管理员可按照不同的规则进行 VLAN 划分，不用考虑各网络用户的实际物理位置。

1）同一物理交换机中的 VLAN 形成原理

理解 VLAN 的形成原理关键就是要理解"虚拟"这两个字。"虚拟"表示 VLAN 所组成的是一个虚拟或者说是逻辑 LAN，并不是一个物理 LAN。通过不同的划分规则（具体要依据不同的 VLAN 划分方式而定）把连接的交换机上的各个用户主机划分到不同的 VLAN 中，同一个交换机中划分的各个 VLAN 可以理解为一个个虚拟交换机。如图 6-9 所示的物理交换机中就划分了 5 个 VLAN，相当于有 5 个相互只有逻辑连接关系的虚拟交换机。

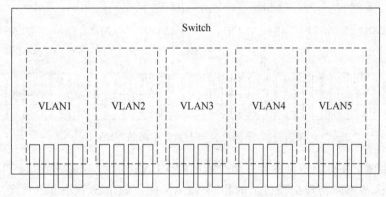

图 6-9　在一台交换机中划分多个 VLAN

其实只要把一个 VLAN 看成一台交换机（只不过它是逻辑意义上的虚拟交换机），许多问题就好理解了，因为虚拟交换机与物理交换机具有许多相同的基本属性。同一物理交换机上的不同 VLAN 之间就像永远不可能有物理连接，只有逻辑连接的不同物理交换机一样。既然没有物理连接，那不同 VLAN 肯定是不能直接相互通信的，即使这些不同 VLAN 中的成员都处于同一 IP 网段，因为不同 VLAN 间的二层通信是隔离了的，只能通过更高的三层进行相互通信。但要注意，这里有一个必须的条件，就是这些不同 VLAN 必须位于同一个物理交换机上，如果同处于一个 IP 网段的不同 VLAN 位于不同交换机上，则又会有所不同。

位于同一 VLAN 中的端口成员就相当于同一物理交换机上的端口成员一样，不同情况仍可以按照物理交换机来处理。如同一 VLAN 中的各成员计算机可以属于同一个 IP 网段，也可以属于不同 IP 网段，但通常是把属于同一网段的结点划分到同一 VLAN 中。如果 VLAN 的各成员计算机都属于同一个 IP 网段，则可以相互通信，就像同一物理交换机上连接同一网段的各计算机一样;但如果同一 VLAN 中的成员计算机是属于不同 IP 网段,则相当于一台物理交换机上连接处于不同网段的主机用户一样,这时得通过路由或者网关配置来实现相互通信了,即使它们位于同一个 VLAN 中。

2) 不同物理交换机中的 VLAN 形成原理

因为一个 VLAN 中成员计算机不是依据成员的物理位置来划分的,所以这些成员计算机通常连接在网络中的不同交换机上,这样才更显示出 VLAN 划分的灵活性和实用性。也就是说一个 VLAN 可以跨越多台物理交换机,这就是 VLAN 的中继(Trunk)功能。这时就不要总按照物理交换机来看待用户主机的分布,而要从逻辑的 VLAN 角度来看待。图 6-10 就不是把它当成两台物理交换机,而是把它当成是 5 台(VLAN 1、VLAN 2、VLAN 3、VLAN 4 和 VLAN 5)仅存在逻辑连接关系,其中两台物理交换机中相同的 VLAN 间有相互物理连接关系的虚拟交换机。通常情况下,这 5 个 VLAN 间的用户是二层隔离的,也就是不能直接互通,仅可以通过网络体系结构中的第三层(网络层)实现互通。

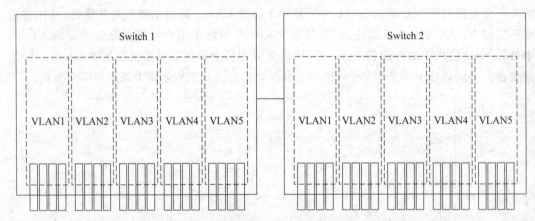

图 6-10　不同交换机上划分相同的 VLAN

在同一物理交换机上不可能存在两个相同的 VLAN,而在不同交换机上可以有相同的 VLAN,而且这些不同物理交换机上的相同 VLAN 间一般情况下是可以直接互访的,当然这得要求它们都位于同一个 IP 网段,且在物理交换机连接的端口上允许这些 VLAN 数据包通过。不仅如此,如果位于不同交换机上的两个不同 VLAN 处于同一个 IP 网段,且交换机间连接的两个端口是分别隶属通信双方 VLAN 的 Access 端口,或者不带 VLAN 标签的 Hybrid 端口,则这两个 VLAN 间也是可以直接通信的。

6.3.3　基于端口划分 VLAN

1. VLAN 的划分

基于端口 VLAN 划分方式是最常用,也是最简单的 VLAN 划分方式,是把交换机端口静态地划分到某一个或多个具体的 VLAN 中,是一种静态 VLAN 划分方式。但要注意的是,因为 VLAN 是二层协议,所以仅可以把二层以太网端口(包括物理以太网端口和 Eth-Trunk 聚合链路口)划分到 VLAN 中。

在这里,以华为二层交换机为例,介绍基于端口划分 VLAN 的方法。

2. 二层以太网端口类型

这里介绍华为交换机的 Access、Trunk、Hybrid 和 QinQ 这 4 种二层以太网端口的基本特性和数据帧收、发规则。

1) Access 端口

Access 端口主要是用来连接用户主机的二层以太网端口,最主要的特性是仅允许一个 VLAN 的帧通过,反过来也就是 Access 端口仅可以加入一个 VLAN 中,且 Access 端口发送的以太网帧永远是 Untagged(不带标签)的。

2) Trunk 端口

Trunk 端口是用来连接与其他交换机的二层以太网端口。它的最主要特性是允许多个 VLAN 的帧通过,并且所发送的以太网帧都是带标签的,除了发送 VLAN ID 与 PVID 一致的 VLAN 帧。

3) Hybrid 端口

Hybrid 端口可以说是以上 Access 端口和 Trunk 端口的混合体,它们具有共同的特性,是一种特殊的二层以太网端口。正因如此,Hybrid 端口既可以连接用户主机,又可以连接其他交换机、路由器设备。同时 Hybrid 端口又允许一个或多个 VLAN 的帧通过,并可选择以带标签或者不带标签的方式发送数据帧。

4) QinQ 端口

QinQ 端口是专用于 QinQ 协议的二层以太网端口。它可以给数据帧加上双层 VLAN 标签,即在原来标签的基础上,给帧加上一个新的标签,从而可以支持多达 4094×4094 个 VLAN,满足企业用户网络对 VLAN 数量更高的需求。

3. 实用案例

如图 6-11 所示为一个小型企业局域网组网案例,拓扑结构中的两台交换机(SwitchA 和 SwitchB)上各连接了许多进行不同业务操作的用户。现要把连接在 SwitchA 上的 User1 和连接在 SwitchB 上的 User2 都划分到 VLAN2 中,而把连接在 SwitchA 上的 User3 和连接在 SwitchB 上的 User4 都划分到 VLAN3 中。

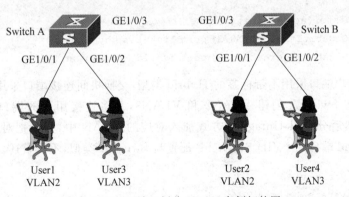

图 6-11　基于端口划分 VLAN 案例拓扑图

4. 配置思路

通过前面的分析我们知道,用户 PC 连接的端口既可以是 Access 类型的,也可以是不带标签的 Hybrid 类型的;而交换机之间连接的端口类型既可以是 Trunk 类型,也可以是带标签的 Hybrid 类型。所以,本案例实际上有 4 种配置方案。

5. 配置方案

方案 1:用户端口采用 Access 类型,交换机间连接端口采用 Trunk 类型。

第 1 步:在 SwitchA 创建 VLAN2 和 VLAN3,并将连接用户的端口类型都设置为 Access 类型,然后分别加入对应的 VLAN 中。SwitchB 配置与 SwitchA 类似,不再赘述。

```
<HUAWEI>system-view
[HUAWEI] sysname SwitchA
[SwitchA] vlan batch 2 3
[SwitchA] interface gigabitethernet 1/0/1
[SwitchA-GigabitEthernet1/0/1] port link-type access
[SwitchA-GigabitEthernet1/0/1] port default vlan 2
[SwitchA-GigabitEthernet1/0/1] quit
[SwitchA] interface gigabitethernet 1/0/2
[SwitchA-GigabitEthernet1/0/2] port link-type access
[SwitchA-GigabitEthernet1/0/2] port default vlan 3
[SwitchA-GigabitEthernet1/0/2] quit
```

第 2 步:配置 SwitchA 与 SwitchB 连接的端口类型为 Trunk,同时允许 VLAN2 和 VLAN3 通过。SwitchB 配置与 SwitchA 类似,不再赘述。

```
[SwitchA] interface gigabitethernet 1/0/3
[SwitchA-GigabitEthernet1/0/3] port link-type trunk
[SwitchA-GigabitEthernet1/0/3] port trunk allow-pass vlan 2 to 3
```

方案 2:用户端口采用 Access 类型,交换机间连接端口采用带标签的 Hybrid 类型。

第 1 步:把用户加入对应的 VLAN 中,配置方法同方案 1 中的第 1 步配置。

第 2 步:配置 SwitchA 与 SwitchB 连接的端口类型为 Hybrid,并以 Tagged(带标签)方式同时加入 VLAN2 和 VLAN3 中。SwitchB 配置与 SwitchA 类似,不再赘述。

```
[SwitchA] interface gigabitethernet 1/0/3
[SwitchA-GigabitEthernet1/0/3] port link-type hybrid
[SwitchA-GigabitEthernet1/0/3] port hybrid Tagged vlan 2 to 3
```

方案 3:用户端口采用不带标签的 Hybrid 类型,交换机间连接端口采用 Trunk 类型。

第 1 步:在 SwitchA 创建 VLAN2 和 VLAN3,并将连接用户的端口类型都设置为 Hybrid 类型,然后分别以 Untagged 方式加入对应的 VLAN 中,并且把对应的 VLAN ID 设置这些 Hybrid 端口的 PVID。SwitchB 配置与 SwitchA 类似,不再赘述。

```
<HUAWEI>system-view
[HUAWEI] sysname SwitchA
[SwitchA] vlan batch 2 3
[SwitchA] interface gigabitethernet 1/0/1
[SwitchA-GigabitEthernet1/0/1] port link-type hybrid
[SwitchA-GigabitEthernet1/0/1] port hybrid Untagged vlan 2
[SwitchA-GígabitEthernet1/0/1] port hybrid pvid vlan 2
```

```
[SwitchA-GigabitEthernet1/0/1] quit
[SwitchA] interface gigabitethernet 1/0/2
[SwitchA-GigabitEthernet1/0/2] port link-type hybrid
[SwitchA-GigabitEthernet1/0/2] port hybrid Untagged vlan 3
[SwitchA-GigabitEthernet1/0/2] port hybrid pvid vlan 3
[SwitchA-GigabitEthernet1/0/2] quit
```

第 2 步：交换机间连接端口配置，配置方法同方案 1 中的第 2 步配置。

方案 4：用户端口采用不带标签的 Hybrid 类型，交换机间连接端口采用带标签的 Hybrid 类型。

第 1 步：把用户加入对应的 VLAN 中，配置方法同方案 3 中的第 1 步配置。

第 2 步：交换机间连接端口配置，配置方法同方案 2 中的第 2 步配置。

6.3.4　基于 MAC 地址划分 VLAN

1. VLAN 的划分

基于 MAC 地址的 VLAN 划分方式是一种动态 VLAN 划分方式。其划分思想是把用户计算机网卡上的 MAC 地址配置与某个 VLAN 进行关联，这样就可以实现无论该用户计算机连接在哪台交换机的二层以太网端口上都将保持所属的 VLAN 不变。

也可以这么理解：基于 MAC 地址划分 VLAN 可以使无论用户计算机连接在哪台交换机，也无论是连接在哪个交换机端口上，对应交换机端口都将成为该用户计算机网卡 MAC 地址所映射的 VLAN 的成员，而不需要在用户计算机改变所连接的端口时重新划分 VLAN。这样就可以进一步提高终端用户的安全性和接入的灵活性。

基于 MAC 地址的 VLAN 划分方式只能在 Hybrid 交换机端口上进行，不能对其他类型端口上连接的用户计算机采用这种 VLAN 划分方式。

2. 实用案例

某个公司的基本网络结构如图 6-12 所示。为了提高部门内的信息安全，每个部门的员工划分到一个 VLAN 中。现假设在工程部中有 PC1、PC2、PC3 三个用户，现要求在该部门中仅这几台 PC 可以通过 SwitchA、SwitchB 访问公司网络，其他 PC 则不能访问。

根据以上要求，可以针对工程部的三台 PC 配置基于 MAC 地址划分的 VLAN10，将它们的 MAC 地址与 VLAN 绑定，从而可以防止非法 PC 访问公司网络。

3. 配置思路

（1）因为华为交换机上所有二层以太网端口默认都是 Hybrid 类型，并且发送数据帧时都是不带 VLAN 标签的，故其实完全可以让 SwitchA 全部采用默认配置，这样到达 SwitchB 交换机的数据帧都是不带 VLAN 标签的。

（2）然后通过在 SwitchB 交换机与 SwitchA 交换机连接的 Eth0/0/1 端口上配置不带标签发送特性的 Hybrid 类型，允许来自 VLAN10 的数据帧通过，并且启用基于 MAC 地址划分 VLAN 功能，就可使得连接在 SwitchA 上的 PC1、PC2 和 PC3 发送的数据帧在到达 Switch 后自动打上对应的 VLAN10 标签。

（3）最后将 SwitchB 交换机的 Eth0/0/2 端口配置为带标签的 Hybrid 类型，并允许 VLAN10 的数据帧通过即可。

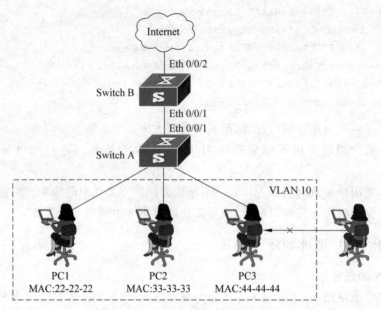

图 6-12　基于 MAC 地址划分 VLAN 案例拓扑图

4. 配置方案

SwitchA 交换机上全部采用默认配置(所有二层以太网端口类型默认为 Hybrid,并且以 Untagged 方式加入到 VLAN1),所以无须另外配置(如果交换机上的默认配置发生了改变,则需要先恢复到默认配置)。现在只需要在 Switch 交换机上做如下配置。

1) 创建 VLAN

这里要创建 PC1、PC2 和 PC3 这三个 PC 用户要通过 MAC-VLAN 功能加入的 VLAN10。

```
<HUAWEI>system-view
[HUAWEI] vlan10
```

2) 创建 PC 的 MAC 地址与 VLAN10 关联

```
[HUAWEI-Vlan10] mac-vlan mac-address 22-22-22
[HUAWEI-Vlan10] mac-vlan mac-address 33-33-33
[HUAWEI-Vlan10] mac-vlan mac-address 44-44-44
[HUAWEI-Vlan10] quit
```

3) 配置接口加入的 VLAN

```
[HUAWEI] interface ethernet 0/0/1
[HUAWEI-Ethernet0/0/1] port hybrid Untagged vlan10
[HUAWEI-Ethernet0/0/1] quit
[HUAWEI] interface ethernet 0/0/2
[HUAWEI-Ethernet0/0/2] port hybrid Tagged vlan10
[HUAWEI-Ethernet0/0/2] quit
```

4）在连接 SwitchA 的 Eth0/0/1 端口上使能基于 MAC 地址划分 VLAN 功能

```
[HUAWEI] interface ethernet 0/0/1
[HUAWEI-Ethernet0/0/1] mac-vlan enable
[HUAWEI-Ethernet0/0/1] quit
```

通过以上配置就可以实现 PC1、PC2、PC3 成功访问公司网络，而其他 PC 不能访问，因为在 SwitchB 交换机上并没有配置对应的 MAC 地址与 VLAN 映射表项，提高了网络安全性能。

6.3.5　基于子网划分 VLAN

1. VLAN 的划分

基于子网划分 VLAN 是基于数据帧中上层（网络层）IP 地址或所属 IP 网段进行的 VLAN 划分，属于动态 VLAN 划分方式，既可减少手工配置 VLAN 的工作量，又可保证用户自由地增加、移动和修改。基于子网划分 VLAN 适用于对安全性需求不高，对移动性和简易管理需求较高的场景中。

基于子网 VLAN 的划分思想是把用户计算机网卡上的 IP 地址配置与某个 VLAN 进行关联，这样与基于 MAC 地址划分 VLAN 一样，也可以实现无论该用户计算机连接在哪台交换机的二层以太网端口上都将保持所属的 VLAN 不变。

与基于 MAC 地址的 VLAN 划分一样，基于 IP 子网划分的 VLAN 也只处理 Untagged 数据帧，所以也只能在 Hybird 类型端口上进行划分，对于 Tagged 数据帧处理方式和基于端口划分的 VLAN 一样。

2. 实用案例

案例拓扑结构如图 6-13 所示，假设该公司拥有多种业务，如 IPTV、VoIP、Internet 等，而且使用每种业务的用户 IP 地址网段各不相同。为了便于管理，现需要将同一种类型业务划分到同一 VLAN 中，不同类型的业务划分到不同 VLAN 中，分别为 VLAN100、VLAN200 和 VLAN300。当 Switch 接收到这些业务数据帧时根据帧中封装的源 IP 地址网段的不同自动为这些帧添加对应的 VLAN ID 标签，最终实现通过不同的 VLAN ID 分流到不同的远端服务器上以实现业务互通。

3. 配置思路

本案例其实与 6.3.4 节介绍的基于 MAC 地址划分 VLAN 的配置案例差不多，不同之处有两点：一是这是基于 IP 子网进行的 VLAN 划分，二是从 Switch 上出去的数据帧要流向不同的服务器，这就需要在不同服务器所连接的交换机端口上配置仅允许某一个 VLAN 的数据帧通过。

同样，本案例也可以仅在 Switch 上配置，使 SwitchA 上的配置全部保持默认配置即可。本案例的配置思路如下。

（1）创建 VLAN，确定每种业务所属的 VLAN。

（2）关联 IP 子网和 VLAN，实现根据数据帧中的源 IP 地址或指定网段确定 VLAN。

（3）以正确的类型把各端口加入对应的 VLAN，实现基于 IP 子网的 VLAN 通过当前端口。

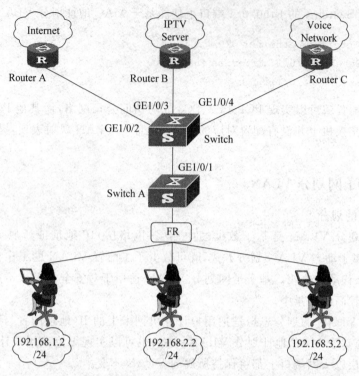

图 6-13 基于 IP 子网划分 VLAN 案例拓扑图

(4) 配置 VLAN 划分方式的优先级,确保优先选择基于 IP 子网划分 VLAN。然后使能基于 IP 子网划分 VLAN。

4. 配置方案

第 1 步:为各业务用户创建所需的 VLAN,即在 Switch 上创建 VLAN100、VLAN200 和 VLAN300。

```
<HUAWEI>system-view
[HUAWEI] vlan batch 100 200 300
```

第 2 步:关联 IP 子网与 VLAN,并设置不同的优先级(其实优先级是可选配置)。

```
[HUAWEI] vlan 100
[HUAWEI-vlan100] ip-subnet-vlan 1 ip 192.168.1.2 24 priority 2
    [HUAWEI-vlan100] quit
[HUAWEI] vlan 200
[HUAWEI-vlan200] ip-subnet-vlan 1 ip 192.168.2.2 24 priority 3
    [HUAWEI-vlan200] quit
[HUAWEI] vlan 300
[HUAWEI-vlan300] ip-subnet-vlan 1 ip 192.168.3.2 24 priority 4
    [HUAWEI-vlan300] quit
```

第 3 步:配置各端口类型及允许加入的 VLAN。注意,在启用基于 IP 子网划分 VLAN 的 GE1/0/1 端口上要采用 Untagged 方式的 Hybrid 类型端口,并且要允许所有业务的 VLAN 数据帧通过;其他连接各数据服务器的端口可以是 Trunk 端口,也可以是 Tagged

方式的 Hybrid 类型端口(本案例仅以 Trunk 类型端口为例进行介绍),并且仅允许对应的
VLAN 数据帧通过。

```
[HUAWEI] interface gigabitethernet 1/0/1
[HUAWEI-GigabitEthernet1/0/1] port link-type hybrid
[HUAWEI-GigabitEthernet1/0/1] port hybrid Untagged vlan 100 200 300
[HUAWEI-GigabitEthernet1/0/1] quit
[HUAWEI] interface gigabitethernet 1/0/2
[HUAWEI-GigabitEthernet1/0/2] port link-type trunk
[HUAWEI-GigabitEthernet1/0/2] port trunk allow-pass vlan 100
[HUAWEI-GigabitEthernet1/0/2] quit
[HUAWEI] interface gigabitethernet 1/0/3
[HUAWEI-GigabitEthernet1/0/3] port link-type trunk
[HUAWEI-GigabitEthernet1/0/3] port trunk allow-pass vlan 200
[HUAWEI-GigabitEthernet1/0/3] quit
[HUAWEI] interface gigabitethernet 1/0/4
[HUAWEI-GigabitEthernet1/0/4] port link-type trunk
[HUAWEI-GigabitEthernet1/0/4] port trunk allow-pass vlan 300
[HUAWEI-GigabitEthernet1/0/4] quit
```

第 4 步:在 Switch 上配置接口 GE1/0/1 优先采用基于 IP 子网进行 VLAN 划分,并使
能基于 IP 子网划分 VLAN 功能。

```
[HUAWEI] interface gigabitethernet 1/0/1
[HUAWEI-GigabitEthernet1/0/1]vlan precedence ip-subnet-vlan
[HUAWEI-GigabitEthernet1/0/1]ip-subnet-vlan enable
[HUAWEI-GigabitEthernet1/0/1]quit
```

思考题

6-1:保留 IP 地址有什么用途?

6-2:试述静态地址分配策略与动态地址分配策略的基本思想。

6-3:在服务器上,如何实现静态地址分配?

6-4:动态 IP 地址分配主要使用什么协议?

6-5:集中式 IP 地址与域名管理的主要优点是什么?

6-6:实现分布式 IP 地址与域名管理的基本技术手段是什么?

6-7:VLAN 划分的基本策略是什么?

第7章　网络监控与故障管理

　　网络监控指针对局域网内的计算机进行监视和控制,针对内部的计算机上互联网活动(上网监控)以及非上网相关的内部行为与网络设施资产等过程管理(内网监控)。包含上网监控(上网行为监视和控制、上网行为安全审计)和内网监控(内网行为监视、控制、软硬件资产管理、数据与信息安全)等行为。

　　另一方面,网络监控就是通过网络自动采集处理信息、敏感词过滤、智能聚类分类、主题检测、专题聚焦、统计分析等多个环节,实现相关网络舆情监督管理,形成舆情专报、分析报告、统计报告,为决策层和管理层全面掌握舆情动态,做出正确舆论引导,提供分析依据。

　　故障管理技术也是网络管理中最基本的功能之一,当网络发生故障时,如何快速地查找故障的起因、性质和发生地点,是排除故障的关键前提,也是本章的重要内容。

　　本章主要内容:

- 网络监控管理;
- 网络故障诊断与管理;
- 上网行为监控与管理。

7.1　网络监控管理

7.1.1　网络监控的基本功能

　　一个完整的网络监控应包含上网监控和内网监控两部分的功能。

　　1. 上网监控

　　基本功能:上网监控、网页浏览监控、邮件监控、Webmail 发送监视、聊天监控、BT 禁止、流量监视、上下行分离流量带宽限制、并发连接数限制、FTP 命令监视、Telnet 命令监视、网络行为审计、操作员审计、软网关功能、端口映射和 PPPoE 拨号支持、通过 Web 方式发送文件的监视、通过 IM 聊天工具发送文件的监视和控制等。

　　2. 内网监控

　　基本功能:内网监控、屏幕监视和录像、软硬件资产管理、光驱和 USB 等硬件禁止、应用软件限制、打印监控、ARP 防火墙、消息发布、日志报警、远程文件自动备份功能、禁止修改本地连接属性、禁止聊天工具传输文件、通过网页发送文件监视、远程文件资源管理、支持远程关机注销等,支持 UUCALL/TM/QQ 聊天记录等。

7.1.2　网络监控协议

　　RMON(Remote Network Monitoring)是一款远端网络监控协议,它可以使各种网络监控器和控制台系统之间交换网络监控数据。RMON 为网络管理员选择符合特殊网络需求的控制台和网络监控探测器提供了更多的自由。

　　RMON 最初的设计是用来解决从一个中心点管理各局域分网和远程站点的问题。

RMON 功能是由 SNMP MIB 扩展而来。在 RMON 中,网络监视数据包含一组统计数据和性能指标,这些数据在不同的监视器(或称探测器)和控制台系统之间相互交换,其结果数据可用来监控网络利用率,以用于网络规划,性能优化和协助网络错误诊断。

当前 RMON 有两种版本:RMONv1 和 RMONv2。RMONv1 在目前使用较为广泛的网络硬件中都能发现,它定义了 9 个 MIB 组服务于基本网络监控;RMONv2 是 RMON 的扩展,专注于 MAC 层以上更高的流量层,主要强调 IP 流量和应用程序层流量。RMONv2 允许网络管理应用程序监控所有网络层的信息包,这与 RMONv1 不同,后者只允许监控 MAC 及其以下层的信息包。

RMON 监视系统由两部分构成:探测器(代理或监视器)和管理站。RMON 代理在 RMON MIB 中存储网络信息,它们被直接植入网络设备(如路由器、交换机等),代理也可以是 PC 上运行的一个程序。代理只能看到流经它们的流量,所以在每个被监控的 LAN 段或 WAN 链接点都要设置 RMON 代理,网管工作站用 SNMP 获取 RMON 数据信息。

RMON 更多内容详见第 3.3.9 节。

7.1.3　网络监控模式

网络监控有多种模式,下面将逐一介绍。

1. 事先监测,及时处理模式

当设备正在运行时,若系统中的某个设备出现问题,特别是重要监控点的采集设备,没有事先检测,导致重要视频图像采集不到或不及时,则容易造成重大损失。网络监控设备可以做到事前防范和预警,以供相关人员及时处理。

2. 网络监控模式

采用图形化接口实时向管理者展示视频监控系统的运行情况及各设备状态信息(包括前端设备及后端设备),能够通过及时掌握前端、后端设备的工作状态,及时发现视频监控系统中出现的异常情况,准确定位异常设备。

3. 多种检测类型模式

管理的设备数可以不受限制。有多种类型的监测,不但检测设备的断电、断网、宕机,还能检测视频异常,如影像失落、黑屏、白屏、存储时间长度不符、硬盘工作状态、设备满负载程度、网络带宽使用情况等。

4. 日志记录功能模式

实时显示设备异常情况表,监控日志信息可供查询和分析,日志查询简单、快捷。

5. 报警模式

客户可自行设置检测内容和重要弹出报警内容,当设定的严重异常发生时,发出报警信号,弹出画面要求人工干预。

6. 辅助功能模式

可创建异常设备列表显示异常设备,方便快速查询设备异常情况;还可随时刷新所有设备的状态;支持对数据库进行备份。

7. 对网络监控管理服务器/NVR 的检测模式

设备运行状态监控系统可监控 NVR、各工作点偏压、各个散热风扇运行及工作温度、平台等的运行状态,包括主机是否在线、状态是否正常、CUP 使用率、内存使用率、网络使用率等状态信息,还可监控 NVR 或平台所管理的报警录像设备的状态,包括设备是否在线、状态是否正常、设备录像状态、报警状态、设备流量、设备影像状态等信息。

7.2 网络监控管理软件

7.2.1 网络设备监控软件 Cacti

1. Cacti 软件概述

Cacti 是一套基于 PHP、MySQL、SNMP 及 RRDtool 开发的网络流量监测图形分析工具。Cacti 是用 PHP 语言实现的一个软件,它的主要功能是用 SNMP 服务获取数据,然后用 RRDtool 储存和更新数据,当用户需要查看数据的时候用 RRDtool 生成图表呈现给用户。因此,SNMP 和 RRDtool 是 Cacti 的关键。SNMP 主要功能是数据的收集,RRDtool 主要功能是数据存储和图表的生成。

MySQL 配合 PHP 程序存储一些变量数据并对变量数据进行调用,如主机名、主机 IP、SNMP 团体名、端口号、模板信息等变量。

SNMP 收集到的数据不是存储在 MySQL 中,而是存在 RRDtool 生成的 rrd 文件中(在 Cacti 根目录的 rrd 文件夹下)。RRDtool 对数据的更新和存储就是对 rrd 文件的处理,rrd 文件是大小固定的档案文件(Round Robin Archive),它能够存储的数据笔数在创建时就已经定义。

2. Cacti 的架构及工作流程

1) Cacti 的架构

Cacti 由 Cacti 主系统、系统管理员、MySQL、RRDtool 及 Net-SNMP 等几个部分组成,如图 7-1 所示。

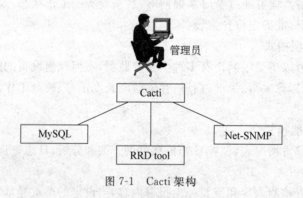

图 7-1 Cacti 架构

说明:

(1) Cacti 系统:主要功能是调度和协调其他模块的工作,并作为用户的接口。

(2) 数据库系统 MySQL:主要用于保存模板、rra 与主机对应信息。

(3) 绘图引擎工具 RRDtool:主要用于数据存储以及流量图绘制。

(4) 简单网络管理系统 Net-SNMP:主要用于数据采集。

2) Cacti 的工作流程

Cacti 的工作流程如图 7-2 所示。

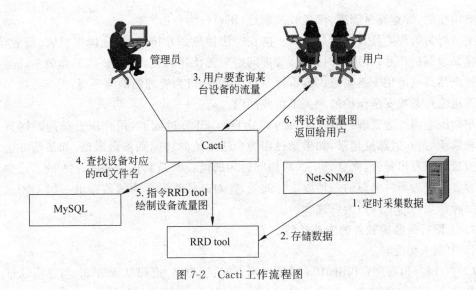

图 7-2 Cacti 工作流程图

7.2.2 网络拓扑监控软件 Dude

1. Dude 概述

Dude 是一个网络监控器,能有效地改进网络管理方式,主要通过自动搜索指定子网内的所有设备,自动绘制和生成网络拓扑图,监视服务器端口,能为网络提供监视和网络分析的功能,并在监控端口中断后发出警报和提示,记录到当前的日志中。

Dude 通过主动搜索网络和子网的所有设备,然后生成一个网络拓扑图,并提供网络端口监视报警提示等功能。

2. Dude 的功能与特点

(1) 自动网络搜索和布置网络拓扑图;

(2) 探测任何类型的网络设备;

(3) 设备的连接监测和状态通知;

(4) 为设备提供 SVG 图标,支持用户图标和背景定义;

(5) 简单的安装与操作和日志系统;

(6) 允许绘制网络拓扑图和添加需要定义网络设备;

(7) 支持 SNMP,ICMP,DNS 和 TCP 等协议等对设备的监视;

(8) 独特的连接不间断监视和图像显示功能;

(9) 设备管理可以通过远程管理工具直接进入;

(10) 支持远程 Dude 服务器和本地客户端。

7.3 上网行为监控管理

7.3.1 上网行为监控概述

1. 上网行为监控的基本概念

上网行为管理是指帮助互联网用户控制和管理对互联网的使用,包括对网页访问过滤、网络应用控制、带宽流量管理、信息收发审计、用户行为分析。

上网行为管理产品及技术是专用于防止非法信息恶意传播,避免国家机密、商业信息、科研成果泄漏的产品;并可实时监控、管理网络资源使用情况,提高整体工作效率。上网行为管理产品系列适用于需实施内容审计与行为监控、行为管理的网络环境,尤其是按等级进行计算机信息系统安全保护的相关单位或部门。

早期的上网行为管理产品几乎都可以化身为 URL 过滤器,用户所有访问的网页地址都会被系统监控、追踪及记录,如果是设定为合法地址的访问则不做限制,如果是非法地址则会被禁止或发出警告,而且每一次对访问行为的监控都是具体到每一个人的。这也就在一定程度上成为黑白名单的一种限定。此外,针对邮件收发行为的监控也一如 URL 过滤,成为一种常规性的上网行为管理功能。

2. 上网行为监控软件的主要功能

1) 上网人员管理

(1) 上网身份管理:利用 IP/MAC 识别方式、用户名/密码认证方式、与已有认证系统的联合单点登录方式准确识别确保上网人员合法性。

(2) 上网终端管理:检查主机的注册表/进程/硬盘文件的合法性,确保接入企业网的终端 PC 的合法性和安全性。

(3) 移动终端管理:检查移动终端识别码,识别智能移动终端类型/型号,确保接入企业网的移动终端的合法性。

(4) 上网地点管理:检查上网终端的物理接入点,识别上网地点,确保上网地点的合法性。

2) 上网浏览管理

(1) 搜索引擎管理:利用搜索框关键字的识别、记录、阻断技术,确保上网搜索内容的合法性,避免不当关键词的搜索带来的负面影响。

(2) 网址 URL 管理:利用网页分类库技术,对海量网址进行提前分类识别、记录、阻断确保上网访问的网址的合法性。

(3) 网页正文管理:利用正文关键字识别、记录、阻断技术,确保浏览正文的合法性。

(4) 文件下载管理:利用文件名称/大小/类型/下载频率的识别、记录、阻断技术确保网页下载文件的合法性。

3) 上网外发管理

(1) 普通邮件管理:利用对 SMTP 收发人/标题/正文/附件/附件内容的深度识别、记录、阻断确保外发邮件的合法性。

(2) Web 邮件管理:利用对 Web 方式的网页邮箱的收发人/标题/正文/附件/附件内容的深度识别、记录、阻断确保外发邮件的合法性。

(3) 网页发帖管理:利用对 BBS 等网站的发帖内容的标题、正文关键字进行识别、记录、阻断确保外发言论的合法性。

(4) 即时通信管理:利用对 MSN、飞信、QQ、Skype、雅虎通等主流 IM 软件的外发内容关键字识别、记录、阻断确保外发言论的合法性。

(5) 其他外发管理:针对 FTP、Telnet 等传统协议的外发信息进行内容关键字识别、记录、阻断确保外发信息的合法性。

4）上网应用管理

（1）上网应用阻断：利用不依赖端口的应用协议库进行应用的识别和阻断。

（2）累计时长限额：针对每个或多个应用分配累计时长、一天内累计使用时间达到限额将自动终止访问。

（3）累计流量限额：针对每个或多个应用分配累计流量、一天内累计使用流量达到限额将自动终止访问。

5）上网流量管理

（1）上网带宽控制：为每个或多个应用设置虚拟通道上限值，对于超过虚拟通道上限的流量进行丢弃。

（2）上网带宽保障：为每个或多个应用设置虚拟通道下限值，确保为关键应用保留必要的网络带宽。

（3）上网带宽借用：当有多个虚拟通道时，允许满负荷虚拟通道借用其他空闲虚拟通道的带宽。

（4）上网带宽平均：每个用户平均分配物理带宽、避免单个用户的流量过大抢占其他用户带宽。

6）上网行为分析

（1）上网行为监控：能实时对网络当前速率、带宽分配、应用分布、人员带宽、人员应用等进行统一展现。

（2）上网日志查询：对网络中的上网人员/终端/地点、上网浏览、上网外发、上网应用、上网流量等行为日志进行精准查询，精确定位问题。

（3）上网行为统计分析：对上网日志进行归纳汇总，统计分析出流量趋势、风险趋势、泄密趋势、效率趋势等直观的报表，便于管理者全局发现潜在问题。

7）上网隐私保护

（1）日志传输加密：管理者采用 SSL 加密隧道方式访问设备的本地日志库、外部日志中心，防止黑客窃听。

（2）管理三权分立：内置管理员、审核员、审计员账号。管理员无日志查看权限，但可设置审计员账号；审核员无日志查看权限，但可审核审计员权限的合法性后才开通审计员权限；审计员无法设置自己的日志查看范围，但可在审核员通过权限审核后查看规定的日志内容。

（3）精确日志记录：所有上网行为可根据过滤条件进行选择性记录，不违规不记录，最小程度记录隐私。

8）设备容错管理

（1）死机保护：设备带电死机/断电后可变成透明网线，不影响网络传输。

（2）一键排障：网络出现故障后，按下一键排障物理按钮可以直接定位故障是否为上网行为管理设备引起，缩短网络故障定位时间。

（3）双系统冗余：提供硬盘＋Flash 卡双系统，互为备份，单个系统故障后依旧可以保持设备正常使用。

9）风险集中告警

（1）告警中心：所有告警信息可在告警中心页面中统一集中展示。

(2) 分级告警:不同等级的告警进行区分排列,防止低等级告警淹没关键的高等级告警信息。

(3) 告警通知:告警可通过邮件、语音提示方式通知管理员,便于快速发现告警风险。

7.3.2 主流上网行为监控产品

1. 深信服上网行为管理产品

1) 产品概述

可实现对互联网访问行为的全面管理。在网页过滤、行为控制、流量管理、防止内网泄密、防范法规风险、互联网访问行为记录、上网安全等多个方面提供解决方案。

2) 主要功能与特点

(1) 有效的流量控制:提供多级父子通道、动态流控、P2P智能流控等多种流量控制技术,合理分配带宽资源,避免单一、静态的流控策略所带来的带宽浪费。与此同时能有效抑制P2P应用流量,保证关键业务的带宽资源,提高带宽有效利用率。

(2) 精细的上网行为管理:对于有信息溯源需求的用户,能够追溯内网用户的上网轨迹,并对内网中的上网流量、上网时间、上网行为、搜索关键字、微博论坛热点和安全时间等进行统计分析,根据管理员的需求有针对性地输出日志报表,为组织决策提供有效依据。

(3) 外发信息严格限制:支持基于文件特征和扩展名识别文件类型,识别篡改、删除、压缩、加密外发文件行为,全面保护信息安全。

3) 主要用途

(1) 防止带宽资源滥用;

(2) 防止无关网络行为影响工作效率;

(3) 为网络管理与优化提供决策依据;

(4) 防止病毒木马等网络风险;

(5) 低成本且有效推行IT制度;

(6) 全面的应用控制。

2. IP-guard 产品

IP-guard依照管理对象划分模块,共分为15个模块,模块之间可以无缝对接和集成,方便用户根据自身需求自由选择、灵活组合,为用户量身打造专属的内网安全解决方案。

产品主要功能与特点如下。

(1) 全向文档加密:确保文档随时随地都处于加密状态,不影响用户使用习惯的同时最大限度保护企业的信息资产。

(2) 文档操作管控:对文档操作进行全面而详尽的审计,同时有效防止重要文档被恶意篡改或者删除。

(3) 移动存储管控:有效降低U盘和移动硬盘滥用带来的文档外泄及病毒泛滥等安全隐患。

(4) 设备管控:防范蓝牙、刻录机以及任何新增设备带来的泄密风险,规范设备的使用。

(5) 文档打印管控:保障重要文档不会被打印带出而造成泄密,同时大大节约企业的打印资源。

（6）即时通信管控：防止企业内部资料通过 QQ、MSN、飞信等及时通信工具外泄。

（7）邮件管控：有效避免电子邮件使用过程中的文档外泄风险。

（8）网络控制：阻断非法外连和接入，限制内部计算机之间的互连，保护终端安全。

（9）应用程序管控：掌握并管理用户对程序的应用，保证应用安全，更能提升工作效率。

（10）网页浏览管理：限制于工作无益或违规违法网站的访问，规范上网行为，提升工作效率。

（11）网络流量管理：对带宽进行合理分配，避免网络拥堵，保证关键业务所需带宽。

（12）屏幕监控：非常友好的监控界面。

（13）资产管理：为 IT 资产的高效、集中管理提供方法，实现 IT 资源的高效利用。

（14）远程维护：帮助快速判断并排除故障，保证系统时刻顺畅运行。

（15）网络准入控制：IP-guard 网络准入控制系统是一套专业的硬件系统，对访问指定网络的计算机进行严格的审核，防范非法计算机侵入窃取机密。

3. TopGate-ACM 产品

1）产品概述

该产品适用于需实施内容审计与行为监控、行为管理的网络环境，尤其是按等级进行计算机信息系统安全保护的相关单位或部门。

上网行为管理内容和具有高性能的实时的网络数据采集能力、智能的信息处理能力、强大的审计分析、精细的行为管理功能。

2）主要功能

（1）对用户的网络行为监控、上网行为管理控制，如员工是否在工作时间进行 P2P 下载、FTP 及 HTTP 下载、上网冲浪、聊天、地下浏览，是否访问不健康网站，是否通过网络泄漏了公司的机密信息，传播反动言论等；

（2）掌握网络使用情况，提高工作效率；

（3）对微博、邮件、QQ、BBS 发帖等外发信息进行过滤，帮助企业过滤敏感信息，防止企业内部机密外泄，保护企业信息资产安全。

3）主要功能与特点

（1）结合细致的访问控制策略，有效管理用户上网；

（2）记录并审查用户的所有上网行为；

（3）管理带宽，优化 IT 资源，提升资源价值。

4. 网康上网行为管理产品

NS-ICG 是网康科技融合自身在互联网行为与内容分析领域的一款软硬件一体化、性能卓越的上网行为管理产品。NS-ICG 旨在帮助客户最大化利用互联网价值，为网络管理者提供各种互联网接入环境的身份认证、合规准入、网页过滤、应用控制、带宽管理、内容审计、外发过滤、行为分析等功能。网康上网行为管理能够提供各种智能指数报告，如带宽利用率指数、人员上网行为综合指数，或者进一步建立各类模型，分析出员工离职倾向、员工工作效率情况，能够帮助管理者更直观地了解公司内部情况，及时调整和优化策略。

5. 莱克斯上网行为管理产品

1) 产品概述

莱克斯的 Netoray NSG 系列上网行为管理系统是专门针对上网行为而设计开发的网络行为分析和管理工具,帮助管理者全面了解员工上网情况和网络使用情况,提高网络使用效率和工作效率,最大限度地避免不当的上网行为带来的潜在风险和损失。

NSG 上网行为管理,可以对所有与工作无关的应用进行设置,例如阻断 QQ、网络游戏、网络电视、炒股软件等应用软件,上班时间只能开展与工作相关的业务。而且,莱克斯提供了针对网络站点的分类,在经过严格、准确的站点分类的基础上,莱克斯 NSG 能够准确地识别各种分类站点,并能够根据用户的策略对不允许访问的站点进行屏蔽,从而保障工作效率。

NSG 对所有外发信息进行详细的监控和记录,监控的外发信息包括 BBS 发帖、邮件、QQ 聊天,博客等,如果外发信息中包括非法内容,则进行阻断。

同时用户所有的外发信息都会一一记录,保存在本地磁盘,以供管理者在需要时提供必要的司法依据。

NSG 提供了对非法事件的报警功能。根据用户设置的非法事件定义,NSG 能够第一时间针对用户的非法事件产生报警信息,并可根据设置将报警信息发送给相关责任人。

针对网络资源滥用的问题,Netoray NSG 可以通过多种策略方式的设置,对 P2P 下载工具,在线视频,网络电视等进行流量限制,对 ERP、视频会议、邮件等关键业务和正常业务进行带宽保障。

由于个人无线终端的丰富,面对员工有私接无线热点,“1 拖 N”的现象,系统提供多终端共享检测,可以为企业制定有针对性的防私接管理功能,来对私接热点或路由器的情况进行监管和屏蔽等操作。

2) 主要功能与特点

(1) 多终端共享检测:多终端共享检测功能可以有效防止多个用户终端利用无线路由器、热点等方式开放网络,使多个 PC 或手机终端共享网络、私接网络、占用带宽资源的情况。在开启多终端共享设备检测的情况下,系统能够准确快速识别私接行为,并检测到私接的终端数量。系统可根据管理员设置的多终端共享阈值限制私接状况,阻断用户访问网络,并进行报警,报警方式包括系统报警、短信报警、邮件报警、网页报警以及不报警,同时可以设置用户锁定时长,当设备阈值超限后,系统将对用户进行锁定操作。

(2) 认证管理:Netoray NSG 上网行为管理系统提供本地数据库认证、远程认证、LDAP 认证、Windows 域认证、RADIUS 认证、短信认证以及微信认证等认证方式,认证用户需通过认证后才可访问网络,此举可防止一些外来人员的蹭网行为。

(3) 上网行为管理与审计:Netoray NSG 上网行为管理系统能够对 Web 访问、外发邮件、文件传输、即时聊天、P2P 协议、股票金融等信息进行审计记录,并可对用户的行为进行控制。

(4) 流量管控:Netoray NSG 上网行为管理系统以应用为基础,以优先级为条件,辅以连接数、连接速率以及传输方向进行带宽管理策略设置。合理的策略设置能够使当前的网络为更多的网络用户和应用服务,并可以通过优先级设置、权限设置等多种带宽管理方式来管理或限制网络娱乐或其他非业务应用对网络的占用,保证关键业务和正常业务的畅通。

网络应用能够通过系统的多种管理形式来设定和控制用户的网络使用带宽。

（5）计费管理：系统基于多种策略对用户进行计费，包括时间段、流量、时长优惠、流量优惠、包时包月等。可以根据用户的需要选择基于时间、流量、包时、费用封顶等多种灵活的计费方式，且可选择付费方式为预付费或后付费，并可为用户打印完善的收费账单。

（6）报表统计：系统可基于用户、应用、流量、时间段生成报表信息，使管理员了解用户的行为轨迹以便管理员更好地对系统策略进行调整。系统还提供报表定制功能，根据不同的条件设置生成报表信息，在指定时间将报表信息发送到指定用户的邮箱，便于用户及时了解当前系统下的用户行为轨迹。

6. WorkWin 上网行为管理产品

1）产品概述

WorkWin 上网行为管理软件能够让管理者通过一台管理机管理所有员工机，通过软件可以查看员工正在做什么，有没有干私活，有没有泄漏公司的机密，有没有上网进行炒股或者打游戏，聊天等员工正在进行或已经进行的一个操作等。

也可以把所有员工分成组来进行管理，可以设置每个组有不同的权限，有的组可以设置允许打开所有的网站而有的组可以设置只打开指定的网站，每个组中的员工也可以设置不同的权限，可以设置哪些员工可以登录 QQ 哪些员工不可以登录，又有哪些员工只能登录公司指定的 QQ 等。

2）主要功能与特点

（1）禁止一切聊天工具运行，禁止聊天，禁止 QQ 或只允许指定号码的 QQ 登录；

（2）可以限制哪些计算机可以上网，限制只在指定时间段上网，禁止部分员工上网，禁止部分网站的访问；

（3）禁止安装程序，禁止下载，禁止游戏等一切要禁止的软件；

（4）可以设置只能运行与工作有关的软件；

（5）记录客户机所有打开的窗口，运行的程序，记录访问的所有网址；

（6）记录用户复制、粘贴、删除了哪些文件以及 U 盘插拔的时间；

（7）可以随时查看员工当前屏幕画面以及历史屏幕画面；

（8）记录所有外发的邮件到服务器，可以实时查看邮件的内容，包括附件的内容；

（9）禁止网络视频，影视娱乐站点封堵，基于 MAC 地址的带宽流量分配管理。

7.4 网络故障管理

7.4.1 网络故障概述

可以根据网络故障的性质把网络故障分为物理故障与逻辑故障，也可以根据网络故障的对象把网络故障分为线路故障、路由故障和主机故障。

1. 物理故障

物理故障指的是设备或线路损坏、插头松动、线路受到严重电磁干扰等情况。比如说，网络管理人员发现网络某条线路突然中断，首先用 ping 或 fping 检查线路在网管中心是否连通。

另一种情况,比如两个路由器 Router 直接连接,这时应该让一台路由器的出口连接另一台路由器的入口,而这台路由器的入口必须连接另一路由器的出口才行。当然,集线器 Hub、交换机、多路复用器也必须连接正确,否则也会导致网络中断。还有一些网络连接故障显得很隐蔽,要诊断这种故障没有什么特别好的工具,只有依靠经验丰富的网络管理人员了。

物理故障根据故障的不同对象也可以划分为:线路故障、路由故障和主机故障。

1) 线路故障

线路故障最常见的情况就是线路不通,诊断这种情况首先检查该线路上流量是否还存在,然后用 ping 检查线路远端的路由器端口能否响应,用 traceroute 检查路由器配置是否正确,找出问题逐个解决。

2) 路由器故障

事实上,线路故障中很多情况都涉及路由器,因此也可以把一些线路故障归结为路由器故障。检测这种故障,需要利用 MIB 变量浏览器,用它收集路由器的路由表、端口流量数据、计费数据、路由器 CPU 的温度、负载以及路由器的内存余量等数据,通常情况下网络管理系统有专门的管理进程不断地检测路由器的关键数据,并及时给出报警。而路由器 CPU 利用率过高和路由器内存余量太小都将直接影响到网络服务的质量。解决这种故障,只有对路由器进行升级、扩大内存等,或者重新规划网络拓扑结构。

3) 主机故障

主机故障常见的现象就是主机的配置不当。像主机配置的 IP 地址与其他主机冲突,或 IP 地址根本就不在子网范围内,由此导致主机无法连通。主机的另一故障就是安全故障。比如,主机没有控制其上的 finger、RPC、rlogin 等多余服务,而攻击者可以通过这些多余进程的正常服务或 bug 攻击该主机,甚至得到 Administrator 的权限等。还有值得注意的一点就是,不要轻易共享本机硬盘,因为这将导致恶意攻击者非法利用该主机的资源。发现主机故障一般比较困难,特别是别人恶意的攻击,一般可以通过监视主机的流量或扫描主机端口和服务来防止可能的漏洞。

2. 逻辑故障

逻辑故障中最常见的情况就是配置错误,就是指因为网络设备的配置原因而导致的网络异常或故障。配置错误可能是路由器端口参数设定有误,或路由器路由配置错误以至于路由循环或找不到远端地址,或者是路由掩码设置错误等。比如,同样是网络中的线路故障,该线路没有流量,但又可以 ping 通线路的两端端口,这时就很有可能是路由配置错误了。遇到这种情况,通常用"路由跟踪程序"就是 traceroute,它和 ping 类似,最大的区别在于 traceroute 是把端到端的线路按线路所经过的路由器分成多段,然后以每段返回响应与延迟。如果发现在 traceroute 的结果中某一段之后,两个 IP 地址循环出现,这时,一般就是线路远端把端口路由又指向了线路的近端,导致 IP 包在该线路上来回反复传递。traceroute 可以检测到哪个路由器之前都能正常响应,到哪个路由器就不能正常响应了。这时只需更改远端路由器端口配置,就能恢复线路正常了。

逻辑故障的另一类就是一些重要进程或端口关闭,以及系统的负载过高。比如也是线路中断,没有流量,用 ping 发现线路端口不通,检查发现该端口处于 down 的状态,这就说明该端口已经关闭,因此导致故障。这时只需重新启动该端口,就可以恢复线路的连通了。还有一种常见情况是路由器的负载过高,表现为路由器 CPU 温度太高、CPU 利用率太高,以及内存剩余太少等。

7.4.2　网络故障诊断

步骤 1：确定是否是网络线缆问题。

首先,在开机状态下观察网卡指示灯颜色：如果为绿色,表明线路畅通;若为黄色,表明线路不通(不同型号网卡指示灯的状态显示不一样,平时要注意观察)。

若显示不通,要用测线仪测试网线,同时检查网卡是否有问题。

一般情况下网线不通的几率很高,网卡坏的几率较小。如果排除了线缆故障,则进行步骤 2。

步骤 2：判断是否为本机问题。

不能上网一般都是本机故障引起的,个别时候可能是由于网络交换设备或代理服务器出现了问题。

确定是否本机出现问题的简便方法是询问网管和其他同事是否有同样故障。如若判断为本机问题,请进行步骤 3。

步骤 3：确定是网卡故障还是 IP 参数配置不当。

查看网卡指示灯和系统设备表中网卡状态,确定网卡是否出现故障以及网卡驱动程序是否正确安装。

使用 ping 和 ipconfig 命令来查看和测试 IP 参数配置是否正确,主要包括：IP 地址与子网掩码、网关地址、DNS 服务器地址。

步骤 4：检查本机软件配置故障。

检查系统安全设置与应用程序之间是否存在冲突,主要检查内容如下。

(1) 用户权限限制;

(2) 组策略配置限制;

(3) 防火墙策略限制;

(4) 检查应用程序所依赖的系统服务是否正常;

(5) 检查应用程序是否与其他程序存在冲突;

(6) 检查应用程序本身配置是否存在问题。

步骤 5：确定是否计算机安全问题引起的。

感染病毒、黑客入侵、安全漏洞,局域网内部的"交叉感染",甚至恶意攻击等。

7.4.3　主流网络故障诊断工具

常用的网络故障诊断工具有以下几种。

(1) Windows 环境下的 Ping 命令;

(2) IPConfig 命令;

(3) 显示网络连接信息的 Netstat 命令;

(4) 跟踪网络连接的 Tracert 命令。

1. Ping 命令

1) 命令概述

在网络中 ping 是一个十分强大的 TCP/IP 工具,它主要的作用是用来检测网络的连通性和分析网络速度。

Ping 是因特网包探索器,是 Windows 系统中集成的一个专用于 TCP/IP 网络中的测试工具,用于查看网络上的主机是否在工作。它是通过向该主机发送 ICMP ECHO_REQUEST 包进行测试,对方就要返回一个同样大小的数据包,根据返回的数据包可以确定目标主机的存在,并可初步判断目标主机的操作系统等。

使用 Ping 命令的前提条件是:局域网计算机必须已经安装了 TCP/IP,并且每台计算机已经分配了 IP 地址。

2) 使用 Ping 命令进行网络检测的步骤

第 1 步:ping 127.0.0.1(或 ping 127.1)。

该地址是本地循环地址,如发现无法 Ping 通,就表明本地机 TCP/IP 不能正常工作,此时应检查本机的操作系统安装设置。

第 2 步:Ping 本地 IP。

设本机 IP 地址为 210.40.2.64,则 ping 210.40.2.64。

若能 Ping 通 210.40.2.64,则表明网络适配器(网卡或 Modem)工作正常,不通则是网络适配器出现故障,可尝试更换网卡或驱动程序。出现此问题时,局域网用户请断开网络电缆,然后重新发送该命令。如果网线断开后本命令正确,则表示另一台计算机可能配置了相同的 IP 地址。

第 3 步:Ping 一台同网段计算机的 IP。

若 Ping 不通,则表明网络线路出现故障;若网络中还包含路由器,则应先 Ping 路由器在本网段端口的 IP,若仍不通则表明此段线路有问题,应检查网内交换机或网线故障。

第 4 步:Ping 路由器(默认网关)。

若 Ping 不通,则是路由器出现故障,可更换连接路由器的网线,或用网线将 PC 直接连接至路由器,如能 Ping 通,则应检查路由器至交换机的网线故障,如无法 Ping 通,可尝试更换计算机再 Ping,若还不能 Ping 通,则应检查路由器故障。

第 5 步:Ping 远程 IP。

如收到 4 个应答,表示成功地使用了默认网关。对于拨号上网用户则表示能成功地访问 Internet。

第 6 步:Ping 网站。

如果到路由器都正常,可再检测一个带 DNS 服务的网络,即网站。Ping 通了目标计算机的 IP 地址后,仍无法连接到该机,则可 Ping 该机的网络名,比如,正常情况下会出现该网址所指向的 IP,这表明本机的 DNS 设置正确而且 DNS 服务器工作正常,反之就可能是其中之一出现了故障。

3) 命令格式

ping [-t] [-a] [-n count] [-l size][-f] [-i TTL] [-v TOS][-r count] [-s count]
[[-j host-list] | [-k host-list]] [-w timeout] <目标地址(IP 或主机名)>

参数说明:
-t:不停地 Ping 对方主机,直到按下 Ctrl+C 键。
-a:解析计算机 NetBIOS 名。

-n count：发送 count 指定的 Echo 数据包数。

-l size：定义 echo 数据包大小。

-f：在数据包中发送"不要分段"标志。所发送的数据包都会通过路由分段再发送给对方，加上此参数以后路由就不会再分段处理。

-i TTL：指定 TTL 值在对方的系统里停留的时间。

-v TOS：将"服务类型"字段设置为 TOS 指定的值。

-r count：在"记录路由"字段中记录传出和返回数据包的路由。

-s count：指定 count 指定的跃点数的时间戳。

-j host-list：利用 computer-list 指定的计算机列表路由数据包。连续计算机可以被中间网关分隔(路由稀疏源)IP 允许的最大数量为 9。

-k host-list：利用 computer-list 指定的计算机列表路由数据包。连续计算机不能被中间网关分隔(路由严格源)IP 允许的最大数量为 9。

-w timeout：指定超时间隔，单位为 ms。

例如，用 ping 命令检查 163 网站的连通性。在 DOS 命令行下输入"ping www. 163. com"命令，得到如图 7-3 所示的结果。

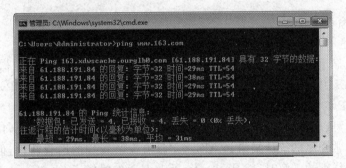

图 7-3　ping 命令示例

2. IPConfig 命令

1) 命令概述

IPConfig 是 Windows 系统的一个命令行工具。IPConfig 是调试计算机网络的常用命令，通常用它显示计算机中网络适配器的 IP 地址、子网掩码及默认网关。

2) 命令格式

```
ipconfig [/all] [/batch] [/release_all 或/release N] [ipconfig /renew_all 或
ipconfig /renew N]
```

参数说明：

/all：ipconfig 显示所有网络适配器(网卡、拨号连接等)的完整 TCP/IP 配置信息。与不带参数的用法相比，它的信息更全更多，如 IP 是否动态分配、显示网卡的物理地址等。

/batch 文件名：将 IPConfig 所显示信息以文本方式写入指定文件。此参数可用来备份本机的网络配置。

/release_all 或/release N：释放全部(或指定)适配器的由 DHCP 分配的动态 IP 地址。此参数适用于 IP 地址非静态分配的网卡，通常和下文的 renew 参数结合使用。

ipconfig /renew_all 或 ipconfig /renew N：为全部（或指定）适配器重新分配 IP 地址。此参数同样仅适用于 IP 地址非静态分配的网卡，通常和上文的 release 参数结合使用。

示例：在 DOS 命令行下输入命令 ipconfig /all，得到如图 7-4 所示的结果。

图 7-4　IPConfig 命令示例

3. Netstat 命令

1）命令概述

该命令用于显示活动的 TCP 连接、计算机侦听的端口、以太网统计信息、IP 路由表、IPv4（对于 IP、ICMP、TCP 和 UDP）统计信息以及 IPv6（对于 IPv6、ICMPv6、通过 IPv6 的 TCP 以及通过 IPv6 的 UDP）统计信息。

利用该工具可以显示有关统计信息和当前 TCP/IP 网络连接的情况，用户或网络管理人员可以得到非常详尽的统计结果。当网络中没有安装特殊的网管软件，但要对整个网络的使用状况做个详细的了解时，就是 Netstat 大显身手的时候了。

通过加入"-r"参数查询与本机相连的路由器分配情况。

2）命令格式

```
netstat [-a] [-c] [-e] [-i] [-n] [-O] [-p] [-r] [-s] [-t] [-u] [-v]
```

参数说明：

-a：显示所有活动的 TCP 连接，以及计算机侦听的 TCP 和 UDP 端口。

-c：每隔 1s 就重新显示一遍，直到用户中断它。

-e：显示以太网统计信息。

-i：显示所有网络接口的信息。

-n：显示所有已建立的有效连接和相应端口。

-o：显示活动的 TCP 连接并包括每个连接的进程 ID（PID）。

-p：显示 Protocol 所指定的协议连接。

-r：显示核心路由表。

-s：按协议显示统计信息。

-t：显示 TCP 的连接情况。

-u：显示 UDP 的连接情况。

-v：显示正在进行的工作。

示例：Netstat 命令示例如图 7-5 所示。

图 7-5　netstat 命令示例

4. Tracert 和 Pathping 命令

1）命令概述

Tracert/Pathping 是用于数据包跟踪的网络工具。

这两条命令可以跟踪数据包到达目的主机经过哪些中间结点，可用于广域网故障的诊断，检测网络连接在哪里中断。

Tracert 是路由跟踪实用程序，用于确定 IP 数据包访问目标所采取的路径，Tracert 命令用 IP 生存时间（TTL）字段和 ICMP 错误消息来确定从一个主机到网络上其他主机的路由。Tracert 工作原理是通过向目标发送不同 IP 生存时间（TTL）值的"Internet 控制消息协议（ICMP）"回应数据包，Tracert 诊断程序确定到目标所采取的路由。

2）命令格式

```
tracert[-d][-h maximum_hops][-j host-list][-w timeout] [-R] [-S srcaddr] [-4]
[-6] <target_name>
```

参数说明：

-d：指定不将地址解析为计算机名。

-h maximum_hops：指定搜索目标的最大跃点数。

-j host-list：与主机列表一起的松散源路由（仅适用于 IPv4），指定沿 host-list 的稀疏源路由列表序进行转发。host-list 是以空格隔开的多个路由器 IP 地址，最多 9 个。

-w timeout：等待每个回复的超时时间（以 ms 为单位）。

-R：跟踪往返行程路径（仅适用于 IPv6）。

-S srcaddr：要使用的源地址（仅适用于 IPv6）。

-4：强制使用 IPv4。

-6：强制使用 IPv6。

target_name：目标计算机的名称。

示例：Tracert 命令示例如图 7-6 所示。

图 7-6　Tracert 命令示例

7.5　应用实例：局域网监控管理案例

在本节中，将以 LaneCat 工具软件的应用为蓝本，介绍一个局域网监控管理案例。

7.5.1　LaneCat 软件概述

LaneCat(又称网猫)是网络旁路监听型上网监控软件，原则上可安装在局域网内的任意机器上。但由于各个局域网的网络结构、组网方式以及组网设备的不同，因此，如果需要监控局域网内所有计算机的信息，LaneCat 上网监控软件必须安装在网络总出口(比如代理服务器、透明网关等)的计算机上。如果网络的总出口为路由器或者防火墙等(非计算机)，则 LaneCat 网猫上网监控软件必须安装在与总出口同一个共享网段中，比如共享式 Hub 的端口、可网管交换机的管理端口等。

根据所监控流量的大小、内容的多少，选择一台服务器作为专用监控服务器，以旁路侦听的方式进行监控管理，此方案不会影响网络速度。

7.5.2　LaneCat 组网方案

根据局域网的网络拓扑结构，LaneCat 网猫上网监控软件的部署有以下几种方案。

1. 通过代理服务器共享上网的组网方案

如果局域网中的全部计算机通过代理服务器共享上网，那么把网猫服务器安装在该代理服务器上，监控代理服务器连接局域网的那张网卡，组网拓扑图如图 7-7 所示。

2. 通过路由器或者硬件防火墙共享上网的组网方案

这种方案需要在路由器或者防火墙和主交换机之间接入一台共享式交换机，然后在共享式集线器上接一台计算机作为网猫服务器，即可实现整网监控。组网拓扑图如图 7-8 所示。

3. 内带端口镜像功能的主交换机的组网方案

在交换机上设置端口镜像功能进行管理，网猫服务器接在镜像交换机上，将路由器或防火墙接在镜像交换机的端口 A 镜像到网猫服务器接在镜像交换机的端口 B 上。组网拓扑图如图 7-9 所示。

说明：如果镜像交换机的镜像端口只能抓包，不能上网通信(比如思科的交换机)，如果

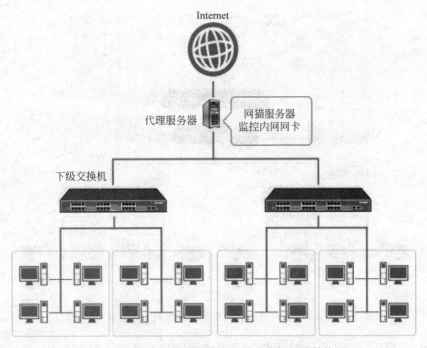

图 7-7　通过代理服务器共享组网方案的拓扑结构图

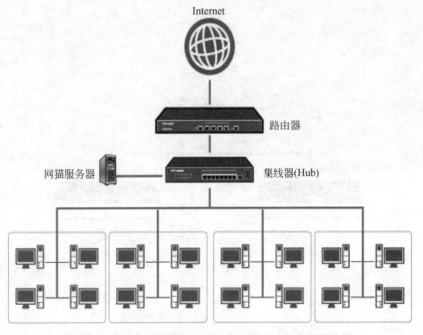

图 7-8　通过路由器或防火墙共享组网方案的拓扑结构图

网猫服务器需要上网或封堵,须在网猫服务器上新增一块网卡,一张网卡用于镜像交换机的数据抓包,另一张网卡用于上网通信。

4. 网桥模式的组网方案

如果网猫服务器有两张网卡,则可以把网猫服务器的两张网卡分别接在交换机和路由

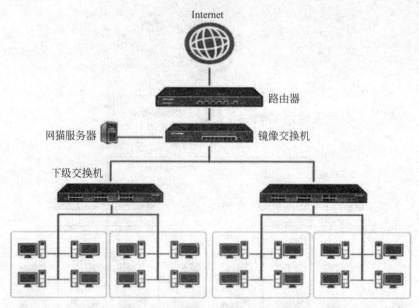

图 7-9　内带端口镜像功能交换机的组网方案拓扑结构图

器/防火墙上,即成一个透明网桥模式(网猫服务器就像是网线的其中一段),网猫监控连接交换机的那张网卡。组网拓扑如图 7-10 所示。

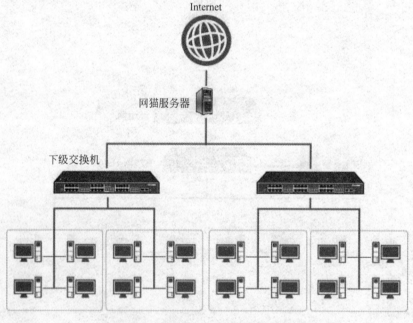

图 7-10　网桥模式组网方案拓扑结构图

5. 监控无线路由器的组网方案

　　如果局域网内有无线路由器,且需要监控通过无线路由器上网的计算机,则可以把无线路由器接在镜像交换机/镜像路由器/Hub 上,把无线路由器当成无线 AP,即无线路由器的WAN 口空着不接线,镜像交换机和其他的计算机接在无线路由器的 LAN 口上,如图 7-11

所示。

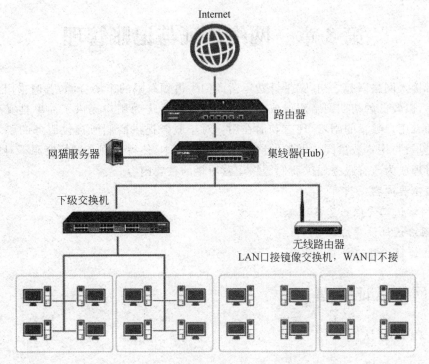

图 7-11　监控无线路由器组网方案的拓扑结构图

思考题

7-1：网络监控的基本功能有哪些？

7-2：网络监控模式有哪几种？

7-3：当前，主流网络监控软件产品有哪些？

7-4：详述图 7-2 的工作流程。

7-5：上网行为管理的主要功能有哪些？

第 8 章　网络认证与记账管理

　　宽带接入网络兴起之初,宽带计费运营商们为占领有限的市场资源,普遍采用包月制的资费方案,以较低的初期网络建设成本和明显的价格优势为用户提供了简单且实惠的上网方式。随着用户数量的剧增,现有和潜在用户对于服务提供商们所提供服务的要求也在不断提高,以及与用户数量同步增长的网络运营维护成本,使得在现有网络资源下对用户的认证计费管理成为改善服务提供商们网络运营质量的重要内容。

　　本章主要内容:
- 网络认证管理的基本理念;
- 网络认证计费协议;
- 主流网络认证计费产品。

8.1　网络认证管理

8.1.1　PPPoE 认证

1. PPPoE 概述

　　1998 年后期问世的以太网上点对点协议(Point to Point Protocol over Ethernet, PPPoE)是由 Redback 网络公司、客户端软件开发商 RouterWare 公司以及 Worldcom 公司的 UUNET Technologies 子公司在 IETF RFC 的基础上联合开发的。主要目的是把最经济的局域网技术、以太网和点对点协议的可扩展性及管理控制功能结合在一起,使得服务提供商在通过数字用户线、电缆调制解调器或无线连接等方式,提供支持多用户的宽带接入服务时更加简便易行。

　　通过 PPPoE 协议,服务提供商可以在以太网上实现 PPP 的主要功能,包括采用各种灵活的方式管理用户。

　　PPPoE 协议允许通过一个连接客户的简单以太网桥启动一个 PPP 对话。

　　PPPoE 的建立需要两个阶段,分别是发现阶段(Discovery Stage)和点对点对话阶段(PPP Session Stage)。当一台主机希望启动一个 PPPoE 对话,它首先必须完成发现阶段以确定对端的以太网 MAC 地址,然后建立一个 PPPoE 的对话号(SESSION_ID)。

　　在 PPP 定义了一个端对端的关系,发现阶段是一个客户对服务器的关系。在发现阶段的进程中,主机(客户端)搜寻并发现一个网络设备(服务器端),在网络拓扑中,主机能与之通信的可能有一个以上的网络设备。在发现阶段,主机可以发现所有的网络设备但只能选择其中之一。当发现阶段顺利完成,主机和网络设备将拥有能够建立 PPPoE 的所有信息。

　　搜索阶段将在点对点对话建立之前一直存在,一旦点对点对话建立,主机和网络设备都必须为点对点对话阶段虚拟接口提供资源。

2. PPPoE 工作原理

　　PPPoE 协议的工作流程包含发现和会话两个阶段,发现阶段是无状态的,目的是获得

PPPoE 终结端（在局端的 ADSL 设备上）的以太网 MAC 地址，并建立一个唯一的 PPPoESESSION-ID（PPPoE 会话标识符）。发现阶段结束后，就进入标准的 PPP 会话阶段。

在发现阶段，基于网络的拓扑，主机可以发现多个接入交换机，然后允许用户选择一个。当发现阶段成功完成，主机和选择的接入交换机都有了他们在以太网上建立 PPP 连接的信息。直到 PPP 会话建立，发现阶段一直保持无状态的 Client/Server（客户/服务器）模式。一旦 PPP 会话建立，主机和接入交换机都必须为 PPP 虚接口分配资源。

PPPoE 协议工作过程如下。

1）发现阶段

在发现（Discovery）阶段，用户主机以广播方式寻找所连接的所有接入交换机，并获得其以太网 MAC 地址。然后选择需要连接的主机，并确定所要建立的 PPP 会话标识符。发现阶段有 4 个步骤，当此阶段完成，通信的两端都知道 PPPoESESSION-ID 和对端的以太网地址，一起定义唯一的 PPPoE 会话。这 4 个步骤如下。

(1) 主机广播发起分组（PADI），分组的目的地址为以太网的广播地址 0×ffffffffffff，CODE（代码）字段值为 0×09，SESSION-ID（会话 ID）字段值为 0×0000。PADI 分组必须至少包含一个服务名称类型的标签（标签类型字段值为 0×0101），向接入交换机提出所要求提供的服务。

(2) 接入交换机收到在服务范围内的 PADI 分组，发送 PPPoE 有效发现提供包（PADO）分组，以响应请求。其中，CODE 字段值为 0×07，SESSION-ID 字段值仍为 0×0000。PADO 分组必须包含一个接入交换机名称类型的标签（标签类型字段值为 0×0102），以及一个或多个服务名称类型标签，表明可向主机提供的服务种类。

(3) 主机在可能收到的多个 PADO 分组中选择一个合适的 PADO 分组，然后向所选择的接入交换机发送 PPPoE 有效发现请求分组（PADR）。其中，CODE 字段为 0×19，SESSION_ID 字段值仍为 0×0000。PADR 分组必须包含一个服务名称类型标签，确定向接入集线器（或交换机）请求的服务种类。当主机在指定的时间内没有接收到 PADO，它应该重新发送它的 PADI 分组，并且加倍等待时间，这个过程会被重复期望的次数。

(4) 接入交换机收到 PADR 分组后准备开始 PPP 会话，它发送一个 PPPoE 有效发现会话确认 PADS 分组。其中，CODE 字段值为 0×65，SESSION-ID 字段值为接入交换机所产生的一个唯一的 PPPoE 会话标识号码。PADS 分组也必须包含一个接入交换机名称类型的标签以确认向主机提供的服务。当主机收到 PADS 分组确认后，双方就进入 PPP 会话阶段。

2）PPP 会话阶段

用户主机与接入交换机根据在发现阶段所协商的 PPP 会话连接参数进行 PPP 会话。一旦 PPPoE 会话开始，PPP 数据就可以以任何其他的 PPP 封装形式发送。PPPoE 会话的 SESSION-ID 是不能改变的，并且必须是发现阶段分配的值。

PPPoE 有一个 PADT 分组，可以在会话建立后的任何时候发送，来终止 PPPoE 会话，也就是会话释放，它可以由主机或者接入交换机发送。当对方接收到一个 PADT 分组，就不再允许使用这个会话来发送 PPP 业务。PADT 分组不需要任何标签，其 CODE 字段值为 0×a7，SESSION-ID 字段值为需要终止的 PPP 会话的会话标识号码。在发送或接收

PADT 后,即使正常的 PPP 终止分组也不必再发送。PPP 对端应该使用 PPP 自身来终止 PPPoE 会话,但是当 PPP 不能使用时,可以使用 PADT。

3. PPPoE 认证过程

假如客户端要通过一个局域网与远程的 PPPoE 服务器进行身份验证,此时会有两个不同的会话阶段,Discovery 阶段和 PPP 会话阶段。当一个客户端想开始一个 PPPoE 会话时,它必须首先进行发现阶段以识别对端的以太网 MAC 地址,并建立一个 PPPoESESSON _ID。在发现阶段,基于网络的拓扑结构,客户端可以发现多个 PPPoE 服务器,然后从中选择一个,不过通常都是选择反应最快的一个。

Discovery 阶段是一个无状态的阶段,该阶段主要是选择接入服务器,确定所要建立的 PPP 会话标识符 Session ID,同时获得对方点到点的连接信息;PPP 会话阶段执行标准的 PPP 过程。当此阶段完成,通信的两端都知道 PPPoESESSON_ID 和对端的以太网地址,它们一起定义了一个唯一的 PPPoE 会话。这些步骤包括客户端广播一个发起分组(PASI)、一个或多个 PPPoE 服务器发送响应分组(PADO),客户端向选中的服务器发送请求分组(PADR),选中的 PPPoE 服务器发送一个确认分组(PADS)给客户端。当客户端接收到确认分组,它可以开始进行 PPP 会话阶段。当 PPPoE 服务器发送出确认分组,就可以开始 PPP 会话了。

如果客户端在指定的时间内没有接收到 PADO,将重新发送它的 PADI 分组,且加倍等待时间,这个过程会被重复期望的次数。如果客户端正等待接收 PADS,应该使用具有客户端重新发送 PADR 的相似超时机制。在重试指定的次数后,主机应该重新发送 PADI 分组。PPPoE 还有一个 PADT 分组,它可以在会话建立后的任何时候发送,来终止 PPPoE 会话,PADT 分组可以由客户端或者 PPPoE 服务器发送。当接收到一个 PADT,不再允许使用这个会话来发送 PPP 业务在发送或接收 PADT 后,即正常的 PPP 不能使用时,可以使用 PADT,一旦 PPPoE 会话开始,PPP 数据就可以以任何其他的 PPP 封装形式发送。所有的以太网帧都是单播的,身份验证是发生在会话阶段的,PPPoE 会话的 SESSION_ID 一定不能改变,并且必须是发现阶段分配的值。

4. PPPoE 的优缺点

1) 优点

(1) 是传统 PSTN 窄带拨号接入技术在以太网接入技术的延伸;

(2) 和原有窄带网络用户接入认证体系一致;

(3) 最终用户相对比较容易接收。

2) 缺点

(1) PPP 和 Ethernet 技术本质上存在差异,PPP 需要被再次封装到以太帧中,所以封装效率很低;

(2) PPPoE 在搜索发现阶段会产生大量的广播流量,对网络性能产生很大的影响;

(3) 组播业务开展困难,而视频业务大部分是基于组播的;

(4) 需要运营商提供客户终端软件,维护工作量过大;

(5) PPPoE 认证一般需要外置 BAS,认证完成后,业务数据流也必须经过 BAS 设备,容易造成单点瓶颈和故障,而且该设备通常非常昂贵。

8.1.2　802.1x 认证

1. 802.1x 概述

802.1x 协议起源于 802.11 协议,是标准的无线局域网协议。802.1x 协议的主要目的是为了解决无线局域网用户的接入认证问题。由于无线局域网的网络空间具有开放性和终端可移动性,很难通过物理空间来界定终端是否属于该网络,因此,如何通过端口认证来防止非法计算机接入内部无线网络就成为一项非常现实的问题,802.1x 正是基于这一需求而出现的一种认证技术,由于其简单易用正逐步应用于宽带 IP 城域网。

2. 802.1x 的认证服务器

认证服务器是为认证系统提供认证服务的实体,可以使用 RADIUS(Remote Authentication Dial In User Service,远程用户拨号认证服务)服务器来实现认证服务器的认证和授权功能。

请求者和认证系统之间运行 802.1x 定义的 EAPoLAN(Extensible Authentication Protocol over LAN,局域网扩展认证协议)。当认证系统工作于中继方式时,认证系统与认证服务器之间也运行 EAP,EAP 帧中封装认证数据,将该协议承载在其他高层次协议中(如 RADIUS),以便穿越复杂的网络到达认证服务器;当认证系统工作于终结方式时,认证系统终结 EAPoL 消息,并转换为其他认证协议(如 RADIUS),传递用户认证信息给认证服务器系统。

认证系统每个物理端口内部包含受控端口和非受控端口。非受控端口始终处于双向连通状态,主要用来传递 EAPoLAN 协议帧,可随时保证接收认证请求者发出的 EAPoANL 认证报文;受控端口只有在认证通过的状态下才打开,用于传递网络资源和服务。

3. 802.1x 的认证过程

(1) 客户端向接入设备发送一个 EAPoLAN-Start 报文,开始 802.1x 认证接入;

(2) 接入设备向客户端发送 EAP-Request/Identity 报文,要求客户端将用户名送上来;

(3) 客户端回应一个 EAP-Response/Identity 给接入设备的请求,其中包括用户名;

(4) 接入设备将 EAP-Response/Identity 报文封装到 RADIUS Access-Request 报文中,发送给认证服务器;

(5) 认证服务器产生一个 Challenge,通过接入设备将 RADIUS Access-Challenge 报文发送给客户端,其中包含 EAP-Request/MD5-Challenge;

(6) 接入设备通过 EAP-Request/MD5-Challenge 发送给客户端,要求客户端进行认证;

(7) 客户端收到 EAP-Request/MD5-Challenge 报文后,将密码和 Challenge 做 MD5 算法后的 Challenged-Pass-word,在 EAP-Response/MD5-Challenge 回应给接入设备;

(8) 接入设备将 Challenge,Challenged Password 和用户名一起送到 RADIUS 服务器,由 RADIUS 服务器进行认证;

(9) RADIUS 服务器根据用户信息,进行 MD5 运算,判断用户是否合法,然后回应认证成功/失败报文到接入设备。如果成功,携带协商参数,以及用户的相关业务属性给用户授权。如果认证失败,则流程到此结束;

（10）如果认证通过，用户通过标准的 DHCP(可以是 DHCP Relay)，通过接入设备获取规划的 IP 地址；

（11）如果认证通过，接入设备发起计费开始请求给 RADIUS 用户认证服务器；

（12）RADIUS 用户认证服务器回应计费开始请求报文。用户上线完毕。

4．802.1x 的特点

802.1x 协议关注端口的打开与关闭，对于合法用户(根据账号和密码)接入时，该端口打开，而对于非法用户接入或没有用户接入时，则该端口处于关闭状态。认证的结果在于端口状态的改变，而不涉及通常认证技术必须考虑的 IP 地址协商和分配问题，是各种认证技术中最简化的实现方案。对于无线局域网接入而言，认证之后建立起来的信道(端口)被独占，不存在其他用户再次使用的问题。

802.1x 协议为二层协议，接入认证通过之后，IP 数据包在二层普通 MAC 帧上传送，不需要到达三层，对设备的整体性能要求不高，可以有效降低建网成本。

802.1x 的认证体系结构中采用了"可控端口"和"不可控端口"的逻辑功能，不受控端口始终处于双向连通状态，主要用来传递 EAPoLAN(基于局域网的扩展认证协议)协议帧，可保证客户端始终可以发出或接受认证。受控端口只有在认证通过的状态下才打开，用于传递网络资源和服务，从而实现业务与认证的分离。用户通过认证后，业务流和认证流实现分离，对后续的数据包处理没有特殊要求，业务可以很灵活，尤其在开展宽带组播等方面的业务有很大的优势，所有业务都不受认证方式限制。

IEEE 802.1x 协议虽然源于 IEEE 802.11 无线以太网，但是它解决了传统的 PPPoE 和 Web 认证方式带来的问题，消除了网络瓶颈，减轻了网络封装开销，降低了建网成本。

5．802.1x 的优缺点

1) 优点

（1）802.1x 协议为二层协议，不需要到达三层，而且接入层交换机无须支持 802.1q 的 VLAN，对设备的整体性能要求不高，可以有效降低建网成本；

（2）通过组播实现，解决其他认证协议广播问题，对组播业务的支持性好。业务报文直接承载在正常的二层报文上，用户通过认证后，业务流和认证流实现分离，对后续的数据包处理没有特殊要求。

2) 缺点

（1）需要特定客户端软件。

（2）网络现有楼道交换机的问题：由于 802.1x 是二层协议，要求楼道交换机支持认证报文透传或完成认证过程，因此在全面采用该协议的过程中，存在对已经在网上的用户交换机的升级处理问题。

（3）IP 地址分配和网络安全问题：802.1x 协议是一个二层协议，只负责完成对用户端口的认证控制，对于完成端口认证后，用户进入三层 IP 网络后，需要继续解决用户 IP 地址分配、三层网络安全等问题，因此，单靠以太网交换机＋802.1x，无法全面解决城域网以太接入的可运营、可管理以及接入安全性等方面的问题。

（4）计费问题：协议可以根据用户完成认证和离线间的时间进行时长计费，不能对流量进行统计，因此无法开展基于流量的计费或满足用户永远在线的要求。

8.1.3　Web 认证

1. Web 认证概述

Web 认证方案首先需要给用户分配一个地址,用于访问门户网站,在登录窗口上输入用户名与密码,然后通过 RADIUS 客户端向 RADIUS 服务器认证,如认证通过,则触发客户端重新发起地址分配请求,给用户分配一个可以访问外网的地址。用户下线时通过客户端发起离线请求。

Web 认证是基于业务类型的认证,不需要安装其他客户端软件,只需要浏览器就能完成。但 Web 认证是在 7 层实现的,从逻辑上来说为了达到网络 2 层的连接而要到 7 层做认证,是不符合网络逻辑的。其次,Web 是在认证前就为用户分配了 IP 地址,对目前网络珍贵的 IP 地址来说造成了浪费,而且分配 IP 地址的 DHCP 对用户而言是完全裸露的,容易造成被恶意攻击,一旦受攻击瘫痪,整个网络就无法实现认证。其次,Web 认证用户连接性差,不容易检测用户离线,基于时间的计费较难实现,且认证前后业务流和数据流无法区分。

2. Web 认证系统的组成

Web 认证由认证客户端、认证设备、Web 认证服务器组成。

(1) 认证客户端:安装于用户终端设备上的客户端系统,为运行 HTTP 的浏览器,上网时将发出 HTTP 请求。

(2) 认证设备:启动 Web 认证功能的网络设备,如接入层设备、网关。

(3) Web 认证服务器:包括提供 Web 服务的 ePortal 服务器,以及提供 RADIUS 认证功能的服务器。接受认证客户端认证请求的认证服务器端系统,提供免费门户服务和基于 Web 认证的界面,与设备交互认证客户端的认证信息;在网关设备上,可以没有单独的 ePortal 服务器与 RADIUS 服务器,两者都内置在网关上面。

3. Web 认证技术

1) 基本原理

Web 认证是一种对用户访问网络的权限进行控制的认证方法,这种认证方式不需要用户安装专用的客户端认证软件,使用普通的浏览器软件就可以进行接入认证。

未认证用户上网时,认证设备强制用户登录到特定站点,用户可以免费访问其中的服务。当用户需要使用互联网中的其他信息时,必须在 Web 认证服务器进行认证,只有认证通过后才可以使用互联网资源。

如果用户试图通过 HTTP 访问其他外网,将被强制访问 Web 认证网站,从而开始 Web 认证过程,这种方式称作强制认证。

Web 认证可以为用户提供方便的管理功能,门户网站可以开展广告、社区服务、个性化的业务等。

2) HTTP 拦截与 HTTP 重定向

Web 认证过程有 HTTP 拦截、HTTP 重定向两个步骤。

(1) HTTP 拦截

HTTP 拦截指认证设备将原本需要转发的 HTTP 报文拦截下来,不进行转发。这些 HTTP 报文是连接在认证设备的接口下的用户所发出的,但目的并不是设备本身。例如,某用户通过 IE 浏览器上网,设备本应该转发这些 HTTP 请求报文,但如果启动 HTTP 拦截,这些报文可以不被转发。

HTTP 拦截之后,设备需要将用户的 HTTP 连接请求转向自己,于是设备和用户之间将建立起连接会话。设备利用 HTTP 重定向功能,将重定向页面推送给用户,用户的浏览器上将弹出一个页面,这个页面可以是认证页面,也可以是下载软件的链接等。

在 Web 认证功能中,哪些用户所发出的到哪个目的端口的 HTTP 报文需要进行拦截,哪些不需要,都是可以设置的。一般地,未经过认证的用户发出的 HTTP 请求报文会被拦截,已通过认证的用户将不被拦截。HTTP 拦截是 Web 认证功能的基础,一旦发生了拦截,就会自动触发 Web 认证的过程。

(2) HTTP 重定向

根据 HTTP 规定,正常情况下,用户的浏览器发出 HTTP GET 或 HEAD 请求报文后,如果接收一方能够提供资源,则以 200 报文响应,如果本地不能提供资源,则可以使用 302 报文响应。在 302 响应报文中,提供了一个新的站点路径,用户收到响应后,可以向这个新的站点重新发出 HTTP GET 或 HEAD 报文请求资源。

HTTP 重定向是 Web 认证的重要环节,是发生在 HTTP 拦截之后的,利用的就是 HTTP 协议中的 302 报文的特性。HTTP 拦截过程将使得设备和用户之间建立起连接会话,随后用户将 HTTP GET 或 HEAD 报文发给设备,设备收到后,回应以 302 报文,并且在 302 报文中加入重定向页面的站点路径,这样用户将向这个站点路径重新发出请求,就会获取到重定向的页面。

3) Web 认证过程

在认证之前,认证设备将未认证用户发出的所有 HTTP 请求都拦截下来,并重定向到 Web 认证服务器去,这样在用户的浏览器上将弹出一个认证页面;

在认证过程中,用户在认证页面上输入认证信息(用户名、口令、校验码等)与 Web 认证服务器交互,完成身份认证的功能;

在认证通过后,Web 认证服务器将通知认证设备该用户已通过认证,认证设备将允许用户访问相关的互联网资源。

4. Web 认证的优缺点

(1) Web 认证不需要特殊的客户端软件,可降低网络维护工作量;

(2) 可以提供 Portal 等业务认证,但是 Web 承载在 7 层协议上,对于设备要求较高,建网成本高;

(3) 用户连接性差;

(4) 不容易检测用户离线,基于时间的计费较难实现;

(5) 易用性不够好;

(6) 用户在访问网络前,不管是 Telnet、FTP 还是其他业务,必须使用浏览器进行 Web 认证;

(7) IP 地址的分配在用户认证前,如果用户不是上网用户,则会造成地址的浪费,而且不便于多 ISP 支持;

(8) 认证前后业务流和数据流无法区分。

8.1.4 802.1x、PPPoE、Web 三种认证技术的对比

802.1x、PPPoE、Web 三种认证的比较如表 8-1 所示。

表 8-1 802.1x、PPPoE、Web 三种认证的比较

内 容	802.1x	PPPoE	Web
技术定位	无线和有线宽带局域网认证技术,关注端口打开和关闭	宽带城域网认证技术,关注对用户的管理	宽带城域网认证技术,关注对用户的管理
认证粒度	针对端口	针对连接,一个端口可以有多个连接	针对连接,一个端口可以有多个连接
IP 包承载方式	普通以太网 MAC 帧	承载在 PPP 连接上	支持 802.1q MAC 帧,上传 VLAN ID 数据包时检查
用户识别方式	依靠 IP 地址识别	通过 PPP SESSION 识别	依据 LAN ID/IP/MAC 捆绑识别,安全性高
是否 IP 地址分配	不关心 IP 地址分配方式	通过 IPCP 来协商 IP 地址	针对端口的 IP 地址分配记录和数量控制
断网检测方式	通过重新认证来检测断网	有完备机制保证链路状态的检测	通过定期发送握手报文检测
终端软件	专门的客户端软件或 Windows	专门的客户端软件	不需要客户端软件
计费功能	仅支持基于端口的计费,端口下多个用户时无法做到区别计费	支持按照用户来计费,与端口无关	支持按照用户来计费,与端口无关
协议应用成熟程度	IEEE 标准	应用广泛、成熟	应用广泛、成熟
与 AAA 配合	标准化,目前 AAA 不支持 802.x 认证,需改动	标准化、成熟,AAA 支持	PPPoE 标准化、成熟,AAA 支持
Web 增值业务支持能力	不支持,需要另外开发	同 PORTAL 结合实现多种业务连接	同 PORTAL 结合实现多种业务连接

8.2 网络认证计费协议

8.2.1 AAA 协议

1. AAA 概述

AAA 是认证(Authentication)、授权(Authorization)和计费(Accounting)的简称,是网络安全中进行访问控制的一种安全管理机制,提供认证、授权和计费三种服务。

AAA 服务器负责接收用户的连接请求,并对用户身份进行验证,返回用户配置信息给 NAS。

AAA 是一种管理框架,它提供了授权部分实体去访问特定资源,同时可以记录这些实体操作行为的一种安全机制,因其具有良好的可扩展性,并且容易实现用户信息的集中管理而被广泛使用。

AAA 可以通过多种协议来实现,目前设备支持基于 RADIUS 协议、HWTACACS 协议或 LDAP,在实际应用中,使用得较多的是 RADIUS 协议。

2. AAA 提供的服务

AAA 提供的服务有以下三种。

(1) 认证:是对用户的身份进行验证,判断其是否为合法用户。

(2) 授权:是对通过认证的用户,授权其可以使用哪些服务。

(3) 计费:是记录用户使用网络服务的资源情况,这些信息将作为计费的依据。

3. AAA 组网方案

AAA 组网方案如图 8-1 所示。

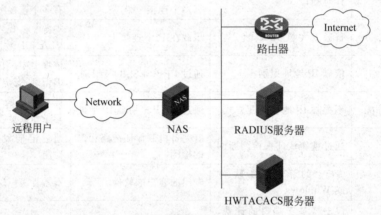

图 8-1 AAA 组网方案

当用户想要通过某网络与 NAS(Net Access Server,用户接入服务器)建立连接,从而获得访问其他网络的权利或取得某些网络资源的权利时,NAS 起到了验证用户或对应连接的作用。

NAS 负责把用户的认证、授权、计费信息透传给服务器(RADIUS 服务器或HWTACACS 服务器),RADIUS 协议或 HWTACACS 协议规定了 NAS 与服务器之间如何传递用户信息。

图 8-1 中的 AAA 基本组网结构中有两台服务器,用户可以根据实际组网需求来决定认证、授权、计费功能分别由使用哪种协议类型的服务器来承担。

例如,可以选择 HWTACACS 服务器实现认证和授权,RADIUS 服务器实现计费。

当然,用户可以只使用 AAA 提供的一种或两种安全服务。例如,公司仅想让员工在访问某些特定资源的时候进行身份认证,那么网络管理员只要配置认证服务器即可。但是若希望对员工使用网络的情况进行记录,则还需要配置计费服务器。

8.2.2 RADIUS 协议

1. 概述

RADIUS(Remote Authentication Dial In User Service,远程用户拨号认证系统)由RFC 2865、RFC 2866 定义,是目前应用最广泛的 AAA 协议。AAA 是一种管理框架,因此,它可以用多种协议来实现。在实践中,人们最常使用远程访问拨号用户服务 RADIUS

来实现 AAA。

RADIUS 是一种基于 C/S 结构的协议,它的客户端最初就是 NAS 服务器,任何运行 RADIUS 客户端软件的计算机都可以成为 RADIUS 的客户端。RADIUS 协议认证机制灵活,可以采用 PAP、CHAP 或者 UNIX 登录认证等多种方式。RADIUS 是一种可扩展的协议,它进行的所有工作都是基于 Attribute-Length-Value 的向量进行的。

由于 RADIUS 协议简单明确,可扩充,因此得到了广泛应用,包括普通电话上网、ADSL 上网、小区宽带上网、IP 电话、VPDN(Virtual Private Dialup Networks,基于拨号用户的虚拟专用拨号网业务)、移动电话预付费等业务。IEEE 提出的 802.1x,是一种基于端口的标准,用于对无线网络的接入认证,在认证时也采用 RADIUS 协议。

RADIUS 还支持代理和漫游功能。简单地说,代理就是一台服务器,可以作为其他 RADIUS 服务器的代理,负责转发 RADIUS 认证和计费数据包。所谓漫游功能,就是代理的一个具体实现,这样可以让用户通过本来和其无关的 RADIUS 服务器进行认证,用户到非归属运营商所在地也可以得到服务,也可以实现虚拟运营。

RADIUS 服务器和 NAS 服务器通过 UDP 进行通信,RADIUS 服务器的 1812 端口负责认证,1813 端口负责计费工作。采用 UDP 的考虑是因为 NAS 和 RADIUS 服务器大多在同一个局域网中,使用 UDP 更加快捷方便,而且 UDP 是无连接的,会减轻 RADIUS 的压力,也更安全。

RADIUS 协议还规定了重传机制。如果 NAS 向某个 RADIUS 服务器提交请求没有收到返回信息,那么可以要求备份 RADIUS 服务器重传。由于有多个备份 RADIUS 服务器,因此 NAS 进行重传的时候,可以采用轮询的方法。如果备份 RADIUS 服务器的密钥和以前 RADIUS 服务器的密钥不同,则需要重新进行认证。

2. RADIUS 组网方案

由上可知,RADIUS 协议是 AAA 协议的组成部分,因此,其组网模式也就是 AAA 组网模式,常见的 AAA 组网方案如图 8-2 所示,其中 RADIUS 应用在 AAA 服务器上对用户进行认证、授权和计费服务。

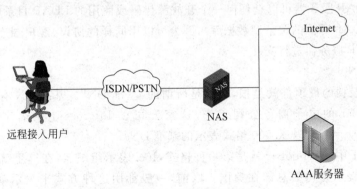

图 8-2　AAA 组网方案

AAA 一般采用 C/S(客户/服务器)模式,这种模式结构简单、扩展性好,且便于集中管理用户信息。

AAA 客户端运行于 NAS 上,AAA 服务器用于集中管理用户信息。

远程接入用户通过网络（如 ISDN、PSTN 等）与 NAS 建立连接，从而获得访问其他网络（如 Internet）的权利或取得网络资源。

NAS 负责把用户的认证、授权、计费信息透传给 AAA 服务器。

NAS 根据服务器的返回信息进行配置并告知用户结果。

图 8-2 中 NAS 作为 RADIUS 客户端，向远程接入用户提供接入及与 RADIUS 服务器交互的服务。RADIUS 服务器上则存储用户的身份信息、授权信息以及访问记录，对用户进行认证、授权和计费服务。

用户接入 NAS，NAS 使用 Access-Require（访问请求）数据包向 RADIUS 服务器提交用户信息，包括用户名、密码等相关信息，其中用户密码是经过 MD5 加密的，双方使用共享密钥，这个密钥不经过网络传播；RADIUS 服务器对用户名和密码的合法性进行检验，必要时可以提出一个 Challenge（质疑），要求进一步对用户认证，也可以对 NAS 进行类似的认证；如果合法，给 NAS 返回 Access-Accept（访问允许）数据包，允许用户进行下一步工作，否则返回 Access-Reject（访问拒绝）数据包，拒绝用户访问；如果允许访问，NAS 向 RADIUS 服务器提出计费请求 Account-Require，RADIUS 服务器响应 Account-Accept，对用户的计费开始，同时用户可以进行自己的相关操作。

8.2.3　LDAP 协议

1. LDAP 概述

LDAP 是轻量目录访问协议，英文全称是 Lightweight Directory Access Protocol，是基于 X.500 标准的协议。

LDAP 目录以树状的层次结构来存储数据，就像 DNS 的主机名那样，LDAP 目录记录的标识名（Distinguished Name，DN）是用来读取单个记录，以及回溯到树的顶部。

LDAP 是跨平台的和标准的协议，因此应用程序就不用为 LDAP 目录放在什么样的服务器上操心了。实际上，LDAP 得到了业界的广泛认可，因为它是 Internet 的标准。厂商都很愿意在产品中加入对 LDAP 的支持，因为他们根本不用考虑另一端（客户端或服务端）是怎么样的。LDAP 服务器可以是任何一个开放源代码或商用的 LDAP 目录服务器（或者还可能是具有 LDAP 界面的关系型数据库），因为可以用同样的协议、客户端连接软件包和查询命令与 LDAP 服务器进行交互。

2. 基准 DN

LDAP 目录树的最顶部就是根，也就是所谓的"基准 DN"。基准 DN 有三种格式。假定在名为 FooBar 的电子商务公司工作，这家公司在 Internet 上的名字是 foobar o＝"FooBar, Inc."，c＝US（以 X.500 格式表示的基准 DN）。

在这个例子中，o＝FooBar 就是第一种格式，Inc. 表示组织名，在这里就是公司名的同义词。c＝US 表示公司的总部在美国。以前，一般都用这种方式来表示基准 DN。随着 Internet 的全球化，在基准 DN 中使用国家代码很容易让人产生混淆。现在，X.500 格式发展成下面列出的两种格式。

第二种格式：o＝foobar . com（用公司的 Internet 地址表示的基准 DN）

这种格式很直观，用公司的域名作为基准 DN。这也是现在最常用的格式。

第三种格式：dc＝foobar，dc＝com（用 DNS 域名的不同部分组成的基准 DN）

这种格式也是以 DNS 域名为基础的,但是第二种格式不改变域名,而第三种格式把域名 foobar.com 分成两部分:dc=foobar,dc=com。

3. LDAP 数据结构

LDAP 是实现了指定的数据结构的存储,它包括以下可以用关系数据库实现的结构要求:树状组织、条目认证、类型定义、许可树形记录拷贝。

1) 树状组织

无论是 X.500 还是 LDAP 都是采用树状方式进行记录,每一个树目录都有一个树根的入口条目,子记录全部是这一根条目的子孙。这是目录与关系数据类型最大的区别(关系数据库的应用结构也可实现树状记录)。

2) 条目和条目认证

LDAP 是以条目作为认证的根据。ROOT 的权限认证与目录本身无关,但除此外所有条目的认证权限由条目本身的密码进行认证。LDAP 可以配置成各种各样不同的父子条目权限继承方式。

每一个条目相当于一个单一的平面文本记录,由条目自身或指定的条目认证进行访问控制。因此,LDAP 定义的存储结构等同于一批树状组织的平面数据库,并提供相应的访问控制。

条目中的记录以名-值对的形式存在,每一个名-值对必须由数据样式 Schema 预定义。因此,LDAP 可以看作是以规定的值类型以名-值对形式存储在一系列以树状组织的平面数据库的记录的集合。

3) 数据样式

数据样式(Schema)是针对不同的应用,由用户指定(设计)类和属性类型预定义,条目中的类和属性必须在 LDAP 服务器启动时载入内存的 Schema 已有定义。因此,AD 活动目录中的条目记录就必须符合 Active Directory 的 Schema 中。如果已提供的 Schema 中的定义不够用,用户可以自行定义新的 Schema.

4) 对象类型

LDAP 目录用对象类型(ObjectClass)的概念来定义运行哪一类的对象使用什么属性。

条目中的记录通过 ObjectClass 实现分类,ObjectClass 是一个继承性的类定义,每一个类定义指定必须具备的属性。如某一条目指定必须符合某个类型,则它必须具备超类所指定的属性。

通过 ObjectClass 分类,分散的条目中的记录就实际上建立了一个索引结构,为高速的读查询打下了基础。ObjectClass 也是过滤器的主要查询对象。

5) 过滤器和语法

LDAP 是一个查询为主的记录结构,无论是何种查询方式,最终都由过滤器提供查询的条件。过滤器相当于 SQL 中的 WHERE 子句。任何 LDAP 的类过滤和字符串都必须放在括号内,如(objectclass=*),指列出所有类型的记录。

可以使用=,>=,<=,~=进行比较,例如(number<=100)。

6) 树移植

LDAP 最重要的特性是扩展性。这一特性是通过树移植和树复制实现的。按 LDAP 的 RFC 要求,LDAP 目录应该可以任意地在不同的目录间连接、合并并实现自动复制,及自动性同步。这意味着用户可以在任一 LDAP 中访问条目,而不用管其中某一部分是否复制自全世界另一目录中的记录,同时另一目录中的记录同样在正常运作。

这一特性如果在关系数据库中实现,则要使用程序化的非规范化预复制。类似于汇总账目的设计。

7) LDIF 交换文件

LDIF 是 LDAP 约定的记录交换格式,以平面文本的形式存在,是大部分 LDAP 内容交换的基础,如复制、添加、修改等操作,都是基于 LDIF 文件进行操作的。

8) Java 或 CORBA 对象串行化存储

网络高效率的访问加上 Java 的跨平台能力,当把 Java 或 CORBA 对象串行化后存储到 LDAP 目录上时,可以产生非同一般的集成效果。实际上,这正是 EJB 和.NET 的网络定位基础技术。

使用 Java 或 CORBA 对象存储时,必须首先让 LDAP 服务支持该对象定义,也就是说包含 qmail.Schema 或 corba.Schema。

使用对象串行化技术,可以把常用对象如某个打印机,或某个客户直接存储到 LDAP 中,然后快速获取该对象的引用,这样,就比把对象信息存储到关系数据库中,分别取出属性,然后再初始化对象操作的做法,效率要高得多了。这是 LDAP 比普通关系数据库存储优秀的地方,而对象数据库还不成熟。

4. LDAP 的基本模型

(1) 信息模型:描述 LDAP 的信息表示方式。

在 LDAP 中信息以树状方式组织,在树状信息中的基本数据单元是条目,而每个条目由属性构成,属性中存储有属性值;LDAP 中的信息模式,类似于面向对象的概念,在 LDAP 中每个条目必须属于某个或多个对象类(ObjectClass),每个 ObjectClass 由多个属性类型组成,每个属性类型有所对应的语法和匹配规则;对象类和属性类型的定义均可以使用继承的概念。每个条目创建时,必须定义所属的对象类,必须提供对象类中的必选属性类型的属性值,在 LDAP 中一个属性类型可以对应多个值。

在 LDAP 中把对象类、属性类型、语法和匹配规则统称为 Schema,在 LDAP 中有许多系统对象类、属性类型、语法和匹配规则,这些系统 Schema 在 LDAP 标准中进行了规定,同时不同的应用领域也定义了自己的 Schema,同时用户在应用时,也可以根据需要自定义 Schema。这有些类似于 XML,除了 XML 标准中的 XML 定义外,每个行业都有自己标准的 DTD 或 DOM 定义,用户也可以自扩展;也如同 XML,在 LDAP 中也鼓励用户尽量使用标准的 Schema,以增强信息的互连互通。

在 Schema 中最难理解的是匹配规则,这是 LDAP 中为了加快查询的速度,针对不同的数据类型,可以提供不同的匹配方法,如针对字符串类型的相等、模糊、大于小于均提供自己的匹配规则。

(2) 命名模型:描述 LDAP 中的数据如何组织。

LDAP 中的命名模型,也即 LDAP 中的条目定位方式。在 LDAP 中每个条目均有自己的 DN 和 RDN。DN 是该条目在整个树中的唯一名称标识,RDN 是条目在父结点下的唯一名称标识,如同文件系统中,带路径的文件名就是 DN,文件名就是 RDN。

（3）功能模型：描述 LDAP 中的数据操作访问。

在 LDAP 中共有 4 类 10 种操作：查询类操作，如搜索、比较；更新类操作，如添加条目、删除条目、修改条目、修改条目名；认证类操作，如绑定、解绑定；其他操作，如放弃和扩展操作。

（4）安全模型：描述 LDAP 中的安全机制。

LDAP 中的安全模型主要通过身份认证、安全通道和访问控制来实现。

① 身份认证。

在 LDAP 中提供三种认证机制，即匿名、基本认证和 SASL（Simple Authentication and Secure Layer）认证。匿名认证即不对用户进行认证，该方法仅对完全公开的方式适用；基本认证均是通过用户名和密码进行身份识别，又分为简单密码和摘要密码认证；SASL 认证即 LDAP 提供的在 SSL 和 TLS 安全通道基础上进行的身份认证，包括数字证书的认证。

② 通信安全。

在 LDAP 中提供了基于 SSL/TLS 的通信安全保障。SSL/TLS 是基于 PKI 信息安全技术，是当前 Internet 上广泛采用的安全服务。LDAP 通过 StartTLS 方式启动 TLS 服务，可以提供通信中的数据保密性、完整性保护；还可以通过强制客户端证书认证的 TLS 服务，同时可以实现对客户端身份和服务器端身份的双向验证。

③ 访问控制。

LDAP 访问控制异常的灵活和丰富，在 LDAP 中是基于访问控制策略语句来实现访问控制的，这不同于现有的关系型数据库系统和应用系统，它是通过基于访问控制列表来实现的，无论是基于组模式或角色模式，都摆脱不了这种限制。

在使用关系型数据库系统开发应用时，往往是通过几个固定的数据库用户名访问数据库。对于应用系统本身的访问控制，通常是需要建立专门的用户表，在应用系统内开发针对不同用户的访问控制授权代码，这样一旦访问控制策略变更时，往往需要代码进行变更。总之，关系型数据库的应用中用户数据管理和数据库访问标识是分离的，复杂的数据访问控制需要通过应用来实现。

而对于 LDAP，用户数据管理和访问标识是一体的，应用不需要关心访问控制的实现。这是由于在 LDAP 中的访问控制语句是基于策略语句来实现的，无论是访问控制的数据对象，还是访问控制的主体对象，均是与这些对象在树中的位置和对象本身的数据特征相关。

在 LDAP 中，可以把整个目录、目录的子树、制定条目、特定条目属性集或符合某过滤条件的条目作为控制对象进行授权；可以把特定用户、属于特定组或所有目录用户作为授权主体进行授权；最后，还可以定义对特定位置（例如 IP 地址或 DNS 名称）的访问权。

8.3　网络认证计费管理

网络认证计费是指对宽带上网用户进行计费管理的系统，它的基本核心由前端用户认证、后台计费结算、数据库管理等部分组成，随着应用需求的发展变化，很多附加功能也成为系统的必要组成，例如上网日志记录、带宽限制等。

当前，主流网络认证计费系统有：Antium（安腾）认证软件系统、ROS 网络计费管理系统等。

在这一节中，以 Antium 公司的 GBMS 为蓝本，介绍网络带宽认证计费管理系统的组网方案。

1. GBMS

GBMS 宽带认证计费管理系统是安腾公司(Antium)根据当前宽带运营发展的方向和需求的一套宽带运营解决方案。

GBMS 系统中包括如下产品。

(1) Antium eFlow BAS 认证计费管理网关;

(2) Antium eFlow GBMS 认证计费管理平台;

(3) Antium eFlow Client 客户端软件;

(4) Antium eFflow LRMS 日志记录管理系统。

系统具备优秀的扩展性,可以单独使用其中的某一部分或配合其他产品使用,采用套方案使用,效果最优。

2. Antium eFlow BAS

GBMS 系统中的 Antium eFlow BAS 有多种型号规格,可以支持 PPPoE 认证、Web 认证、客户端认证方式,随着安腾公司技术的飞跃,最大可以支持到 20 000 用户同时并发。

接入设备是接入层的控制设备,GBMS 系统的 eFlow BRAS 是一款稳定、高性能、高安全性的网关设备。

3. Antium eFlow GBMS

Antium eFlow GBMS 认证计费管理平台是基于标准的 Radius Server 的认证、计费、管理、监控系统,系统本着操作简单、使用方便、功能完善及遵循国际标准的原则进行设计,为宽带网络的运营提供了友好的管理手段。同时,该系统是目前国内唯一能够真正支持主流 802.1X 交换机厂商的计费系统,这种支持是构建在与各个交换机厂商战略合作的基础上,双方共同为认证、计费、管理控制的 RADIUS 属性进行定义、修改和对接,并拥有大量的实际应用案例。

Antium eFlow BillingWare 系统分为以下三大部分。

(1) RADIUS Server;

(2) 计费管理监控系统;

(3) 用户自服务系统。

4. RADIUS Server

安腾的 RADIUS Server 实现了标准的 RADIUS 协议,同时支持 802.1X 的 EAP 扩展认证,能够支持各种标准 Radius 认证设备,支持多种标准 RADIUS 接入认证计费方式(例如:VPN、窄带 ADSL 等)。也可以配合主流交换机厂商 AP 及 802.1X 认证设备使用。目前已经支持的交换机厂商有:Cisco Linksys、Dlink、Netgear、HP、Extreme、Alcater、港湾、神州数码、锐捷和清华比威等。

5. 计费管理监控系统

Antium eFlow GBMS 的计费管理监控系统采用稳定高效的操作系统 Linux,结合 Apache 和 JSP 进行实现,可以支持 PostGre 免费数据库和 Oracle 数据库,最多可支持 50 万开户用户,适合各种规模的宽带网络运营。

从功能上划分,该系统可以分为:用户管理、收费管理、报表查询、卡类管理、系统设置、系统管理、机房管理几个模块。

6. Antium eFlow Client

Antium eFlow Client 客户端软件可以配合 Antium eFlow BAS 使用，也可以和 802.1x 交换机及 AP 配合使用。

客户端直接面向用户，是用户登录和访问网络的窗口。

7. Antium eFlow LRMS

Antium eFflow LRMS 日志记录管理系统具备优秀的扩展性，可以单独使用其中的某一部分或配合其他产品使用，使用效果较佳。

8. 安腾 GBMS 系统应用方案

Antium eFlow GBMS 系统是安腾公司专门针对网络运营商定制的全套解决系统，具备良好的兼容性，可以适用在不同环境的网络中。

方案 1：光纤和同轴电缆混合网络，其组网方案的典型拓扑如图 8-3 所示。

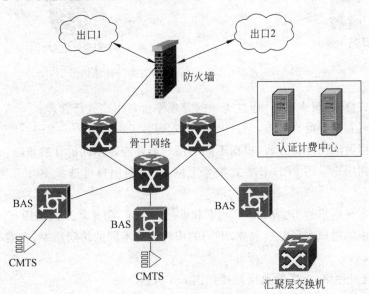

图 8-3　光纤和同轴电缆混合网络拓扑结构图

方案特点如下。

(1) 全网采用安腾公司的解决方案，包括客户端、BAS、GBMS 管理平台；

(2) 分布式接入，集中认证，通过统一的管理平台对用户进行管理；

(3) 同轴和光纤混合接入，通过 BAS 接入到骨干网络；

(4) 可采用灵活的计费方式，根据不同的用户群体制定不同的计费策略；

(5) 用户采用客户端认证，可以有效防止代理、BT 等下载工具的使用；

(6) 可以实现用户的 IP、MAC 等元素和账号的绑定，防止账号被盗用；

(7) 可以根据用户实行差别服务，不同的用户拥有不同的访问速率，在费率和网络使用上体现差别性。

方案 2：光纤和 DSL 混合网络。方案的典型拓扑如图 8-4 所示。

方案特点如下。

(1) 全网采用安腾公司的解决方案，包括客户端、BAS、GBMS 管理平台；

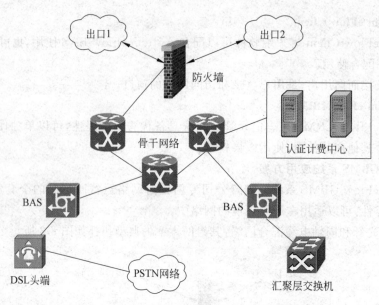

图 8-4　光纤与 DSL 混合网络方案拓扑结构图

（2）分布式接入，集中认证，通过统一的管理平台对用户进行管理；

（3）电话网和光纤混合接入，通过 BAS 接入到骨干网络；

（4）可采用灵活的计费方式，根据不同的用户群体制定不同的计费策略；

（5）电话网用户采用 PPPoE 方式拨号上网，光纤网用户可选择 PPPoE 或者客户端方式上网；

（6）可以实现用户的 IP、MAC 等元素和账号的绑定，防止账号被盗用；

（7）可以根据用户实行差别服务，不同的用户拥有不同的访问速率，在费率和网络使用上体现差别性。

方案 3：光纤网络，方案的典型拓扑如图 8-5 所示。

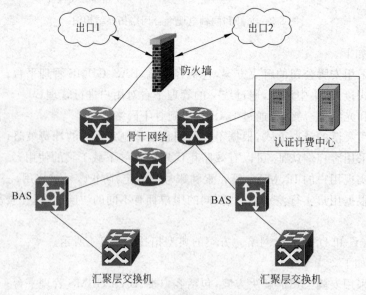

图 8-5　光纤网络方案拓扑结构图

方案特点如下。

(1) 全网采用安腾公司的解决方案,包括客户端、BAS、GBMS 管理平台;

(2) 分布式接入,集中认证,通过统一的管理平台对用户进行管理;

(3) 采用光纤建立骨干网络,用户通过以太网,连接到 BAS,接入到骨干网络中,网络结构比较新,适合新兴的运营网络使用;

(4) 可采用灵活的计费方式,根据不同的用户群体制定不同的计费策略;

(5) 用户采用客户端认证,可以有效防止代理、BT 等下载工具的使用;

(6) 可以实现用户的 IP、MAC 等元素和账号的绑定,防止账号被盗用;

(7) 可以根据用户实行差别服务,不同的用户拥有不同的访问速率,在费率和网络使用上体现差别性。

思考题

8-1:网络认证方式有哪几种?

8-2:Web 认证由哪几个部分组成?

8-3:试述 Web 认证的基本原理及认证过程。

8-4:LDAP 的基本模型有哪些?

8-5:网络认证计费协议有哪些?

第9章 信息安全与网络安全管理

在当今信息化的社会中，人们对计算机网络的依赖日益增强，越来越多的信息和重要数据资源出现在网络中，通过网络获取信息的方式已成为当前主要的信息沟通方式之一。然而人们在使用网络获得诸多便利和好处的同时，也受到了黑客、计算机病毒的侵袭和威胁，给个人和单位蒙受了巨大的损失。如何保障计算机的网络安全已成为当前一个亟待解决的问题。

本章主要内容：

- 信息安全管理技术；
- 网络安全管理技术；
- 网络接入安全管理技术；
- 服务器访问管理技术；
- 访问日志管理技术。

9.1 信息安全管理

9.1.1 信息安全管理策略

1. 信息安全管理策略概述

信息安全管理策略也称信息安全方针，是组织对信息和信息处理设施进行管理、保护和分配的准则和规划，以及使信息系统免遭入侵和破坏而必须采取的措施。它告诉组织成员在日常的工作中什么是必须做的，什么是可以做的，什么是不可以做的；哪里是安全区，哪里是敏感区，就像交通规则之车辆和行人一样，信息安全策略是有关信息安全方面的行为规范。一个成功的安全策略应当综合考虑以下几个因素。

(1) 综合平衡(综合考虑需求、风险、代价等诸多因素)；

(2) 整体优化(利用系统工程思想，使系统总体性能最优)；

(3) 易于操作和确保可靠。

同时，信息安全策略应该简单明了、通俗易懂，并形成书面文件，发给组织内的所有成员；对所有相关员工进行信息安全策略的培训；对信息安全负有特殊责任的人员要进行特殊的培训，以使信息安全方针真正植根于组织内所有员工的脑海并落实到实际工作中。

当然，信息安全策略的制定需要根据组织内各个部门的实际情况，分别制定不同的信息安全策略为信息安全提供管理指导和支持。例如，规模较小的组织企业可能只有一个信息安全策略，并适用于组织内所有部门、员工；而规模大的集团组织则需要制定多个信息安全策略文件，分别适用于不同的子公司或各分支机构。

2. 制定信息安全策略的原则

在制定信息安全管理策略时，要严格遵守以下原则。

（1）目的性。策略是为组织完成自己的信息安全使命而制定的,策略应该反映组织的整体利益和可持续发展的要求。

（2）适用性。策略应该反映组织的真实环境,反映当前信息安全的发展水平。

（3）可行性。策略应该具有切实可行性,其目标应该可以实现,并容易测量和审核。没有可行性的策略不仅浪费时间还会引起策略混乱。

（4）经济性。策略应该经济合理,过分复杂和草率都是不可取的。

（5）完整性。能够反映组织的所有业务流程的安全需要。

（6）一致性。策略的一致性包括下面三个层次：①与国家、地方的法律法规保持一致；②与组织已有的策略、方针保持一致；③与整体安全策略保持一致,要反映企业对信息安全的一般看法,保证用户不把该策略看成是不合理的,甚至是针对某个人的。

（7）弹性。策略不仅要满足当前的组织要求,还要满足组织和环境在未来一段时间内发展的要求。

3. 信息安全策略的主要内容

理论上,一个完整的策略体系应该保障组织信息的机密性、可用性和完整性。虽然每个组织的性质、规模和内外部环境各不相同,但一个正式的信息安全策略应包含下列内容。

1）适用范围

适用范围包括人员范围和时效性,例如"本规定适用于所有员工","适用于工作时间和非工作时间"。不仅要消除本该受到约束的员工有认为自己是个例外的想法,也保证策略不至于被误解是针对某个员工的；同时也告诉员工本规定在什么时间发挥效力。

2）目标

例如,"为确保企业的经营、技术等机密信息不泄漏,维护企业的经济利益,根据国家有关法律,结合企业实际,特制定本条例。"明确了信息安全保护对公司是有着重要意义的,而且与国家的法律法规是一致的。主题明确的策略可能会有更加确切、详细的目标,如防病毒策略的目标可以是"为了正确执行对计算机病毒(蠕虫、特洛伊木马、黑客恶意程序)的预防、侦测和清除过程,特制定本策略"。

3）策略主题

通常一个组织可能会考虑开发下列主题的信息安全管理策略：①设备及其环境的安全；②信息的分级和人员责任；③安全事故的报告与响应；④第三方访问的安全性；⑤外围处理系统的安全；⑥计算机和网络的访问控制和审核；⑦远程工作的安全；⑧加密技术控制；⑨备份、灾难恢复和可持续发展的要求。

还可以划分得更细一些,如账号管理策略、便携式计算机使用策略、口令管理策略、防病毒策略、E-mail 使用策略、Internet 访问控制策略等。每一种主题可以借鉴相关的标准和条例。例如,设备、环境安全可以参考的国家标准有：《电子计算机机房设计规范》(GB 5017—1993)、《计算站场地技术条件》(GB 2887—1998)等,也可根据自己的情况参考相关规范开发符合自己要求的标准。

4）策略签署

信息安全管理策略是强制性的、惩罚性的,策略的执行需要来自管理层的支持,通常是信息安全主管或总经理签署信息安全管理策略。

5）策略的生效时间和有效期

旧策略的更新和过时策略的废除也是很重要的，应该保持生效的策略中包含新的安全要求。

6）重新评审策略的时机

策略除了常规的评审时机，在下列情况下也需要重新评审：①企业管理体系发生很大变化；②相关的法律法规发生了变化；③企业信息系统或者信息技术发生了大的变化；④企业发生了重大的信息安全事故。

7）与其他相关策略的引用关系

因为多种策略可能相互关联，引用关系可以描述策略的层次结构，而且在策略修改时也经常涉及其他相关策略的调整，清楚地引用关系可以节省查找的时间。

8）策略解释

由于工作环境、知识背景等原因的不同，可能导致员工在理解策略时出现误解、歧义的情况，因此，应建立一个专门的权威的解释机构或指定专门的解释人员来进行策略的解释。

9）例外情况的处理

策略不可能做到面面俱到，在策略中应提供特殊情况下的安全通道。

4. 信息安全的实施

信息安全的主要内容有信息的加密与解密技术、消息摘要技术、数字签名与身份认证技术、密钥管理技术。

随着现代电子技术、计算机技术及网络技术的迅猛发展，单一的加密技术在现代信息安全领域中已显得苍白无力，必须使用多种加密技术进行综合利用，才能达到信息安全的目的。

1）信息加密与密钥管理

通常使用对称加密技术对信息进行加密，而采用公开密钥加密技术对其密钥进行管理和传输。密钥管理主要内容有密钥的产生、存储、更新及销毁的算法和协议。

2）数据完整性检验

使用消息摘要算法对消息进行计算得到"消息摘要"，再用公开密钥加密技术对其"消息摘要"进行加密后再进行传输。

3）数字签名与身份认证

使用公开密钥加密技术进行数字签名，使用密码学理论与密钥分配中心 KDC 参与的策略进行身份认证。

4）授权与访问控制

授权侧重于强调用户拥有什么样的访问权限，这种访问权限是系统预先设定的，并不关心用户是否发生访问请求；访问控制是对用户访问行为进行控制，它将用户的访问行为控制在授权允许范围之内。形象的比喻是：授权是签发通行证而访问控制是卫兵，前者规定用户是否有权进入某个区域，而后者则是检查用户进入时是否超越了禁区（权限）。

授权与访问控制策略主要有授权策略、访问控制模型、大规模系统的快速访问控制算法等。

5）审计追踪技术

审计和追踪是两个密切相关的概念，审计是对用户行为进行记录、分析和审查，以确认操作的历史行为；追踪则有追查的意思，通过审计结果追查用户的全部行为。审计追踪研究的主要内容有审计素材的记录方式、审计模型及追踪算法等。

9.1.2　数字签名技术

1. 数字签名原理

日常生活中的信件或文件是根据亲笔签名和印鉴来识别和证明其身份的真实性的。但在计算机网络中，传输的文件又是如何进行身份识别和认定的呢？这就是本节所要介绍的数字签名技术。数字签名技术在身份认定中，特别是电子商务中有着广泛的应用前景。

数字签名必须保证做到以下三点。

(1) 接收者能够核实发送者对报文的签名；

(2) 发送者事后不能抵赖对报文的签名；

(3) 接收者不能伪造对报文的签名。

使用公开密钥加密算法进行数字签名的步骤如下。

发送者用其公开密钥对中的解密密钥（秘密密钥）SKA 对报文 P 进行加密运算，并将其运算结果 $C=D_{SKA}(P)$（数字签名）传送给接收者 B。接收者 B 收到 A 发来的数字签名 $C=D_{SKA}(P)$ 后，使用 A 公开的加密密钥 PKA 对其进行解密运算，即：

$$P = D_{PKA}(C) = D_{PKA}(D_{SKA}(P))$$

因为除 A 以外，没有人知道 A 的解密密钥 SKA，所以除了 A 以外，没有人能生产密文 $D_{SKA}(P)$。这样，接收方 B 就能据此来鉴别发送者 A 的身份，即相信报文 P 是 A 的数字签名后发送的。

数字签名技术如图 9-1 所示。

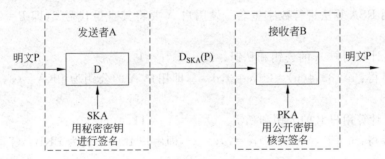

图 9-1　RSA 算法数字签名技术

2. 抗赖技术

为了进行抗赖服务，第三方权威机构必须对所有用户的公开密钥进行登记存档，以便作为抗赖服务的依据，第三方权威机构就像我们日常生活中的法院一样，是以事实为依据进行鉴别的。

上述过程仅对报文进行了签名，但对报文 P 本身却未能保密。因为凡是能截获到密文 $D_{SKA}(P)$ 并知道发送者身份的任何人，通过上网查阅用户资料，即可获得发送者的公开密钥 PKA，便可轻松地对 $D_{SKA}(P)$ 进行解密，从而能理解消息的内容。

解决这一问题的关键在于，要对报文 $D_{SKA}(P)$ 进行二次加密。具体加密步骤是：首先，发送方用自身的秘密密钥 SKA 对报文进行数字签名，产生数字签名密文 $D_{SKA}(P)$，然后再用报文接收者 B 的公开密钥 PKB 对 $D_{SKA}(P)$ 进行二次加密,形成密文 $E_{PKB}(D_{SKA}(P))$,之后再发送给 B。B 收到密文 $E_{PKB}(D_{SKA}(P))$ 后,先用自身的秘密密钥 SKB 对其进行解密,再用 A 的公开密钥 PKA 核实数字签名,如图 9-2 所示。

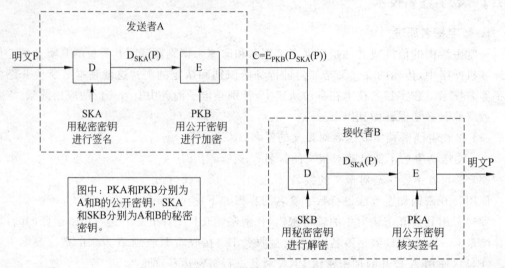

图 9-2   RSA 数字签名技术

由于第三方无法获得 B 的秘密密钥 SKB,即使第三方窃取了密文 $E_{PKB}(D_{SKA}(P))$,并知道 A、B 双方的公开密钥 PKA 和 PKB,仍然无法对 $E_{PKB}(D_{SKA}(P))$ 进行解密。这就保证了数字签名的保密性和可行性。

3. 数字签名实例

这里利用 RSA 算法进行数字签名。设用户 A 要将其身份代号 2(即 P=2)发送给用户 B。

第 1 步:计算用户 A 的公钥和私钥。设 p=3,q=11。

通过计算得:n=33,$\phi(n)=20$,e=3,d=7,即用户 A 的公钥为 PKA=(3,33),私钥为 SKA=(7,33)。

第 2 步:计算用户 B 的公钥和私钥。设 p=5,q=11。

通过计算得:n=55,$\phi(n)=40$,e=7,d=23,即用户 B 的公钥为 PKB=(7,55),私钥为 SKB=(23,55)。

第 3 步:数字签名。用户 A 对身份代号 2 进行签名。具体做法是先用自身的私钥 SKA=(7,33)进行数字签名,再对方的公钥 PKB=(7,55)加密。

$$C=E_{PKB}(D_{SKA}(P))=E_{PKB}(2^7 \bmod 33)=E_{PKB}(29)=29^7 \bmod 55=39$$

"39"就是数字签名的结果,将该签名结果发送给用户 B(可以用明文发送)。

第 4 步:解密及核实签名。用户 B 收到用户 A 发来的数字签名信息后,先用自身的私钥 SKB=(23,55)解密,再用对方的公钥 PKA=(3,33)解密。

$$P=D_{PKA}(D_{SKB}(C))=D_{PKA}(39^{23} \bmod 55)=D_{PKA}(29)=29^3 \bmod 33=2$$

9.1.3   消息摘要技术

消息摘要算法又称报文摘要算法,其基本思想及技术如下。

通常来说,报文的加密可通过 DES 加密技术、AES 加密技术来实现,而报文的鉴别则可通过数字凭证技术进行加密和认证。

但在特定的网络环境中,许多报文并不需要加密,但是要求发送的报文应该是完整的和不可伪造的。例如,通过网络通知网络上所有用户有关上网的注意事项。对于不需要加密的报文进行加密和解密,将对计算机和网络增加很多不必要的开销。因此,可使用报文摘要算法 MD(当前通用的是 MD 的第 5 版本,即 MD5)来进行报文鉴别算法来达到目的。

报文摘要算法过程如下。

(1) 发送方将待发送的可变长的报文 m 经过 MD 算法运算得出固定长度的报文摘要 $H(m)$。

(2) 对 $H(m)$ 加密生成密文 $Ek(H(m))$ 附加在报文 m 之后。

(3) 在接收端收到报文 m 和报文摘要 $Ek(H(m))$ 密文之后,将报文摘要密文 $Ek(H(m))$ 解密还原成 $H(m)$。

(4) 同时在接收端将收到的报文 m 经过 MD 算法运算得出的报文摘要 $H'(m)$ 与 $H(m)$ 比较是否相同,若不相同则可断定收到的报文与发送方发来的报文不一致。

消息摘要算法的流程如图 9-3 所示。

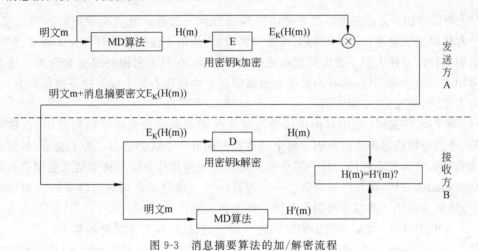

图 9-3　消息摘要算法的加/解密流程

9.1.4　密钥管理技术

1. 概述

在采用密码技术保护的现代通信系统中,密码算法通常是公开的,因此其安全性就取决于对密钥的保护。一旦密钥丢失或出错,要么合法用户不能提取保密的信息,要么非法用户可能窃取信息。因此,密钥生成算法的强度、密钥的长度、密钥的保密和安全管理是保证系统安全的重要因素。

密钥管理的任务就是管理从密钥的产生到销毁全过程,包括系统初始化、密钥的产生、存储、备份、恢复、装入、分配、保护、更新、控制、丢失、吊销和销毁等。

密钥的生命周期:所有的密钥都有生命周期。这是因为拥有大量的密文有助于密码分析。一个密钥使用时间太长,会给攻击者提供收集大量密文的机会。破译一个密钥需要时间,限制密钥的使用时间也就限制了密钥的破译时间,降低了密钥被破译的可能性。

通常来说,一个密钥的生命周期应该是 3～7 天,最长不得超过三个月。最理想的密钥是一次性密钥,即一个密钥只能使用一次。

2. 密钥的分类

从网络应用来看,密钥一般分为以下几类:基本密钥、会话密钥、密钥加密密钥和主机密钥等。

(1) 基本密钥:基本密钥又称初始密钥,是由用户选定或由系统分配,可在较长时间内由一对用户专门使用的秘密密钥,也称用户密钥。基本密钥既要安全,又要便于更换。基本密钥与会话密钥一起用于启动和控制密钥生成器,从而生成用于加密数据的密钥流,如图 9-4 所示。

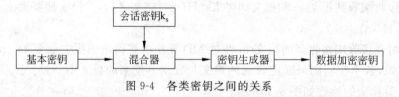

图 9-4　各类密钥之间的关系

(2) 会话密钥:会话密钥即两个通信终端用户在一次通话或交换数据时所用的密钥。当用于对传输的数据进行保护时称为数据加密密钥,而用于保护文件时称为文件加密密钥。会话密钥的作用是使人们不必太频繁地更换基本密钥,有利于密钥的安全和管理。这类密钥可由用户双方预先约定,也可由系统通过密钥建立协议动态地生成并赋予通信双方,它为通信双方专用,故又称"专用密钥"。

(3) 密钥加密密钥:用于对传送的会话或文件密钥进行加密时采用的密钥,也称为次主密钥、辅助密钥或密钥传送密钥。每个结点都分配有一个这类密钥。为了安全,各结点的密钥加密密钥应该互不相同。每个结点都须存储有关到其他各结点和本结点范围内各终端所用的密钥加密密钥,而各终端只需要一个与其结点交换会话密钥时所需要的密钥加密密钥,称为终端主密钥。终端主密钥是存储于终端机上的。

(4) 主机主密钥:是对密钥加密密钥进行加密的密钥,存于主机处理器中。

除了上述几种密钥外,还有一些密钥,如用户选择密钥、算法更换密钥等,这些密钥的某些作用可以归纳到上述几类中。

3. 密钥的产生和装入

网络系统中加密需要大量的密钥,以分配给各主机、结点和用户。产生好的密钥是非常重要的,可以用手工的方法,也可以用密钥产生器产生密钥。用密钥产生器产生密钥不仅可以减轻烦琐的劳动,而且可以消除人为的差错。但密钥产生器产生密钥的算法是固定的,没有手工方法灵活。

不同种类的密钥产生的方法不同。基本密钥是控制和产生其他加密密钥的密钥,而且长期使用,其安全性非常关键,需要保证其完全随机性、不可重复性和不可预测性。而任何密钥产生器产生的密钥都有周期性和被预测的危险,不适宜作主机密钥。基本密钥量小,可以用掷硬币等方法手工产生。密钥加密密钥可以用伪随机数产生器、安全算法等产生。会话密钥、数据加密密钥可在密钥加密密钥控制下通过安全算法产生。

密钥的装入有以下几种情形。

(1) 主机主密钥的装入：主密钥由可信赖的保密员在非常安全的条件下装入主机，一旦装入，就不能取出。装入环境要防电磁辐射、防串扰、防人为出错。并且要用可靠的算法检验证实装入的密钥是否正确。

(2) 终端主密钥的装入：可由保密员在安全的条件下装入，也可以用专用的密钥注入设备装入，装入后不能取出。同样要验证装入密钥的正确性。

(3) 会话密钥的获取：如主机与某终端通信，主机产生会话密钥，以相应的终端主密钥对其进行加密，将加密结果送给相应的终端，终端收到后，解密得到会话密钥。

4. 对称密码体制的密钥分配技术

所谓的密钥分配技术实质上要解决的是"密钥的传送技术"。

任何密码系统的强度都依赖于密钥分配技术，密钥分配研究密码系统中密钥的分发和传送的问题。

对称密码的密钥分配的方法归纳起来有两种：利用公钥密码体制实现及利用安全信道实现。利用公钥密码体制实现将紧接后面介绍。利用安全信道实现直接面议或通过可靠的信道传递。传统的方法是通过邮递或信使传送密钥，密钥可用打印、穿孔纸带或电子形式记录。这种方案的安全性完全取决于信使的忠诚和素质。这种方式成本较高，有人估计分配密钥的费用占密码系统费用的三分之一。为了减少费用可采用分层的方法，信使只传送密钥加密密钥，这种方法只适宜于高安全级密钥，如主密钥的传递。也可采用某种隐蔽的方法，如将密钥分拆成几部分分别递送，除非敌手可以截获密钥的全部内容。这只适宜于少量密钥的情况，如主密钥、密钥加密密钥。会话密钥可以用主密钥加密后通过公用网络传送。

在局域网络中，每对用户可以共享一个密钥，如图 9-5 所示。两个用户 A 和 B 要建立会话密钥，须经过以下三步。

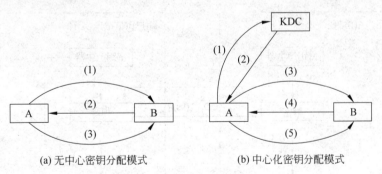

(a) 无中心密钥分配模式　　　　　(b) 中心化密钥分配模式

图 9-5　对称密钥分配模式

第 1 步：A 向 B 发出建立会话密钥的请求和一个一次性随机数 N1。

第 2 步：B 用与 A 共享的主密钥对应答的消息加密，并发送给 A，应答的消息中包括 B 选取的会话密钥、B 的身份、f(N1)和另一个一次性随机数 N2。

第 3 步：A 用新建立的会话密钥加密 f(N2)并发送给 B。

在大型网络中，不可能每对用户共享一个密钥。因此采用中心化密钥分配方式，由一个可信赖的联机服务器作为密钥分配中心（Key Distribute Centre，KDC）来实现，如图 9-5 所示的是中心化密钥管理方式的一个实例。用户 A 和 B 要建立共享密钥,可以采用如下 5 个步骤。

第 1 步:A 向 KDC 发出会话密钥请求。该请求由两个数据项组成,一是 A 与 B 的身份;二是一次性随机数 N1。

第 2 步:KDC 对 A 的请求发出应答。应答是用 A 与 KDC 的共享主密钥加密的,因而只有 A 能解密这一消息,并确信消息来自 KDC。消息中包含 A 希望得到的一次性会话密钥 ks 以及 A 的请求,还包括一次性随机数 N1。因此 A 能验证自己的请求没有被篡改,并通过一次性随机数 N1 可知收到的应答不是过去的应答的重放。消息中还包含 A 要转发给 B 的部分,这部分包括一次性会话密钥 ks 和 A 的身份。它们是用 B 与 KDC 的共享主密钥加密的。

第 3 步:A 存储会话密钥,并向 B 转发从 KDC 的应答中得到的应该转发给 B 的部分。B 收到后,得到会话密钥 ks。

第 4 步:B 用会话密钥 ks 加密另一个一次性随机数 N2,并将加密结果发送给 A。

第 5 步:A 用会话密钥 ks 加密 f(N2),并将加密结果发送给 B。

应当注意前三步已完成密钥的分配,后两步结合第(2)、(3)步完成认证功能。

5. 公钥密码体制的密钥分配技术

公钥密码体制的一个重要用途就是分配对称密码体制使用的密钥。由于公钥密码体制的加密速度太慢,通常不主张用其对报文(尤其是大容量报文)直接进行加密,而是用于加密分配对称密码体制的密钥。公钥的另一个用途是数字签名与身份认证。

当 A 要与 B 通信时,A 产生一对公钥/私钥对,并向 B 发送产生的公钥和 A 的身份。B 收到 A 的消息后,产生会话密钥 ks,用产生的公钥加密后发送给 A。A 用私钥解密得到会话密钥 ks。此时,A 和 B 可以用会话密钥 ks 进行保密通信。A 销毁此次产生的公钥、私钥对,B 销毁从 A 得到的公钥,如图 9-6 所示。

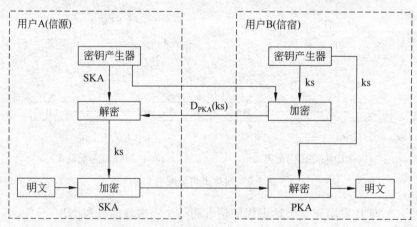

图 9-6　公钥体制的密钥分配流程

这一方法虽然简单,但易受敌手的攻击。下面介绍一种具有保密性和认证性的分配方法。如图 9-7 所示,假定 A 和 B 已完成公钥交换,则

(1) A 用 B 的公钥加密 A 的身份和一个一次性随机数 N1 后发给 B;

（2）B 解密得 N1，并用 A 的公钥加密 N1 和另一个一次性随机数码后发给 A（B 用 B 的私钥解密 A 的身份和 N1 进行身份认证）；

（3）A 用 B 的公钥加密后发给 B（A 先用私钥解密 N1 和 N2，验证 N1 的正确性）；

（4）A 选一个会话密钥 ks，用 A 的私钥加密后再用 B 的公钥加密，发送给 B；

（5）B 用 A 的公钥和 B 的私钥解密得 ks（这里 ks 为双方的会话密钥）。

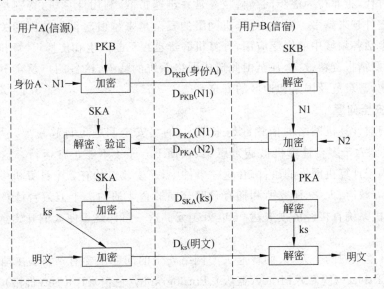

图 9-7　公开密钥体制的密钥分配流程

公钥的分配方法有以下两种。

（1）公开发布：用户将自己的公钥发给所有其他用户或向某一团体广播。如将自己的公钥附加在消息上，发送到公开的区域，如因特网的邮件列表。

（2）公钥动态目录表：指建立一个公用的公钥动态目录表，表的建立和维护以及公钥的分布是由某个公钥管理机构承担的，每个用户都能可靠地知道管理机构的公钥。

公钥的分配步骤如图 9-8 所示，通常有以下几个步骤。

第 1 步：用户 A 向公钥管理机构发送一带时戳的请求，请求得到用户 B 当前的公钥。

第 2 步：管理机构为 A 的请求发出应答，应答中包含 B 的公钥以及 A 向公钥管理机构发送的带时戳的请求。

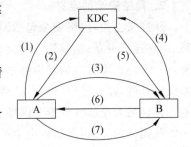

图 9-8　公钥分配步骤

第 3 步：A 用 B 的公钥加密一个消息并发送给 B，这个消息由 A 的身份和一个一次性随机数 N1 组成。

第 4 步：用户 B 向公钥管理机构发送一带时戳的请求，请求得到用户 A 当前的公钥。

第 5 步：管理机构对 B 的请求发出应答，应答中包含 A 的公钥以及 B 向公钥管理机构发送的带时戳的请求。

第 6 步：B 用 A 的公钥加密一个消息并发送给 A，这个消息由 N1 和 N2 组成，这里 N2 是 B 产生的一个一次性随机数。

第 7 步：A 用 B 的公钥加密 N2，并将加密结果发送给 B。

9.2 网络安全管理

9.2.1 网络安全管理概述

在信息时代,犯罪行为逐步向高科技蔓延并迅速扩散,利用计算机,特别是计算机网络进行犯罪的案件越来越多。因此,计算机网络的安全越来越引起世界各国的关注。随着计算机在人类生活各领域中的广泛应用,计算机病毒也在不断产生和传播,计算机网络不断被非法入侵,重要情报资料被窃,甚至由此造成网络系统的瘫痪,给各用户及众多公司造成巨大的经济损失,甚至危及国家和地区的安全。

1. 网络安全问题

随着人们对计算机网络的依赖性越来越大,网络安全问题也日趋重要。早在 1988 年 11 月 2 日,美国六千多台计算机被病毒感染,致使 Internet 不能正常运行。这是一次非常典型的病毒入侵计算机网络的事件,在这一事件中,遭受攻击的有 5 个计算机中心和两个地区结点,连接着政府、大学、研究所和拥有政府合同的企业的约二十五万台计算机。这次病毒事件,计算机系统直接经济损失达 9600 万美元。这一事件终于使人们开始意识到网络安全的重要性。

在竞争日益激烈的今天,人们普遍关心网络安全的问题主要有 7 种:在国外普遍称为 7P 问题,即:Privacy(隐私)、Piracy(盗版)、Pornography(色情)、Pricing(价格)、Policing(政策制定)、Psychological(心理学)、Protection of Network(网络保护)。这 7 个问题,可以说是从不同的角度提出的安全问题。而重要的则在于如何创造出一种安全的环境,使人们不再担心上网有可能蒙受巨大损失或遭受攻击。当前,最为火爆的网络是 Internet,"信息高速公路"便是以 Internet 为雏形。然而,Internet 最大的问题便是安全问题,因为从它问世起便是一个以"无政府"为口号的公用网络,谁都可以上去"漫游"、"冲浪"。

2. 网络安全的定义

从广义上说,网络安全包括网络硬件资源和信息资源的安全性。硬件资源包括通信线路、网络通信设备(集线器、交换机、路由器、防火墙)、服务器等,要实现信息快速、安全地交换,一个可靠、可行的物理网络是必不可少的。信息资源包括维持网络服务运行的系统软件和应用软件,以及在网络中存储和传输的用户信息。信息资源的保密性、完整性、可用性、真实性是网络安全研究的重要课题,也是本章涉及的重点内容。

从用户角度看,网络安全主要是保证个人数据和信息在网络传输和存储中的保密性、完整性、不可否认性,防止信息的泄漏和破坏,防止信息资源的非授权访问。对于网络管理员来说,网络安全的主要任务是保障用户正常使用网络资源,避免病毒、拒绝非授权访问等安全威胁,及时发现安全漏洞,制止攻击行为等。

从教育和意识形态方面看,网络安全主要是保障信息内容的合法和健康,控制含不良内容的信息在网络中传播。

可见网络安全的内容是十分广泛的,不同的用户对其有不同的理解。在此对网络安全下一个定义:网络安全是指保护网络系统中的软件、硬件及数据信息资源,使之免受偶然或恶意的破坏、盗用、暴露和篡改,保证网络系统的正常运行、网络服务不受中断而所采取的措施和行为。

3. 网络安全服务

网络安全服务是指计算机网络提供的安全防护措施。国际标准化组织(ISO)定义了以下几种基本的安全服务：认证服务、访问控制、数据机密服务、数据完整性服务和不可否认服务。

1) 认证服务

确保某个实体身份的可能性，可分为两种类型。一种类型是认证实体本身的身份，确保其真实性，称为实体认证。另一种认证是证明某个信息是否来自某个特殊的实体，这种认证叫作数据源认证。

2) 访问控制

访问控制的目标是防止任何资源的非授权访问，确保只有经过授权的实体能访问授权的资源。

3) 数据机密性服务

数据机密性服务确保只有经过授权的实体才能理解受保护的信息。在信息安全中主要区分两个机密性服务：数据机密性服务和业务流机密性服务。数据机密服务主要采用加密手段使得攻击者即使获取了加密的数据也很难得到有用的信息；业务流机密性服务则要使监听者很难从网络流量的变化上筛选出敏感的信息。

4) 数据完整性服务

防止对数据未授权的修改和破坏。完整性服务使消息的接收者能够发现消息是否被修改，是否被攻击者用假消息替换。

5) 不可否认服务

根据 ISO 的标准，不可否认服务要防止对数据源以及数据提交的否认。这有两种可能：数据发送的不可否认性和数据接收的不可否认性。这两种服务需要比较复杂的基础设施的支持，例如数字签名技术。

9.2.2 网络脆弱性及网络威胁

1. 网络的脆弱性

计算机网络尤其是互联网络，由于网络分布的广域性、网络体系结构的开放性、信息资源的共享性和通信信道的共用性，而使计算机网络存在很多严重的脆弱点。它们是网络安全的隐患，给攻击型威胁提供了可乘之机。对于网络安全来说，找到和确认这些脆弱点是至关重要的。

(1) 网络漏洞：不设防的网络会有成百上千个漏洞和后门。机器设备、计算机硬件和软件、网络系统，甚至有些安全产品都存在安全漏洞。

(2) 电磁辐射：电子设备工作过程都有电磁辐射产生。电磁辐射在网络中表现出两方面的脆弱性。一方面，电磁辐射能够破坏网络中传输的数据，这种辐射的来源不外是两个方面：网络周围电子电气设备产生的电磁辐射和试图破坏数据传输而预谋的干扰辐射源；另一方面，网络的终端、打印机或其他电子设备在工作时产生的电磁辐射泄漏，即使用不太先进的设备，在近处甚至远处都可以将这些数据，包括在终端屏幕上显示的数据接收下来，并且重新恢复。

(3) 线路窃听:无源线路窃听通常是一种没有检测的窃听,它通常是为了获取网络中的信息内容。有源线路窃听是对信息流进行有目的的变形,能够任意改变信息内容,注入伪造信息,删除和重发原来的信息。也可以用于模仿合法用户,或通过干扰阻止和破坏信息传输。

(4) 串音干扰:串音的作用是产生传输噪声,噪声能对网络上传输的信号造成严重的破坏。

(5) 硬件故障:硬件故障势必造成软件中断和通信中断,带来重大损害。

(6) 软件故障:通信网络软件一般用于建立计算机和网络的连接。程序里包含大量的管理系统安全的部分,如果这些软件程序受到损害,则该系统就是一个极其不安全的网络系统。

(7) 人为因素:系统内部人员的非法活动,如系统操作员、工程技术人员和管理人员在非法人员的教唆下,盗窃机密数据或破坏系统资源。利用制度不健全或管理不严盗窃存有机密数据的介质,甚至直接破坏网络系统。

(8) 网络规模:网络安全的脆弱性和网络的规模有密切关系。网络规模越大,其安全的脆弱性越大。资源共享与网络安全也是矛盾的,随着网络发展资源共享加强,安全问题越来越突出。

(9) 网络物理环境:这种类型脆弱性是属于计算机设备防止自然灾害的领域,例如火灾和洪水。也包括一般的物理环境的保护,像机房的安全门、人员出入机房的规定等。物理环境安全保护的范围不仅包括计算机设备和传输线路,也包括一切可以移动的物品,例如打印数据的打印纸以及装有数据和程序的磁盘。

(10) 通信系统:通信系统始终是最严重的脆弱性问题。对于一般的通信系统,获得存取权是相对简单的,并且机会总是存在的。一旦信息从生成和存储的设备发送出去,它将成为对方分析研究的内容。

2. 网络安全威胁

网络安全潜在威胁形形色色:有人为和非人为的、恶意的和非恶意的、内部攻击和外部攻击等。对网络安全的威胁主要表现在:非授权访问、冒充合法用户、破坏数据完整性、干扰系统正常运行、利用网络传播病毒、线路窃听等方面。安全威胁主要利用以下途径:系统存在的漏洞、系统安全体系的缺陷、使用人员安全意识的薄弱、管理制度的薄弱。

安全威胁可分为故意的(如系统入侵)和偶然的(如将信息发到错误地址)两类。故意威胁又可进一步分成被动威胁和主动威胁两类。被动威胁只对信息进行监听和窃取,而不对其修改和破坏;主动威胁则要对信息进行故意篡改和破坏,使合法用户得不到可用信息。网络安全威胁主要有以下几种。

1) 基本的安全威胁

网络安全具备 4 个方面的特征,即机密性、完整性、可用性及可控性。下面的 4 个基本安全威胁直接针对这 4 个安全目标。

(1) 信息泄漏:信息泄漏给某个未经授权的实体。这种威胁主要来自窃听、搭线等信息探测攻击。

(2) 完整性破坏:数据的一致性由于受到未授权的修改、创建、破坏而损害。

(3) 拒绝服务:对资源的合法访问被阻断。拒绝服务可能由以下原因造成:攻击者对系统进行大量的、反复的非法访问尝试而造成系统资源过载,无法为合法用户提供服务;系统物理或逻辑上受到破坏而中断服务。

(4) 非法使用:某一资源被非授权人以授权方式使用。

2) 可实现的威胁

可实现的威胁可以直接导致某一基本威胁的实现,包括渗入威胁和植入威胁。

主要的渗入威胁有以下几种。

(1) 假冒:即某个实体假装成另外一个不同的实体。这个未授权实体以一定的方式使安全守卫者相信它是一个合法实体,从而获得合法实体对资源的访问权限。这是大多数黑客常用的攻击方法。如甲和乙同为网络上的合法用户,网络能为他们服务。丙也想获得这些服务,于是丙向网络发出"我是乙"。

(2) 篡改:乙给甲发了如下一份报文:"请给丁汇 10 000 元钱。乙"。报文在转发过程中经过丙,丙把"丁"改为"丙"。结果是丙而不是丁收到了这 10 000 元钱。这就是报文篡改。

(3) 旁路:攻击者通过各种手段发现一些系统安全缺陷,并利用这些安全缺陷绕过系统防线渗入到系统内部。

(4) 授权侵犯:对某一资源具有一定权限的实体,将此权限用于未被授权的实体,也称"内部威胁"。

主要的植入威胁有以下几种。

(1) 计算机病毒:计算机病毒是一种会"传染"其他程序并具有破坏能力的程序,"传染"是通过修改其他程序来把自身或其变种复制进去完成的。例如,"特洛伊木马(Trojan Horse)"是一种执行超出程序定义之外的程序,如一个编译程序除了执行编译任务以外,还把用户的源程序偷偷地复制下来,这种编辑程序就是一个特洛伊木马。

(2) 陷门:在某个系统或某个文件中预先设置"机关",诱使用户掉入"陷门"之中,一旦用户提供特定的输入时,允许违反安全策略,将自己机器上的秘密自动传送到对方的计算机上。

典型的安全威胁如表 9-1 所示。

表 9-1　典型的网络安全威胁

威　　胁	描　　述
授权侵犯	无权限访问
窃听	在监视通信的过程中获得信息
电磁泄漏	从设备发出的辐射中泄漏信息
信息泄漏	信息泄漏给未授权实体
物理入侵	入侵者绕过物理控制而获得对系统的访问权
重放	出于非法目的而重新发送截获的合法通信数据的复制
资源耗尽	某一资源被故意超负荷使用,导致其他用户的服务中断
完整性破坏	对数据的未授权创建、修改或破坏造成一致性损坏
人员疏忽	一个未授权的人出于某种动机或由于粗心将信息泄漏给未授权的人

3. 网络安全的技术对策

如果网络不设防,一旦遭到恶意攻击,将意味着一场灾难。居安思危、未雨绸缪,克服脆弱、抑制威胁,防患于未然。网络安全是对付威胁、克服脆弱性、保护网络资源的所有措施的总和,涉及政策、法律、管理、教育和技术等方面的内容。网络安全是一项系统工程,针对来自不同方面的安全威胁,需要采取不同的安全对策。从法律、制度、管理和技术上采取综合措施,以便相互补充,达到较好的安全效果。技术措施是最直接的屏障,目前常用而有效的网络安全技术对策有如下几种。

(1) 加密:加密是所有信息保护技术措施中最古老、最基本的一种。加密的主要目的是防止信息的非授权泄漏。加密方法多种多样,在信息网络中一般是利用信息变换规则把可读的信息变成不可读的信息。既可对传输信息加密,也可对存储信息加密,把计算机数据变成一堆乱七八糟的数据,攻击者即使得到经过加密的信息,也不过是一串毫无意义的字符。加密可以有效地对抗截收、非法访问等威胁。现代密码算法不仅可以实现加密,还可以实现数字签名、身份认证和报文完整性鉴别等功能,有效地对抗截收、非法访问、破坏信息的完整性、冒充、抵赖、重演等威胁,因此,密码技术是信息网络安全的核心技术。

(2) 数字签名:数字签名机制提供了一种鉴别方法,以解决伪造、抵赖、冒充和篡改等安全问题。数字签名采用一种数据交换协议,使得收发数据的双方能够满足两个条件:接收方能够鉴别发送方所宣称的身份;发送方事后不能否认他发送过数据这一事实。数据签名一般采用不对称加密技术,发送方对整个明文进行加密变换,得到一个值,将其作为签名。接收者使用发送者的公开密钥对签名进行解密运算,如其结果为对方身份,则签名有效,证明对方身份是真实的。

(3) 鉴别:鉴别的目的是验明用户或信息的正身。对实体声称的身份进行唯一地识别,以便验证其访问请求、保证信息来自或到达指定的源和目的。鉴别技术可以验证消息的完整性,有效地对抗冒充、非法访问、重演等威胁。按照鉴别对象的不同,鉴别技术可以分为消息源鉴别和通信双方相互鉴别;按照鉴别内容的不同,鉴别技术可以分为用户身份鉴别和消息内容鉴别。鉴别的方法很多:利用鉴别码验证消息的完整性;利用通行字、密钥、访问控制机制等鉴别用户身份,防止冒充、非法访问;当今最佳的鉴别方法是数字签名。利用单方数字签名,可实现消息源鉴别,访问身份鉴别、消息完整性鉴别。利用收发双方数字签名,可同时实现收发双方身份鉴别、消息完整性鉴别。

(4) 访问控制技术:访问控制的目的是防止非法访问。访问控制是采取各种措施保证系统资源不被非法访问和使用。一般采用基于资源的集中式控制、基于源和目的地址的过滤管理以及网络签证技术等技术来实现。

(5) 防火墙技术:防火墙技术是建立在现代通信网络技术和信息安全技术基础上的应用性安全技术,越来越多地应用于专用网络与公用网络的互联环境中。在大型网络系统与Internet互联的第一道屏障就是防火墙。防火墙通过控制和监测网络之间的信息交换和访问行为来实现对网络安全的有效管理,其基本功能为:过滤进出网络的数据;管理进出网络的访问行为;封堵某些禁止行为;记录通过防火墙的信息内容和活动;对网络攻击进行检测和告警。

9.2.3 网络安全管理策略

1. 概述

面对网络的脆弱性,除了在网络设计上增加安全服务功能,完善系统的安全保密措施外,还必须花大力气加强网络的安全管理,因为诸多的不安全因素恰恰反映在组织管理和人员录用等方面。据统计,在整个网络安全问题的发生原因中,管理占 60%,实体占 20%,法律和技术各占 10%,因此安全管理是计算机网络安全所必须考虑的重要内容,应该引起计算机网络部门领导和技术人员的高度重视。

网络安全管理是基于其安全策略的,在一定技术条件下的切合实际的安全策略,必须基于网络的具体情况来确定开放性与安全性的最佳结合点。任何离开开放性谈安全的做法都是片面的,因此安全问题的具体解决要涉及各方面一系列相关问题的实际情况,制定安全策略要因地制宜、因人而异、因钱而异,最终以合理性为最普遍的原则。

2. 网络安全策略的制定原则

制定安全策略应把握以下几个基本原则。

(1)平衡性原则;

(2)整体性原则;

(3)一致性原则;

(4)易操作性原则;

(5)层次性原则;

(6)可评价性原则。

3. 网络安全策略的目的

制定安全策略的目的是为了保证网络安全,保护工作的整体性、计划性及规范性,保证各项安全措施和管理的正确实施,使网络系统的机密性、完整性和可使用性受到全面、可靠的保护。

4. 网络安全策略的层次

网络系统的安全涉及网络系统结构的各个层次,按照 OSI 的 7 层协议,网络安全应贯穿在网络体系结构的各个层次中。物理层安全主要防范物理通路的损害、搭接窃听或干扰;数据链路层安全主要是采用划分 VLAN、加密通信等手段保证链路中的数据信息不被窃听;网络层的安全需要保证网络只给授权的用户使用,保证网络路由正确,避免拦截和窃听分析;网络操作系统安全要保证用户资料、系统资源访问控制的安全,并提供审计服务;应用平台的安全要保证建立在网络系统之上的应用服务的安全;应用系统安全根据平台提供的安全服务,保证用户服务的安全。

5. 网络安全管理策略的内容

网络安全策略主要有物理安全策略、访问控制策略、信息加密策略及网络安全管理策略等几种。

1)物理安全策略

物理安全策略的目的是保护计算机系统、网络服务器、打印机等硬件实体和通信链路免受自然灾害、人为破坏和搭线攻击;验证用户的身份和使用权限、防止用户越权操作;确保计算机系统有一个良好的电磁兼容工作环境;建立完备的安全管理制度,防止非法进入计算机控制室和各种偷窃、破坏活动的发生。

抑制和防止电磁泄漏是物理安全策略的一个主要问题。目前,主要防护措施有两类:一类是对传导发射的防护,主要采取对电源线和信号线加装性能良好的滤波器,减小传输阻抗和导线间的交叉耦合。另一类是对辐射的防护,这类防护措施又可分为以下两种:一是采用各种电磁屏蔽措施,如对设备的金属屏蔽和各种接插件的屏蔽,同时对机房的下水管、暖气管和金属门窗进行屏蔽和隔离;二是干扰的防护措施,即在计算机系统工作的同时,利用干扰装置产生一种与计算机系统辐射相关的伪噪声向空间辐射来掩盖计算机系统的工作频率和信息特征。

2)访问控制策略

访问控制是网络安全防范和保护的主要策略,它的主要任务是保证网络资源不被非法使用和非法访问。也是维护网络系统安全、保护网络资源的重要手段。各种安全策略必须相互配合才能真正起到保护作用,但访问控制可以说是保证网络安全最重要的核心策略之一。

3)信息加密策略

信息加密的目的是保护网内的数据、文件、口令和控制信息,保护网上传输的数据。网络加密常用的方法有链路加密、端点加密和结点加密三种。链路加密的目的是保护网络结点之间的链路信息安全;端点加密的目的是对源端用户到目的端用户的数据提供保护;结点加密的目的是对源结点到目的结点之间的传输链路提供保护。用户可根据网络情况酌情选择上述加密方式。

4)网络安全管理策略

在网络安全中,除了采用上述技术措施之外,加强网络的安全管理,制定有关规章制度,对于确保网络的安全、可靠地运行,将起到十分有效的作用。

网络的安全管理策略包括:确定安全管理等级和安全管理范围;制定有关网络操作使用规程和人员出入机房管理制度;制定网络系统的维护制度和应急措施等。

9.2.4 网络安全管理措施

鉴于网络系统的复杂性以及现代网络受到威胁多样性,单一的网络安全产品、安全技术及措施都显得苍白无力,需要将多种网络安全管理产品、网络安全管理技术及手段有机地结合起来,构成一个多层次、全方位的网络安全综合管理体系,才能有效地保证网络的安全。

1. 网络安全管理的类型

(1)系统安全管理:管理整个网络环境的安全。

(2)安全服务管理:对单个的安全服务进行管理。

(3)安全机制管理:管理安全机制中的有用信息。

(4)OSI 管理的安全:所有 OSI 网络管理函数、控制参数和管理信息的安全都是 OSI 的安全核心,其安全管理能确保 OSI 管理协议和信息得到安全的保护。

2. 网络安全管理技术

常用的计算机与网络安全技术与措施有以下几种。

(1)计算机硬件安全技术;

(2)计算机软件安全技术;

（3）信息安全技术；

（4）防火墙技术；

（5）入侵检测技术；

（6）网络嗅探技术；

（7）端口扫描技术；

（8）漏洞扫描技术；

（9）蜜罐技术；

（10）黑客及木马扫描、清除与防护技术；

（11）病毒扫描、清除与防护技术。

3．网络安全管理的实施

（1）利用防火墙技术对进出内部网络的数据包进行过滤，将非法数据包及非法入侵者挡在"门外"；

（2）利用入侵检测系统对进入内部网络的数据包（含非法数据包与合法数据包）进行监控，即通过入侵检测技术对网络内部实施监控，一旦发现进入网络的用户或数据包有异常行为，或网络运行状态异常，即与事先存放好的网络特征值进行比较分析，一旦发现有攻击行为，立即采取有效的措施，记录并保护现场，同时报警；

（3）利用漏洞扫描发现网络系统中存在的安全漏洞，以便及时采取相应的措施封堵安全漏洞；

（4）利用端口扫描技术了解系统当前端口的开放情况以及端口存在的威胁；

（5）利用网络嗅探技术对进出网络的数据包进行监控，主要用以发现内部攻击行为；

（6）利用蜜罐技术设置网络陷阱，将非法攻击者引入陷阱中，以保护主系统的安全，同时，记录下非法攻击者在网上的一切行为，以便网管员采取相应的措施；

（7）利用黑客扫描、清除与防护技术对黑客及木马进行诊断、清除和防护；

（8）利用病毒扫描、清除与防护技术对计算机及网络病毒进行诊断、清除和防护。

4．计算机安全等级

为了对计算机系统进行安全评估，按处理信息的等级和应用的相应措施，可将计算机安全分为 A、B、C、D 4 个等级 8 个级别，最低级为 D 级，最高级为 A 级，如表 9-2 所示。从表中看出，随着安全等级的提高，系统的可信度随之增加，风险逐渐减少。

表 9-2　计算机安全等级

等级	级别	名　称	主 要 特 征
A	超 A1		最理想的安全保护级别
	A1	验证设计	形式化的最高级描述和验证，形式化的隐藏通道分析，非形式化的代码对应证明
B	B3	安全区域	存取监控，高抗渗透能力
	B2	结构化保护	形式化模型/隐通道约束，面向安全的体系结构，较好的抗渗透能力
	B1	标识的安全保护	强制安全控制、安全标识

续表

等级	级别	名　称	主　要　特　征
C	C2	可控制的存取控制	单独的可查性、广泛的审计跟踪能力
	C1	自主安全保护	自主存取控制
D	D	低级保护	安全保护能力最弱

9.2.5 局域网络安全管理

1. 局域网络安全性分析

局域网络的安全涉及多个方面,不仅有局域网本身的因素,还有来自外界的恶意破坏。局域网的安全性主要包括以下三方面。

(1) 局域网本身的安全性,如 TCP/IP 存在的缺陷,局域网建设不规范带来的安全隐患,或来自局域网内部的人为破坏;

(2) 当局域网和 Internet 连接时,受到来自外界恶意的攻击,局域网对不安全站点的访问控制;

(3) 建设局域网所用的介质和设备所存在的问题。

1) 局域网结构特点及安全性分析

TCP/IP 是一组协议的总称,即是 Internet 上的协议簇,在 Internet 上,除了常用的TCP 和 IP 之外,还包括其他的各种协议。应用层有传输控制协议 TCP 和用户数据包协议 UDP;网络层有 IP 和 ICMP,用于负责相邻主机之间的通信。

很多局域网是基于 TCP/IP 的,由于 TCP/IP 本身的不安全性,导致局域网存在如下安全方面的缺陷。

(1) 数据容易被窃听和截取;

(2) IP 地址容易被欺骗;

(3) 缺乏足够的安全策略;

(4) 局域网配置的复杂性。

局域网的安全可以通过建立合理的网络拓扑和合理配置网络设备而得到加强。如通过网桥和路由器将局域网划分成多个子网;通过交换机设置虚拟局网络(VLAN),使得处于同一虚拟局域网内的主机才会处于同一广播域,这样就减少了数据被其他主机监听的可能性。

2) 操作系统安全性分析

从终端用户的程序到服务器应用服务以及网络安全的很多技术,都是运行在操作系统上的,因此,保证操作系统的安全是整个安全系统的根本。操作系统安全也称主机的安全。一方面,由于现代操作系统的代码庞大,从而不同程度上都存在一些安全漏洞;另一方面,系统管理员或使用人员对复杂的操作系统和安全机制了解不够,配置不当也会造成安全隐患。因此,除了需要不断增加系统安全补丁之外,还需要建立一套对系统的监控系统,并对合法用户给予授权访问和对安全资源的使用,防止非法入侵者对系统资源的侵占与破坏,其最常用的办法是利用操作系统提供的功能,如用户认证、访问权限控制、记账审计等。

2. 局域网安全技术

由于局域网的拓扑结构、应用环境和应用对象有所不同,受到的威胁和攻击也不相同。

因此,实现局域网的安全方法也有差别。

局域网的安全方法有以下几种:流量控制、信息加密、网络管理、病毒防御和消除。

1) 流量控制

在局域网内,必须对数据的流量加以控制,否则用户和数据为争夺访问权而产生混乱,会发生碰撞和数据淹没,会引起信息丢失或者网络挂起等故障。为了避免上述故障的发生,必须对网上流量进行有效的控制。

2) 信息加密

对于局域网,加密同样是保护信息的最有效方法之一,局域网加密重点是数据。加密的层次可在表示层,方法与广域网类似。可以采用加密软件的方法,也可采用 PGP 加密算法、RSA 加密算法、DES 加密算法或 IDEA 加密算法。

3) 网络管理

在一个局域网中,为了保证网络安全、可靠地运行,必须要有网络管理。因此,需要建立网络管理中心,或者指定专人负责。其主要任务是针对网络资源、网络性能和密钥进行管理,对网络进行监视和访问控制。

在一个局域网中,有许多设备和用户,如果没有一个管理中心,任何人都可以随意增加或减少网络设备,可以任意设置网络性能参数,致使网络不能正常运转,更谈不上网络安全。因此,网络管理中心应该负责对该网络的构造和性能进行管理,用户不能改变网络的拓扑结构。

4) 计算机病毒的防御

在局域网中,由于计算机直接面向用户,而且操作系统也比较简单,与广域网相比,更容易被计算机病毒感染。病毒会造成计算机软硬件系统、网络系统以及信息系统的破坏,因此,对计算机病毒的预防和消除是非常重要的,解决的办法应该是制定相应的管理和预防措施,对网络上传输的数据严格检查。

对计算机病毒(含计算机网络病毒)的有效预防方法是经常对系统进行病毒检查和杀毒,购买正版的杀毒软件,定期进行病毒软件的升级,及时对网络操作系统 Windows 加补丁程序。

9.3 Internet 安全管理

9.3.1 Internet 安全概述

1. 网络安全现状

随着网络应用领域的不断拓展,互联网在全球迅猛发展,社会的政治、经济、文化、教育等各个领域都在向网络化的方面发展。与此同时,"信息垃圾"、"邮件炸弹"、"计算机病毒"、"黑客"等也开始在网上横行,不仅造成了巨额的经济损失,也在用户的心理及网络发展的道路上投下巨大的阴影。

2. 网络软件自身的安全及补丁

网络系统软件是运行管理其他网络软、硬件资源的基础,因而其自身的安全性直接关系到网络的安全。网络系统软件由于安全功能欠缺或由于系统在设计时的疏忽和考虑不周而留下安全漏洞,都会给攻击者以可乘之机,危害网络的安全性。许多软件存在着安全漏洞,一般生产商会针对已发现的漏洞发布"补丁(Patch)"程序。

软件"补丁"本来是用来对软件漏洞进行补救的一种措施,但黑客也可利用这些"补丁"大做文章。他们对这些"补丁"程序进行分析研究后,就可以非常容易地找到该软件的漏洞,从而大肆地对没有及时打"补丁"的软件系统进行攻击。所以,对系统软件一定要及时打"补丁",以免遭黑客的攻击。

9.3.2 FTP 安全管理

1. FTP 的工作原理

1) FTP 连接模式

FTP 使用两个独立的 TCP 连接:一个在服务器和客户端之间传递命令(通常称为命令通道);另一个用来传送文件和目录列表(通常称为数据通道)。数据通道为端口号 20 和端口号 21,客户端则是用大于 1023 的端口。

FTP 支持两种连接模式,一种叫作 Standard(也就是 active,主动方式),另一个叫 Passive 模式(也就是 pasv,被动方式)。

(1) Standard 模式:FTP 客户端首先和 FTP Server 的 TCP 21 端口建立连接,通过这个信道发送命令,客户端需要接收资料的时候在这个信道上发送 port 命令。

(2) Passive 模式:在建立控制信道的时候和 Standard 模式类似,当客户端通过这个信道发送 PASV 命令的时候,FTP Server 开启一个位于 1024 和 5000 之间的随机端口并且通知客户端在这个端口上传送资料的请求,然后 FTP Server 将通过这个端口进行资料的传送。

2) 匿名 FTP

当我们登录到匿名 FTP 服务器后,可多次使用 cd 和 dir 命令来查看资料信息。许多 FTP 服务器一般把 Anonymous 用户能访问的文件放在 pub 子目录下。许多目录都含有 readme 或 index 文件,阅读这些文件可以看到对该目录所包含内容的说明。列出文件看看是否有需要的资料后,把需要的资料复制到本地计算机中。

一些站点经常为匿名 FTP 提供空间,以便外部用户能用它上传文件,这个可写空间是非常有用的,但也有不完美的地方。如果这个可写路径被心怀不轨的人得知,就会被 Internet 上的非法用户作为非法资料的集散和中转地,网上有很多盗版软件包括黄色影像文件通常就是通过这种方法传播的。

既然匿名 FTP 会对网络安全造成影响,在提供匿名 FTP 服务时就应该格外小心。可以通过以下方法提高匿名 FTP 安全性。

检查系统上 FTP 服务的所有默认配置情况。不是所有版本的 FTP 服务器都是可配置的。如果运行的是可配置的 FTP,要确保所有的 delete、overwrite、rename、chmod 和 umask 选项都是 Guests 和 Anonymous 用户不能执行的。

检查文件访问权限和可写目录步骤如下。

(1) 确保 FTP 目录及其下级子目录的所有者是 Root,以便对有关文件进行保护。

(2) 确保没有任何文件或目录的所有者属于 FTP 账户,或是与 FTP 同组的任何其他账号,否则,入侵者可以用"特洛伊木马"替换里面的文件。

（3）确保不允许 FTP 用户在任何目录下创建文件和目录。

2. FTP 的漏洞及其防范措施

1）密码保护

存在漏洞：

（1）在 FTP 标准 PR85 中，FTP 服务器允许无限次输入密码；

（2）pass 命令以明文传送密码。

对此漏洞能够有以下两种强力攻击方式。

（1）在同一连接上直接强力攻击；

（2）与服务器建立多个、并行的连接进行强力攻击。

防范措施：服务器应限制尝试输入口令的次数，在几次（如三次）失败后服务器应关闭和用户的控制连接。在关闭之前，服务器发送返回信息码 421（服务器不可用，关闭控制连接）。另外，服务器在响应无效的 pass 命令之前应暂停几秒钟来消除强力攻击的有效性。

2）访问控制

存在漏洞：从安全角度出发，对一些 FTP 服务器来说，基于网络地址的访问控制是非常重要的。另外，客户端也需要知道所进行的连接是否与它所期望的服务器已建立。

防范措施：建立连接前，双方需要同时认证远端主机的控制连接、数据连接的网络地址是否可信。

3）端口盗用

存在漏洞：当使用操作系统相关的方法分配端口号时，通常都是按增序分配。

攻击：攻击者可以通过端口分配规律及当前端口分配情况，确定下一个要分配的端口，然后对端口做手脚。

防范措施：由操作系统随机分配端口号，或由管理员临时分配端口号，让攻击者无法预测。

4）保护用户名

存在漏洞：当 user 命令中的用户名被拒绝时，在 FTP 标准 PR85 中定义了相应的返回码 530。而当用户名有效时，FTP 将使用返回码 331。

攻击：攻击者可以通过 user 操作的返回码确定一个用户名是否有效。

防范措施：不论用户名是否有效 FTP 都应是相同的返回码，这样可以避免泄漏有效的用户名。

5）私密性

在 FTP 标准 PR85 中，所有在网络上被传送的数据和控制信息都未被加密。为了保障 FTP 传输数据的私密性，应尽可能使用强大的加密系统。

9.3.3　E-mail 安全管理

1. 电子邮件系统安全问题

电子邮件从一个网络传到另一个网络，从一台机器传输到另一台机器，整个过程都是以明文方式传输的，在电子邮件所经过网络上的任何位置，网络管理员和黑客都能截获并更改该邮件，甚至伪造邮件。通过修改计算机中的某些配置可轻易地冒用别人的电子邮件地址发电子邮件，冒充别人从事网上活动。若发错了电子邮件，由于电子邮件是不加密的可读文件,邮件错收人不但可知道整个邮件的内容,而且还可利用错发的信件做文章。因此,电子邮件的安全保密问题已越来越引起人们的重视。

2. 匿名转发

一般情况下,一封完整的 E-mail 应该包含收件人和发件人的信息。没有发件人信息的邮件就是这里所说的匿名邮件,邮件的发件人刻意隐瞒自己的电子邮箱地址和其他信息,或者通过特殊手段给出一些错误的发件人信息。

目前,电子邮件的发送和接收工作并不是直接和对方联系的,而是通过邮件服务器使用简单邮件传输协议 SMTP 来传送邮件,如果对方信箱所在的邮件服务器是正常的,那么所传送的信件将顺利存储到用户的信箱中。对方上网时,就可以直接打开自己的信箱来阅读邮件。虽然在使用电子邮件时有账号和密码,但是用户在使用 SMTP 来发送邮件时,邮件服务器是不进行安全检查的,即发送邮件是不需要密码验证的,只有接收邮件时邮件服务器才需要用户提供密码信息。发送匿名邮件正是利用邮件服务器在发信时不需要进行身份验证这个特点进行的,这也是产生电子邮件炸弹的根本原因。

匿名 FTP 最简单的实现方法是打开普通的邮件程序或一般免费的 Web 信箱,然后在"发件人"一栏中改变电子邮件发送者的名字,例如输入一个假的电子邮件地址,或者干脆让"发件人"一栏空着。但这是一种表面现象,因为通过信息表头中的其他信息,包括地址、代理服务器信息、端口信息等资料,对方只要稍微深究一下,就能够弄个"水落石出"。这种发送匿名邮件的方法并不是真正的匿名,真正的匿名邮件应该是除了发件人本身之外,无人知道发件人的信息,系统管理员也不例外。而让地址完全不出现在邮件中的唯一方法就是让其他人转送这个邮件,邮件中的发信地址就变成了转发者的地址了。

现在 Internet 上有大量的匿名转发邮件系统,发送者首先将邮件发送给匿名转发系统,并告诉这个邮件希望发送给谁,匿名转发邮件系统将删去所有的返回地址信息,再把邮件转发给真正的收件者,并将邮件转发系统的邮件地址作为发信人地址显示在邮件的信息表头中。至于匿名邮件的具体收发步骤,与正常信件的发送没有多大区别。

3. 电子邮件欺骗

电子邮件欺骗是在电子邮件中改变发件者的名字,使得修改过的邮件名字与相关的电子邮件名字相似。例如,攻击者佯称自己是系统管理员(邮件地址和系统管理员邮件地址完全相同),给用户发送邮件要求用户修改口令(口令可能为指定字符串)或在貌似正常的附件中加载病毒或其他木马程序。这类欺骗只要用户提高警惕,一般危害性不是太大。电子邮件欺骗被看作是社会工程的一种表现形式。例如,如果攻击者想让用户发给他一份敏感文件,就会伪装自己的邮件地址,使用户认为这是老板的要求,用户会给他回复邮件。

这种"欺骗"对于使用多于一个电子邮件账户的人来说,是合法且有用的工具。例如,网上有一个账户 yourname@163.com,但你希望所有的邮件都回复到 youname@163.com。可以做一点儿小小的"欺骗",使所有从 youname@163.com 邮件账户发出的电子邮件看起来好像从 yourname@163.com 账户发出。如果有人给 yourname@163.com 回复电子邮件,回信将被送到 youname@163.com 中。

4. E-mail 炸弹

电子邮件炸弹(E-mail Bomb)是一种让人厌烦的攻击,也是黑客常用的攻击手段。传统的邮件炸弹大多是向邮箱内扔大量的垃圾邮件,从而充满邮箱,大量地占用系统的可用空间和资源,使机器无法正常工作。过多的邮件垃圾往往会加剧网络的负载并消耗大量的时间和带宽资源来存储它们,还将导致系统的 LOG 文件变得很大,甚至造成系统溢出,这样会给 UNIX、Windows 等系统带来危害。除了系统有崩溃的可能之外,大量的垃圾信件还会占用大量的 CPU 时间和网络带宽,造成正常用户的访问速度下降。例如,在同一时间内有成百上千人同时向某国的大型军事站点发大量垃圾信件,有可能使这个网站的邮件服务器崩溃,甚至造成整个网络中断。

下面介绍一些常用的解救方法。

1) 向 ISP 求助

打电话向 ISP 服务商求助,技术支持是 ISP 的服务之一,他们会帮用户清除电子邮件炸弹。

2) 用软件清除

用一些邮件工具软件清除 E-mail 炸弹,这些软件可以登录邮件服务器,选择要删除哪些 E-mail,保留哪些。

3) 利用 Outlook 阻止发件人功能

(1) 选中要删除的垃圾邮件。

(2) 单击"邮件"选项卡标签。

(3) 在"邮件"选项卡下有一个"阻止发件人"选项,拒收该邮件。

4) 用邮件程序的 E-mail notify 功能过滤信件

使用邮件程序 E-mail notify 功能可过滤和删除信件,E-mail notify 不会把信件直接从主机上下载下来,只会把所有信件的头部信息(headers)送过来,它包含信件的发送者、信件的主题等信息,用 View 功能检查头部信息,看到有来历可疑的信件,可从主机 Server 端直接删除掉。

9.3.4　Web 安全管理

1. Web 漏洞

(1) 从远程用户向服务器发送信息时,特别是信用卡之类的数据时,中途会遭不法分子非法拦截。

(2) Web 服务器本身存在一些漏洞,使得一些人能侵入到主机系统破坏重要的数据,甚至造成系统瘫痪。

(3) CGI 安全方面的漏洞:用 CGI 脚本编写的程序当涉及远程用户从浏览器中输入表格并进行检索或 Form Mail 之类在主机上直接操作的命令时,会给 Web 主机系统造成危险。因此,从 CGI 角度考虑 Web 的安全性,主要是在编制程序时,应详细考虑到安全因素,尽量避免 CGI 程序中存在漏洞。

2. Web 服务器安全分析

早期版本的 HTTP 存在明显的安全漏洞,即客户计算机可以任意地执行服务器上面的命令,现在的 Web 服务器已弥补了这个漏洞。因此,不管是配置服务器,还是在编写 CGI 程序时都要注意系统的安全性。尽量堵住任何存在的漏洞,创造安全的环境。在具体服务器设置及编写 CGI 程序时应该注意以下几点。

(1) 禁止乱用从其他网站下载的工具软件,并在没有详细了解之前尽量不要用 root 身份注册执行,以防止程序中设下的陷阱。

(2) 在选用 Web 服务器时,应考虑到不同服务器对安全的要求不一样。某些简单的 Web 服务器就没有考虑到安全的因素,不能把它用作商业应用,只作一些个人的网点。

(3) 在利用 Web 来管理和校验用户口令时,存在校验的口令和用户名不受次数限制的问题。

3. Web 服务器安全预防措施

(1) 对在 Web 服务器上新开的账户,在口令长度及定期更改方面做出要求,防止被盗用。

(2) 尽量使 FTP、Mail 等服务器与 Web 服务器分开,去掉 FTP、sendmail、tftp、NIS、NFS、finger、netstat 等一些无关的应用。

(3) 在 Web 服务器上去掉一些绝对不用的 shell 等之类的解释器,如果在 CGI 程序中没用到 perl 时,就尽量把 perl 在系统解释器中删除掉。

(4) 定期查看服务器中的日志 logs 文件,分析一切可疑事件。在 errorlog 中出现 rm、login、/bin/perl、/bin/sh 等之类记录时,服务器可能受到了非法用户的入侵。

(5) 设置 Web 服务器上系统文件的权限和属性,为可访问的文档分配一个公用的组,例如可将 WWW 设置为只读权限。把所有的 HTML 文件归属 WWW 组,由 Web 管理员管理 WWW 组,对于 Web 的配置文件只有 Web 管理员才有写的权限。

9.4 网络接入管理

9.4.1 IP 地址与 MAC 地址绑定技术

1. MAC 与 IP 地址绑定原理

IP 地址的修改非常容易,而 MAC 地址存储在网卡的 EPROM 中,而且网卡的 MAC 地址是唯一确定的。因此,为了防止内部人员进行非法 IP 盗用(例如盗用权限更高人员的 IP 地址,以获得权限外的信息),可以将内部网络的 IP 地址与 MAC 地址绑定,盗用者即使修改了 IP 地址,也会因 MAC 地址不匹配而盗用失败。而且由于网卡 MAC 地址的唯一确定性,可以根据 MAC 地址查出使用该 MAC 地址的网卡,进而查出非法盗用者。

目前,很多单位的内部网络,尤其是学校校园网都采用了 MAC 地址与 IP 地址的绑定技术。许多防火墙(硬件防火墙和软件防火墙)为了防止网络内部的 IP 地址被盗用,也都内置了 MAC 地址与 IP 地址的绑定功能。

2. IP 地址与 MAC 地址绑定技术

IP 地址与 MAC 地址的关系是:IP 地址是根据现在的 IPv4 标准指定的,不受硬件限制比较容易记忆的地址,长度为 4B。而 MAC 地址却是网卡的物理地址,保存在网卡的 EPROM 里面,与硬件有关系,比较难于记忆,长度为 6B。

虽然在 TCP/IP 网络中,计算机往往需要设置 IP 地址后才能通信,然而,实际上计算机之间的通信并不是通过 IP 地址,而是借助于网卡的 MAC 地址。IP 地址只是被用于查询欲通信的目的计算机的 MAC 地址。

ARP(Address Resolution Protocol,地址解析协议)是用来查询对方的计算机、网络设备上的 IP 对应的 MAC 地址的协议。在计算机的 ARP 缓存中包含一个或多个表,用于存储 IP 地址及其经过解析的以太网 MAC 地址。一台计算机与另一台 IP 地址的计算机通信后,在 ARP 缓存中会保留相应的 MAC 地址。所以,下次和同一个 IP 地址的计算机通信,将不再查询 MAC 地址,而是直接引用缓存中的 MAC 地址。

在交换式网络中,交换机也维护一张 MAC 地址表,并根据 MAC 地址,将数据发送至目的计算机。

3. 应用实例

这里以 Cisco 的 2950 交换机为例,介绍 IP 和 MAC 绑定的设置方案。登录进入交换机,输入管理口令进入配置模式,在 DOS 下执行命令:

```
Switch#config terminal                              #进入配置模式
Switch(config)#Interface fastethernet 0/1           #进入具体端口配置模式
Switch(config-if)#Switchport port-security          #配置端口安全模式
Switch(config-if)switchport port-security mac-address MAC(主机的 MAC 地址)
                                                    #配置该端口要绑定的主机的 MAC 地址
Switch(config-if)no switchport port-security mac-address MAC(主机的 MAC 地址)
                                                    #删除绑定主机的 MAC 地址
```

注意:

(1)以上命令设置交换机上某个端口绑定一个具体的 MAC 地址,这样只有这个主机可以使用网络,如果对该主机的网卡进行了更换或者其他 PC 想通过这个端口使用网络都不可用,除非删除或修改该端口上绑定的 MAC 地址,才能正常使用。

(2)以上实例适用于思科 2950、3550、4500、6500 系列交换机。

4. 应用 ARP 绑定 IP 地址和 MAC 地址

在浏览器地址栏里面输入网址时,DNS 服务器会自动把它解析为 IP 地址,浏览器实际上查找的是 IP 地址而不是网址。那么 IP 地址是如何转换为第二层物理地址(即 MAC 地址)的呢? 在局域网中,这是通过 ARP 来完成的。ARP 为 IP 地址到对应的 MAC 地址之间提供动态映射。在以太网中,一个主机要和另一个主机进行直接通信,必须要知道目标主机的 MAC 地址。ARP 的基本功能就是通过目标设备的 IP 地址,查询目标设备的 MAC 地址,以保证通信的顺利进行。

使用 ARP 绑定 IP 地址和 MAC 地址。在每台安装有 TCP/IP 的计算机里都有一个 ARP 缓存表,表里的 IP 地址与 MAC 地址是一一对应的。可以在 ARP 表里将合法用户的 IP 地址和网卡的 MAC 地址进行绑定。当有人盗用 IP 地址时,尽管盗用者修改了 IP 地址,但由于网卡的 MAC 地址和 ARP 表中对应的 MAC 地址不一致,那么也不能访问网络。以华为 3100 EI 系列交换机为例,登录进入交换机,输入管理口令进入系统视图,命令格式:

```
[h3c] arp static ip <mac 地址>
```

执行上述命令,就可将相应计算机的 IP 地址和 MAC 地址绑定。

例如:[h3c]arp static 21.90.21.1 00-80-1c-90-80-41(将 IP 地址 21.90.21.1 与网卡 MAC 地址 00-80-1c-90-80-41 绑定)。

TCP/IP 作为 Internet 协议,已经被广泛用于各种类型的局域网络。而 IP 地址作为网络中的主要寻址方式,也已经被各种操作系统广泛采用,因此 IP 地址在网络管理中显得尤为重要。

9.4.2 IP 地址与端口绑定技术

这里以一个应用实例来介绍 IP 地址与端口的绑定技术。

组网要求如下。

(1) PC1 的 IP 地址为 10.1.1.1/24,PC2 的 IP 地址为 10.1.1.2/24,Switch 的 VLAN 虚接口 10 的 IP 地址为 10.1.1.254,作为 PC1 和 PC2 的网关;

(2) PC1 连接到交换机的端口 0/1,PC2 连接到端口 0/2,两个端口都属于 VLAN10;

(3) 端口 E0/1 下只允许 10.1.1.1 这一台主机访问其他网段的资源;

(4) 端口 E0/2 下不做限制。

组网结构如图 9-9 所示。

配置步骤如下。

第 1 步:进入系统模式。

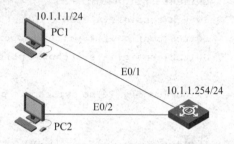

图 9-9   IP 地址与端口绑定示例图

```
<Switch>system-view
```

第 2 步:创建(进入)VLAN10。

```
[Switch] vlan10
```

第 3 步:将 E0/1 与 E0/1 加入到 VLAN10。

```
[Switch-vlan10]port ethernet0/1 ethernet0/2
```

第 4 步:创建(进入)VLAN10 虚接口,并配置 IP 地址。

```
[Switch] interface vlan-interface 10
[Switch-Vlan-interface10] ip address 10.1.1.254 255.255.255.0
```

第 5 步:进入端口 E0/1 的配置视图,配置只允许 IP 地址为 10.1.1.1 的主机进行三层访问。

```
[Switch] interface ethernet0/1
[Switch-Ethernet0/1] am ip-pool 10.1.1.1 1
```

第 6 步:全局模式下使能访问管理功能(am 功能)。

```
[Switch] am enable
```

配置关键点:针对端口起作用,使能了 am ip-pool 的端口下只允许配置的 IP 地址进行三层通信,其他端口下不进行限制。

9.4.3 IP 地址、MAC 地址、端口的绑定技术

为了防止 IP 地址被盗用,通过简单的交换机端口绑定(端口的 MAC 表使用静态表项),可以在每个交换机端口只连接一台主机的情况下防止修改 MAC 地址的盗用。

第一种方法:如果是网管交换机则可以提供交换机、端口、IP 地址三者的绑定,一般绑定 MAC 地址都是在交换机和路由器上配置的。以华为 3100 EI 系列交换机为例,登录进

入交换机,输入管理口令进入系统视图,输入命令:

```
am user-bind mac-addr mac ip-addr ip interface <端口号>
```

执行上述命令将每个端口与相应的计算机 MAX 地址、IP 地址绑定。

第二种方法:同样以华为 3100 EI 交换机为例,登录进入交换机,也可以基于 DHCP 地址检查功能实现 IP 地址与 MAC 地址的绑定。同样采用上述操作,登录进入交换机,输入管理口令进入系统视图,输入命令:

```
dhcp-security static ip <MAC 地址>
```

此命令将 IP 地址与 MAC 地址绑定。

通过这些设置,可以将局域网中的 IP 地址和 MAC 地址绑定,任何人在终端上任意更改 IP 地址,都不能使其登录互联网,这样就便于网络管理员更好地维护整个网络正常、安全地运行。

9.5　网络服务器访问管理

9.5.1　防火墙访问控制技术

1. 防火墙的主要目的

(1) 控制访问者进入一个被严格控制的点;

(2) 防止进攻者接近防御设备;

(3) 控制内部人员从一个特别控制点离开;

(4) 检查、筛选、过滤和屏蔽信息流中的有害信息,防止对计算机和计算机网络进行恶意破坏。

防火墙的目的在于实现安全访问控制,在 OSI 体系结构中,防火墙可以在 OSI 7 层中的5 层设置。防火墙与 OSI 结构模型如图 9-10 所示。

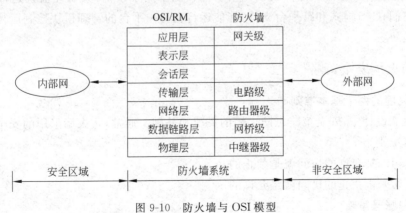

图 9-10　防火墙与 OSI 模型

2. 网络防火墙的主要作用

1) 网络防火墙的主要作用

防火墙是一种非常有效的网络安全模型,通过它可以隔离内外网络,以达到网络中安全区域的连接,同时不妨碍人们对风险区域的访问。监控出入网络的信息,仅让安全的、符合规则的信息进入内部网络,为网络用户提供一个安全的网络环境。其主要作用如下。

(1) 有效收集和记录 Internet 上活动和网络误用情况;

(2) 能有效隔离网络中的多个网段,能有效地过滤、筛选和屏蔽一切有害的信息和服务;

(3) 防火墙就像一个能发现不良现象的警察,能执行和强化网络的安全策略;

(4) 保证对主机的安全访问;

(5) 保证多种客户机和服务器的安全性;

(6) 保护关键部门不受到来自内部的攻击和外部的攻击,为通过 Internet 与远程访问的雇员、客户、供应商提供安全通道。

2) 网络防火墙的主要特性

防火墙系统具有以下几方面的特性。

(1) 所有在内部网络和外部网络之间传输的数据都必须通过防火墙。

(2) 只有被授权的合法数据,即防火墙系统中安全策略允许的数据,才可以通过防火墙。

(3) 防火墙本身可以经受住各种攻击。

(4) 使用目前新的信息安全技术。比如现代密码技术、一次口令系统、智能卡等。

(5) 人机界面友好、配置使用方便,易管理。系统管理员可以方便地对防火墙进行设置,对 Internet 的访问者、被访问者、访问协议以及访问方式进行控制。

(6) 广泛的服务支持。通过将动态的、应用层的过滤能力和认证相结合,可实现 WWW 浏览器、HTTP 服务器、FTP 等。

(7) 对私有数据的加密支持。保证通过 Internet 进行虚拟私人网络和商务活动不受损坏。

(8) 客户端认证。只允许指定的用户访问内部网络或选择服务,是企业本地网与分支机构、商业伙伴和移动用户间安全通信的附加部分。

(9) 反欺骗。欺骗是从外部获取网络访问权的常用手段,防火墙能监视这样的数据包并能扔掉它们;C/S 模式和跨平台支持,能使运行在另一平台的管理模块控制运行在另一平台的监视模块。

9.5.2 防火墙安全策略

1. 防火墙的两个基本准则

在防火墙设计中,安全策略是防火墙的灵魂和基础。通常,防火墙采用的安全策略有如下两个基本准则。

(1) 一切未被允许的访问就是禁止的。

(2) 一切未被禁止的访问就是允许的。

2. 用户账号策略

用户账号应包含用户的所有信息。其中最主要的应包括用户名、口令、用户所属的工作组、用户在系统中的权限和资源访问许可。

3. 用户权限策略

用户权限策略用来允许授权用户使用系统资源。用户权限一般有两类:第一类是对执行特定任务用户的授权可应用于整个系统;第二类是对特定对象(如目录、文件和打印机等)的规定,这些规定限制用户能否或以何种方式存取对象。其中第一类的权限要高于第二类。通常授予用户的权限有以下几种。

(1) 通过网络连接计算机;

(2) 备份文件和目录,此权限要高于文件和目录许可;

(3) 设置计算机内部系统时钟;

(4) 从计算机键盘登录计算机;

(5) 指定何种事件和资源被审查,查看和清除安全日志;

(6) 恢复文件和目录;

(7) 关闭系统;

(8) 获取一台计算机的文件、目录或是其他对象的所有权。

4. 信任关系策略

通过信任关系在网络中建立域模型的安全性。信任关系是两个域中,一个域信任另外的域,它包括两个方面:信任域和被信任域。信任域可允许被信任域中的用户在其中使用。两个域信任关系的建立可以允许一个域中建立的用户存取整个网络中的资源。

单向信任:单向信任只是一个域信任另外一个域,如图 9-11 所示。典型的应用就是远程访问,它们之间并不相互信任,远程用户只可以在被信任域中使用。

双向信任:双向信任是两个域对等的互相信任,如图 9-12 所示,远程用户可以使用双方授权的资源。双向连接的信任关系只不过是两个单向信任关系,每个域都信任另外一个。

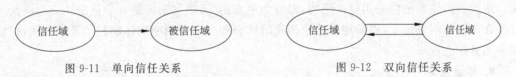

图 9-11 单向信任关系　　　　　　　　　　　图 9-12 双向信任关系

多信任:更复杂的是在域间可以建立多个信任关系,如图 9-13 所示。几个域信任一个域来保证用户的统一管理,或是一个域信任几个域来保证用户延伸到多个域中,同时还可提供传递验证功能。

图 9-13 多重信任关系

5. 包过滤策略

根据过滤规则,来过滤基于标准的数据包,完成包过滤功能。包过滤策略如下。

(1) 包过滤控制点;

(2) 包过滤操作过程;

(3) 包过滤原则;

(4) 防止两类不安全设计的措施;

(5) 对特定协议包的过滤。

6. 认证、签名和数据加密策略

目前可以公开的加密算法很多,其中最著名的传统加密算法是 DEC、RC4、RC5、RC6,以及现在准备替代 DES 的 AES 候选算法。最著名的公开密钥体制是 RSA 体制和 ELGamal 体制等。最有名的数字签名体制是 RSA 体制、DSS 体制、ELGamal 体制和椭圆曲线体制等。最著名的消息认证体制是 MD5 和 SHA-1 等。

因此在加密算法的选取方面应从两个方面入手:一方面从这些算法中选取 DES、RC4、IDEA、RSA 和 MD5 等算法作为系统的核心加密算法,保证系统符合国际标准;另一方面根据我国的商业密码管理条例,在国内的重要部门使用保密通信系统中,必须使用国内认可的密码算法。

7. 密钥管理策略

Internet 的加密算法有两个困难。首先,通信双方之间的通信可能会通过多个网络,这些网络通常具有不同的安全机制,有的甚至根本不提供安全机制,这就使通信双方之间建立密钥的过程更加容易受到攻击。其次,不同网络的密钥管理协议可能不尽相同,这就导致用同样的协议来建立异网通信密钥和内部通信密钥会非常困难,增加了密钥管理机制的复杂性,很难实现密钥使用上的方便性。

从 Internet 应用来看,密钥管理方式应采用自动化管理,特别是对于密钥分配而言,应采用离线式密钥中心方式。针对 Internet 的层次结构,密钥中心的设置应具有相适应的层次。现代密钥体系也应采用层次结构,以分为主密钥、密钥加密密钥和会话密钥三个层次为宜。在密钥体制采用上,将采用对称密钥密码体制和公开密钥密码体制相结合的方法,以提高密钥分配的效率。

8. 审计策略

审计用来记录如下事件。

(1) 哪一个用户访问哪一个对象;

(2) 访问类型;

(3) 访问过程是否成功;

(4) 所有事件的审查都保存在安全日志中,安全日志记录通过的包和被滤掉的包的有关信息。

9.5.3 防火墙安全技术

通常,防火墙安全技术有数据包过滤技术、应用层代理技术、应用层网关技术以及地址转换技术等,如图 9-14 所示。

1. 包过滤技术

1) 包过滤概述

包过滤型防火墙(Packet Filter Firewall)的包过滤器安装在路由器上,工作在网络层(IP),因此也称为网络层防火墙。它基于单个包实施网络控制,根据所收到数据包的源地址、目的地址、源端口号及目的端口号、包出入接口、协议类型和数据包中的各种标志位等参数,与用户预订的访问控制表进行比较,判定数据是否符合预先制定的安全策略,决定数据

图 9-14　防火墙安全技术示意图

包的转发或丢弃,即实施信息的过滤。它实际上是控制内部网络上的主机可直接访问外部网络,而外部网络上的主机对内部网络的访问则要受到限制。

这种防火墙的优点是简单、方便、速度快,透明性好,对网络性能影响不大,但它缺乏用户日志(Log)和审计信息(Audit),缺乏用户认证机制,不具备登录和报告性能,不能进行审核管理,且过滤规则的完备性难以得到检验,过滤规则复杂难以管理,因此安全性较差。

2) 数据包过滤技术的基本原理

数据包过滤是防火墙最常用的技术。对于一个充满危险的网络,过滤路由器提供了一种方法,用这种方法可以阻塞某些主机或网络连入内部网络,也可以用它来限制内部人员对一些危险和色情站点的访问。

顾名思义,数据包过滤是在网络中适当的位置对所有数据包实施过滤或筛选,只有满足过滤规则的数据包才被转发至相应的网络接口,其余数据包则从数据流中丢弃。

数据包过滤可以控制站点与站点、站点与网络、网络与网络之间的相互访问,但不能控制传输的数据内容,因为数据内容是应用层数据,不是包过滤系统所能辨认的,数据包过滤允许在某个地方为整个网络提供特别的保护。

包过滤检查模块深入到系统的网络层和数据链路层之间。因为数据链路层是事实上的网卡(NIC),网络层是第一层协议堆栈,所以防火墙位于软件层次的最底层。

包过滤一般要检查下面几项。

(1) IP 源地址;

(2) IP 目标地址;

(3) 协议类型(TCP 包、UDP 包和 ICMP 包);

(4) TCP 或 UDP 的源端口;

(5) TCP 或 UDP 的目标端口;

(6) ICMP 消息类型;

(7) TCP 报头中的 ACK 位。

包过滤在本地端接收数据包时,一般不保留上下文,只根据目前数据包的内容做决定。根据不同的防火墙类型,包过滤可能在输入或输出防火墙时进行。可以拟定一个要接受的设备和服务的清单,一个不接受的设备和服务的清单,组成访问控制表。

3) 按地址过滤规则实例

该实例是一个最简单的数据包过滤方式,它按照源地址进行过滤。例如,若认为网络202.110.8.0 是一个危险的网络,那么就可以用源地址过滤禁止内部主机和该网络进行通信。表 9-3 是根据这种策略所制定的规则。

表 9-3 包过滤规则表

规则	方向	源地址	目标地址	动作
A	出	内部网络	210.40.8.0	拒绝
B	入	201.40.8.0	内部网络	拒绝

4) 按服务过滤规则实例

设安全策略是禁止外部主机访问内部的 E-mail 服务器(SMTP,端口 25),允许内部主机访问外部主机,实现这种过滤的访问控制规则如表 9-4 所示。

表 9-4 服务过滤规则表

规则	方向	动作	源地址	源端口	目的地址	目的端口	注释
A	进	拒绝	M	*	E-mail	25	不信任
B	出	允许	*	*	*	*	允许连接
C	双向	拒绝	*	*	*	*	默认状态

规则按从前到后的顺序匹配,字段中的"*"代表任意值,没有被过滤器规则明确允许的包将被拒绝。就是说,每一条规则集都跟随一条含蓄的规则,就像表 9-4 中的规则 C。这与一般原则是一致的:没有明确"允许"的就是被"禁止"的。

任何一种协议都是建立在双方的基础上的,信息流也是双向的。规则总是成对出现的。规则 M 是默认项,它实现的准则是"没有明确允许就表示禁止"。

2. 应用层代理技术

代理服务器防火墙(Proxy Service Firewall)通过在主机上运行代理服务程序,直接对特定的应用层进行服务,因此也称为应用层代理防火墙。其核心是运用防火墙主机上的代理服务器进程,代理网络用户完成 TCP/IP 功能,实际上是为特定网络应用而连接两个网络的网关,且对不同的应用(如 E-mail、FTP、Telnet、WWW 等)都应用一个不同的代理。代理服务可以实施用户认证、详细日志、审计跟踪、数据加密等功能和对具体协议及应用的过滤,如阻止 Java 或 JavaScript 程序的运行。

代理(Proxy)技术与包过滤技术完全不同,包过滤技术是在网络层拦截所有的信息流,代理技术则是针对每一个特定应用都有一个程序。代理是企图在应用层实现防火墙的功能,代理的主要特点是有状态性。代理能提供部分与传输有关的状态,能完全提供与应用相关的状态和部分传输方面的信息,代理也能处理和管理信息。

提供代理服务的可以是一台双宿网关,也可以是一台堡垒主机,允许用户访问代理服务是很重要的,但是用户是绝对不允许注册到应用层网关中的。

代理技术拓扑结构如图 9-15 所示。

3. 电路层网关技术

应用层代理为一种特定的服务(如 FTP 和 Telnet 等)提供代理服务,代理服务器不但转发流量而且对应用层协议做出解释。电路层网关(Circuit Level Gateway)也是一种代理,但是只能建立起一个回路,对数据包只起转发的作用。电路级网关只依赖于 TCP 连接,并不进行任何附加的包处理或过滤。

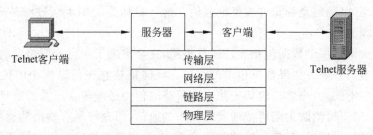

图 9-15　代理技术拓扑结构

电路层网关(Circuit Gateway)在网络的传输层上实施访问策略,是在内、外网络主机之间建立一个虚拟电路进行通信,相当于在防火墙上直接开了个口子进行传输,不像应用层防火墙那样能严密控制应用层的信息。

电路层网关用来监控受信任的客户或服务器与不受信任的主机间的 TCP 握手信息,这样来决定该会话(Session)是否合法,电路级网关是在 OSI 模型中会话层上来过滤数据包的。

这种代理的优点是它可以对各种不同的协议提供服务,但这种代理需要改进客户程序。这种网关对外像一个代理,而对内则是一个过滤路由器。

4. NAT 地址翻译技术

网络地址翻译(Network Address Translation,NAT),就是将一个 IP 地址用另一个 IP 地址代替。尽管最初设计 NAT 的目的是为了增加在专用网络中可使用的 IP 地址数,但是它有一个隐蔽的安全特性,如内部主机隐蔽等,保证了网络的安全性。

1) NAT 的基本功能

NAT 协议是将内部网络的多个 IP 地址转换到一个公共 IP 地址与 Internet 连接。

当内部用户与一个公共主机通信时,NAT 能追踪是哪一个用户所发出的请求,修改传出的包,这样包就像是来自单一的公共 IP 地址,然后再打开连接。一旦建立了连接,在内部计算机和 Web 站点之间来回流动的通信就都是透明的。

当从公共网络传来一个未经请求的连接时,NAT 有一套规则来决定如何处理它。如果没有事先定义好的规则,NAT 可丢弃所有未经请求的传入连接,就像包过滤防火墙所做的那样。

2) 地址翻译技术

(1) 静态翻译:一个指定的内部主机有一个固定不变的地址翻译表,通过这张表,可将内部地址翻译成防火墙的外网接口地址。

(2) 动态翻译:为了隐藏内部主机的身份或扩展内部网络的地址空间,一个大的 Internet 客户群共享一组较小的 Internet IP 地址。

(3) 负载均衡翻译:一个 IP 地址和端口被翻译为同等配置的多个服务器,当请求到达时,防火墙将按照一个算法来平衡所有连接到内部的服务器,这样向一个合法 IP 地址请求,实际上是有多台服务器在提供服务。

(4) 网络冗余翻译:多个 Internet 连接被附加在一个 NAT 防火墙上,而这个防火墙根据负载和可用性对这些连接进行选择和使用。

5. 状态/动态检查技术

状态/动态检测防火墙,试图跟踪通过防火墙的网络连接和包,这样防火墙就可以使用一组附加的标准,以确定是否允许或拒绝通信。这一目标是使用了包过滤防火墙在通信上的应用技术实现的。

包过滤防火墙对一个数据包是允许还是拒绝,完全取决于包自身所包含的内容,如源地址、目的地址、端口号等。如果数据包中没有包含任何描述它在信息流中的位置的信息,则认为该包是无状态的,一个状态包检查防火墙跟踪的包中必须包含所需的信息。

一个状态/动态检测防火墙可截断所有输入的通信,而允许所有输出的通信。只有按要求输入的数据被允许通过,直到连接被关闭为止,而未被请求的输入通信被截断。

防火墙仅检查独立的信息包是不够的,因为状态信息是控制新的通信连接的最基本的因素。对于某一通信连接,通信状态和应用状态是对该连接做控制决定的关键因素。因此为了保证高层的安全,防火墙必须能够访问、分析和利用以下几种信息。

(1) 通信信息:应用层数据包信息。

(2) 通信状态:当前的通信状态信息。

(3) 自应用状态:应用状态信息。

(4) 信息处理:以上所有信息的处理。

9.5.4 防火墙的配置

1. 静态防火墙的配置

1) 静态包过滤防火墙的基本功能

静态包过滤防火墙工作在 TCP/IP 的 IP 层,其工作流程如图 9-16 所示。

静态包过滤防火墙的主要功能是,依据事先设定的过滤规则,检查数据流中每个数据包。根据数据包中的源地址、目标地址、端口号、数据的对话协议和数据包头中的各种标志位等因素来确定是否让该数据包通过。

静态包过滤防火墙的具体过滤内容如下。

(1) 数据包协议类型:如 TCP、UDP、ICMP、IGMP 等。

(2) 源 IP 地址。

(3) 目的 IP 地址。

(4) 源端口:FTP、HTTP、DNS、E-mail 等。

(5) 目的端口:FTP、HTTP、DNS、E-mail 等。

图 9-16　静态包过滤防火墙工作流程

(6) TCP 信号选项:SYN、ACK、FIN、RST 等。

(7) 数据包流向:in 或 out。

(8) 数据包流经的网络接口:eth0、eth1。

(9) 其他协议选项:ICMP ECHO、ICMP ECHO REPLY 等。

2) 静态包过滤防火墙的配置实例

设内部网络 IP 地址及其端口号为 192.168.0.0/24,防火墙内部网卡 eth1 的地址为 192.168.0.1,防火墙的外部网卡地址为 10.11.12.13,DNS 地址为 10.11.15.4,如图 9-16

所示。其配置规则如下。

（1）允许内部网络的所有主机都能访问外网的 WWW（端口号为 80）、FTP（端口号为 21）服务；

（2）外部网络的所有主机不能访问内部网络。

该规则配置如下（eth0 为防火墙外部网络接口网卡）。

```
set internal=192.168.0.0/24
deny ip from $internal to any in via eth0
deny ip from not $internal to any in via eth1
allow udp from $internal to any dns
allow udp from any dns to $internal
allow tcp from any to any established
allow tcp from $internal to any www in via eth1
allow tcp from $unternal to any ftp in via eth1
allow tcp from any ftp-data to $Internal in via eth0
allow ip from any to any
```

2. 状态监测防火墙的配置技术

1）状态监测防火墙的基本功能

静态包过滤防火墙的过滤技术的一个致命缺陷在于，为了能实现期望的通信，防火墙必须保持部分端口永久性地开放，这就给攻击防火墙留下了安全隐患。为了能有效地避免和克服这一缺陷，引入了动态包过滤技术，动态包过滤防火墙也随之问世。

动态包过滤技术的主要特点是，能在数据包通过打开的端口到达目的地后，防火墙能及时关闭相应的端口。

状态包过滤技术则是在动态包过滤技术的基础上发展起来的，是对动态包过滤技术的扩展和增强。主要体现如下。

状态包过滤技术采用了一个被称之为"监测模块"的"软件引擎"（软件引擎的网络安全策略是在网关上执行的），该监测模块工作在数据链路层和网络层之间，它可对网络通信中各层实施监测分析，提取相关的通信和状态信息，并在动态连接表中进行状态及上下文信息的存储和更新，这些动态连接表会被不断地修改和更新，为下一个通信检查积累数据。

状态包过滤技术的主要优点在于：能够为基于无连接协议的应用及基于端口动态分配的协议提供安全支持，而静态包过滤技术和代理网关是不支持这类服务的。

总体来说，状态包过滤技术减少了端口的开放时间，提供了对绝大多数服务的支持，其缺陷是允许外部主机和内部主机直接连接，也不能提供用户鉴别机制。

状态包过滤防火墙的工作流程如图 9-17 所示。

2）状态监测防火墙的配置实例

设内部网络 IP 地址及其端口号为 192.168.

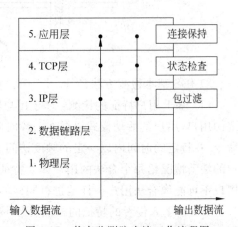

图 9-17　状态监测防火墙工作流程图

0.0/24,防火墙内部网卡 eth1 的地址为 192.168.0.1,防火墙的外部网卡地址为 10.11.12.13,DNS 地址为 10.11.15.4,其配置规则如下。

(1) 允许内部网络的所有主机都能访问外网的 WWW(端口号为 80)、FTP(端口号为 21)服务;

(2) 外部网络的所有主机不能访问内部网络。

该规则配置如下。

```
set internal=192.168.0.0/24
deny ip from $internal to any in via eth0
deny ip from not $internal to any in via eth1
allow $internal access any dns by udp keep state
allow $internal access any www by tcp keep state
allow $internal access any ftp by tcp keep state
allow ip from any to any
```

9.5.5　IDS/IPS 安全控制技术

1. IDS

1) IDS 概述

入侵检测系统(Intrusion Detect System,IDS)分为两种:主机入侵检测系统和网络入侵检测系统。主机入侵检测系统分析对象为主机审计日志,所以需要在主机上安装入侵检测软件,针对不同的系统、不同的版本需安装不同的主机引擎,安装配置较为复杂,同时对系统的运行和稳定性造成影响,目前在国内应用较少。网络入侵监测分析对象为网络数据流,只需安装在网络的监听端口上,对网络的运行无任何影响,目前国内使用较为广泛。本章介绍的是当前广泛使用的网络入侵检测系统。

2) 入侵检测系统的工作流程

入侵检测系统由数据收集、数据提取、数据分析、事件处理等几个部分组成,如图 9-18 所示。

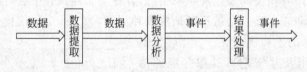

图 9-18　入侵检测系统工作流程

3) IDS 基本检测方法

(1) 基于用户特征的检测:基于用户特征的检测方法是根据用户通常的举动来识别特定的用户,用户的活动模式根据在一段时间内的观察后建立。例如,某个用户多次使用某些命令,在特定的时间内以一定的频度访问文件、系统登录及执行相同的程序等。可以按照用户的活动情况给每个合法的用户建立特征库,用以检测和判断登录用户的合法性,因为非法用户不可能像合法用户一样地进行同样的操作。

(2) 基于入侵者的特征的检测:当外界用户或入侵者试图访问某个计算机系统时会进行某些特殊的活动或使用特殊方法,如果这些活动能够予以描述并作为对入侵者的描述,入侵活动就能够被检测到。非法入侵者活动的一个典型例子是,当其获得系统的访问权时,通常会立即查看当前有哪些用户在线,并且会反复检查文件系统和浏览目录结构,还会打开这些文件,另外,非法入侵者在一个系统上不会停留过久,而一个合法的用户一般是不会这样做的。

(3) 基于活动的检测:一般来说,非法入侵者在入侵系统时会进行某些已知的且具有共性的操作,比如在入侵 UNIX 时入侵者通常要试图获得根(root)权限,所以,有理由认为任何企图获得根权限的活动都要被检测。

4) 异常检测模型

异常检测,也被称为基于行为的检测。其基本前提是:假定所有的入侵行为都是异常的。其基本原理是:首先建立系统或用户的“正常”行为特征轮廓,通过比较当前的系统或用户的行为是否偏离正常的行为特征轮廓来判断是否发生了入侵,而不是依赖于具体行为是否出现来进行检测的。从这个意义上来讲,异常检测是一种间接的方法。

异常检测模型常用的实现方法有:统计异常检测方法、基于特征选择异常检测方法、基于贝叶斯推理异常检测方法、基于贝叶斯网络异常检测方法、基于模式预测异常检测方法、基于神经网络异常检测方法、基于机器学习异常检测方法、基于数据采掘异常检测方法等。

5) 误用检测模型

在介绍基于误用的入侵检测的概念之前,有必要对误用的概念做一个简单的介绍。误用是英文“Misuse”的中文直译,其意思是:“可以用某种规则、方式或模型表示的攻击或其他安全相关行为”。

根据对误用概念的这种理解,可以定义基于误用的入侵检测技术的含义:误用检测技术主要是通过某种方式预先定义入侵行为,然后监视系统的运行,并从中找出符合预先定义规则的入侵行为。

一个典型的基于误用的入侵检测系统如图 9-19 所示。

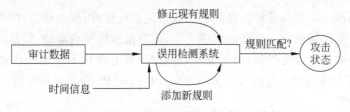

图 9-19　典型的基于误用的入侵检测系统模型

基于误用的入侵检测系统通过使用某种模式或者信号标识表示攻击,进而发现相同的攻击。这种方式可以检测许多甚至全部已知的攻击行为,但是对于未知的攻击手段却无能为力,这一点和病毒检测系统类似。

误用检测,也被称为基于知识的检测。其基本前提是:假定所有可能的入侵行为都能被识别和表示。其原理是:首先对已知的攻击方法进行攻击签名(攻击签名是指用一种特定的方式来表示已知的攻击模式)表示,然后根据已经定义好的攻击签名,通过判断这些攻击签名是否出现来判断入侵行为的发生与否。这种方法是通过直接判断攻击签名的出现与否来判断入侵的,从这一点来看,它是一种直接的方法。

6) Snort 软件

Snort 是一个用 C 语言编写的开放源代码软件,Snort 实际上是一个基于 Libpcap(基于 UNIX/Linux 环境的网络数据包捕获函数包)的网络数据包嗅探器和日志记录工具,可以用于入侵检测。从入侵检测分类上来看,Snort 应该算是一个基于网络和误用入侵检测软件。

Snort 为开放源代码入侵检测系统软件,为用来监视网络传输量的网络型入侵检测系统。主要工作是捕捉流经网络的数据包,一旦发现与非法入侵的组合一致,便向管理员发出警告。

Snort 采用基于规则的网络信息搜索机制,对数据包进行内容的模式匹配,从中发现入侵和探测行为,例如:buffer overflows、stealth port scans、CGI attacks 和 SMB probes 等。Snort 具有实时报警的能力,它的警报信息可以发往 syslog、Server Message Block(SMB)、WinPopup messages 或者单独的 alert 文件。Snort 可以通过命令进行交互,并对可选的 BPF(Berkeley Packet Filter)命令进行配置。

Snort 安装在一台主机上可对整个网络进行监视,其典型运行环境如图 9-20 所示。

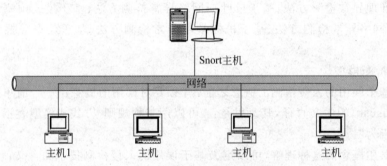

图 9-20 Snort 的典型运行环境

Snort 由三个重要的子系统构成:数据包解码器、检测引擎、日志与报警系统。

(1) 数据包解码器

数据包解码器主要是对各种协议栈上的数据包进行解析、预处理,以便提交给检测引擎进行规则匹配。解码器运行在各种协议栈之上,从数据链路层到传输层,最后到应用层。因为当前网络中的数据流速度很快,如何保障较高的速度是解码器子系统中的一个重点。目前,Snort 解码器支持的协议包括 Ethernet、SLIP 和 raw(PPP)data-link 等。

(2) 检测引擎

Snort 用一个二维链表存储它的检测规则,其中一维称为规则头,另一维称为规则选项。规则头中放置的是一些公共的属性特征,而规则选项中放置的是一些入侵特征。为了提高检测速度,通常把最常用的源/目的 IP 地址和端口信息放在规则头链表中,而把一些独特的检测标志放在规则选项链表中。规则匹配查找采用递归的方法进行,检测机制只针对当前已经建立的链表选项进行检测。当数据包满足一个规则时,就会触发相应的操作。Snort 的检测机制非常灵活,用户可以根据自己的需要很方便地在规则链表中添加所需要的规则模块。

(3) 日志和报警子系统

日志和报警子系统可以在运行 Snort 的时候以命令行交互的方式进行选择。

Snort 是一种基于网络的入侵检测系统，Snort 的规则在逻辑上分为两部分：规则头(Rule Header)和规则选项(Rule Option)。规则头定义了规则的行为、所匹配网络报文的协议、源地址、目标地址及其网络掩码、源端口和目标端口等信息；规则选项部分则包含所要显示给用户查看的警告信息以及用来判定此报文是否为攻击报文的其他信息。

2. IPS

1) IPS 概述

入侵防御系统(Intrusion Prevention System,IPS)是对防病毒软件和防火墙的补充。IPS 是一部能够监视网络或网络设备的网络资料传输行为的网络安全系统，能够即时地中断、调整或隔离一些不正常或是具有伤害性的网络资料传输行为。

在 ISO/OSI 网络层次模型(见 OSI 模型)中，防火墙主要在第 2～4 层起作用，它的作用在第 4～7 层一般很微弱，而清除病毒软件主要在第 5～7 层起作用。为了弥补防火墙和除病毒软件二者在第 2 和第 5 层之间留下的空档，引入了 IDS 系统。IDS 在发现异常情况后能及时向网络安全管理人员或防火墙系统发出警报，可惜这时灾害往往已经形成，因此，防御机制应该是在危害形成之前先期起作用，随后应运而生的入侵响应系统(Intrusion Response Systems,IRS)作为对入侵侦查系统的补充能够在发现入侵时，迅速做出反应，并自动采取阻止措施。而入侵预防系统 IPS 则作为二者的进一步发展，汲取了二者的长处。

IPS 也像 IDS 一样，专门深入网络数据内部，查找它所认识的攻击代码特征，过滤有害数据流，丢弃有害数据包，并进行记载，以便事后分析。除此之外，更重要的是，大多数 IPS 同时结合考虑应用程序或网络传输中的异常情况，来辅助识别入侵和攻击。例如，用户或用户程序违反安全条例、数据包在不应该出现的时段出现、作业系统或应用程序弱点的空子正在被利用等现象。IPS 虽然也考虑已知病毒特征，但是它并不仅依赖于已知病毒特征。

应用 IPS 的目的在于及时识别攻击程序或有害代码及其克隆和变种，采取预防措施，先期阻止入侵，防患于未然。或者至少使其危害性充分降低。入侵预防系统一般作为防火墙和防病毒软件的补充来投入使用。在必要时，它还可以为追究攻击者的刑事责任而提供法律上有效的证据。

2) IPS 的基本功能

(1) 异常检查。正如 IDS 一样，IPS 具有识别正常数据和异常数据的能力。

(2) 在遇到动态代码(ActiveX,JavaApplet,各种指令语言等)时，先把它们放在沙盘内，观察其行为动向，如果发现有可疑情况，则停止传输，禁止执行。

(3) 有些 IPS 结合协议异常、传输异常和特征侦查，对通过网关或防火墙进入网路内部的有害代码实行有效阻止。

(4) 核心基础上的防护机制。用户程序通过系统指令享用资源(如存储区、输入输出设备、中央处理器等)。入侵预防系统可以截获有害的系统请求。

(5) 对 Library、Registry、重要文件和重要的文件夹进行防守和保护。

3. IDS/IPS 联合部署

IDS 和 IPS 是两类不同的系统。IDS 的核心价值在于通过对应用网络信息的分析，了解信息系统的安全状况，以建立安全的计算机网络应用系统为目标，提供安全的防护策略。IDS 需要部署在网络内部，监控范围必须覆盖整个应用网络，包括来自外部的数据以及内部终端之间传输的数据。IPS 的核心价值在于安全策略的实施，即对非法业务行为的阻击，

IPS 必须部署在网络边界,抵御来自外部的入侵,而对内部的非法业务行为无能为力,IPS 位于防火墙和网络设备之间,如果检测到攻击,IPS 会在这种攻击扩散到网络的其他地方之前阻止这个恶意的通信。相比之下,IDS 只是存在于网络之外起到报警的作用,而不是在网络前面起到防御的作用。

为了做到计算机应用系统安全稳定地运行,可以把 IDS 与 IPS 有效结合起来,合理配置,为用户提供更加全面的安全解决方案。利用 IPS 实现对外部攻击的防御,利用 IDS 可以提供针对企业信息资源全面的审计资料,这些资料对于攻击还原、入侵取证、异常事件识别、网络故障排除等都有很重要的作用。结合 IPS、IDS 与防火墙的综合部署,入侵防御可用性解决方案,保护防火墙和核心交换机等网络设备免遭入侵和攻击;信息中心和业务服务器的子交换机前端分别部署 IPS,可以有效地阻断来自内部和外部对于公共访问和关键业务服务器群的攻击;在各子网的分交换机端口部署分布式 IDS 的网络引擎,对各子网的通信进行实时监听,发现攻击或者误操作立即报告其中心控制台,向系统管理员发出警报,并且做好时间记录和报告,以便进行事件分析。

9.5.6　DoS 与 DDoS 安全控制技术

1. DoS

1) DoS 概述

DoS 是 Denial of Service 的简称,即拒绝服务,造成 DoS 的攻击行为被称为 DoS 攻击,其目的是使计算机或网络无法提供正常的服务或资源访问。最常见的 DoS 攻击有计算机网络带宽攻击和连通性攻击。

DoS 攻击是指故意地攻击网络协议实现的缺陷或直接通过野蛮手段残忍地耗尽被攻击对象的资源,目的是让目标计算机或网络无法提供正常的服务或资源访问,使目标系统服务系统停止正常响应甚至崩溃,而在此攻击中并不包括侵入目标服务器或目标网络设备。这些服务资源包括网络带宽,文件系统空间容量,开放的进程或者允许的连接。这种攻击会导致资源的匮乏,无论计算机的处理速度多快、内存容量有多大、网络带宽的速度有多快都无法避免这种攻击。

2) DoS 攻击技术

(1) TCP Syn Flooding 攻击:由于 TCP 连接三次握手的需要,在每个 TCP 建立连接时,都要发送一个带 SYN 标记的数据包,如果在服务器端发送应答包后,客户端不发出确认信号,服务器会等待数据超时,如果大量的带 SYN 标记的数据包发到服务器端后都没有得到确认,会使服务器端的 TCP 资源迅速枯竭,导致正常的连接不能进入,甚至会导致服务器的系统崩溃,这就是典型的 TCP SYN Flooding 攻击过程,如图 9-21 所示。

TCP Syn 攻击是由受控的大量客户发出 TCP 请求但不做回复,使服务器资源被占用,再也无法正常为用户服务。服务器要等待超时(Time Out)才能释放已分配的资源。

(2) Smurf 攻击:黑客往往采用 ICMP 技术进行攻击,常用的 ICMP 技术有 Ping 命令。首先黑客找出网络上有哪些路由器会回应 ICMP 请求,然后用一个虚假的 IP 源地址向路由器的广播地址发出信息,路由器会把这信息广播到网络上所连接的每一台设备。这些设备又马上回应,这样会产生大量信息流量,从而占用所有设备的资源及网络带宽,而回应的地址就是受攻击的目标。例如,用 500kb/s 流量的 ICMP echo(ping)包广播到 100 台设备,产

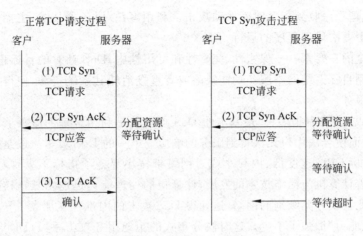

图 9-21　TCP Syn 攻击

生 100 个 ping 回应,便产生 50Mb/s 流量。这些流量流向被攻击的服务器,便会使这服务器瘫痪。

　　ICMP Smurf 的袭击加深了 ICMP 的泛滥程度,导致了在一个数据包产生大量的 ICMP数据包发送到一个根本不需要它们的主机中去,传输多重信息包的服务器用作 Smurf 的放大器。

　　ICMP Smurf 攻击过程如图 9-22 所示。

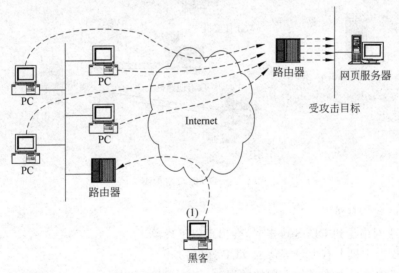

图 9-22　Smurf 攻击图

2. DDoS

1) DDoS 概述

　　分布式拒绝服务(Distributed Denial of Service,DDoS)攻击指借助于客户/服务器技术,将多台计算机联合起来作为攻击平台,对一个或多个目标同时发动 DoS 攻击,从而成倍地提高 DoS 的威力。通常,攻击者使用一个偷窃账号将 DDoS 主控程序安装在一台计算机上,在一个设定的时间主控程序将与大量代理程序通信,代理程序已经被安装在网络上的许多计算机上,代理程序收到指令时就发动攻击。利用客户/服务器技术,主控程序能在几秒钟内激活成千上万次代理程序的运行。

在信息安全的三要素——保密性、完整性和可用性中,DoS针对的目标正是"可用性"。该攻击方式利用目标系统网络服务功能缺陷或者直接消耗其系统资源,使得该目标系统无法提供正常的服务。

DDoS的攻击方式有很多种,最基本的DoS攻击就是利用合理的服务请求来占用过多的服务资源,从而使合法用户无法得到服务的响应。单一的DoS攻击一般是采用一对一方式的,当攻击目标CPU速度低、内存小或者网络带宽小等各项指标不高时,它的攻击效果是明显的。随着计算机与网络技术的发展,计算机的处理能力迅速增长,内存大大增加,同时也出现了千兆甚至万兆级别的网络,这使得DoS攻击的困难程度加大了——目标对恶意攻击包的"消化能力"加强了不少。这时候分布式的拒绝服务攻击手段(DDoS)就应运而生了,具体来说,DDoS就是利用更多的傀儡机(肉鸡)来发起进攻,以比从前更大的规模来进攻受害者。

典型的DDoS攻击模型如图9-23所示。

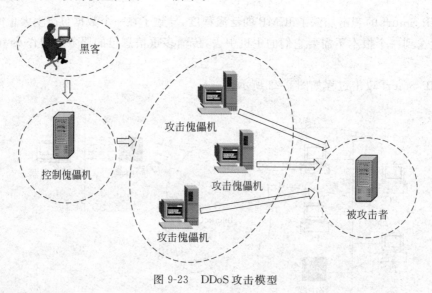

图9-23   DDoS攻击模型

2)DDoS攻击现象

当主机或网络受到DDoS攻击时,会出现以下现象。

(1)被攻击主机上有大量等待的TCP连接;

(2)网络中充斥着大量的无用的数据包;

(3)源地址为假,制造高流量无用数据,造成网络拥塞,使受害主机无法正常和外界通信;

(4)利用受害主机提供的传输协议上的缺陷反复高速地发出特定的服务请求,使主机无法处理所有正常请求;

(5)严重时会造成系统宕机。

3)DDoS攻击原理

拒绝服务攻击即攻击者想办法让目标机器停止提供服务或资源访问,这些资源包括磁盘空间、内存、进程甚至网络带宽,从而阻止正常用户的访问。其实对网络带宽进行的消耗性攻击只是拒绝服务攻击的一小部分,只要能够对目标造成麻烦,使某些服务被暂停甚至主机宕机,都属于拒绝服务攻击。拒绝服务攻击问题也一直得不到合理的解决,究其原因是因为这是由于网络协议本身的安全缺陷造成的,从而拒绝服务攻击也成为攻击者的终极手法。攻击者进行拒绝服务攻击,实际上让服务器实现两种效果:一是迫使服务器的缓冲区满,不能再接收新的请求;二是使用 IP 欺骗,迫使服务器把合法用户的连接复位,影响合法用户的连接。

　　虽然同样是拒绝服务攻击,但是 DDoS 和 DOS 还是有所不同,DDoS 的攻击策略侧重于通过很多"僵尸主机"(被攻击者入侵过或可间接利用的主机)向受害主机发送大量看似合法的网络包,从而造成网络阻塞或服务器资源耗尽而导致拒绝服务,分布式拒绝服务攻击一旦被实施,攻击网络包就会犹如洪水般涌向受害主机,从而把合法用户的网络包淹没,导致合法用户无法正常访问服务器的网络资源,因此,拒绝服务攻击又被称为"洪水式攻击"或"泛洪攻击",常见的 DDoS 攻击手段有 SYN Flood、ACK Flood、UDP Flood、ICMP Flood、TCP Flood、Connections Flood、Script Flood、Proxy Flood 等;而 DoS 则侧重于通过对主机特定漏洞的利用攻击导致网络栈失效、系统崩溃、主机死机而无法提供正常的网络服务功能,从而造成拒绝服务,常见的 DoS 攻击手段有 TearDrop、Land、Jolt、IGMP Nuker、Boink、Smurf、Bonk、OOB 等。就这两种拒绝服务攻击而言,危害较大的主要是 DDoS 攻击,原因是很难防范,至于 DoS 攻击,通过给主机服务器打补丁或安装防火墙软件就可以很好地防范 DDoS。

　　如何判断网站是否遭受了流量攻击可通过 Ping 命令来测试,若发现 Ping 超时或丢包严重(假定平时是正常的),则可能遭受了流量攻击,此时若发现和主机接在同一交换机上的服务器也访问不了,基本可以确定是遭受了流量攻击。当然,这样测试的前提是到服务器主机之间的 ICMP 没有被路由器和防火墙等设备屏蔽,否则可采取 Telnet 主机服务器的网络服务端口来测试,效果是一样的。不过有一点可以肯定,假如平时 Ping 你的主机服务器和接在同一交换机上的主机服务器都是正常的,突然都 Ping 不通了或者是严重丢包,那么假如可以排除网络故障因素的话则肯定是遭受了流量攻击。再一个流量攻击的典型现象是,一旦遭受流量攻击,会发现用远程终端连接网站服务器会失败。

　　相对于流量攻击而言,资源耗尽攻击要容易判断一些,假如平时 Ping 网站主机和访问网站都是正常的,发现突然网站访问非常缓慢或无法访问了,而还可以 Ping 通,则很可能遭受了资源耗尽攻击,此时若在服务器上用 Nistat —na 命令观察到有大量的 SYN_RECEIVED、TIME_W AIT、FIN_W AIT_1 等状态存在,而 EST BLISHED 很少,则可判定肯定是遭受了资源耗尽攻击。还有一种属于资源耗尽攻击的现象是,Ping 自己的网站主机不通或者是丢包严重,而 Ping 与自己的主机在同一交换机上的服务器则正常,造成这种情况的原因是网站主机遭受攻击后导致系统内核或某些应用程序 CPU 利用率达到 100%无法回应 Ping 命令,其实带宽还是有的,否则就 Ping 不通接在同一交换机上的主机了。

　　4) DDoS 攻击方式

　　IP Spoofing 攻击:IP 欺骗攻击是一种黑客通过向服务端发送虚假的包以欺骗服务器的做法。具体地说,就是将包中的源 IP 地址设置为不存在或不合法的值。服务器一旦接收到该包便会返回接收请求包,但实际上这个包永远返回不到来源处的计算机。这种做法使服务器必须开启自己的监听端口不断等待,这就浪费了系统各方面的资源。

LAND attack 攻击:这种攻击方式与 SYN floods 类似,不过在 LAND attack 攻击包中的原地址和目标地址都是攻击对象的 IP。这种攻击会导致被攻击的机器死循环,最终耗尽资源而死机。

ICMP floods 攻击:ICMP floods 是通过向路由器发送广播信息占用系统资源的做法。

Application 攻击:Application level floods 主要是针对应用软件层的,也就是高于 OSI 的,它同样是以大量消耗系统资源为目的,通过向 IIS 这样的网络服务程序提出无节制的资源申请来迫害正常的网络服务。

基于 ARP 攻击:ARP 是无连接的协议,当收到攻击者发送来的 ARP 应答时,它将接收 ARP 应答包中所提供的信息。更新 ARP 缓存。因此,含有错误源地址信息的 ARP 请求和含有错误目标地址信息的 ARP 应答均会使上层应用忙于处理这种异常而无法响应外来请求,使得目标主机丧失网络通信能力。产生拒绝服务,如 ARP 重定向攻击。

基于 ICMP 攻击:攻击者向一个子网的广播地址发送多个 ICMP Echo 请求数据包。并将源地址伪装成想要攻击的目标主机的地址。这样,该子网上的所有主机均对此 ICMP Echo 请求包做出答复,向被攻击的目标主机发送数据包,使该主机受到攻击,导致网络阻塞。

基于 IP 地址攻击:TCP/IP 中的 IP 数据包在网络传递时,数据包可以分成更小的片段。到达目的地后再进行合并重装。在实现分段重新组装的进程中存在漏洞,缺乏必要的检查。利用 IP 报文分片后重组的重叠现象攻击服务器,进而引起服务器内核崩溃。如 Teardrop 是基于 IP 的攻击。

基于应用层攻击:应用层包括 SMTP,HTTP,DNS 等各种应用协议。其中,SMTP 定义了如何在两个主机间传输邮件的过程,基于标准 SMTP 的邮件服务器,在客户端请求发送邮件时,是不对其身份进行验证的。另外,许多邮件服务器都允许邮件中继。攻击者利用邮件服务器持续不断地向攻击目标发送垃圾邮件,大量侵占服务器资源。

5) DDoS 防范措施

首先要保证网络设备不能成为瓶颈,因此选择路由器、交换机、硬件防火墙等设备的时候要尽量选用知名度高、口碑好的产品。再就是假如和网络提供商有特殊关系或协议的话就更好了,当大量攻击发生的时候请他们在网络接点处做一下流量限制来对抗某些种类的 DDoS 攻击是非常有效的。

尽量避免 NAT 的使用:无论是路由器还是硬件防护墙设备要尽量避免采用网络地址转换 NAT 的使用,因为采用此技术会较大降低网络通信能力,其实原因很简单,因为 NAT 需要对地址来回转换,转换过程中需要对网络包的校验和进行计算,因此浪费了很多 CPU 的时间。

有充足的网络带宽保证:网络带宽直接决定了能抗受攻击的能力,假若仅有 10M 带宽,无论采取什么措施都很难对抗当今的 SYNFlood 攻击,至少要选择 100M 的共享带宽,最好是 1000M 或 10000M 的主干上了。但需要注意的是,主机上的网卡是 1000M 的并不意味着它的网络带宽就是千兆的,若把它接在 100M 的交换机上,其实际带宽不会超过 100M。

升级主机服务器硬件:在有网络带宽保证的前提下,应尽量提升硬件配置,要有效对抗每秒 10 万个 SYN 攻击包。

把网站制作成静态页面：大量事实证明，把网站尽可能制作成静态页面，不仅能大大提高抗攻击能力，而且还给黑客入侵带来不少麻烦。

主机设置：所有的主机平台都有抵御 DoS 的设置，基本设置如下。

(1) 关闭不必要的服务；

(2) 限制同时打开的 Syn 半连接数目；

(3) 缩短 Syn 半连接的 time out 时间；

(4) 及时更新系统补丁。

网络设置：分布式拒绝服务攻击相关图片网络设备可以从防火墙与路由器上考虑。

(1) 防火墙设置：禁止对主机的非开放服务的访问，限制同时打开的 Syn 最大连接数、限制特定 IP 地址的访问、启用防火墙的防 DDoS 的属性、严格限制对外开放的服务器的向外访问。

(2) 路由器设置：以 Cisco 路由器为例，使用 unicast reverse-path 访问控制列表（ACL）过滤、设置 SYN 数据包流量速率、升级版本过低的 ISO、为路由器建立 Log Server。

9.6 访问日志管理

9.6.1 Syslog 记录协议

1. Syslog 概述

系统日志（Syslog）协议是在一个 IP 网络中转发系统日志信息的标准，它是在美国加州大学伯克利软件分布研究中心（BSD）的 TCP/IP 系统实施中开发的，目前已成为工业标准协议，可用它记录设备的日志。Syslog 记录着系统中的任何事件，管理者可以通过查看系统记录随时掌握系统状况。系统日志通过 Syslog 进程记录系统的有关事件，也可以记录应用程序运作事件，通过适当配置，还可以实现运行 Syslog 协议的机器之间的通信，通过分析这些网络行为日志，可追踪和掌握与设备和网络有关的情况。

在网络管理领域，Syslog 协议提供了一个传递方式，允许一个设备通过网络把事件信息传递给事件信息接收者（也称之为日志服务器）。由于每个进程、应用程序和操作系统有时候会独立完成，这导致在 Syslog 信息内容中会有一些不一致的地方。Syslog 协议就被设计用来传送事件信息，但是事件的接收不会进行通知，Syslog 协议和进程最基本原则就是简单，在协议的发送者和接收者之间不要求有严格的相互协调。事实上，Syslog 信息的传递可以在接收器没有被配置甚至没有接收器的情况下开始，反过来，在没有被清晰配置或者定义的情况下，接收器也可以接收到信息。

Syslog 常被称为系统日志或系统记录，是一种用来在互联网协议（TCP/IP）的网络中传递记录档讯息的标准。

Syslog 协议属于一种主从式协议：Syslog 发送端会传送出一个小的文字信息（小于1024B）到 Syslog 接收端。接收端通常名为"Syslogd"、"Syslog daemon"或 Syslog 服务器。系统日志信息可以被以 UDP 及或 TCP 来传送。这些资料是以明码形态被传送，不过由于 SSL 加密外套（例如 Stunnel、sslio 或 sslwrap 等）并非 Syslog 协议本身的一部分，因此可以被用来透过 SSL/TLS 方式提供一层加密。

2. Syslog 消息格式

系统消息由一个百分号开始，其结构如下所示。

%FACILITY-SUBFACILITY-SEVERITY-MNEMONIC: Message-text

（1）Facility（特性）：由两个或两个以上大写字母组成的代码，用来表示硬件设备、协议或系统软件的型号。

（2）Severity（严重性）：范围为 0～7 的数字编码，表示了事件的严重程度。

（3）Mnemonic（助记码）：唯一标识出错误消息的代码。

（4）Message-text（消息文本）：用于描述事件的文本串。消息中的这一部分有时会包含事件的细节信息，其中包括目的端口号、网络地址或系统内存地址空间中所对应的地址。

3. Syslog 的应用

图 9-24 是 Syslog 的应用方案的拓扑结构图，从图 9-24 看出，几乎所有的网络设备都可以通过 Syslog protocol 将日志信息以 UDP 方式传送到远端服务器，远端接收日志服务器必须通过 Syslog 来监听 UDP Port 514，并且根据 syslog.conf 中的配置来处理本机和接收访问系统的日志信息，把指定的事件写入特定档案中，供后台数据库管理和响应之用。也就是说可以让任何所产生的事件都登录到一台或多台服务器上，以便后台数据库可以相对远端设备以 Off-line 的方法分析事件。

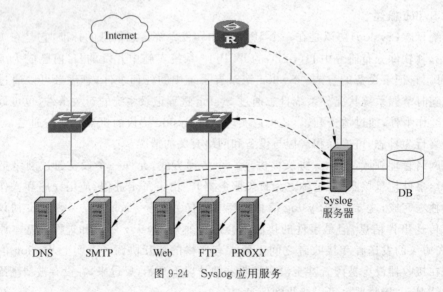

图 9-24　Syslog 应用服务

9.6.2　URL 访问记录

在这里介绍的是 IE 浏览器如何保存 URL 访问痕迹。

1. IE 浏览器 URL 访问记录设置

选择和单击 IE 浏览器下的"工具"→"Internet 选项"，打开"Internet 属性"对话框，如图 9-25 所示。

　　单击"浏览历史记录"下的"设置"按钮，打开"Internet 临时文件和历史记录设置"对话框，如图 9-26 所示。

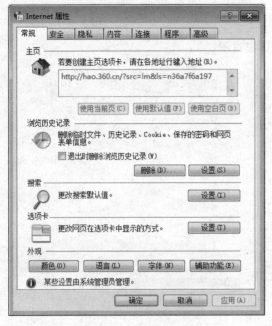

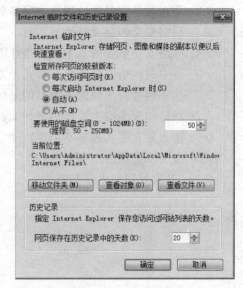

图 9-25　Internet 属性　　　　　　　　　　图 9-26　Internet 临时文件和历史记录设置

设置"网页保存在历史记录中的天数"，单击"确定"按钮，设置完毕。

2. IE 浏览器 URL 访问记录查询

在图 9-26 中，单击"查看文件"按钮，即可查看 URL 访问历史记录，如图 9-27 所示。

图 9-27　URL 访问记录查询

思考题

9-1：信息安全的策略有哪些?

9-2：简述数字签名的原理及数字签名的详细过程。

9-3：网络安全的定义是什么?

9-4：网络安全服务的基本内容是什么?

9-5：基本的网络安全威胁有哪几个方面?

9-6：构建网络防火墙的主要目的是什么?

9-7：网络防火墙的主要作用是什么?

9-8：防火墙有哪几种基本类型?

9-9：服务器管理的内容有哪些?

9-10：日志管理的内容有哪些?

第 10 章　网络通信管理

传统的通信网络(即电话交换的网络)是由传输、交换和终端三大部分组成。传输是传送信息的媒体,交换(主要是指交换机)是各种终端交换信息的中介体,终端是指用户使用的话机、手机、传真机和计算机等。

现代电信网是由专业机构以通信设备(硬件)和相关工作程序(软件)有机建立的通信系统,为个人、企事业单位和社会提供各类通信服务的总和。

人们的信息交流从语言、文字、印刷、电报、电话一直到今日的多姿多彩的现代通信。当今现代通信网络正向数字化、智能化、综合化、宽带化、个人化迈进。

本章主要内容:

- 网络通信协议;
- 路由管理技术;
- 拥塞控制与流量控制技术;
- 差错控制管理技术。

10.1　网络通信协议

本节主要介绍常规的网络通信协议及规程。

1. NETBEUI

NETBEUI 是为 IBM 开发的非路由协议,用于携带 NETBIOS 通信。NETBEUI 缺乏路由和网络层寻址功能,既是其最大的优点,也是其最大的缺点。因为它不需要附加的网络地址和网络层头尾,所以能很快有效且适用于单个网络或整个环境都桥接起来的小工作组环境。NETBEUI 帧中唯一的地址是数据链路层媒体访问控制(MAC)地址,该地址标识了网卡但没有标识网络。

2. IPX/SPX

IPX 是 NOVELL 用于 NETWARE 客户/服务器的协议群组,避免了 NETBEUI 的弱点,IPX 具有完全的路由能力,可用于大型企业网。它包括 32 位网络地址,在单个环境中允许有许多路由网络。

IPX 的可扩展性受到其高层广播通信和高开销的限制,服务广告协议(Service Advertising Protocol,SAP)将路由网络中的主机数限制为一万台以下。尽管 SAP 的局限性已经被智能路由器和服务器配置所克服,但是,大规模 IPX 网络的管理仍是非常困难的工作。

3. TCP/IP

TCP/IP 是在 20 世纪 60 年代由麻省理工学院和一些商业组织为美国国防部开发的,即便遭到核攻击而破坏了大部分网络,TCP/IP 仍然能够维持有效的通信。ARPANET 就是基于 TCP/IP 开发的,并发展成为作为科学家和工程师交流媒体的 Internet。

Internet 公用化以后,人们开始发现全球网的强大功能,Internet 的普遍性是 TCP/IP 至今仍然使用的原因。常常在没有意识到的情况下,用户就在自己的 PC 上安装了 TCP/IP 栈,从而使该网络协议在全球应用最广。

TCP/IP 的 32 位寻址功能方案不足以支持即将加入 Internet 的主机和网络数,因而可能代替当前实现的标准是 IPv6。

4. RS-232-C

RS-232-C 是 OSI 基本参考模型物理层部分的规格,它决定了连接器形状等物理特性、以 0 和 1 表示的电气特性及表示信号意义的逻辑特性。

RS-232-C 是 EIA 发表的,是 RS-232-B 的修改版。本来是为连接模拟通信线路中的调制解调器等 DCE 及电传打印机等 DTE 接口而标准化的。很多个人计算机也用 RS-232-C 作为输入输出接口,用 RS-232-C 作为接口的个人计算机也很普及。

RS-232-C 具有如下特点:采用直通方式、双向通信、基本频带、电流环方式、串行传输方式,DCE-DTE 间使用的信号形态、交接方式、全双工通信。RS-232-C 在 ITU 建议的 V.24 和 V.28 规定的 25 引脚连接器在功能上具有互换性。RS-232-C 所使用的连接器为 25 引脚插入式连接器,一般称为 25 引脚 D-SUB。DTE 端的电缆顶端接公插头,DCE 端接母插座。

RS-232-C 所用电缆的形状并不固定,但大多使用带屏蔽的 24 芯电缆。电缆的最大长度为 15m。使用 RS-232-C 在 200Kb/s 以下的任何速率都能进行数据传输。

5. RS-449

RS-449 是 1977 年由 EIA 发表的标准,它规定了 DTE 和 DCE 之间的机械特性和电气特性。RS-449 是想取代 RS-232-C 而开发的标准,但是几乎所有的数据通信设备厂家仍然采用原来的标准,所以 RS-232-C 仍然是最受欢迎的接口而被广泛采用。

RS-449 的连接器使用 ISO 规格的 37 引脚及 9 引脚的连接器,二次通道(返回字通道)电路以外的所有相互连接的电路都使用 37 引脚的连接器,而二次通道电路则采用 9 引脚连接器。

RS-449 的电特性,对平衡电路来说由 RS-422-A 规定,大体与 V.11 具有相同规格,而 RS-423-A 大体与 V.10 具有相同规格。

6. HDLC

HDLC(High-Level Data Link Control)是高可靠性、高速传输的控制规程。其特点如下:可进行任意位组合的传输;可不等待接收端的应答,连续传输数据;错误控制严密;适合于计算机间的通信。HDLC 相当于 OSI 模型的数据链路层部分的标准方式的一种。HDLC 的适用领域很广,近代协议的数据链路层大部分都是基于 HDLC 的。

7. SDLC

同步数据链路控制(Synchronous Data Link Control,SDLC)协议是一种 IBM 数据链路层协议,适用于系统网络体系结构(Systems Network Architecture,SNA)。

通过同步数据链路控制协议,数据链路层为特定通信网络提供了网络可寻址单元(Network Addressable Units,NAU)间的数据差错释放(Error-Free)功能。信息流经过数据链路控制层由上层往下传送至物理控制层。然后通过一些接口传送到通信链路。SDLC 支持各种链路类型和拓扑结构。应用于点对点和多点链接、有界(Bounded)和无界

(Unbounded)媒体、半双工(Half-Duplex)和全双工(Full-Duplex)传输方式,以及电路交换网络和分组交换网络。

SDLC 支持识别两类网络结点:主结点(Primary)和次结点(Secondary)。主结点主要控制其他结点(次结点)的操作。主结点按照预先确定的顺序选择次结点,一旦选定的次结点已经导入数据,那么它即可进行传输。同时主结点可以建立和拆除链路,并在运行过程中控制这些链路。主结点支配次结点,也就是说,次结点只有在主结点授权前提下才可以向主结点发送信息。

SDLC 主结点和次结点可以在 4 种配置中建立连接。

(1) 点对点(Point-to-Point):只包括两个结点,一个主结点,一个次结点。

(2) 多点(Multipoint):包括一个主结点,多个次结点。

(3) 环(Loop):包括一个环状拓扑,连接起始端为主结点,结束端为次结点。通过中间次结点相互之间传送信息以响应主结点请求。

(4) 集线前进(Hub Go-Ahead):包括一个 Inbound 信道和一个 Outbound 信道。主结点使用 Outbound 信道与次结点进行通信。次结点使用 Inbound 信道与主结点进行通信。通过每个次结点,Inbound 信道以菊花链(Daisy-Chained)格式回到主结点。

8. FDDI

FDDI(Fiber Distributing Data Interface,光纤分布式数据接口)的传输速度为100Mb/s,传输媒体为光纤,是令牌控制的光纤分布式数据接口,可连接的工作站数最多有 500 个,但推荐使用 100 个以下。FDDI 的连接形态基本上有两种:一种是用一次环路和二次环路的两个环构成的环状结构;另一种是以集线器为中心构成树状结构。工作站间的光纤为2km,双绞线则为 100m,但对单模光纤制定了结点间的距离可以延长到超过 2km 以上的标准。

FDDI 有三种接口:双配件站(DAS)、单配件站(SAS)、集线器(Concentrater)。通常仅使用一次环路,二次环路作为预备用系统处于备用状态。

9. SNMP(简单网络管理协议)

SNMP 是 TCP/IP 协议集中的网络管理协议。使用 SNMP 的管理模型,对 Internet 进行管理的协议,是在 TCP/IP 的应用层进行工作的。其优点是,不依赖于网络物理层的属性即可规定协议,对全部网络和管理可以采用共同的协议,管理者和被管理者之间可采用客户/服务器的方式,可称为代理(工具);如果管理者作为客户机工作,可称为管理器或管理站。代理的功能应该包括对操作系统和网络管理层的管理,取得有关对象的 7 层信息,并利用 SNMP 把该信息通知管理者。管理者本身应要求对有关对象的信息存储在代理中所含的 MIB(管理信息库)的虚拟数据库中。

10.2　路由管理

10.2.1　路由的基本概念

路由器可将数据包从一个数据链路转发到另一个数据链路。为了中转数据包,路由器使用了两个基本功能:路由选择和数据交换。

数据交换功能能让路由器从一个接口接收数据包并将其转发到下一个接口。路由选择功能使得路由器能选择最佳的接口(路径)来转发数据包。地址的结点部分是指路由器上的一个特定的端口,该端口通向哪个毗邻路由器。

当一台主机应用需要向位于不同网络的目的地发送数据包时,路由器从一个接口接收数据链路帧。网络层检查包头决定目的网络,然后查看路由表。路由表把网络与输出接口联系起来。原始的帧头信息被剥去并丢失,数据包再次封装进所选接口的数据链路帧,并放进发送到该路径的下一跳的队列中。

当数据包每次通过一个路由器切换时都会发生以上这个过程。当数据包到达连接包含目的主机的网络的路由时,数据包再次被用目的 LAN 的数据链路帧类型封装,并发送到目的主机。

10.2.2 静态路由策略

静态路由是最简单形式的路由。静态路由就是对路由器直接控制通信的路径用手工进行配置。换一种说法就是,静态路由表只能是网络管理员手工进行配置的,无论何时网络拓扑发生变化需要改变路由表时,网络管理员必须手动更新静态路由表。

有以下两种方法处理静态路由。

第一种方法是建造定义哪些网络块应该被路由穿过某个接口的路由表。例如,有一台与 A、B、C 三家 ISP 相连接的路由器,可以配置成将流向 10.10.0.1 的流量通过 ISP 的 A 接口,而将流向 10.100.0.2 网络块的流量路由通过 ISP 的 B 接口。

建造静态路由的第二种方法是为路由器创建网关。该网关可以配置成所有流量均通过它,或者将该网关和其他静态路由相结合使用,以便它只在目的地 IP 地址没有静态路由时使用。

静态路由接口和网关都需要直接连接向路由器。如果路由器不能到达接口它将丢弃该数据包。

采用静态路由技术能有效地阻止攻击,能防止有害信息损害路由表,但也会带来一个新的问题,就是网络在只有一台默认路由器时更容易受到 DoS(拒绝服务)攻击。如果连向不同的骨干并且使用动态路由协议以最佳路径路由流量,攻击者发起的大型攻击会更加困难,因为进出网络有多条通道。但若攻击者具有淹没网络的足够带宽,即使有多条连接其作用也是没有多大意义。从这个意义上来说,采用具有安全防范措施的动态路由协议比静态路由协议会更加安全。

10.2.3 动态路由策略

动态路由的主要技术是其路由表是动态的,在动态路由协议下工作。

动态路由在网络运行过程中能自动生成和更新,除了涉及少量的手工干预外,动态路由协议能提供更好的性能,因为数据可经过最佳路径进行传输。

动态路由协议启动后,路由表会通过路由进程自动更新,这种更新发生在从网络上收到新的消息的时候。在路由器间相互交换动态路由表的变更,这也是路由器更新路由的一部分。

动态路由协议有下述两大功能。

（1）维持路由表；

（2）定时发布路由更新给其他路由器。

动态路由协议依靠路由协议来共享认识。路由选择协议定义了一整套规则，路由器用它来与相邻路由器通信。例如，一个路由器是这样描述的：

- 更新如何被发送；
- 更新中包括发哪些内容；
- 何时发送数据；
- 如何定位更新的接收。

10.2.4　网络路由选择技术

1. 两种路由选择协议

网络的路由选择是由路由选择协议完成的。当前，网络的路由选择技术主要有两种路由选择协议，即被动路由协议（Routed Protocol）与路由选择协议（Routing Protocol）。

被动路由协议：任何网络协议在它的网络层地址提供足够的信息，使得数据包能基于地址方案把数据包从一台主机送到另一台主机。被动路由协议定义了数据包内这部分区域的格式和用法。数据包通常从一个端系统传送到另一个端系统。IP 是被动路由协议的一个例子。

路由选择协议：一种通过提供共享路由信息的机制来支持被动路由协议的协议。路由选择协议的消息在路由器之间传递。路由选择协议允许通过路由器间的通信来更新和维护路由表。TCP/IP 中路由选择协议的典型技术有：路由信息协议（RIP）、内部网关路由协议（IGRP）、增强的内部网关路由协议（Enhanced IGRP）和开放最短路径优先协议（OSPF）等。

2. IP 路由选择协议

路由协议工作在 OSI 模型的第三层（网络层），路由器能使用 IP 路由选择协议的一个特定的协议来完成路由功能。IP 路由选择协议有以下几个。

（1）RIP：距离矢量路由选择协议。

（2）IGRP：Cisco 距离矢量路由选择协议。

（3）OSPF：链路路由选择协议。

（4）EIGRP：负载平衡路由选择协议。

3. 路由选择协议的分类

路由选择协议共分为以下三大类型。

（1）距离矢量路由选择协议（Distance Vector Routing Protocol）：距离矢量路由选择协议决定了到网络上任一链路的距离和方向（矢量）。

（2）链路状态路由选择协议（Link State Routing Protocol）：链路状态路由选择协议又称为最短路优先协议（Shortest Path First，SPF），近似地重现了整个网络的精确拓扑结构。

（3）混合均衡协议（Balanced Hybrid Protocol）：综合了上述距离矢量路由选择协议和链路状态路由选择协议的基本功能和特点的路由选择协议。

4. 收敛

路由选择协议用于决定从特定源到特定目的地的最佳路由，这大多是动态路由协议。无论何时由于路由扩大、网络重组或网络故障造成网络拓扑发生变化时，网络认识也必须发生相应的变化。网络认识必须反映精确的、持续的新拓扑视图。生成这种精确的、持续的新拓扑图称为"收敛"。

当网络中的所有路由器都操作同一网络认识时,则说这个网络是收敛的。快速收敛是可取的网络特征,因为它节省了时间。如果路由器使用过时的网络认识来做不正确的或无用的路由决定,则会大量地浪费时间。

5. 距离矢量路由选择协议

距离矢量路由选择协议(Distance Vector Routing Protocol)通过阶段性地从一个路由器到另一个路由器复制路由表来实现路由选择。每个路由器从它相邻的路由器获取一张路由表,如图 10-1 所示。

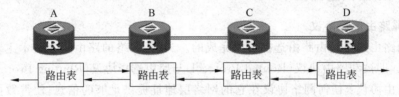

图 10-1 定期更新在路由器间通信拓扑的变化

例如,如果路由器 A 经过路由器 B 和 C 向路由器 D 发送消息,首先路由器 B 从路由器 A 那里收到该条消息及一张路由表,并把这一消息和路由表传送给与它相邻的结点 C。再由 C 传给 D,如图 10-1 所示。路由协议过程就是这样按部就班地发生在所有相邻的路由器之间。

6. 链路选择协议

路由选择协议的第二个协议是链路状态路由选择协议 LSP,链路状态选择协议维持一个拓扑信息的复杂数据库。距离矢量协议没有关于远端网络的特定信息并且不了解远端路由器,路由选择协议使用了链路状态通告(Link State Advertisement,LSA)、一个布局数据库、SPF 协议、SPF 结果树以及关于路径和每个网络的端口的路由表。

10.2.5 RIP

RIP(Routing Information Protocol,路由信息协议)是一种典型的、应用广泛的路由选择协议。它是依靠物理网络的广播功能来迅速交换路由选择信息。

RIP 把参与通信的机器分为主动式和被动式两种方式。主动方式路由器能主动向其他路由器通告其路由,而被动路由器不能通告路由,只能接收由主动路由器广播的通告,并在此基础上更新其自身的路由。值得注意的是,只有路由器才能以主动方式使用 RIP,而主机只能以被动方式使用 RIP。

以主动方式运行 RIP 的路由器每隔 30s 就向网络广播一个路由选择更新报文,该报文包含路由器当前的路由选择数据库中的信息。每个更新报文由序偶构成,每个序偶由一个 IP 网络地址和一个代表到该网络距离的整数构成。RIP 使用跳数来衡量到达目的站的距离。在 RIP 度量标准中,路由器到它直接相连的网络的距离为 1 跳(其他路由选择协议把直接连接定义为 0 跳),到通过另一个路由器可达的网络的距离为 2 跳,其余以此类推。因此,从给定源站到目的站的一条路径的跳数对应于数据报沿该路径经过的路由器数。显然,使用跳数作为衡量最短路径并不一定会得到最佳效果。例如,一条经过三个以太网的高速线路(跳数为 3)的路径,可能比经过两条低速串行线路(跳数为 2)的路径要快得多。为了弥补传输技术上的差距,许多 RIP 实现允许网络管理员在通告低速网络路由时手工配置较高的跳数。

RIP 必须处理底层算法的三类错误。

（1）由于算法不能明确地检测出路由选择环路,RIP 或者假定参与者是可信任的,或者采取一定的预防措施。

（2）RIP 必须对可能的距离使用一个较小的最大值来防止出现不稳定的现象（RIP 使用的值是 16）。因此,对于那些实际跳数值在 16 左右的互联网,管理员或者把它划分为若干部分,或者采用其他的协议。

（3）路由选择更新报文在网络之间的传播速度很慢,RIP 使用的矢量距离算法会产生慢收敛或无限计数问题,从而引发不一致性。选择一个小的值（16）,可以限制慢收敛问题,但问题得不到彻底的解决。

RIP 具有下列特性。

（1）RIP 是一个距离矢量路由选择协议;

（2）跳数作为路由选择的计量单位;

（3）允许最大跳数是 15;

（4）路由更新默认是每 30s 一次。

10.2.6　OSPF

1. 最短路径优先协议

最短路径优先（Shortest Path First,SPF）协议通常称为链路状态算法。SPF 算法要求每一个参与工作的路由器都要具有全部的拓扑结构信息。最简单的描述拓扑结构的思路就是让每个路由器都拥有一张标出所有路由器及其所连接的网络拓扑图。用理论术语（图论）来表示就是用"点"代表路由器,用"线"代表与路由器相连的网络。两点之间有一条连线（链接）的条件是：当且仅当对应于这两点的路由器能直接通信（即不再经过其他的路由器）。

参与 SPF 算法的路由器不需要传输包含目的站列表的报文,而是要履行两项任务。首先它必须负责检测所有相邻路由器的状态,从图论的观点来说,两个路由器共享一条链接时称为"相邻",若用网络术语进行描述,两个相邻的路由器连接到同一个网络中。其次,它要周期性地向其他路由器传输链路状态。

为了检测与之相连接的相邻的路由器状态,路由器周期性地发送短报文,询问其邻站是否可到达且处于活跃状态。如果邻站回答了,说明两者之间的链接是正常的,否则就认为链接有故障。为了通知其他所有的路由器,每个路由器周期性地广播列出该路由器的各个链路状态的报文。这种状态报文并不指出路由,它只报告某一对路由器之间是否能够通信。运行于路由器之上的协议软件负责把各个链接的状态报告分发给各个参与算法的路由器。

链路状态报文到达之后,路由器使用其中的信息把链接标为正常或故障,更新自己的互联网映射图。链接状态变化之后,路由器使用著名的 Dijkstra 最短路径算法,对相应的映射图求最短路径。Dijkstra 算法可以从单个源点开始计算到其他所有目的地的最短路径。

SPF 算法的主要优点之一就是每个路由器使用同样的原始状态数据,不依赖中间机器的计算,而是独立地计算出路由,所以客观存在确保了路由算法的收敛性。最后,由于链路状态报文仅携带与单个路由器直接相连的链接的信息,报文的长短独立于互联网中的网络。

因此 SPF 算法的性能优于矢量距离算法,更适用于大规模互联网。

2. 开放性 SPF 协议

OSPF 协议即开放 SPF 协议(Open SPF),是在 SPF 协议的基础上发展起来的,它除了具有 SPF 协议的所有功能以外,还增加了以下功能。

(1) 公开发布了各种规范;

(2) 包含服务类型选路;

(3) 提供了负载均衡功能;

(4) 为了允许网点上的网络扩展并易于管理,OSPF 允许网点把网络和路由器划分为若干称为区域的子网;

(5) 路由器上交换的任何信息都是可以进行鉴别的。OSPF 支持各种鉴别机制,而且允许各个区域之间的鉴别机制互不相同;

(6) OSPF 支持特定于主机的路由、子网路由和特定于网络的路由;

(7) OSPF 扩展了 SPF 算法,以适应多点接入的网络;

(8) 为了获得最大的灵活性,OSPF 允许管理员描述一个从物理连接中舍弃细节而抽象出来的虚拟网络拓扑结构;

(9) OSPF 允许路由器之间交换从其他网点获得的路由信息。

10.2.7　IGP

内部网关协议(Interior Gateway Protocol,IGP)用于自治系统内部的路径信息交换,IGP 提供网关了解本自治系统内部各网络路径信息的机制。

在计算机网络技术中,无论任何操作,一旦通过协议描述出现,就意味着两点:第一,这些协议针对的是大量的或变化迅速的,或既大量又变化迅速的对象,这些对象很难用人工的方式进行处理;第二,这些协议描述的操作可以通过软件自动实现。

对内部网关协议的需求也不外乎出自上述两点,在小型的变化不大的网间网中,完全可以由管理员人为地构造和刷新网关寻径表,但在大型、变化剧烈的网间网中,人工方式远远满足不了需要,随着网间网规模的扩大,内部网关协议应运而生。

与外部网关协议 EGP 不同的是,内部网关协议不止一个,而是一族,它们的区别在于距离制式不同,或在于路径刷新算法不同,为简便,我们把这些内部网关协议统称为 IGP。

出现不同的 IGP 既有技术上的原因,也有历史的原因,从技术方面看,不同的自治系统的拓扑结构和技术不同,这为不同 IGP 的出现提供可能。从历史的角度看,在网间网发展的早期,没有出现一种良好的广为接受的 IGP,造成了目前 IGP 纷呈的场面,在现在的网间网中,大多数自治系统都使用自己的 IGP 进行内部路径信息广播,有些甚至采用 EGP 代替 IGP。

IGP 及 EGP 的拓扑结构如图 10-2 所示。

10.2.8　EGP

1. 概述

EGP(Exterior Gateway Protocol,外部网关协议)是一种用于自治系统之间交换路由信息的协议。

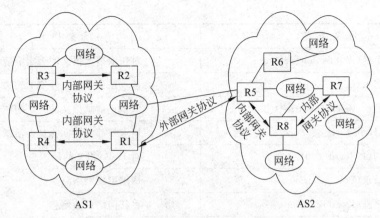

图 10-2　内部网关协议及外部网关协议拓扑图

EGP 是 Internet 早期使用的一种外部网关路由协议,包含邻居获取、邻居可达性确认、网络可达性确认三个过程。通过 EGP 交换的消息都是只经过一跳,也就是说交换 EGP 消息的两个路由器必须是外部邻居,不能有中间路由器。路由器收到不是发给自己的 EGP 消息时,可以将其丢弃。

EGP 是一个在自治系统网络中两个邻近的网关主机(每个都有它们自己的路由)间交换路由信息的协议。EGP 常常被用来在 Internet 的两个主机间交换路由表信息。路由表包括已知的路由器清单、它们能到达的地址以及与每个路由的路径相关的成本度量,以便选出最好的可用路径。每个路由器按照一定的时间间隔,通常在 120~480s 之间,就给它的邻近路由发送信息,然后邻近路由就会将自己的完整路由表发回给它。EGP-2 是 EGP 的最新版本。

大部分的公司和机构将它们拥有的路由器组合成一个自治系统,自治系统的本地路由选择信息使用 RIP 或者 OSPF 等内部网关协议进行收集。而在这些自治系统中,通过为位于各自治区域边界的两台相邻路由器提供交换路由选择信息的方法,选择一台或者多台路由器使用 EGP 与其他自治区域通信。EGP 路由器只向其自治区域边界上的路由器转发路由选择表信息来获得对方自治系统的路由信息,从而为 IP 数据报选择最佳路由。

2. EGP 的基本功能

EGP 应具有以下三个基本功能。

(1) 支持邻站获取机制,即允许一个路由器请求另一个路由器同意交换可达路由信息。

(2) 路由器持续测试其 EGP 邻站是否有响应。

(3) EGP 邻站周期性地传送路由更新报文来交换网络可达路由信息。

3. EGP 报文类型

EGP 定义了在该协议实现过程中使用的 10 种报文类型,如表 10-1 所示。

表 10-1　EGP 报文类型

报 文 类 型	报 文 描 述
获取请求(Acquisition Request)	请求路由器建立外部邻站关系
获取确认(Acquisition Confirm)	对获取请求报文的肯定响应

续表

报 文 类 型	报 文 描 述
获取拒绝(Acquisition Refuse)	对获取请求报文的否定响应
中止请求(Cease Request)	请求路由器中止外部邻站关系
中止确认(Cease Confirm)	对中止请求报文的肯定响应
你好(Hello)	请求外部邻站回答是否活跃
已听到(I Heard You)	对 Hello 报文的回答
轮询请求(Poll Request)	请求更新网络路由信息
路由更新(Routing Update)	更新网络可达信息
差错报文(Error)	对不正确报文的响应

4. EGP 的用途

外部网关协议用于在非核心的相邻网关之间传输信息。非核心网关包含互联网络上所有与其直接相邻的网关的路由信息及其所连机器信息,但是它们不包含 Internet 上其他网关的信息。对绝大多数 EGP 而言,只限制维护其服务的局域网或广域网信息。这样可以防止过多的路由信息在局域网或广域网之间传输。EGP 强制在非核心网关之间交流路由信息。

由于核心网关使用 GGP,非核心网关使用 EGP,而二者都应用在 Internet 上,所以必须有某些方法使二者彼此之间能够通信。Internet 使任何自治(非核心)网关给其他系统发送"可达"信息,这些信息至少要送到一个核心网关。如果有一个更大的自治网络,常常认为有一个网关来处理这些可达信息。

和 GGP 一样,EGP 使用一个查询过程来让网关清楚它的相邻网关并不断地与其相邻者交换路由和状态信息。EGP 是状态驱动的协议,意思是说它依赖于一个反映网关情况的状态表和一组当状态表项变化时必须执行的一组操作。

10.2.9　BGP

在现代网络通信中,路由协议除了内部网关协议、外部网关协议之外,还有一个边界网关协议(Border Gateway Protocol,BGP)。

由于 EGP 的局限性,在它的基础上提出了另外一种外部网关路由协议,即边界网关协议。

BGP 目前已经成为 Internet 的标准外部网关路由协议。BGP 对于互联网络的拓扑结构没有任何限制,所传递的路由信息足以用来构建一个自治系统的连接图,可以以此为根据删除路由回路。

按照 BGP 路由器的观点,与自己互联的网络由其他的 BGP 路由器及连接它们的线路组成。如果两个 BGP 路由器共享同一网络,则认为它们是邻居。BGP 路由器之间通过交换 BGP 消息实现路由协议,BGP 消息通过 BGP 路由器之间的 TCP 连接发送。

BGP 基本上是一个距离向量协议,但它与其他同类协议又有很大不同。每个 BGP 路由器记录的是使用的实际路由,而不是到各个目的地的开销。BGP 路由器不是定期向它的每个邻居提供到各个可能目的地的开销,而是向邻居说明正在使用的实际路由。

BGP 系统与其他 BGP 系统之间交换网络可到达信息。这些信息包括数据到达这些网络所必须经过的自治系统 AS 中的所有路径。这些信息足以构造一幅自治系统连接图。然后,可以根据连接图删除路由环,制定路由策略。

首先,将一个自治系统中的 IP 数据报分成本地流量和通过流量。在自治系统中,本地流量是起始或终止于该自治系统的流量。也就是说,其信源 IP 地址或信宿 IP 地址所指定的主机位于该自治系统中。其他的流量则称为通过流量。在 Internet 中使用 BGP 的目的之一就是减少通过流量。

可以将自治系统分为以下几种类型。

(1) 残桩自治系统(Stub AS):与其他自治系统只有单个连接,只有本地流量。

(2) 多接口自治系统(Multihomed AS):与其他自治系统有多个连接,但拒绝传送通过流量。

(3) 传送自治系统(Transit AS):与其他自治系统有多个连接,在一些策略准则之下,它可以传送本地流量和通过流量。

这样,可以将 Internet 的总拓扑结构看成是由一些残桩自治系统、多接口自治系统以及转送自治系统的任意互连。残桩自治系统和多接口自治系统不需要使用 BGP,它们通过运行 EGP 在自治系统之间交换可到达信息。

10.3 拥塞控制与流量控制

10.3.1 网络拥塞

当加载到某个网络上的载荷超过其处理能力时,就会出现拥塞现象。

拥塞现象应用物理层的规则便可以得到控制,这个规则即分组保持规则。就是只有当一个旧的分组被发送出去后再向网络注入新的分组。TCP 试图通过动态地控制滑动窗口的大小来达到这一目的。

控制拥塞首先要做的是检测。以前检测拥塞的现象是很困难的。分组丢失而造成超时有两个原因:一个是由于传输线路上的噪声干扰;另一个是拥塞的路由器丢失了分组。

现在,由于传输错误造成分组丢失的情况相对较少,因为大多数长距离的主干线都是光纤。因此,Internet 上发生的超时现象大多数都是由于拥塞造成的。Internet 上所有的 TCP 算法都假设分组传输超时是由拥塞造成的,并且以监控定时器超时作为出现问题的信号。

当数据从一个大的管道向一个较小的管道(如一个高速局域网和一个低速的广域网)发送数据时便会发生拥塞。当多个输入流到达一个路由器,而路由器的输出流小于这些输入流的总和时也会发生拥塞。

10.3.2 拥塞控制技术

1. 慢启动算法

综上所述,在 Internet 上存在网络的容量和接收方的容量两个潜在问题,它们需要分别进行处理。为此,每个发送方均保持两个窗口:接收方承认的窗口和拥塞窗口。每个窗口都反映出发送方可以传输的字节数。取两个窗口的最小值作为可以发送的字节数。这样,有效窗口便是发送方和接收方分别认为合适的窗口中最小的一个窗口。

当建立连接时,发送方将拥塞窗口大小初始化为该连接所有最大报文段的长度值,并随后发送一个最大长度的报文段。如果该报文段在定时器超时之前得到了确认,那么发送方在原拥塞窗口的基础上再增加一个报文段的字节值,使其为两倍最大报文段的大小,然后发送。当这些报文段中的每一个都被确认后,拥塞窗口大小就再增加一个最大报文段的长度。

当拥塞窗口是 N 个报文段的大小时,如果发送的所有 N 个报文段都被及时确认,那么将拥塞窗口大小增加 N 个报文段所对应的字节数目。

拥塞窗口保持指数规律增大,直到数据传输超时或者达到接收方设定的窗口大小。也就是说,如果发送的数据长度序列,如 1024B、2048B 和 4096B 都能正常工作,但发送 8192B 数据时出现定时器超时,那么拥塞窗口应设置为 4096 以避免出现拥塞。只要拥塞窗口保持为 4096B,便不会再发送超过该长度的数据量,无论接收方赋予多大的窗口空间也是如此。这种算法是以指数规律增加的,通常称为慢启动算法。所有的 TCP 实现都必须支持这种算法。

慢启动算法工作过程如下。

慢启动为发送方的 TCP 增加了一个窗口,即拥塞窗口。当与另一个网络的主机建立 TCP 连接时,拥塞窗口被初始化为一个报文段(即另一端通告的报文段大小)。每收到一个 ACK,拥塞窗口就增加一个报文段(拥塞窗口以 B 为单位,但是慢启动以报文段大小为单位进行增加)。发送方取拥塞窗口与接收方窗口中的最小值作为发送上限。拥塞窗口是发送方使用的流量控制,而接收窗口则是接收方使用的流量控制。

在某些点上可能达到了互联网的容量,于是中间路由器开始丢弃分组,并通知发送方其固有的拥塞窗口开得过大。

2. 拥塞避免算法

慢启动算法不能解决的问题是:数据传输达到中间路由器的极限时,分组将被丢弃。拥塞避免算法是一种处理丢失分组的最佳方法。

该算法假定由于分组受到损坏引起的丢失是极少的,因此分组丢失就表明在源主机和目的主机之间的某处网络上发生了拥塞。

拥塞避免算法和慢启动算法是目的不同的、独立无关的算法。但是当拥塞发生时,为了降低分组进入网络的传输速率,于是可以调用慢启动来做到这一点。在实际中这两个算法通常在一起实现,描述如下。

(1) 对一个给定的连接,初始化拥塞窗口为一个报文段,门限为 65 535B。

(2) TCP 输出例程的输出不能超过拥塞窗口和接收方窗口的大小。拥塞避免是发送方使用的流量控制,而接收方窗口则是接收方进行的流量控制。前者是发送方感受到的网络拥塞的估计,而后者则与接收方在该连接上的可用缓存大小有关。

(3) 当拥塞发生时(超时或收到重复确认),门限被设置为当前窗口大小的一半(拥塞窗口和接收方窗口大小的最小值,但最少为两个报文段)。此外,如果是超时引起了拥塞,则拥塞窗口被设置为一个报文段(这就是慢启动)。

(4) 当新的数据被对方确认时,就增加拥塞窗口,但增加的方法依赖于是否正在进行慢启动或拥塞避免。如果拥塞窗口小于或等于门限,则正在进行慢启动;否则正在进行拥塞避免。

慢启动一直持续到返回当拥塞发生之初所处窗口大小的一半时才停止,然后才转去执行拥塞避免。

慢启动只是采用了比引起拥塞更慢的分组传输速率,但在慢启动期间进入网络的分组数的速率仍然在增加。只有在达到门限拥塞避免算法起作用时,这种增加的速率才会慢下来。

3. 快速重传与快速恢复算法

如果一连串收到三个或三个以上的重复 ACK,就表明有一个报文段丢失了。于是就重传丢失的数据报文段,而无须等待超时定时器溢出。这就是快速重传算法。

由于接收方只有在收到另一个相同的报文段时才产生重复的 ACK,而该报文段已经离开了网络并进入了接收方的缓存。也就是说,在收、发两端之间仍然有流动的数据,而不执行慢启动来突然减少数据流。

快速重传与快速恢复算法步骤如下。

(1)当收到第三个重复的 ACK 时,将门限设置为当前拥塞窗口的一半,重传丢失的报文段,设置拥塞窗口为门限加上三倍的报文段大小;

(2)每次收到另一个重复的 ACK 时,拥塞窗口增加一个报文段大小,并发送一个分组(如果新的拥塞窗口允许发送);

(3)当下一个确认数据的 ACK 到达时,设置拥塞窗口为门限(在步骤(1)中设置的值)。这个 ACK 应该是在进行重传后的一个往返时间内对步骤(1)中重传的确认。另外,这个 ACK 也应该是对丢失的分组和收到的第一个重复的 ACK 之间的所有中间报文段的确认。

这一步骤采用的是拥塞避免算法,因为当分组丢失时该算法能将当前的速率减半。

10.3.3　流量控制技术

在数据链路层及高层协议中,一个最重要的控制技术就是流量控制技术。所谓流量控制,就是如何处理发送方的发送能力比接收方的接收能力大的问题,即当发送方是在一个相对快速或负载较轻的计算机上运行,而接收方是在一个相对慢速或负载较重的机器上运行时。如果发送方不断地高速将数据帧发出,最终会"淹没"接收方,即使传输过程毫无差错,但到某一时刻,接收方将无能力处理刚收到的帧,就会发生信息"丢失"的现象,因此,必须采取有效的技术与措施来防止这种丢失帧的情况发生。

最常见的方法是引入流量控制来限制发送方发出的数据流量,使其发送速率不超过接收方处理的速率。这种限制流量需要某种反馈机制,使发送方了解接收方的处理速度是否能够跟上发送方发送帧的速度。

大部分已知的流量控制协议的基本原理是相同的。此协议中包括一些定义完整的规则,这些规则描写了接收方在什么时候接收下一帧,在未获得接收方直接或间接允许之前,发送方禁止发出帧。例如,当有一个连接建立好后,接收方可以告诉对方:"现在你可以给我发送帧了,但是在此后,直到我告诉你继续时,才可以发送帧。"

10.4　差错控制管理

10.4.1　差错控制的基本概念

1. 差错

所谓差错就是在数据通信中,接收端接收到的数据与发送端发出的数据出现不一致的现象。差错包括:

(1) 数据传输过程中有位丢失。

(2) 发出的位值为"0"而接收到的位值为"1"或发出的位值为"1"而接收到的位值为"0",即发出的位值与接收到的位值不一致。

2. 热噪声

这里所说的噪声是指不正常的干扰信号。在网络通信中要尽量避免噪声或减少噪声对信号的影响。

热噪声是影响数据在通信介质中正常传输的各种干扰因素。数据通信中的热噪声主要包括以下几种。

(1) 在数据通信中,信号在物理信道上因线路本身电气特性随机产生的信号幅度、频率、相位的畸形和衰减。

(2) 电气信号在线路上产生反射造成的回音效应。

(3) 相邻线路之间的串线干扰。

(4) 大气中的闪电、电源开关的跳火、自然界磁场变化以及电源波动等外界因素。

热噪声分为两大类:随机热噪声和冲击热噪声。

(1) 随机热噪声是通信信道上固有的,持续存在的热噪声。这种热噪声具有不固定性,所以称为随机热噪声。

(2) 冲击热噪声是由外界某种原因突发产生的热噪声。

3. 差错的产生

数据传输中所产生的差错都是由热噪声引起的。由于热噪声会造成传输中的数据信号失真,产生差错,所以在传输中要尽量减少热噪声。

4. 差错控制

差错控制就是指在数据通信过程中,发现差错、检测差错,对差错进行纠正,从而把差错尽可能限制在数据传输所允许的误差范围内所采用的技术和方法。

5. 差错控制编码

差错控制的核心是差错控制编码。差错控制编码的基本思想是通过对信息序列实施某种变换,使原来彼此独立、没有相关性的信息码元序列,经过变换产生某种相关性,接收端据此相关性来检查和纠正传输序列中的差错。不同的变换方法构成不同的差错控制编码。

用以实现差错控制的编码分为检错码和纠错码两种。检错码是能够自动发现错误但不能自动纠错的传输编码;纠错码是既能发现错误,又能自动纠正传输错误的编码。

10.4.2　差错控制方法

差错控制方法主要有:自动请求重发、前向纠错和反馈校验法。

1．自动请求重发 ARRS

自动请求重发（Automatic Repeat Request System，ARRS）又称检错重发，它是利用编码的方法在数据接收端检测差错，当检测出差错后，设法通知发送数据端重新发送出错的数据，直到无差错为止。ARRS 的特点是：其只能检测出有无误码，但不能确定出误码的准确位置，应用 ARRS 需要系统具备双向信道，如图 10-3 所示。

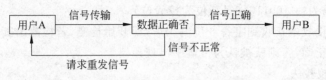

图 10-3　自动请求重发技术流程图

2．前向纠错 FEC

前向纠错（Forward Error Correct，FEC）是利用编码方法，在接收端不仅能对接收的数据进行检测，而且当检测出错误码后能自动进行纠正。FEC 的特点是：接收端能够准确地确定错误码的位置，从而可自动进行纠错。应用 FEC 不需要反向信道，不存在重发延时问题，所以实时性强，但纠错设备比较复杂，其纠错过程如图 10-4 所示。

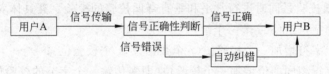

图 10-4　前向纠错技术流程图

前向纠错是利用编码方法，在接收端检测出有数据错误后，并能定位是哪一位编码错误，之后可自动纠错。纠错很简单，将错误位的数码求反，将"0"变为"1"，将"1"变为"0"即可。

3．反馈校验法 FVM

反馈校验法（Feedback Verify Method，FVM）是接收端将收到的信息码原封不动地发回发送端，再由发送端用反馈回来的信息码与原发信息码进行比较，如果发现错误，发送端进行重发，如图 10-5 所示。反馈校验的特点是：方法、原理和设备都比较简单，但需要系统提供双向信道，因为每一个信息码都至少传输两次，所以传输效率低。

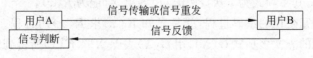

图 10-5　反馈校验技术流程图

4．检错编码方法

差错检测方法很多，例如，奇偶校验检测、水平垂直奇偶校验检测、定比检测、正反检测、循环冗余检测及海明检测等方法。所有这些方法分别采用了不同的差错控制编码技术。下面介绍几种常用的检错控制编码方法。

1）垂直奇偶校验法

垂直奇偶校验是以字符为单位进行校验的方法。以 ASCII 码为编码的字符为例，一个字符由 8 位组成，其中，低 7 位是信息位，最高位是校验位。

奇校验的规则是，确保发出的一组信息码中含"1"的个数为奇数；偶校验的规则是，确保发出的一组信息码中含"1"的个数为偶数。

例如，如果一个字符的 7 位信息码为 1001101，采用奇校验编码，求其校验位的值。

由于这个字符的 7 位代码中有"1"的个数为偶数（4 个），所以其校验位的值为"1"。即整个 8 位发送编码为：11001101（最高位为校验位）。

在传输中，当接收端接收到字符 8 位编码后，即开始检测，若检测出其含"1"的个数为奇数，则被认为传输正确，否则就被认为传输中出现差错。

2）水平奇偶校验法

水平奇偶校验是以字符组为单位的一种校验方法。对一组字符中的相同位进行奇偶校验。水平奇偶校验法通常以 7 个字节（即 7 个字符）为一组，外加一个字节的校验码进行校验。

数据传输以字符为单位进行传输，传输按字符一个个地进行，最后传输一个字节的校验码。

3）水平垂直奇偶校验法

水平垂直奇偶校验是同时进行水平和垂直奇偶校验的校验。其具体实现过程如下。

（1）组成一个字符组（8 字节一个组）；

（2）对每一个字符增加一个校验位（7 个数据位，1 个校验位）；

（3）对每组字符相同的位增加一个校验位（即多传输一个字节的校验信息）。

具体传输过程是，先按水平奇偶校验法进行数码传输和校验，待一组字符（8 个字节）全部传输完毕后，再进行垂直校验。

水平垂直奇偶校验法的可靠性高，但编码复杂，检测时间长。

4）循环冗余码校验法

循环冗余检验码（Cyclic Redundancy Code，CRC）又称多项式码，是一种在计算机网络和数据通信中使用最广泛的检错码之一。循环冗余检验码是在发送端产生一个循环冗余检验码。

循环冗余检验的基本原理如下。

设：信息码为 k 位，其多项式为 $(k-1)$ 次多项式，记为 $K(x)$。

冗余码为 n 位，其多项式为 r 次（$r=n-1$）多项式，记为 $R(x)$。

由信息位产生冗余位的编码过程，就是已知 $K(x)$ 求 $R(x)$ 的过程。在 CRC 码中可以通过找到一个特定的 n 次多项式 $G(X)$，用 $G(X)$ 去除 $X^n \times K(x)$ 所得到的余式就是 $R(x)$。

在信息接收端，用信息码与冗余码进行若干次异或运算，当余式为零时则认为传输无差错，否则认为传输有差错。

5. 前向纠错技术

前向纠错就是在信息接收端能自动检测错误，并能进行错误编码的定位，从而能自动进行纠错。纠错原理很简单，将错误码求反即可，关键是如何定位错误码的位置。

1）自动校验公式及校验码

这里以传输一个 4 位数据为例，介绍一种自动纠错的算法。

每个字符除了 4 位数码外，还要增加 4 个校验位，即一组信息共 8 位。从左到右其二进制编码用 C1～C8 表示。

2）校验方法

校验码计算公式如下。

$$C1 \oplus C2 \oplus C3 \oplus C4 \oplus C5 = 0 \tag{1}$$
$$C1 \oplus C2 \oplus C3 \oplus C6 = 0 \tag{2}$$
$$C1 \oplus C3 \oplus C4 \oplus C7 = 0 \tag{3}$$
$$C1 \oplus C2 \oplus C4 \oplus C8 = 0 \tag{4}$$

而：

$$C5 = C1 \oplus C2 \oplus C3 \oplus C4 \tag{5}$$
$$C6 = C4 \oplus C5 \tag{6}$$
$$C7 = C2 \oplus C5 \tag{7}$$
$$C8 = C3 \oplus C5 \tag{8}$$

其中，符号"$\oplus$"表示异或运算。

在发送端，用（5）～（8）式计算出校验码 C5、C6、C7 和 C8，连同前 4 位数码一起发给接收端；在接收端，用（1）～（4）式进行校验，若 4 个式子计算结果都为"0"，则传输正确，只要有一个式子的计算结果为"1"，则说明传输有错。

例：设信息码为 1101，即 C1＝1，C2＝1，C3＝0，C4＝1，求出 4 位校验位 C5，C6，C7，C8。根据上述计算公式（5）～（8）计算得到：

$$C5 = 1 \oplus 1 \oplus 0 \oplus 1 = 1$$
$$C6 = 1 \oplus 1 = 0$$
$$C7 = 1 \oplus 1 = 0$$
$$C8 = 0 \oplus 1 = 1$$

因之，得到 8 位发送编码如下：

C1	C2	C3	C4	C5	C6	C7	C8
1	1	0	1	1	0	0	1

在接收端接收完 8 位数码后即用（1）～（4）式进行校验，若接收端收到的 8 位编码都正确，则 4 个式子的计算结果肯定为 0，如果有一位错误，则至少有一个式子的结果不为 0。例如，设接收端收到的 C4＝0，而其余位正确，将 C1～C8 代入（1）～（4），则有：

$$1 \oplus 1 \oplus 0 \oplus 0 \oplus 1 = 1$$
$$1 \oplus 1 \oplus 0 \oplus 0 = 0$$
$$1 \oplus 0 \oplus 0 \oplus 0 = 1$$
$$1 \oplus 1 \oplus 0 \oplus 1 = 1$$

从上述看出，除了式（2）正确（结果为 0）以外，其余三式全错（结果为 1）。

3）差错判断法则

若式（1）、式（2）、式（3）、式（4）全错，则 C1 必错；

若式（1）、式（2）、式（4）错而式（3）不错，则 C2 必错；

若式（1）、式（2）、式（3）错而式（4）不错，则 C3 必错；

若式（1）、式（3）、式（4）错而式（2）不错，则 C4 必错；

若只有式(1)错则 C5 必错;

若只有式(2)错则 C6 必错;

若只有式(3)错则 C7 必错;

若只有式(4)错则 C8 必错。

在实际应用中,只须判断前 4 位数据编码的正确性,即 C1、C2、C3 和 C4,后 4 位是无须判断的,也无须进行纠错。这样能节省错误判断和纠错的时间,以提高数据传输的速度和效率。

注:这里介绍的前向纠错算法是本书主编杨云江教授的研究成果,详见参考文献[26]。

思考题

10-1:路由策略有哪几种?

10-2:试解释"路由收敛"一词的含义。

10-3:在网络通信中,为什么要进行流量控制?

10-4:试述拥塞控制与流量控制的区别及其适应范围。

10-5:在现代网络中,数据交换技术有哪两种?

10-6:在数据通信中,差错是如何产生的?

10-7:垂直奇偶校验法是如何进行数据校验的?

10-8:使用什么技术来进行网络延迟的测试?

第11章 IPv6管理

当前,风靡全球的 Internet 已成为人类生活的一部分,但由于 Internet 目前使用的是 IPv4 版本的协议,因其 IP 地址即将枯竭而极大地阻碍了 Internet 的发展。要想 Internet 得以进一步的发展,必须对其 IP 地址空间进行扩展,由此引入了 IPv6。IPv6 是下一代互联网络协议,因其拥有海量 IP 地址空间而解决了 IPv4 无法解决的问题,此外,IPv6 网络还具有地址的分层结构、完善的 IPSec 及 QoS 能力、网络的即插即用能力及移动网络的能力。因此可见,IPv4 必将逐步退出历史舞台,IPv6 最终必将取代 IPv4。

目前,IPv6 网络仍处于初期阶段,其网络技术本身还在完善之中,网络管理技术也是在探索和完善之中。本章就 IPv6 的地址分配技术及域名管理技术、IPv6 安全管理技术及 IPv6 的路由管理技术等几个方面加以介绍。

本章主要内容:
- IPv6 地址分配与域名管理技术;
- IPv6 安全管理技术;
- IPv6 路由管理技术。

11.1 IPv6 地址分配与域名管理

11.1.1 IPv6 地址分配

IPv4 的 IP 地址分为 A、B、C、D、E 等 5 大类,由于 IPv4 在进行 IP 地址分配时是以"类"为单位进行的,造成了 IP 地址的大量浪费,这也是造成 IPv4 地址不够用的主要原因之一。为了避免这一现象的发生,IPv6 抛弃了这种地址分类方式,而采用的是"单播地址、组播地址和泛播地址"的表示方式,在进行 IP 地址分配时,IPv6 采用的是前缀分配策略。

1. IPv6 地址分配机构

RFC 1881 规定,IPv6 地址空间的管理必须符合 Internet 团体的利益,必须是通过一个中心权威机构来分配。目前,这个权威机构就是 IANA(Internet Assigned Numbers Authority,Internet 分配号码权威机构)。IANA 会根据 IAB(Internet Architecture Board,因特网结构委员会)和 IEGS 的建议来进行 IPv6 地址的分配。地址管理采用等级制,而在此等级制中的最高层就是因特网地址分配机构 IANA。IANA 向地区性因特网地址注册处(RIR)分配地址。目前,IANA 已经委派以下 5 个地方组织来执行 IPv6 地址分配的任务。

(1) 欧洲 IP 地址注册中心(Réseaux IP Européens Network Coordination Centre,RIPE-NCC);

(2) 北美互联网地址分配机构(American Registry for Internet Numbers,ARIN);

(3) 亚太平洋地区的 APNIC(Asia and Pacific Network Information Center);

(4) 南美及加勒比海地区的拉丁美洲及加勒比海地区因特网地址注册中心(Latin

America and Caribbean Network Information Center, LACNIC);

(5) 非洲互联网信息中心(Africa Network Information Center, AFRINIC)。

RIR 或 NIR 向那些叫作本地因特网注册处(LIR)的组织分配地址。LIR 是接受 RIR 或 NIR 委派的组织,它们向用户分配地址。通常,LIR 是一个服务供应商。LIR 将自己所获得的地址分配给终端用户组织或其他 ISP。

为了充分实现路由优化,RIR(NIR)并不直接将全局 IPv6 地址分配给终端用户组织。任何的终端用户组织如果想要获得全局 IPv6 地址,那么都得由与它们保持直接连接的服务供应商进行分配。如果该组织变换了服务供应商,那么全局路由选择前缀也不可避免地要进行变换。

2. IPv6 地址分配原则

根据由 ARIN、RIPE NCC 及 APNIC 共同起草的正式文件提出的建议,对 IPv6 全球单播地址的规划和管理方案应符合以下基本原则。

(1) 唯一性。被分配出去的 IPv6 地址必须保证在全球范围内是唯一的,以保证每台主机都能被正确地识别。

(2) 可记录性。已分配出去的地址块必须记录在数据库中,为定位网络故障提供依据。

(3) 可聚集性。地址空间应该尽量划分为层次,以保证聚集性,缩短路由表长度。同时,对地址的分配要尽量避免地址碎片出现。

(4) 节约性。地址申请者必须提供完整的书面报告,证明它确实需要这么多地址。同时,应该避免闲置被分配出去的地址。

(5) 公平性。所有的团体,无论其所处地理位置或所属国家,都具有公平地使用 IPv6 全球单播地址的权利。

(6) 可扩展性。考虑到网络的高速增长,必须在一段时间内留给地址申请者足够的地址增长空间,而不需要它频繁地向上一级组织申请新的地址。

3. IPv6 地址分配策略

目前,IPv6 的地址空间管理是按规定的等级结构在全球范围内分配的,即按 IANA-区域注册机构 RIR-国家注册机构 NIR-ISP/本地注册机构 LIR-最终用户或 ISP 的层次结构进行地址分配。

地址分配有两种策略:第一种是分配策略,在该策略下,上层注册机构将地址划分给下层注册机构进行分配与管理;另一种是指派策略,在该策略下,注册机构直接将地址分配给用户使用。

为了 Internet 发展的长远利益,IPv6 地址空间管理的目标确定为保证世界范围内 IP 地址的唯一性、统一在注册数据库中注册、尽最大可能保证易聚合、避免空间浪费、分配公平公正及注册管理开销的最小化等。一般情况下,在 IPv6 地址分配策略中,聚合的目标被认为是最重要的。

4. 三种地址规划方案

(1) 根据地理范围进行划分:为在地理上属于同一范围的所有子网分配共同的网络前缀。

(2) 根据组织范围进行划分:为属于同一组织的所有团体分配共同的网络前缀。

（3）根据服务类型进行划分：为预定义好的服务分配特定的网络前缀。

理论上，基于地理位置的前缀划分方法具有方向性，最容易找到最短路径，且相对其他两种方案更具有稳定性。但是从历史上来看，IPv4 地址是根据组织范围进行划分的方案来分配的，而且由于广泛采用无类域间路由，使得 IPv4 在地理分布上更加具有无序性。因此若单纯采用基于地理位置的前缀划分方法，当向 IPv6 过渡时，就需要对 IPv4 地址进行重新编号；或者是保留额外的路由器专门进行这类地址的处理，同时还将导致路由算法的复杂化。

根据组织范围进行前缀划分的方案实际上是把前缀划分的权力交给了各级运营商，最大好处是使运营商可以自由选择对自己最有利的分配方法，便于管理。但是该方案一方面维护了运营商的利益，使其进行网络升级的难度降低，另一方面却可能损害最终用户的利益。由于前缀划分的权力掌握在运营商手里，它必然选择对自身商业价值最高的划分方案，而不是采用对用户最有利的方案。目前全球可聚集单播地址分配实际上是一种根据组织范围进行划分的方案。

综上所述，三种地址规划方案各有优劣，在提出地址划分方案时可以考虑综合使用各种方法，达到各方利益的相对平衡，才能利于网络的长期健康发展。

5. 中国 IPv6 地址分配情况

```
6bone pTLA in China
  CERNET 3FFE:3200::/24
  BII/CN-20010410 3FFE:81B0::/28
  CSTNET/CN-20020123 3FFE:8330::/28
RIR-assigned sub-TLA in China
  CERNET-CN-20000426 2001:0250::/32
  BIIV6-CN-20020704 2001:03F8::/32
  CHINANET-20020830 2001:0C68::/32
  CSTNET-CNNIC-20021015 2001:0CC0::/32
  V6TNET-CN-20030616-BII 2001:0D60::/32
  CNGI-CERNET2-CN-20031110 2001:0DA8::/32
  CERNET-CN-20031111 2001:0251::/32
  CRTC-CNNIC-CN-20031121 2001:0E08::/32
  CNCGROUP-CN-20031219 2001:0E18::/32
  CMNET-V6-20040319 2001:0E80::/32
  UNICOM-V6-20040323 2001:0E88::/32
Global IPv6 Internet Exchange Points Assignments
  CNGI-BJIX-CN-20031106 2001:07FA:0005::/48
```

6. 国际主要 IPv6 站点

SIXXS：http://www.sixxs.org/

SixXS：http://ipv6gate.sixxs.net/

6BONE：http://www.6bone.net/

IPv6 论坛：http://www.ipv6forum.com/

Freenet6：http://www.freenet6.net/

欧洲 IPv6 研发项目：http://www.ist-ipv6.org/

欧洲 IPv6 联盟：http://www.eurov6.com/

北美 IPv6 论坛：http://www.nav6tf.org/

法国 IPv6 论坛：http://www.fr.ipv6tf.org/

韩国 IPv6 论坛：http://www.ipv6.or.kr/

7. 国内主要 IPv6 站点

CERNET2：http://www.cernet2.edu.cn/

CERNET：ipv6 Testbed http://www.ipv6.net.edu.cn/

清华大学：http://ipv6.tsinghua.edu.cn/

北京大学：http://ipv6.pku.edu.cn/

浙江大学：http://ipv6.zju.edu.cn/

上海交通大学：http://ipv6.sjtu.edu.cn/

中国科技大学：http://ipv6.ustc.edu.cn/

11.1.2　IPv6 域名管理

1. IPv4 域名系统

由于 IP 地址是用 32 位二进制表示的，不便于识别和记忆，即使换成 4 段十进制表示仍然如此。

为了使 IP 地址便于记忆和识别，Internet 从 1985 年开始采用域名管理系统(Domain Name System,DNS)的方法来表示 IP 地址，域名采用相应的英文或汉语拼音表示。域名一般由 4 个部分组成，从左到右依次为：分机名、主机域、机构性域和地理域，中间用小数点"."隔开，即：

分机名.主机域名.机构性域名.地理域名

机构性域名又称为顶级域名，表示所在单位所属的行业或单位的性质，用 3 个或 4 个缩写英文字母表示。地理域名又称高级域名，以两个字母的缩写代表一个国家或地区的高级域名。例如，贵州大学数学系的域名为"mat.gzu.edu.cn"。

域名和 IP 地址必须严格对应，换句话说就是，表示一台主机可以用其 IP 地址，也可用其域名。例如，IP 地址"210.40.0.58"和域名"gzu.edu.cn"都表示贵州大学网站。

DNS 的域名空间是由树状结构组织的分层域名组成的集合。

DNS 域名空间树的最上面是一个无名的根(root)域，在根域之下就是顶级域名，如 com、edu、gov、org、mil、net 等。所有的顶级域名都由 InternetNIC(Internet 网络信息中心)控制。

顶级域名主要分为两类：组织性域和地域性域。

顶级域名之下是二级域名。二级域名通常是由一级域名管理中心授权的。一个拥有二级域名的单位可以根据自己的情况再将二级域名分为更低级的域名授权给单位下面的部门，如图 11-1 所示。

2. IPv4 DNS 记录

IPv4 的 DNS 采用的是分布式数据库存储资源记录 RR 格式，又称"A 记录格式"。

RR 格式：(name,value,type,TTL)。

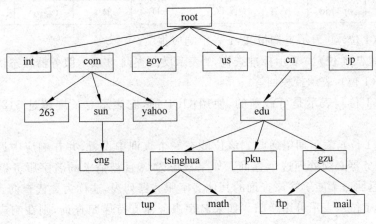

图 11-1　IPv4 域名结构

其中,name 和 value 由 type 的值决定。

TTL 是该记录的生存时间,它决定了资源记录在缓冲区中的生存时间。

(1) 当 type＝A 时,name 是主机名,value 是 IP 地址。当 type＝NS 时,name 是域(如 foo. com),value 是该域的权威域名服务器的域名。当 type＝CNAME 时,name 是对某些"规范的"(真实)名字的别名(例如,www. ibm. com 实际是服务器 east. backup2. ibm. com),value 是规范名。

(2) 当 type＝MX 时,value 是与 name 相联系的邮件服务器。

例如(在例中,省略了 TTL 参数值):

phy. gzu. edu. cn edu. cn　　　　　　NS

phy. gzu. edu. cn cdnet. edu. cn　　　NS

phy. gzu. edu. cn gzu. edu. cn　　　　NS

phy. gzu. edu. cn 210. 40. 10. 1　　　A

3. IPv4 DNS 报文结构

DNS 有两种报文:查询报文和应答报文。DNS 的这两种报文的格式完全相同,如图 11-2 所示。

标识符	标志
问题个数	应答RR个数
权威RR个数	附加RR个数
问题区域(问题的变量数)	
应答区域(资源记录的变量数)	
权威区域(资源记录的变量数)	
附加信息区域(资源记录的变量数)	

图 11-2　DNS 报文结构

前 12 个字节是首部区域,共有 6 个字段,每个字段 16 位。

标识符字段:用以标识查询报文。查询 DNS 报文和应答 DNS 报文中的标识符一致。

标志字段:格式如下:

QR	opcode	AA	TC	RD	RA	(zero)	rcode

QR 标志(1 位),0 表示查询报文,1 表示响应报文。

Opcode 标志(4 位),0 表示标准查询,1 表示反向查询,2 表示服务器状态请求。

AA 标志(1 位),表示授权回答。

TC 标志(1 位),表示是可截断的,使用 UDP 时,它表示总长度超过 512B 时,只返回前 512B。

RD 标志(1 位),表示期望递归。该位能在一个查询中设置,并在响应中返回。这个标志告诉名字服务器必须处理这个查询。如果该位为 0,且被请求的名字服务器没有一个授权回答,它就返回一个能解答该查询的其他名字服务器列表,这称为叠代查询。

RA 标志(1 位),表示可用递归。如果名字服务器支持递归查询,则在响应中将该位置为 1。

Rcode 标志(4 位)返回码,0 表示没有差错,3 表示名字差错。名字差错只有从一个授权服务器上返回,它表示在查询中指定的域名不存在。

(1) 问题区域:包含正在进行的查询信息。

(2) 应答区域:包含对最初请求的名字的资源记录。

(3) 权威区域:包含其他权威 DNS 服务器的记录。

(4) 附加区域:包含一些有"帮助"的记录。

4. IPv6 域名系统

IPv6 域名系统结构与 IPv4 一样,仍然是一种分层结构模式。换句话说,IPv6 域名是在 IPv4 域系统上进行扩展而来,因此,IPv6 域系统又叫作 IPv4 域名扩展。

在 IPv4 中,是根据 A 型记录对应 IPv4 的 32 位地址。而 IPv6 是在 RFC 1886 中定义资源记录类型 AAA 和在 RFC 3875 中的资源类型 A6 将域名映射成 IPv6 地址。

1) AAAA 记录类型

AAAA 的数据格式由三个部分组成,如图 11-3 所示。

IPv6地址 (128b)	前缀长度 (8b)	子网域名 (0~255个字符)

图 11-3 AAAA 记录格式

其中,子网域名是可变长的,按域名格式进行编码,还可以按 RFC 1886 中定义的文本进行压缩以节省存储空间。当前缀长度为 0 时,子网域名就不再编码。

```
owner class ttl AAAA IP_v6_address
```

例如:

```
IPv6_host1.example.microsoft.com. IN AAAA 4321:0:1:2:3:4:567:89ab
```

2) A6 记录类型

A6 资源记录的基本思想是,把一个 IPv6 地址保存为一条或多条 A6 记录,每个记录包含 IPv6 地址的一部分,把相关记录结合后构成一个完整的 IPv6 地址,实现对地址聚合的支持和 IPv6 地址的层次结合。

A6 记录根据顶级地址聚合机构（TLA）、次级地址聚合机构（NLA）和站点地址聚合机构（SLA）的分配层次将 128 位地址分解为若干的地址前缀和地址后缀，形成一条地址链。每个地址前缀和地址后缀都是地址上的一个环，一个完整的地址链构成一个 IPv6 地址。A6 记录的 RDATA 格式如图 11-4 所示。

前缀长度 (1B)	地址后缀 (0~16B)	前缀名字 (0~255个字符)

图 11-4　A6 记录格式

前缀长度：取值范围 0~128。

地址后缀：能够表示 128 位的前缀，包括 0~7 位的填充位，以保证字段是字节（8b）的整数倍。

前缀名字：编码为域名。注意：该字段内容不能被压缩。

若前缀长度为 0，域名部分会不出现（即只有地址后缀部分）；若前缀长度为 128，地址后缀部分不会出现（只有地址前缀部分）。

首先，"A6"记录方式根据 TLA、NLA 和 SLA 的分配层次把 128 位的 IPv6 的地址分解成为若干级的地址前缀和地址后缀，构成了一个地址链。每个地址前缀和地址后缀都是地址链上的一环，一个完整的地址链组成一个 IPv6 地址。这种思想符合 IPv6 地址的层次结构，从而支持地址聚合。

其次，用户在改变 ISP 时，要随 ISP 的改变而改变其拥有的 IPv6 地址。如果手工修改用户子网中所有在 DNS 中注册的地址，是一件非常烦琐的事情。而在用"A6"记录表示的地址链中，只要改变地址前缀对应的 ISP 名字即可，这样就大大减少了 DNS 中资源记录的修改，并且在地址分配层次中越靠近底层，所需要改动的越少。

5．IPv6 域名结构

IPv6 网络中的 DNS 与 IPv4 的 DNS 在体系结构上是一致的，都采用树状结构的域名空间。IPv4 协议与 IPv6 协议的不同并不意味着需要单独应用 IPv4 DNS 体系和 IPv6 DNS 体系，相反，它们的 DNS 体系和域名空间必须保持一致，即 IPv4 和 IPv6 共同拥有统一的域名空间。在 IPv4 到 IPv6 的过渡阶段，域名可以同时对应于多个 IPv4 和 IPv6 的地址。随着 IPv6 网络的普及，IPv6 地址将逐渐取代 IPv4 地址。

在 IPv6 的 DNS 树状结构中分为三级：根的下一级称为顶级域（Top Level Domain，TLD），也称一级域；顶级域的下级就是二级域（Second Level Domain，SLD），二级域的下级就是三级域（Site Level Domain，SLD），以此类推。每个域都是其上级域的子域（SubDomain），比如"．net．cn"是"．cn"的子域，而"cnnic．net．cn"既是"net．cn"的子域，也是"．cn"的子域。

6．IPv6 域名系统的实现技术

目前，支持 IPv6 的 DNS 服务器的主要产品是 BIND，BIND 主要运行在 UNIX 或 Linux 操作系统上。BING 可从 http：//www．isc．org/products/BIND 获取有关资料。当前，BIND 较好的版本是 BIND11.2.0。包括一个 DNS 服务器，一个解析库和验证 DNS 服务器操作正确性的工具。

IPv6 的域名系统的实现技术有两种：正向解析和反向解析。

1) 正向解析

IPv4 的地址正向解析的资源记录是"A",而 IPv6 地址的正向解析目前有两种资源记录,即"AAAA"和"A6"记录。其中,"AAAA"较早提出,它是对 IPv4 协议"A"记录的简单扩展,由于 IP 地址由 32 位扩展到 128 位,扩大了 4 倍,所以资源记录由"A"扩大成 4 个"A"。但"AAAA"用来表示域名和 IPv6 地址的对应关系,并不支持地址的层次性。

AAAA 资源记录类型用来将一个合法域名解析为 IPv6 地址,与 IPv4 所用的 A 资源记录类型相兼容。之所以给这新资源记录类型取名为 AAAA,是因为 128 位的 IPv6 地址正好是 32 位 IPv4 地址的 4 倍,下面是一条典型的 AAAA 资源记录。

```
host1.microsoft.com IN AAAA FEC0::2AA:FF:FE3F:2A1C
```

"A6"是在 RFC 2874 基础上提出,它是把一个 IPv6 地址与多个"A6"记录建立联系,每个"A6"记录都只包含 IPv6 地址的一部分,结合后拼装成一个完整的 IPv6 地址。"A6"记录支持一些"AAAA"所不具备的新特性,如地址聚集、地址更改(Renumber)等。

"A6"记录根据可聚集全局单播地址中的 TLA、NLA 和 SLA 项目的分配层次把 128 位的 IPv6 的地址分解成为若干级的地址前缀和地址后缀,构成了一个地址链。每个地址前缀和地址后缀都是地址链上的一环,一个完整的地址链就组成一个 IPv6 地址。这种思想符合 IPv6 地址的层次结构,从而支持地址聚集。

同时,用户在改变 ISP 时,要随 ISP 改变而改变其拥有的 IPv6 地址。如果手工修改用户子网中所有在 DNS 中注册的地址,是一件非常烦琐的事情。而在用"A6"记录表示的地址链中,只要改变地址前缀对应的 ISP 名字即可,可以大大减少 DNS 中资源记录的修改。并且在地址分配层次中越靠近底层,所需要改动的越少。

2) 反向解析

IPv6 反向解析的记录和 IPv4 一样,是"PTR",但地址表示形式有两种。一种是用"."分隔的半字节十六进制数字格式(Nibble Format),低位地址在前,高位地址在后,域后缀是"IP6.INT."。另一种是二进制串(Bit-string)格式,以"\["开头,十六进制地址(无分隔符,高位在前,低位在后)居中,地址后加"]",域后缀是"IP6.ARPA."。半字节十六进制数字格式与"AAAA"对应,是对 IPv4 的简单扩展。二进制串格式与"A6"记录对应,地址也像"A6"一样,可以分成多级地址链表示,每一级的授权用"DNAME"记录。和"A6"一样,二进制串格式也支持地址层次特性。

IP6.INT 域用于为 IPv6 提供逆向 IP 地址到主机域名解析服务。逆向检索也称为指针检索,根据 IP 地址来确定主机名。为了给逆向检索创建名字空间,在 IP6.INT 域中,IPv6 地址中所有的 32 位十六进制数字都逆序分隔表示。

例如,FEC0::2AA:FF:FE3F:2A1C,其完全表达式为:

```
FEC0:0000:0000:0000:02AA:00FF:FE3F:2A1C
```

查找域名时,在 IP6.INT 域中是:

```
C.1.A.2.F.3.E.F.F.F.0.0.A.A.2.0.0.0.0.0.0.0.0.0.0.0.0.0.0.C.E.F.IP6.INT.
```

总之,以地址链形式表示的 IPv6 地址体现了地址的层次性,支持地址聚集和地址更改。但是,由于一次完整的地址解析要分成多个步骤进行,需要按照地址的分配层次关系到不同

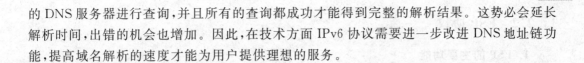

的 DNS 服务器进行查询,并且所有的查询都成功才能得到完整的解析结果。这势必会延长解析时间,出错的机会也增加。因此,在技术方面 IPv6 协议需要进一步改进 DNS 地址链功能,提高域名解析的速度才能为用户提供理想的服务。

11.2　IPv6 安全管理

11.2.1　AH 协议

1. AH 的功能

AH(Authentication Header,认证头)主要用以对数据包提供信息源的身份认证及数据完整性检测。其主要功能如下。

(1) 为 IP 数据报提供强大的完整性服务,这意味着 AH 可用于为 IP 数据报承载内容验证数据;为 IP 数据报提供强大的身份验证,这意味着 AH 可用于将实体与数据报内容相链接;如果在完整性服务中使用了公开密钥数字签名算法,AH 可以为 IP 数据报提供不可抵赖服务。

(2) 通过使用顺序号字段来防止重放攻击。

(3) AH 可以在隧道模式或透明模式下使用,这意味着它既可用于为两个结点间的简单直接的数据报传送提供身份验证和保护,也可用于对发给安全性网关或由安全性网关发出的整个数据报流进行封装。

2. AH 结构

AH 协议可以提供数据源身份认证、数据完整性验证和抗重播攻击服务,确保 IP 数据报文的可靠性、完整性及保护系统可用性。RFC 2402 对 AH 头格式、保护方法、身份认证的覆盖范围以及输入和输出处理规则等做了详细定义。

AH 协议分配到的协议号为 51,由 AH 报头之前的扩展头或 IPv6 基本头的"下一头标"域标识。如果在 IPv6 数据报文中出现 AH 扩展报头,AH 报头出现在 IPv6 基本报头之后(在没有其他扩展报头出现的情况下),或者出现在 IPv6 基本报头、Hop-by-Hop 选项报头、路由选项报头、分片选项报头之后,如图 11-5 所示,AH 报头格式如图 11-6 所示。

IPv6基本报头	AH	上层协议单元

IPv6基本报头	跳–跳路由报头	AH	其他(ESP等)	上层协议单元

图 11-5　含有 AH 的 IPv6 报文结构

下一报头	载荷长度	保留
安全参数索引		
序列号		
身份认证数据(可变长)		

图 11-6　AH 报头结构

11.2.2 ESP 协议

1. ESP 的主要功能

ESP(Encapsulating Security Payload,封装安全性载荷)主要提供 IP 层(网络层)的数据加密,并进行数据源的身份认证。

ESP 头被用于允许 IP 结点发送和接收净荷经过加密的数据报。更确切一点儿,ESP头是为了提供几种不同的服务,其中某些服务与 AH 有所重叠。ESP 的主要功能如下:通过加密提供数据报的机密性;通过使用公开密钥加密对数据来源进行身份验证;通过由 AH提供的序列号机制提供对抗重放服务;通过使用安全性网关来提供有限的业务流机密性;ESP 头可以和 AH 结合使用。

实际上,如果 ESP 头不使用身份验证的机制,可以将 AH 头与 ESP 头一起使用。

2. ESP 结构

RFC 2406 对 ESP 报头格式、保护方法以及输入和输出处理规则做了详细定义。ESP协议的协议号为 50,由 ESP 头之前的扩展报头或 IPv6 基本报头的"下一报头"字段标识,ESP 的格式如图 11-7 所示。ESP 的结构与所采用的加密算法有关,其默认加密算法是 56位的 DES 算法,如图 11-7 所示的结构也是针对该算法的结构。

安全参数索引(SPI)		
序列号		
初始化向量IV		
有效载荷(长度可变)		
填充	填充长度	下一报头
认证数据(可变长)		

图 11-7 采用 DES-CBC 算法的 ESP 的格式

字段的含义如下。

安全参数索引(SPI):是一组与安全关联有关的参数,比如加密算法参数、密钥参数以及该密钥的有效期等。

序列号:用于对使用指定的安全参数索引的 IP 报文进行编号,以防止重放攻击。

初始化向量(IV):其值通常由一个随机数发生器产生,作用是使窃密者不能算出报文的起始位置,以防止"黑客"对未加密部分进行攻击。

有效载荷:该字段的长度可变,其值为加密后进行传输的有效数据。

填充:主要用于满足某些算法要求为一定字节的整倍数的需要。

填充长度:指明填充字段的长度(以 B 为单位)。

下一报头:用于指明传输的有效数据的类型和所使用的协议。

认证数据:该字段的长度可变,其功能与认证报头(AH)中的身份认证字段的功能类似。

11.2.3 密钥管理技术

1. Internet 密钥交换协议 IKE

IKE 为通信双方提供身份认证、数据加密、密钥交换方法。

IKE 协议有以下三个主要功能。

（1）用于通信双方协商所使用的协议、加密算法以及密钥等；

（2）用于通信双方进行密钥交换；

（3）用于跟踪对以上约定的参数的具体实施情况。

2. 因特网简单密钥管理协议 SKIP

该协议是由美国 Sun 公司推出的一个面向因特网的密钥管理协议，是一种非会话型的密钥管理协议。

SKIP 是基于 Diffie-Hellman 算法，使用无状态数据报文服务，即密钥信息必须包含在被加密和认证的报文中。含有 SKIP 的 IPv6 报文结构如图 11-8 所示。源主密钥和目的主密钥的长度、值、计数器 n 和用于密钥计算、加密、认证以及压缩的算法标识等信息都包含在 SKIP 报头中。

IPv6基本报头	SKIP报头	AH报头	其他

IPv6基本报头	SKIP报头	ESP报头	其他

IPv6基本报头	SKIP报头	AH报头	ESC报头	其他

图 11-8　含有 SKIP 的 IPv6 报文结构

由于 SKIP 是一种面向无状态数据报文的体系结构，使其密钥的管理比较简单。另外，也可以为有状态的数据报文交换服务。因此，SKIP 是 IETF 密钥交换标准的候选之一。

由于 SKIP 是无状态的，所以每个报文都必须包含一个 SKIP 报头，这在一定程度上加重了系统的负担，影响系统的效率。

3. 因特网安全互联与密钥管理协议 ISAKMP

因特网安全互联与密钥管理协议 ISAKMP 为 Internet 的密钥管理提供一种框架。该协议支持密钥信息的协商和安全关联管理，定义了交换密钥的产生方法和认证数据。它克服了 SKIP 使网络负担过重的缺点，所有的 ISAKMP 报文都由一个头部和紧跟在其后的多项可选数据组成，其结构如图 11-9 所示。这些报文通过 UDP 的 500 端口进行交换。这样，一次 ISAKMP 事务协商就可以确定多个安全关联。

信源方"Cookie"			
信宿方"Cookie"			
下一有效净荷	Vers	XCHG	标志
长度			

图 11-9　ISAKMP 报头结构

报头以两个"Cookie"字段开始，其作用是防止密钥交换中的阻塞袭击，发送方和接收方"Cookie"的结合就定义一个 ISAKMP 安全关联。

下一有效净荷：用于指示报文中第一个有效载荷的类型，后面紧接着是版本号（Vers）、交换类型（XCHG）和标志。

ISAKMP 的主要功能包括：认证、密钥交换、保护和端口分配等。ISAKMP 根据数字签名算法和来自第三方的可靠认证信息,将二者结合起来完成通信双方的认证功能。考虑到用户需求,ISAKMP 支持通信双方在初始化通信时可以指明它们使用的密钥交换方法。在通信双方协商好密钥交换方法后,ISAKMP 便能够向用户提供建立密钥所需要的信息。因此采用该协议的用户可以根据自己的需要来选择合适的密钥算法。

ISAKMP 只是提供一种通用的密钥管理协议框架,不同的密钥管理算法都可以集成到 ISAKMP 中。例如,在 IPv4 和 IPv6 中,使用最多的密钥管理算法是 Oakley,因此,有时人们将密钥管理协议称为 ISAKMP Oakley 协议。

11.2.4　SA 与 SP 技术

1. 安全关联 SA

在 IPSec 中,还有一个重要的概念,叫作"安全关联",简称 SA(Security Association)。前面介绍的 AH 和 ESP 协议的建立都与该概念有关。

SA 是两个通信实体经协商建立的一个协定,定义了用来实施 IP 数据包安全保护的安全协议、算法、算法密钥及密钥有效时间等通信安全细节。

SA 具有"单向"的特性,它是一条能够对在其上传输的数据信号提供安全服务的单向传输连接。认证与封装安全载荷都要利用安全关联,它对收、发双方使用的密钥、认证和加密算法、对密钥和组合整体的时间限制以及受保护数据的密级做出规定。接收方仅当拥有与到达的 IP 报文分组相符的安全关联时,才能对这些 IP 报文分组进行认证和解密。

一般来说,安全关联应该包含以下一些信息。

(1) 认证所采用的算法和认证模式;

(2) 认证算法使用的密钥;

(3) 所用的加密算法和模式;

(4) 加密算法使用的密钥。

认证和加密的 IPv6 报文都具有叫作"安全参数索引(Security Parameter Index,SPI)"的标识字段。当一台计算机保存有多个安全关联时,每个安全关联可以通过"安全参数索引"来查找。

当利用单目(Unicast)地址向特定的目的结点发送报文分组时,目的结点使用选定的 SPI。实际上 SPI 是安全关联的参数之一,源数据报文的发送方为确保信息安全,应维护通信对象(即受信者)正在使用的 SPI。

当利用组播地址向组播组发送 IP 报文分组时,SPI 对所有的成员都是相同的。各个成员应根据组地址和 SR 指定的密钥、算法及其他参数来进行认证和解密。通常 SPI 由密钥管理协议确定。

SA 的配置既可以手工进行,也可以通过一个 Internet 标准密钥管理协议(例如 IKE)动态地进行。手工管理是比较简单的管理形式,静态地为系统配置密钥和通信所需的 SA,适用于小型、静态的环境,不易于扩展。IKE 对 SA 和密钥进行自动的管理,适用于大规模的、可扩展的环境。

为了对 SA 能进行管理维护,任何 IPSec 实施实体都需要构建一个安全关联数据库(Security Association Data Base,SADB)。每个 SA 对应 SADB 中的一条记录。SADB 管理的两个主要任务就是 SA 的创建和删除。

2. 安全策略 SP

安全策略(Security Policy,SP)是 IP 体系中很重要的一个组件。它定义了两个实体间的安全通信特性:是否应用 IPSec 安全通信,在什么模式下、使用什么安全协议实施保护和如何对待 IP 包。

在一个实体中,对所有 IPSec 实施方案所定义的 SP 都会保存到一个数据库中,称为安全策略数据库(SPD)。根据"选择符"对 SPD 进行检索,获取相应的 SP,从而获得提供安全服务的有关信息。选择符是从网络层和传输层报头内提取出来的,具有几个基本项:源地址/子网前缀,目的地址/子网前缀,上层协议,端口。带网络前缀的地址范围用于安全网关,以便为隐藏在它后面的主机提供安全保护;无网络前缀的地址则标明特定的 SP 实施主机。上层协议和端口可以是特定的,也可以使用通配符。

SP 是单向的、非对称的。SP(in)指定了对 IPSec 实施点上所有进入的 IP 数据报文的处理策略;SP(out)则指定了对外出的 IP 数据报文的处理策略,因此 SPD 又可区分为外出和进入子库。

对于一个 IPSec 实施点,无论正常的 IP 报文或 IPSec 报文,无论进入或外出的数据报文,都需要参考 SPD,从而决定哪些数据报文需要进行 IPSec 保护。对于外出或进入的 IP 数据报文均有三种可能的处理:丢弃、绕过或应用 IPSec。丢弃是指主机(或安全网关)对数据报文不做进一步处理;绕过是指允许数据报文在通过 IPSec 实施点时不进行 IPSec 处理;应用是指 IP 数据报文在通过实施点时进行 IPSec 处理。对这些需要处理的数据报文,SPD 通过与 SADB 的关联,明确一个 SA 或 SA 束,指出具体应用的安全服务、协议类型(AH 或 ESP)及算法等。

为了对策略能进行管理,一个具体的 IPSec 协议实现应提供一个与 SPD 的接口,以便对 SPD 进行操纵。至于 SPD 的具体管理方式,则要由实现方案来决定,对此并未专门定义统一的标准。

11.2.5　IPSec 技术

IPSec 作为 Internet 的安全机制,在 IPv4 网络和 IPv6 网络都得以实现,但在 IPv4 网络中,IPSec 是可选项,即不能有效地保证 IPSec 的实施。而在 IPv6 网络中,IPSec 是必选项,也就是说,在 IPv6 网络中是强制实行 IPSec 的,所以,IPv6 的安全性比 IPv4 要强得多。

1. IPSec 提供的网络安全保障

针对网络安全威胁,IPSec(Internet Protocol Security)提供了一种标准的、健壮的和包容广泛的安全保障机制。IPSec 在 IP 层上加密和认证所有的数据报文,同时也能对工作 IP 层的协议,如 ICMP、路由协议等提供安全服务,有效地保护 IP 数据报文的安全。

IPSec 主要提供以下网络安全保障。

1) 数据源地址认证

"认证"(Authentication)是在允许对数据进行访问之前确定一个用户或结点的合法性的过程。对数据源地址认证,可以有效地确认和识别 IP 地址伪装及 IP 数据报文伪造,抵御欺骗行为等。

2) 数据完整性验证

数据完整性(Data Integrity)是数据质量的一种测度,用以确认数据在不同时刻的一致性。数据完整性验证有效地确认和识别被非法篡改的数据,防止数据欺骗。

3)数据加密

数据加密是防止机密和敏感数据信息泄漏给未授权实体,使网络窃听不能得逞。

4)抗重播保护

抗重播保护是抵制 IP 包重播攻击,保护系统性能的稳定性。

作为网络层的安全标准,IPSec 为 IP 协议提供了一整套的安全机制。IPSec 在网络层提供安全服务和密钥管理,而不必设计和实现自己的安全机制,从而减少密钥协商的开销,也降低了产生安全漏洞的可能性。IPSec 是 Internet 上提供安全保障最通用的方法。

2. IPSec 结构

1993 年 IETF 成立了 IP 协议安全工作组,即 IPSec 工作组,专注于 Internet 安全标准的制定。IPSec 就是 IETF 专门为提高 IP 协议安全性而制定的 IP 安全标准。IPSec 作为 IPv6 协议的有机组成部分,同时也可以作为 IPv4 的可选功能而应用于 IPv4 中。一系列 RFC 规范文档详细描述和定义了 IPSec 体系结构,明确 IPSec 的目的、原理和相关处理过程。主要的 RFC 文档如下。

(1)IPSec 体系结构(IPSec Architecture,RFC 2401);

(2)载荷安全封装(Encapsulating Security Payload,RFC 2406);

(3)认证报头(Authentication Header,RFC 2402);

(4)加密算法(Encryption Algorithm,RFC 2405);

(5)认证算法(Authentication Algorithm,RFC 2403、RFC 2404);

(6)密钥管理(key Management,RFC 2408、RFC 2409);

(7)解释域(Domain of Interpretation,RFC 2407、RFC 2411)。

IPSec 的安全机制是以模块进行设计的,其结构及各模块间的关系如图 11-10 所示。

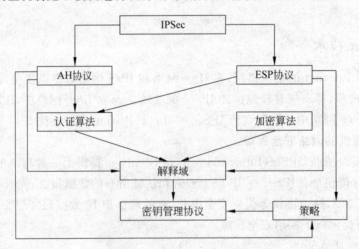

图 11-10　IPSec 安全体系结构

3. IPSec 的认证机制

为了提供数据报文安全可靠的传输,IPSec 协议通过在 AH 中加入认证信息来为 IPv6 用户提供安全性。认证提高了系统的安全性,但也消耗系统资源,因为系统必须花费额外的时间对 IP 报文数据进行处理。虽然在 IPv6 中要求每个支持系统必须实现对 IPSec 的支持,但并不要求每个用户都必须使用这些机制。用户可以根据自己的系统对安全性和效率的要求进行自己的选择。IPsce 安全体系结构如图 11-10 所示。

1) 认证过程

通常 AH 中的认证数据是通过对报文用一种安全性很强的单向函数计算而得,这些函数是认证算法的核心。也就是说,即使窃听者掌握了报文内容和认证数据,也不可能逆推出密钥。

认证报头用于保护数据报(Datagram)的完整性以及证实其内容在传输过程中未被修改。然而,IPv6 数据报文在正常的传输过程中,有时有些字段的值必须做修改。比如,对 IPv6 基本报头中的"跳极限"字段,每过一跳,该值就要减 1。某些 Hop-by-Hop 选项在传输过程中也可能会被变更。

为了解决在传输过程中有些字段的值必须做修改的问题,在计算认证数据之前发送者就必须准备一个该报文的特殊版本,与传输中的转换无关。将 IPv6 报头中跳数设置为 0,如果用到了路由选择报头,那么 IPv6 的目的结点就设为最终的目的结点,路由选择报头的内容设为它即将到达的站点值,并对地址索引做相应设置。

每发送一个报文之前,要首先定位该数据报文所对应的安全关联。在一般情况下,安全关联有两种选择方法:面向进程的方法和面向主机的方法。在面向进程的方法中,安全关联的选取是根据报文的目的地址和发送报文的进程的进程号来进行的。在这种情况下,同一进程号发送到同一个目的地址的 IP 报文都使用相同的关联。在面向主机的方法中,安全关联的选取是根据报文的目的地址和发送该报文的主机来进行的。同一台主机上发送到同一个目的地址的 IP 报文都使用相同的安全关联。

注意,所有的安全关联都是单向运行的,即从主机 A 发往主机 B 的报文使用的安全关联,与从主机 B 发往主机 A 的报文所使用的安全关联并不相等。

接收方收到报文后,根据 AH 中的 SPI 值找出对应的安全关联,再根据关联中指定的认证算法和认证密钥计算出认证数据,与 AH 中所包含的认证数据进行比较,如果两者相等,则可断定满足认证和完整性的要求,否则就可断定不满足认证和完整性的要求。

2) 认证算法

在 IPv6 中,IPSec 的默认认证算法是 MD5 算法,但用户有特殊要求时,也可以选择其他合适的认证算法来计算认证数据。但是,每一个支持 IPSec 的系统,都必须实现 MD5 算法。

4. IPSec 的加密机制

在 IPSec 协议中,通过 ESP 实现对数据报的加密。既可单独使用,也可以与 AH 联合使用,实现身份认证、数据完整性验证、抗重播攻击以及 IP 数据报文加密。

1) 数据加密的实现

ESP 中指定强制实施的加密算法为 DES 加密算法,并且要求随 ESP 使用的加密算法必须以"加密算法块链(CBC)"模式工作,一般称为 DES-CBC 加密算法。CBC 模式要求加密的数据量刚好是加密算法的块长度的整数倍。进行加密时,可在数据尾填充适当的数据来满足这项要求。随后,填充数据会成为密文的一部分,而在接收端完成 IPSec 处理后会予以剔除。CBC 模式中的加密算法要求一个初始化向量(IV)来启动加密过程。DES-CBC 加密算法在 RFC 2405 中定义。

DES 加密算法的密钥长度为 64 位,其中 8 位为奇偶校验位,密钥的有效长度实际为 56

位。DES 加密算法利用这有效的 56 位密钥对每个输入的 64 位明文进行置换、按模 2 加和迭代等运算,产生 64 位的密文,从而实现对数据的加密。

ESP 协议使用两种模式进行数据传输:隧道模式和传输模式。

(1) 隧道模式。

在隧道模式中,把整个 IP 报文都封装在 ESP 的加密数据区域。首先对 IP 数据报文进行封装,再添加新的 IP 报头。安全网关为需要提供安全服务的每个 IP 数据包重新进行封装,在原来数据包的基础上增加一个 IPSec 头,主要是 ESP 报头和 IP 报头。在这种情况下的 IP 报文有两个 IP 报头,一个内部 IP 报头,由始发点的主机创建,另一个叫新 IP 报头,由提供安全服务的设备根据安全策略设置和隧道出口来创建。IPSec 隧道模式报文结构如图 11-11 所示。

新IP报头	其他扩展报头	ESP报头	原IP报头	原IP报文的上层协议数据

图 11-11　隧道模式下的 IP 报文结构

在隧道模式下,数据加密过程如下。

首先,选取合适的安全关联。安全关联可以根据目的 IP 地址和用户标识(在面向用户的系统中)来选取,或者根据目的 IP 地址和主机标识(在面向主机的系统中)来选取。

安全关联选定之后,发送方选择加密算法和密钥,以实现对数据的加密计算。如果安全关联中没有指定密钥,就需要启动某种密钥管理机制动态地获取一个密钥。

对数据的加密计算完成后,系统就用一个没有加密的 IP 报文将加密后的 ESP 数据封装起来,并将封装后的整个 IP 报文发送到网上进行传输。

目的结点接收到经过加密的 IP 数据报文后,首先将 ESP 外的 IP 报头及其他可选项报头抛弃,然后再根据 ESP 报头中的安全参数索引(SPI)和目的 IP 地址得到当前所使用的密钥。利用该密钥,接收方就可以对 ESP 进行解密,还原原始的 IP 报文。如果接收方根据 ESP 报头中的安全参数索引和目的地址得不到正确的密钥,就认为该 IP 报文在传输过程中出错,则将其抛弃。

(2) 传输模式。

在传输模式中,IPSec 对来自上层的协议数据(比如 TCP 或 UDP 数据)实施保护,而本层的 IP 报头不在加密保护范围。传输模式下的 ESP 数据加密过程与隧道模式下的加密过程类似。IPSec 的传输工作模式主要提供主机间端到端的安全保障。传输模式下的 IP 报文结构如图 11-12 所示。

IP报头	其他扩展报头	ESP报头	上层协议单元

图 11-12　传输模式下的 IP 报文结构

2) 认证与加密

认证与加密是两种不同的服务。前者的任务主要是保证报文来自正确的源并且在传输过程中没有被替换;后者的任务主要是保证报文在传输过程中不会被第三方窃听。当同时要求具有认证和加密功能时,可以同时使用 AH 和 ESP。

AH 与 ESP 的组合有两种方法:AH 将认证整个 IP 报文,此时 AH 报头应位于 ESP

之前,认证信息通过计算整个 IP 报文得到;只认证原来的 IP 报文,这通常是在隧道模式下的情况,将 AH 包含在 ESP 的加密数据区域中。

对第一种情况,目的结点收到报文后,先根据认证算法对整个 IP 报文进行认证计算,如果通过了认证,再对报文进行解密处理。在第二种情况下,目的结点收到报文后,先对报文做解密处理,然后再对解密后的报文进行认证。

5．密钥管理技术

密钥在数据加密钥中扮演着十分重要的角色。密钥一旦泄漏,无论加密算法有多强,也无论密钥有多长,系统的加密都将化为泡影。因此,对于一个完善的加密系统来说,密钥的管理是十分重要的。

在一些小型系统中,可以通过手工来管理密钥,其好处是简单、经济,而且可以作为某些自动密钥管理算法的补充。通过在一些环节上采用手工管理方法,还可以防止自动管理中的一些安全漏洞。

正因为有这样一些优点,所以 IPSec 规定,所有 IPSec 的实现都必须支持手工密钥管理。在大型系统中,依靠手工进行密钥的管理是不现实的,只有借助于密钥管理协议来完成对密钥的管理。在 IP 协议中没有定义自己的密钥管理协议,而是利用现有的协议来实现密钥的管理。现存的密钥管理协议有:因特网简单密钥管理协议(Simple Key for Internet Protocol,SKIP)、因特网安全关联与密钥管理协议(Internet Security Association and Key Management Protocol,ISAKIMP)和 Oakley 密钥确定协议。

6．IPSec 的应用

IPv6 通过 IPSec 在 IP 层提供安全服务,用户可以在许多应用中利用 IP 层的安全服务,比如防火墙之间的应用等。

1) 防火墙与安全通道

防火墙是目前互联网上一种重要的安全机制,是一种隔离控制技术,主要用于两个网络之间的访问控制策略,它能限制被保护的网络与互联网络之间,或者与其他网络之间进行的信息存取、传递操作。可以作为不同网络安全域之间信息的出入口,其本身具有较强的抗攻击能力。

IPv6 的 AH 和 ESP 可用于在两个远距离防火墙之间建立安全通道,起到 VPN 的作用,如图 11-13 所示。

图 11-13　两个防火墙之间的安全通道

两个内部网络需要交换的数据将被封装在 IPv6 数据报文中,从一个防火墙传送到另一个防火墙。若仅要求进行认证,则使用 AH 报头;如果需要对数据进行加密,则将使用 ESP。假设在图 11-13 的两个内部网络中,有两台主机 H1 和 H2 要进行通信,主机 H1 发送的 IP 报文先经过防火墙 1，用 AH 或 ESP 对 IP 报文进行封装，通过网络传送到防火墙 2。防火墙 2 将 AH 或 ESP 去除后再传送给主机 H2。在这个过程中，H1 和 H2 之间交换的数据在防火墙 1 和防火墙 2 处先后要进行两次转换，如图 11-14 所示。

IPv6, H1→H2	TCP/UDP数据报文

主机H1交给防火墙1的报文

IPv6, 防火墙1→防火墙2	AH/ESP	IPv6, H1→H2	TCP/UDP数据报文

防火墙1对IPv6数据报文进行封装

IPv6, H1→H2	TCP/UDP数据报文

防火墙2对IP而数据报文进行解封装

图 11-14　IPv6 报文封装和解封装过程

两个防火墙之间的安全通道，就好像一个封闭的管道，与 IPv6 的安全机制相结合，就能有效地保护两主机之间的通信。比如，如果使用认证机制，黑客就无法插入伪造的数据报文；如果使用加密机制，黑客就无法窃取数据。

2）安全主机

所谓"安全主机"，主要指在互联网上那些没有受防火墙保护的主机如何保证其安全性的问题。对于没有受防火墙保护的主机，为了保证它们的安全性，可以直接在主机上设置 IPSec 安全协议。通过主机上的 Socket 扩展的关于安全的应用程序接口 API，很容易开发一个保护主机安全的安全程序。

11.2.6　服务质量 QoS

与 IPSec 技术一样，QoS 在 IPv4 网络中是可选项，而在 IPv6 网络中是必选项，即在 IPv6 网络中 QoS 是可以得到保证的。

IPv6 数据包的格式包含一个 8 位的业务流类别（Class）和一个新的 20 位的流标签（Flow Label）。最早在 RFC 1883 中定义了 4 位的优先级字段，可以区分 16 个不同的优先级。其目的是允许发送业务流的源结点和转发业务流的路由器在数据包上加上标记，并进行除默认处理之外的不同处理。一般来说，在所选择的链路上，可以根据开销、带宽、延时或其他特性对数据包进行特殊的处理。

一个流是以某种方式相关的一系列信息包，IP 层必须以相关的方式对待它们。决定信息包属于同一流的参数包括：源地址、目的地址、QoS、身份认证及安全性。IPv6 中流的概念的引入仍然是在无连接协议的基础上的，一个流可以包含几个 TCP 连接，一个流的目的地址可以是单个结点也可以是一组结点。IPv6 的中间结点接收到一个信息包时，通过验证它的流标签，就可以判断它属于哪个流，然后就可以知道信息包的 QoS 需求，进行快速的转发。

11.3　IPv6 路由管理

11.3.1　路由信息协议 RIPng

1. RIPng 的主要特性

RIPng 是下一代 RIP（路由信息协议），是由 IPv4 的 RIP 演化而来，因此，大多数 RIP

的概念都可以用于 RIPng。与 RIP 一样,RIPng 具有以下特性。

(1) RIPng 是距离矢量路由协议。

(2) 利用 UDP 传输机制(RIPng 使用的端口号为 521,而在 IPv4 的 RIP 中使用的是 520 端口)。

(3) 报文传输利用组播传输机制,但可以同时指定报文单播发送。

(4) RIPng 用跳数度量路由,16 跳为不可达。

(5) RIPng 利用水平分割、毒性逆转及触发更新技术来减少环路发生的可能性。

(6) RIPng 基本工作机制与 RIP 相同。

(7) 组播地址:使用 FF02::9 作为链路本地范围内的 RIPng 路由器组播地址。

(8) 路由前缀:使用 128b 的 IPv6 地址作为路由前缀。

(9) 下一跳地址:使用 128b 的 IPv6 地址。

RIPng 以如下三种方式从邻居获得路由信息。

(1) 向 RIPng 邻居发送 Request,期望获得对方的 Response 回应路由信息;

(2) RIPng 邻居周期性(30s)自动发送 Response 消息;

(3) 邻居通过触发更新发来的 Response 消息。

RIPng 对于每一个路由项维护两个定时器,即 180s 的"超时定时器"与 120s 的"垃圾清理定时器"。一条路由在"超时定时器"超时以后,将不再有效,但是仍然保存在路由表中。一条路由的"超时定时器"超时以后,该路由器将会针对此路由执行如下操作。

(1) 启动一个 120s 的"垃圾清理定时器";

(2) 置路由 Cost 为 16;

(3) 发起一个 Response,并且在"垃圾清理定时器"超时以前使所有 Response 中都包含这个路由项;

(4) 如果一条路由的"垃圾清理定时器"超时,该路由将会从路由表中清除。

如上这些机制基本与 RIPv2 类似。不过为了支持利用 IPv6 基础设施传输 IPv6 路由信息,RIPng 必须修改它的消息格式。具体来说,RIPng 必须重新定义 Request 和 Response 消息,如图 11-15 所示。

command(8位)	version(8位)	must be zero (16位)
Route Table Entry 1 (20位)		
…		
Route Table Entry n (20位)		

图 11-15 RIPng 报文格式

其中,Command 为 1 则表示该消息为 Request,Command 为 2 则表示该消息为 Response。随后即为用于存储 IPv6 前缀信息的若干 Route Table Entry,如图 11-16 所示。

IPv6 prefix (16)		
Route tag (2)	Prefix len (1)	Metric (1)

图 11-16 Route Table Entry 报文格式

Route Table Entry 中包含如下字报:

Metric：以跳数计算的前缀的度量值，这个 metric 等价于路由表中的 Cost；

Route tag 用于标识一条路由某种属性，如来自 RIPng 内(Route tag＝0)还是 RIPng 外(Route tag＝1)。

2. 应用实例

现在用如图 11-17 所示的一个案例来将上面介绍的内容联系起来。

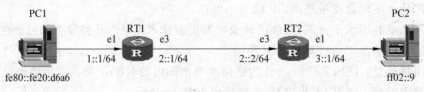

图 11-17　组网案例

假如组网需求是建立 RT1 与 RT2 所连接网络 1::1/64、3::1/64 之间的互通性。首先需要对路由器做如下 RIPng 配置。

```
/*RT1 上的配置*/
sysname rt1
ipv6
interface Ethernet1/0
  ipv6 address 1::1/64
  undo ipv6 nd ra halt
  ripng 1 enable
interface Ethernet3/0
  ipv6 address 2::1/64
  ripng 1 enable
/*RT2 上的配置*/
sysname rt2
ipv6
interface Ethernet1/0
  ipv6 address 3::1/64
  undo ipv6 ndd ra halt
  ripng 1 enable
interface Ethernet3/0
  ipv6 address 2::2/64
  ripng 1 enable
```

通过在连接 RT1 和 RT2 之间的链路上捕获报文，可以发现 RT1 获得 RT2 路由信息的过程如下所述。

```
+ Ethernet II,Src:00:e0:fc:20:d6:a6,Dst:33:33:00:00:00:09
- Internet Protocol Version 6
    Version:6
    Traffic class:0x00
    Flowable:0x00000
    Payload length:32
```

```
        Next header:UDP(0x11)
        Hop limit:16
        Souce address:fe80::fe20:d6a6
        Destination address:ff02::9
    + User Datagram Protocol,Src Port:521(521),Dst Port:521(521)
    - RIPng
        Command:Request(1)
        Version:1
      - IP Address: ::/0,Metric:16
         IP Address: ::
         Tag: 0x0000
         Prefix length: 0
         Metric: 16
```

注意：这里的报文源地址（同时也会被对端作为下一跳地址）是一个 Link-Local 地址，
目的地址 ff02::9 是一个组播地址。RIPng Request 报文通过请求一个 ::/0 前缀的方法请
求对端所有路由。事实上，RT2 的响应如下所示。

```
    + Ethernet II,Src:00:e0:fc:20:d6:a6,Dst:33:33:00:00:00:09
    - Internet Protocol Version 6
        Version:6
        Traffic class:0x00
        Flowable:0x00000
        Payload length:72
        Next header:UDP(0x11)
        Hop limit:255
        Souce address:fe80::fe20:d6a6
        Destination address:ff02::9
    + User Datagram Protocol,Src Port:521(521),Dst Port:521(521)
    - RIPng
        Command:Request(2)
        Version:1
      - IP Address: 1::/64,Metric:16
         IP Address: 1::
         Tag: 0x0000
         Prefix length: 64
         Metric: 2
      - IP Address: 2::/64,Metric:16
         IP Address: 2::
         Tag: 0x0000
         Prefix length: 64
         Metric: 1
      - IP Address: 3::/64,Metric:16
```

```
IP Address: 3::
Tag: 0x0000
Prefix length: 64
Metric: 2
```

这个 Response 报文中重要信息就是三条前缀信息(前缀、cost 两元组),即(1::/64,2)、(2::/64,1)、(3::/64,1)。可以预见这三条信息在 RT1 上的处理如下。

(1)(1::/64,2):由于 1::/64 是 RT1 的直连链路前缀,即 RT1 上 RIPng 进程会认为它到这个网段的 Cost 为零,因而不会使用这个路由。

(2)(2::/64,1):2::/64 同样是 RT1 的直连链路前缀,不会安装这条路由。

(3)(3::/64,1):RT1 路由表中没有这条路由,因而将会安装这条路由,并且会将其 Cost+1。

与 RIPv2 一样,路由器上实际支持的 RIPng 不仅具有以上演示的简单功能。为了方便读者,下面给出其他功能的快速命令参考。

路由聚合:ripng summary-address ipv6-address/prefix-length

环路预防:ripng split-horizon,ripng poison-reverse

路由引入:import-route protocol [Process-id] [cost value] [route-policy route-policy-name]

路由度量配置:default-cost value,preference value,ripng metricin value,ripngmetricout value

路由过滤配置:filer-policy gateway ip-prefix-name import,filter-policy {acl-number|ip-prefix ip-prefix-name} import

11.3.2 中间系统-中间系统协议 IS-ISv6

1. IS-ISv6 基本概念

IS-IS(Intermediate System-to-Intermediate System intra-domain routing information exchange protocol,中间系统到中间系统的域内路由信息交换协议)是由国际标准化组织 ISO 为其无连接网络协议 CLNP 发布的动态路由协议。同 BGP 一样,IS-IS 可以同时承载 IPv4 和 IPv6 的路由信息。

为了使 IS-IS 支持 IPv4,IETF 在 RFC 1195 中对 IS-IS 协议进行了扩展,命名为集成化 IS-IS(Integrated IS-IS)或双 IS-IS(Dual IS-IS)。这个新的 IS-IS 协议可同时应用在 TCP/IP 和 OSI 环境中。在此基础上,为了有效地支持 IPv6,IETF 在 draft-ietf-IS-IS-ipv6-05. txt 中对 IS-IS 进一步进行了扩展,主要是新添加了支持 IPv6 路由信息的两个 TLV(Type-Length-Values)和一个新的 NLP ID(Network Layer Protocol Identifier)。

TLV 是在 LSP(Link State PDUs)中的一个可变长结构,新增的两个 TLV 分别如下。

1) IPv6 Reachability(TLV type 236)

类型值为 236(0xEC),通过定义路由信息前缀、度量值等信息来说明网络的可达性。

2) IPv6 Interface Address(TLV type 232)

类型值为 232(0xE8),它相当于 IPv4 中的"IP Interface Address"TLV,只不过把原来的 32b 的 IPv4 地址改为 128b 的 IPv6 地址。

NLP ID 是标识 IS-IS 支持何种网络层协议的一个 8b 字段,IPv6 对应的 NLP ID 值为 142(0x8E)。如果 IS-IS 路由器支持 IPv6,那么它必须在 Hello 报文中携带该值向邻居通告它支持 IPv6。由于 IS-IS 原本支持多协议,为了使 IS-IS 能够支持 IPv6,需要在集成 IS-IS 的基础上定义描述 IPv6 网络可达性的 IPv6 Reacabiliu TLV、描述接口 IPv6 接口地址的 IPv6 Interface Address TLV 以及一个 IS 必须发布给邻居的 IP NLPID142。如图 11-18 和图 11-19 所示是 IPv6 Reachability TLV 和 IPv6 Interface Address TLV 的结构。

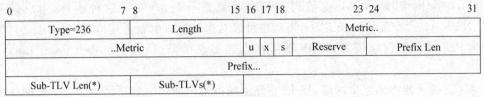

图 11-18　IPv6 Reachability TLV

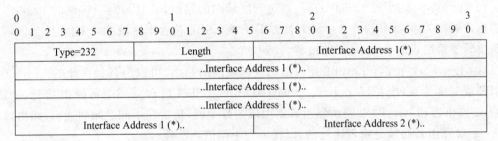

图 11-19　IPv6 Interface Address TLV

图 11-18 中的 U/X/S 含义为:U 表示 up/down bit,X 表示 external original bit,S 表示 subtlv present bit。

这两个 TLV 与 IPv4 中的基本类似。当然,对于具体实现而言,由于必须同时支持 IPv6 与 IPv4,所以需要对命令行接口加上 IPv6 参数,如在 IS-IS 视图下使能 IPv6 功能、在接口下使能 IPv6 特性的 IS-IS 功能等。

2. 相关术语

IS-IS 属于内部网关协议(Interior Gateway Protocol,IGP),用于自治系统内部。IS-IS 是一种链路状态协议,使用最短路径优先(Shortest Path First,SPF)算法进行路由计算。IS-IS 路由协议的基本术语如下。

(1) IS(Intermediate System,中间系统):相当于 TCP/IP 中的路由器,是 IS-IS 协议中生成路由和传播路由信息的基本单元。在下文中 IS 和路由器具有相同的含义。

(2) RD(Routing Domain,路由域):在一个路由域中一群 IS 通过相同的路由协议来交换路由信息。

(3) Area,区域,路由域的细分单元,IS-IS 允许将整个路由域分为多个区域。

(4) LSDB(Link State Database,链路状态数据库):所有的网络内连接状态组成了链路状态数据库,在每一个 IS 中都至少有一个 LSDB。IS 使用 SPF 算法,利用 LSDB 来生成自己的路由。

（5）LSP(Link State Protocol Data Unit，链路状态协议报文)：在 IS-IS 中，每一个 IS 都会生成至少一个 LSP，这些 LSP 包含本 IS 的所有链路状态信息。每个 IS 收集本区域内所有的 LSP 与自己本地生成的 LSP 构成自己的 LSDB。

3. IS-IS 工作机制

IS-IS 可以运行在点到点链路(Point to Point Links)，如 PPP、HDLC 等；也可以运行在广播链路（Broadcast Links），如 Ethernet、Token-Ring 等；对于 NBMA（Non-Broadcast Multi-Access)网络，如 ATM，也被当作 P2P 链路进行处理，对于这种链路，用户只能通过 CLNS MAP 命令配置一条 PVC，当然也可以对这种接口配置子接口，只要将子接口类型配置为 P2P 或广播网络即可；IS-IS 不能在点到多点链路(Point to MultiPoint Links)上运行。

为了支持大规模的路由网络，IS-IS 在路由域内采用两级的分层结构。一个大的路由域被分成一个或多个区域(Areas)。区域内的路由通过 Level-1 路由器管理，区域间的路由通过 Level-2 路由器管理。

（1）Level-1 路由器：Level-1 路由器负责区域内的路由，它只与同一区域的 Level-1 路由器形成邻接关系，维护一个 Level-1 的 LSDB，该 LSDB 包含本区域的路由信息，到区域外的报文转发给最近的 Level-1-2 路由器。

（2）Level-2 路由器：Level-2 路由器负责区域间的路由，可以与其他区域的 Level-2 路由器形成邻接关系，维护一个 Level-2 的 LSDB，该 LSDB 包含区域间的路由信息。所有 Level-2 路由器和 Level-1-2 路由器组成路由域的骨干网，负责在不同区域间通信，路由域中的 Level-2 路由器必须是物理连续的，以保证骨干网的连续性。

（3）Level-1-2 路由器：同时属于 Level-1 和 Level-2 的路由器称为 Level-1-2 路由器，每个区域至少有一个 Level-1-2 路由器，以将区域连在骨干网上。它维护两个 LSDB，Level-1 的 LSDB 用于区域内路由，Level-2 的 LSDB 用于区域间路由。

如图 11-20 所示为一个运行 IS-IS 协议的网络，其中，Area 1 是骨干区域，该区域中的所有路由器均是 Level-2 路由器。另外 4 个区域为非骨干区域，在该区域内通过 Level-1 相连接，并通过 Level-1-2 路由器与骨干路由器相连。

IS-IS 报文直接封装在数据链路帧中，主要分为以下三类。

（1）Hello 报文：用于建立和维持邻接关系，也称为 IIH(IS-to-IS Hello PDUs)。其中，广播网中的 Level-1 路由器使用 Level-1 LAN IIH，广播网中的 Level-2 路由器使用 Level-2 LAN IIH，点到点网络中的路由器则使用 P2P IIH。

（2）LSP(Link State PDUs，链路状态报文)：用于交换链路状态信息。LSP 分为两种：Level-1 LSP 和 Level-2 LSP。Level-1 路由器传送 Level-1 LSP，Level-2 路由器传送 Level-2 LSP，Level-1-2 路由器则可传送以上两种 LSP。

（3）SNP(Sequence Number PDUs，时序报文)：用于确认邻居之间最新接收的 LSP，作用类似于确认(Acknowledge)报文，但更有效。SNP 包括 CSNP(Complete SNP，全时序报文)和 PSNP(Partial SNP，部分时序报文)，进一步又可分为 Level-1 CSNP、Level-2 CSNP、Level-1 PSNP 和 Level-2 PSNP。CSNP 包括 LSDB 中所有 LSP 的摘要信息，从而可以在相邻路由器间保持 LSDB 的同步。在广播网络上，CSNP 由 DIS 定期发送（默认的发送周期为 10s)；在点到点链路上，CSNP 只在第一次建立邻接关系时发送。PSNP 只列举最近收到的

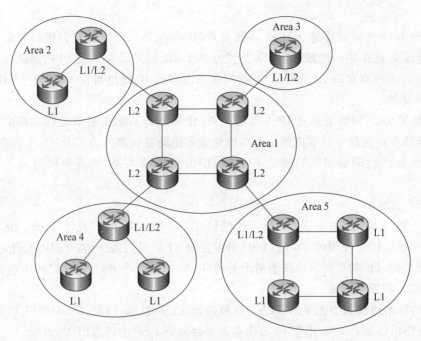

图 11-20　IS-IS 拓扑结构图

一个或多个 LSP 的序号,它能够一次对多个 LSP 进行确认。当发现 LSDB 不同步时,也用 PSNP 来请求邻居发送新的 LSP。

根据 RFC 1195 的规定,集成 IS-IS 协议实现在 OSI 和 IP 的双环境下同时运行,它不仅可以动态发现和生成 IP 路由,同时也可以发现和生成 CLNS 路由。IS-ISv6 则可以在 IPv4 和 IPv6 双环境下同时运行,它不仅可以动态发现和生成 IPv4 路由,同时也可以发现和生成 IPv6 路由。

4. IS-ISv6 邻接关系

1) 邻接关系的建立与维护

IS-IS 使用 Hello 报文来发现同一条链路上的邻居路由器并建立邻接关系,为了支持 IPv6 路由,建立 IPv6 邻接关系,IS-ISv6 对 Hello 报文进行了扩充。

(1) 在支持协议 TLV 中增加一个 8b 的 NLPID,取值为 0x81,表示当前路由器支持 IS-ISv6 功能。

(2) 在 Hello 报文中添加 IPv6 接口地址 TLV,value 字段填入 IPv6 链路本地(Link-Local)地址。

使能 IS-ISv6 功能的路由器周期性地从每个使能 IS-ISv6 功能的每一个接口发送 Hello 报文,如果从同一条链路上的路由器收到了 IS-IS Hello 报文,且对端路由器发送的 Hello 报文的支持协议 TLV 中有一个 NLPID 取值为 0x81、IPv6 接口地址 TLV 中的 value 值是与当前接口不一样的 IPv6 链路本地地址,将与对方建立起邻接关系。

建立邻接关系完毕后,将继续周期性地发送 Hello 报文来维持邻接关系。

2) 邻接关系类型

IS 之间可以只建立 IPv4 邻接关系、IPv6 邻接关系,或者同时建立 IPv4 和 IPv6 的邻接关系。

（1）如果 IS 之间需要建立 IPv4 邻接关系(IPv4-only)，则需要双方接口都配置了合法的 IPv4 地址并且在同一网段(当网络类型为 P2P 时，如果设置了在 PPP 协议接口上接收 Hello 报文时不检查对端 IP 地址的功能，两端路由器的 IP 地址可以不在同一个网段)都使能了 IS-IS 功能。

（2）如果 IS 之间需要建立 IPv6 邻接关系(IPv6-only)，则需要双方接口都配置了合法的 IPv6 链路本地地址并且双方的链路本地地址不相同并且都使能了 IS-ISv6 功能。

（3）如果 IS 之间需要同时建立 IPv4 和 IPv6 的邻接关系，则需要同时满足以上两个条件。

5. LSP 的维护

在一个既支持 IPv4 又支持 IPv6 的网络中，IS-ISv6 不仅扩充了 Hello 报文使用的 TLV，也扩充了 LSP 使用的 TLV。LSP 中包含的 TLV 可大致分为：与 IPv4 相关的 TLV、与 IPv6 相关的 TLV、与网络协议类型无关的 TLV。IS-ISv6 通过控制 LSP 中包含的 TLV 类型来适应不同网络需要。

（1）与网络协议类型无关的 TLV：区域地址 TLV、认证 TLV、IS 邻居 TLV 等，这一类 TLV 无论路由器是否使能 IS-ISv6 功能都需要存放到 LSP 中扩散出去。

（2）与 IPv4 相关的 TLV：IP 内部可达性 TLV、IP 外部可达性 TLV 和接口 IP 地址 TLV，其中，IP 内部可达性 TLV、IP 外部可达性 TLV、扩展的 IP 可达性 TLV，仅当路由器全局使能了 IS-IS 功能时才能放到 LSP 中扩散出去，接口 IP 地址 TLV 仅当 IS 的接口也同时使能了 IS-IS 功能时才能放到 LSP 中扩散出去。

（3）与 IPv6 相关的 TLV：IPv6 可达性 TLV、IPv6 接口地址 TLV。其中，IPv6 可达性 TLV 仅当路由器全局使能了 IS-ISv6 功能时才能放到 LSP 中扩散出去，IPv6 接口地址仅当 IS 的接口也同时使能了 IS-ISv6 功能时才能放到 LSP 中扩散出去。

此外，IS-IS 宣告 IPv6 的可达性 TLV 中不再像 IPv4 那样区分普通可达性 TLV 和扩展的可达性 TLV，统一使用 IPv6 可达性 TLV，支持的最大 Metric 开销为 MAX_V6_PATH_METRIC(4 261 412 864)，大于 MAX_V6_PATH_METRIC 的 IPv6 可达性信息都被忽略掉。

6. 路由计算

支持 IS-ISv6 功能的路由器必须同时具备计算 IPv4 和 IPv6 路由的能力，并根据与邻居建立的邻接关系类型对路由计算类型做出限制。

（1）当与邻居只建立了 IPv4 的邻接关系时，只进行 IPv4 的路由计算，仅生成 IPv4 路由。

（2）当与邻居只建立了 IPv6 的邻接关系时，只进行 IPv6 的路由计算，仅生成 IPv6 路由。

只有当与邻居同时建立 IPv4 和 IPv6 的邻接关系时，才会同时进行 IPv4 和 IPv6 的路由计算，同时生成 IPv4 和 IPv6 路由。

7. 典型组网案例

如图 11-21 所示，Routing Domain1 为一 IPv6-Only 路由域，骨干区和 Level-1 区域均为 IPv6-Only 区域，区域中的所有 IS 均能使用 IS-ISv6 功能。

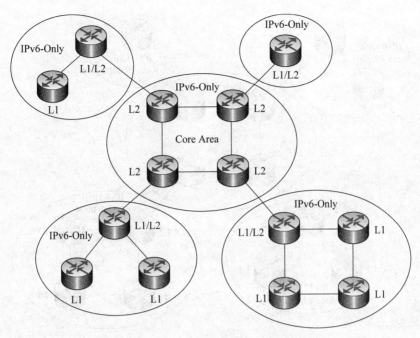

图 11-21　IPv6-Only 网络 IS-IS 典型组网图

如图 11-22 所示,Routing Domain1 为 Dual IP 路由域,其中,骨干区(Core Area)为 Dual IP 区,骨干区中的 IS 必须能同时使用 IS-IS 功能和 IS-ISv6 功能,非骨干区 Area 49. 0001 为 IPv6-Only 区域,区域中的所有 IS 能同时使用 IS-ISv6 功能;非骨干区 Area 49. 0002 为 IPv4-Only 区域,区域中的所有 IS 能同时使用 IS-IS 功能;非骨干区 Area 49. 0003、Area 49. 0004 为 Dual IP 区域,能同时使用 IS-IS 功能和 IS-ISv6 功能。因此,Area 49. 0002、Area 49. 0003、Area 49. 0004 以及 Area 49 之间可以实现 IPv4 互通;Area 49. 0001、Area 49. 0003、Area 49. 0004 以及 Area 49 之间可以实现 IPv6 互通。

如图 11-23 所示为目前利用 IS-ISv6 实现 IPv4/IPv6 网络共存的一个典型组网方案,其组网的基本思想如下。

(1) 规划一个 DUAL IP 骨干区域,骨干区中的所有 IS 能同时使用 IS-IS、IS-ISv6 功能;

(2) 用户根据需要,配置 Level-1 Area 的区域类型为 IPv4-Only、IPv6-Only 或 Dual IP;

(3) 经过这种规划而组成的 IPv4/IPv6 共存网络,其中的 IPv4-Only Level-1 区域可以和其他所有 IPv4-Only Level-1 区域、Dual IP 区域以及骨干区进行 IPv4 互通;IPv6-Only Level-1 区域可以和其他所有 IPv6-Only Level-1 区域、Dual IP 区域以及骨干区进行 IPv6 互通。

这种 IPv4/IPv6 共存组网方案配置较为简单,组网框架逻辑清晰,可扩展性强,用户可以根据需要随时增减 Level-1 区域,很容易实现 IPv4 网络向 IPv6 网络的逐渐过渡。

11.3.3　开放式最短路由协议 OSPFv3

OSPFv3 主要提供对 IPv6 的支持,遵循的标准为 RFC 2740(OSPF for IPv6)。与

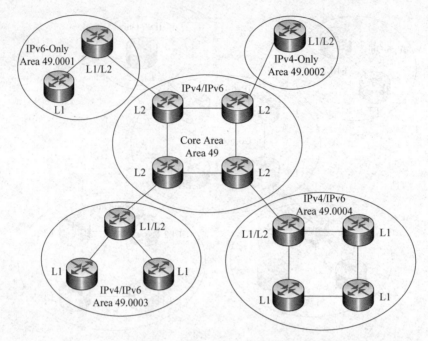

图 11-22　IPv4/IPv6 典型组网

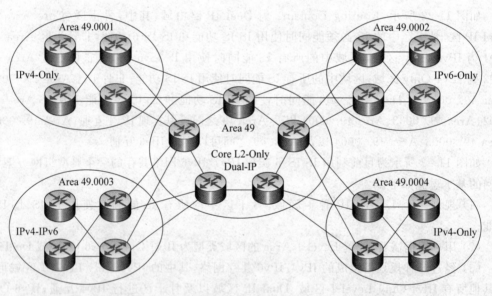

图 11-23　利用 IS-ISv6 实现 IPv4/IPv6 网络共存的一个典型组网方案

OSPFv2 相比,OSPFv3 除了提供对 IPv6 的支持外,还充分考虑了协议的网络无关性以及可扩展性,进一步理顺了拓扑与路由的关系,使得 OSPF 的协议逻辑更加简单清晰,大大提高了 OSPF 的可扩展性。

OSPFv3 和 OSPFv2 的不同之处如下。

(1) 修改部分协议流程,使其独立于网络协议,大大提高了可扩展性:主要的修改包括用 Router-ID 来标识邻居,使用链路本地(Link-local)地址来发现邻居等,使得拓扑本身独立于网络协议,以便于将来扩展。

(2)进一步理顺了拓扑与路由的关系:OSPFv3 在 LSA 中将拓扑与路由信息相分离,一、二类 LSA 中不再携带路由信息,而只是单纯地描述拓扑信息,另外用新增的八、九类 LSA 结合原有的三、五、七类 LSA 来发布路由前缀信息。

(3)提高了协议适应性:通过引入 LSA 扩散范围的概念,进一步明确了对未知 LSA 的处理,使得协议可以在不识别 LSA 的情况下根据需要做出恰当处理,大大提高了协议对未来扩展的适应性。

LSA 的重新定义体现在如下几个方面。

(1)Router-LSA:由每个路由器生成,描述了路由器的链路状态和花费。传递到整个区域。由区域内所有路由器产生,并且只能在本个区域内泛洪广播。这些最基本的 LSA 通告列出了路由器所有的链路和接口,并指明了它们的状态和沿每条链路方向出站的代价。

(2)Network-LSA:由 DR 生成,描述了本网段的链路状态,传递到整个区域。由区域内的 DR 或 BDR 路由器产生,报文包括 DR 和 BDR 连接的路由器的链路信息。网络 LSA 也仅仅在产生这条网络 LSA 的区域内部进行泛洪。

(3)Net-Summary-LSA:由 ABR 生成,描述了到区域内某一网段的路由,传递到相关区域。

(4)Inter-Area-Prefix-LSA:区域间前缀 LSA。

(5)Inter-Area-Router-LSA:区域间路由 LSA。

(6)Intra-Area-Prefix-LSA:区域内前缀 LSA。

(7)Asbr-Summary-LSA:由 ABR 生成,描述了到 ASBR 的路由,传递到相关区域。

(8)AS-external-LSA:自治系统外部 LSA,由 ASBR 生成,描述了到 AS 外部的路由,传递到整个 AS(STUB 区域除外)。由 ASBR 产生,告诉相同自治区的路由器通往外部自治区的路径。自治系统外部 LSA 是唯一不和具体的区域相关联的 LSA 通告,将在整个自治系统中进行泛洪。

(9)Link-LSA:链路 LSA,用于向同一链路邻居通告自己的链路层地址以及与此链路有关的前缀信息。

(10)组成员 LSA(Group membership LSA)。

(11)NSSA 外部 LSA(NSSA External LSA)。由 ASBR 产生,几乎和 LSA 5 通告是相同的,但 NSSA 外部 LSA 通告仅在始发这个 NSSA 外部 LSA 通告的非纯末梢区域内部进行泛洪。

在 NSSA 区域中,当有一个路由器是 ASBR 时,不得不产生 LSA 5 报文,但是 NSSA 中不能有 LSA 5 报文,所有 ASBR 产生 LSA 7 报文,发给本区域的路由器。

Router-LSA 用于描述一个路由器对于某个区域与其他路由器连接的接口状态与开销,如图 11-24 所示。从这个数据结构可以看出,Router LSA 事实上被用于建立路由器与路由器之间的连接"拓扑",不过这个拓扑是区域内的。OSPFv2 的经验告诉我们,如果只有 Router LSA,那么将难以描述全连接网络上众多路由器之间的连接关系。解决方法是由广播网络(或 NBMA 网络)上的 DR 负责发布一个 LSA,描述网络上到底有哪些路由器,这就是 Network LSA,如图 11-25 所示。

LS age		0	0	1	1
Link State ID					
Advertising Router					
LS sequence number					
LS checksum				Length	
0	W	V	E	B	Options
Type		0		Metric	
Interface ID					
Neighbor Interface ID					
Neighbor Router ID					
...					
Type		0		Metric	
Interface ID					
Neighbor Interface ID					
Neighbor Router ID					
...					

图 11-24　Router LSA

LS age		0	0	1	2
Link State ID					
Advertising Router					
LS sequence number					
LS checksum				Length	
0				Options	
Attached Router					
...					

图 11-25　Network LSA

我们知道,OSPF 在区域之间不传递拓扑信息,只传递路由信息。只有一个例外,就是通告 ASBR 路由器的 Router ID 时。这个工作由 Inter-Area-Router-LSA 完成,如图 11-26 所示。

LS age		0	0	1	4
Link State ID					
Advertising Router					
LS sequence number					
LS checksum				Length	
0				Options	
0				Metric	
Destination Router ID					

图 11-26　Inter-Area-Router-LSA

收集了上述三个 LSA 以后,就可以知道全网的拓扑,其拓扑结构中的结点是路由器。

建立了拓扑以后,要做的就是将前缀和地址信息在应该传递的范围内传递,完成这个工作的就是其余的那些 LSA。

第一个 LSA 是 IPv6 特有的,即 Link LSA,如图 11-27 所示,它用于向同一链路上的邻居间通告自己的链路层地址以及与此链路相关的前缀信息。

LS age		0	0	1	8
Link State ID					
Advertising Router					
LS sequence number					
LS checksum				Length	
Rtr Pri		Options			
Link-local Interface Address					
#prefixes					
PrefixLength	PrefixOptions			(0)	
Address Prefix …					
…					
PrefixLength	PrefixOptions			(0)	
Address Prefix …					

图 11-27　Link LSA

在区域范畴内,每个路由器必须通过 Intra-Am-Prefix-LSA(如图 11-28 所示)向所有其他路由器通报自己所连接的前缀信息。

LS age		0	0	1	9
Link State ID					
Advertising Router					
LS sequence number					
LS checksum				Length	
#prefixes				Referenced LS type	
Referenced Link State ID					
Refereced Advertising Router					
PrefixLength	PrefixOptions			Metric	
Address Prefix …					
…					
PrefixLength	PrefixOptions			Metric	
Address Prefix …					

图 11-28　Inter-Am-Prefix-LSA

同样,OSPFv3 也必须在骨干区域与普通区域之间通过 Inter-Area-Prefix-LSA(如图 11-29 所示)交互区域间的路由信息(很可能是汇聚以后的信息)。

LS age		0	0	1	3
Link State ID					
Advertising Router					
LS sequence number					
LS checksum				Length	
0				Metrix	
PrefixLength		PrefixOptions		(0)	
Address Prefix					
…					

图 11-29　Inter-Area-Prefix-LSA

与 IPv4 一样,自治系统外路由需要用 AS-external-LSA(如图 11-30 所示)来向自治系统内通告信息。

LS age			0	1	0	5
Link State ID						
Advertising Router						
LS sequence number						
LS checksum					Length	
E	F	T		Metric		
PrefixLength		PrefixOptions		Referenced LS Type		
Address Prefix						
…						
Forwarding Address (Optional)						
External Route Tag (Optinal)						
Refenced Link State ID (Optional)						

图 11-30　AS-external-LSA

11.3.4　边界网关协议 BGP4＋

BGP 是一个较为简单的协议。只需重新定义描述可达性信息的 NLRI 和 Next-Hop 属性即可。

传统的 BGP-4 只能管理 IPv4 的路由信息,对于使用其他网络层协议(如 IPv6 等)的应用,在跨自治系统传播时就受到一定限制。

为了提供对多种网络层协议的支持,IETF 对 BGP-4 进行了扩展,形成 BGP4＋,目前的 BGP4＋标准是 RFC 2858(Multiprotocol Extensions for BGP-4,BGP-4 多协议扩展)。

为了实现对 IPv6 协议的支持,BGP4＋需要将 IPv6 网络层协议的信息反映到 NLRI (Network Layer Reachable Information)及 Next_Hop 属性中。

BGP4＋中引入的两个 NLRI 属性分别如下。

（1）MP_REACH_NLRI：Multiprotocol Reachable NLRI（多协议可达 NLRI），用于发布可达路由及下一跳信息。

（2）MP_UNREACH_NLRI：Multiprotocol Unreachable NLRI（多协议不可达 NLRI），用于撤销不可达路由。

BGP4＋中的 Next_Hop 属性用 IPv6 地址来表示，可以是 IPv6 全球单播地址或者下一跳的链路本地地址。

BGP4＋利用 BGP 的多协议扩展属性来达到在 IPv6 网络中应用的目的，BGP 原有的消息机制和路由机制并没有改变。

事实上，MBGB（Multiprotocol Extension BGP）重新定义了两个新的属性，MP-REACH-NLRI（用于通报网络可达性信息）与 MP-UNREACH-NLRI（用于通报网络不可达性信息）。这两个属性的编码格式如图 11-31 和图 11-32 所示。

Address Family Indentifier (2 octets)
Subsequent Address Family Indentifier (1 octets)
Length of Next Hop Network Address (1 octets)
Network Address of Next Hop (variable)
Number of SNPAs (1 octets)
Length of first SNPA (1 octets)
First SNPA (variable)
Length of second SNPA(1 octets)
Second SNPA (variable)
…
Length of Last SNPA (1 octets)
Last SNPA (variable)
Network Layer Rechability Information (variable)

图 11-31　MP_REACH_UNRI

Address Family Indentifier (2 octets)
Subsequent Address Family Indentifier (1 octets)
Withdrawn Routes (variable)

图 11-32　MP_UNREACH_NLRI

MBGP 不仅用于支持 IPv6 路由信息的传播，还用于 VPN-V4、KomPella、L2 VPN、组播源路由等不同的地址族路由信息的传播，技巧就是定义不同的 NLRI 格式及不同的 AFI，SAFI 组合。

思考题

11-1：IPv6 地址分配的原则是什么？

11-2：IPv6 地址分配策略是什么？

11-3：IPv6 有哪三种地址分配方案？

11-4：IPv6 域名系统有哪两种表示方式？

11-5：IPv6 安全管理技术主要涉及哪些主要协议？简述每种协议的基本功能及其实现技术。

11-6：IPv6 路由管理技术主要涉及哪些主要协议？简述每种协议的基本功能及实现技术。

第 12 章　云计算管理

自云计算概念提出以来,国内外各大企业、研究机构争相研发和建立云计算中心,云计算管理系统是针对当前云计算应用模式的一种资源管理系统。基于现有计算资源、存储资源和网络资源,制定云计算的管理策略与管理措施,保证云计算中心的正常运营以达到资源共享、提高闲置资源的利用率,将成为企业发展的首要战略目标。

云计算资源规模庞大,服务器及存储器数量众多并分布在不同的地点,同时运行着成千上万种应用程序,如何有效地管理这些资源,保证整个云系统提供不间断的服务将是对云管理者的巨大挑战。

云计算管理技术能够使大量的服务器协同工作,方便进行业务部署和开通,快速发现和恢复系统故障,通过自动化、智能化的手段实现大规模系统的可靠运营。云计算管理的主要内容是系统的虚拟化和服务,包括软件和硬件管理和服务。

本章主要内容:

- 虚拟化管理与云资源管理技术;
- 云计算管理平台;
- 云数据与云存储管理技术;
- 云安全管理技术;
- 云计算运维管理技术。

12.1　虚拟化与云资源管理

12.1.1　云虚拟化技术

1. 虚拟化技术概述

虚拟化,是指通过虚拟化技术将一台计算机虚拟为多台逻辑计算机(又称虚拟机)。在一台计算机上同时运行多个逻辑计算机,每个逻辑计算机可运行不同的操作系统,并且应用程序都可以在相互独立的空间内运行而互不影响,从而显著提高计算机的工作效率。

虚拟化使用软件的方法重新定义划分 IT 资源,可以实现 IT 资源的动态分配、灵活调度、跨域共享,提高 IT 资源利用率,使 IT 资源能够真正成为社会基础设施,服务于各行各业中灵活多变的应用需求。

在计算机中,虚拟化是一种资源管理技术,是将计算机的各种实体资源,如服务器、存储器、网络带宽等,予以抽象、转换后呈现出来,打破实体结构间的不可切割的障碍,使用户可以比实体资源组态更好的方式来应用这些资源。这些资源的虚拟部分不受现有资源的架设方式、地域和物理组态所限制。

在云计算中,通过提供灵活、自助服务式的 IT 基础架构,云计算促使信息处理方式发生了革命性的转变。在这场变革中,虚拟化技术发挥了决定性作用。它所带来的独立性、高度整合性和可移动性,改变了传统的 IT 基础架构、流程以及成本。通过消除长期存在于应用层与物理主机之间的障碍,虚拟化使部署更为轻松便捷,工作负载的移动性显著增强。

2. 虚拟化技术的应用

虚拟化产品的应用不仅可以提升用户的使用效率,而且已经开始改变用户的应用模式。虚拟化技术从最初在存储领域的应用,到 VMware 商业模式的成功,再到现在服务器、PC 虚拟化应用在全球的快速普及,使得传统的 IT 基础设施的部署和应用观念受到了很大挑战,而且企业业务部门与 IT 部门的合作方式正因此发生改变。

由于虚拟化技术能够节省投资、提高闲置计算资源的利用效率,同时其需要 CIO 对企业的 IT 基础设施进行重新规划、部署和管理,因此,虚拟化正在最大程度地改变企业 IT 基础设施的部署及运营。企业用户也将随之转变其 IT 管理方式,这其中包括购买什么、如何部署、如何进行计划以及如何为此付费等问题。

现在,众多 IT 厂商也开始顺应这种趋势,在实现自身产品对虚拟化支持的同时,举起虚拟化的大旗为培育这个市场出力。并且,在全球已有一些用户在虚拟化技术的应用中体会到了提高效率和节省投资的优势,甚至有中小企业用户依靠虚拟化技术得到了超越其支付能力(相对于购买传统设备的支付能力)的计算资源,因此越来越多的用户对此给予了高度的关注,并且乐于尝试。

当虚拟化技术被用户认知认可的趋势在全球被确立之后,尤其是在软硬件提供商之间确立了应用氛围之后,众多的服务器、PC、操作系统、应用系统、存储产品的主流提供商就会开始全面加入虚拟化的竞争,虚拟化在基础设施厂商之间制造的新一轮产业结构竞争已经开始,尽管竞争的局面在未来几年将导致市场的混乱和众多的不确定性,但这一趋势已经形成。在操作系统领域,由于虚拟化技术的出现,企业系统的客户端可以越来越多地采用虚拟机来实现应用,从而减少了操作系统的安装以及 PC 资源的占用,这种改变正在企业的 IT 基础设施架构中悄然发生。

3. 云虚拟化技术

1)虚拟化与云计算

当虚拟化技术推广到互联网时,就是人们所说的云计算了。云计算能给企业带来两大价值:一是企业可以获得应用所需的足够多的计算能力,而且无须对支持这一计算能力的 IT 基础设施付出相应的原始投资成本,现在很多企业往往都无法负担高额的基础设施投资成本;二是在需要时像购买服务一样购买这种计算能力,按照流量付费即可,用户不用担心计算设备与资源的日常维护开销和闲置成本。现在,很多软件开发企业、服务外包企业、科研单位等都需要拥有处理大数据量的计算能力,因此他们对云计算存在现实而迫切的需求。可以说,云计算改变了企业对计算资源的采购和使用方式,改变了对 IT 应用建设的模式。

虚拟化和云计算对操作系统的影响不仅源于 IT 技术和商业模式的变革,也因操作系统领域自身的市场竞争正在从产品转向服务。

2)云存储虚拟化技术

虚拟化存储有多种分类方法:可根据在 I/O 路径中实现虚拟化的位置不同进行分类,也可根据控制路径和数据路径的不同进行分类。根据在 I/O 路径中实现虚拟化的位置不同,虚拟化存储可以分为主机的虚拟存储、网络的虚拟存储、存储设备的虚拟存储。根据控制路径和数据路径的不同,虚拟化存储分为对称虚拟化与不对称虚拟化。

云存储中的一种典型存储方式为分布式存储。在这种方式中,一般采用带外虚拟化的方式管理存储设备,元数据管理和数据传输都是通过 IP 网络来完成。这种虚拟化存储系统主要有以下 4 类不同的存储设备。

(1) 客户端:客户端向外为客户提供各种应用服务,如万维网服务、数据库、文件服务、科学计算等。客户端上运行存储代理软件,提供网络虚拟设备供应用程序读写访问。

(2) 配置管理服务器:配置管理服务器用来进行系统的配置和管理。通过 Internet、Telnet 或其他接口登录云存储平台,以远程的方式配置和管理整个存储系统。

(3) 元数据服务器:云存储系统的元数据服务器(MDS)管理着整个系统的元数据和对象数据的布局信息,负责系统的资源分配和网络虚拟磁盘的地址映射。在 MDS 上部署的全局虚拟化存储管理软件和集群管理软件可管理整个存储系统的配置和运行。另外,MDS 通过冗余管理软件来实现普通存储结点之间的数据冗余关系。

(4) 对象存储结点:每个存储结点都是独立的存储设备,负责对象数据的存储、备份、迁移和恢复,并负责监控其他存储设备的运行状况和资源情况。同时,存储结点上运行着虚拟化存储管理软件,并存储了应用程序所需的数据。

12.1.2 云资源管理

1. 云资源管理概述

云计算具有大量的计算资源和存储资源,并且资源是动态变化的,需要及时、准确、动态地收集资源信息。资源监控可以为云对资源的动态部署提供依据,并有效监控资源的使用情况和负载情况,资源监控是实现云资源管理的一个重要环节,它可提供对系统资源的实时监控,并为其他子系统提供系统性能信息,以便更好地完成系统资源的分配。云计算通过一个监视服务器监控和管理资源池中的所有资源,并通过在云中的各个服务器上部署代理程序,配置并监视各种资源,定期将资源使用信息传送至数据仓库,并对这些数据进行分析及跟踪,为排除云故障和均衡资源提供保障。

2. 云资源管理平台架构

云资源管理平台由综合管理平台和一个或多个资源管理平台组成,综合管理平台与资源管理平台之间通过资源管理接口连接,云资源管理平台对客户提供服务,并为运维管理人员提供运维管理服务。

云资源管理平台系统架构如图 12-1 所示。

12.2 云计算管理平台

云计算管理平台由资源管理、监控管理、接口管理、服务运营管理、系统管理等功能子系统组成,如图 12-2 所示。此外,还有资源池管理、网管服务台系统、综合监控系统及 4A 认证系统。

1. 服务运营管理子系统

网络服务运营管理就是对网络营销施加有效的经营和管理手段,使其效果充分凸显,在时间和空间的效能上最大化,发挥网络资源和企业人员整合的最大优势,给网络用户和云端用户提供可靠、快捷、高效的网络服务。

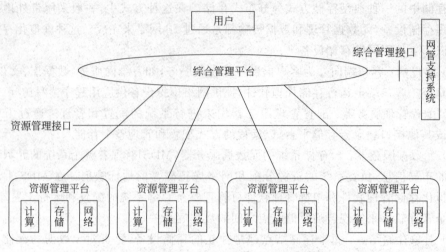

图 12-1　云资源管理平台架构图

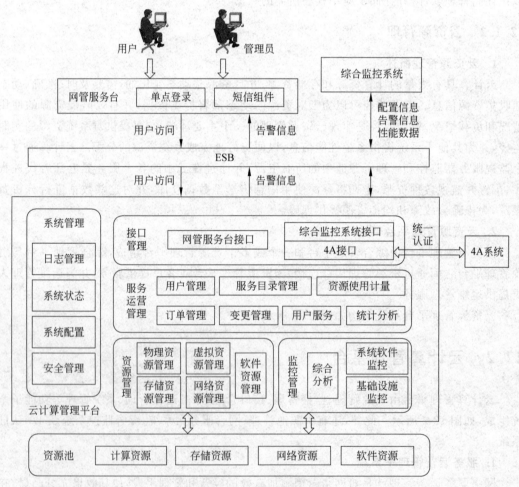

图 12-2　云计算管理平台架构

服务运营管理子系统具有用户管理、服务目录管理、订单管理、订单变更管理、业务系统管理、资源使用管理、用户资源监控和统计分析等功能模块。

1）用户管理

用户管理模块主要功能包括用户注册、用户注销、用户信息修改、设置用户状态和用户信息查询等。

2）服务目录管理

服务目录管理是指根据目录类别对资源服务进行分级管理和显示。

主要功能：支持资源服务定义、修改、删除和查询。支持服务目录的生成、发布、修改、删除、查询和导入导出，支持分级目录管理。

3）订单管理

订单管理处理用户的资源订购请求。用户的资源订购请求通过审批流程进行审批，审批结果自动通知用户。审批通过后，系统将用户订单转化为订单，并传送给资源池管理子系统，由资源池子系统按订单资源描述进行实例化，生成用户所订购的资源信息，并通过电子邮件或短信等形式将资源信息通知用户。

主要功能：订单申请、订单审批、订单查询、订单到期提醒、订单续订、订单取消。

4）订单变更管理

变更订单管理支持用户对目前所使用资源进行变更。用户通过云平台的自服务门户，根据需求对当前所使用资源属性进行变更（如 CPU、存储器等），并提交订购变更单。

变更单管理处理用户的资源变更请求。用户的资源变更请求通过审批流程进行审批，审批结果自动通知用户。审批通过后，系统将用户变更单转化为订单，并传送给资源池管理子系统，由资源池子系统按订单资源描述进行实例化，生成用户所订购的资源信息，并通过电子邮件或短信等形式将变更资源信息通知用户。

主要功能：变更订单申请、变更订单审批、变更订单查询。

5）业务系统管理

用户在云平台进行资源申请操作时，须指定该资源从属用户的某业务系统。用户资源部署和监控查询等操作将依赖资源和业务系统从属关系。

主要功能：用户对业务系统的创建、修改、删除和查询。

6）资源使用计量

资源使用计量是指云管理平台从资源池系统或用户订单获取用户资源使用信息，并根据用户使用资源信息生成资源使用计量文件。

资源使用计量可按照资源类别、业务系统和用户总拥有资源进行汇总统计。

计量文件可提供给统计分析等模块，用于用户资源使用信息展示、统计及分析。

7）用户资源监控

用户资源监控为用户提供所订购资源的信息和状态监控。支持以图形化形式按照业务系统归类对资源的基本信息及运行状态实时向用户进行展示，以实现用户对所订购资源的实时监控。

8）统计分析

统计分析提供云计算资源池各类资源及云平台各类信息的数据搜集、存储以及展示等功能，提供各种统计报表和分析报告。

2. 资源管理子系统

虚拟化技术是云计算平台的基础,其目标是对物理计算资源进行整合或划分,现已成为云计算管理平台中的关键技术层面。虚拟化技术为云计算管理平台的资源管理提供资源调配上的灵活性,从而使得云计算管理平台可以通过虚拟化层整合物理资源或划分物理资源。

云计算平台通过管理子系统调配相应的资源(含物理资源和虚拟资源),并提供具有合适性能指标的云服务。

资源管理子系统由物理资源管理、虚拟资源管理、存储资源管理、网络资源管理以及软件资源管理等功能模块组成。

1) 物理资源管理

物理资源包括异构的主流平台,如服务器,大中小型计算机及 PC,存储器等。物理资源池是多个物理资源的组合,对外提供统一的物理资源的分配和管理。一个物理资源池内的物理设备拥有同样类型的 CPU 架构和操作系统。

物理资源管理提供对服务器、大中小型计算机及存储器等物理设备的基本信息记录和系统管理接口的封装,配置管理模块可通过资源信息查询接口获取物理设备信息并在这些设备上安装虚拟机,监控模块可通过系统管理接口监控物理设施的运行状态,服务管理和部署调度模块可以将物理设施作为弹性计算的载体并利用系统管理接口对其进行操作。

主要功能:资源纳管、配置管理、生命周期管理、统一拓扑管理。

2) 虚拟资源管理

虚拟化管理是云运营管理平台与硬件设备的接口。虚拟资源管理支持对虚拟机相关资源进行管理,包括虚拟引擎资源管理、虚拟资源池管理、虚拟机实例管理和虚拟镜像资源管理等。

主要功能:虚拟机配置、P2V 转换、V2V 转换、虚拟机快照与克隆、生命周期管理、虚拟机镜像管理、虚拟机模板管理。

3) 存储资源管理

存储资源管理通过存储虚拟化将各种物理存储设备连成一个逻辑整体对外提供整体出口和存储空间的管理。

主要功能:虚拟资源的资源纳管、存储配置、生命周期管理、网络拓扑管理。

4) 网络资源管理

提供对网络设备和网络资源的查询和配置管理。即将多个网络资源整合为一个整体,对外提供统一的网络资源分配和集中式管理。

主要功能:资源纳管、网络设备管理、IP 资源池管理、带宽管理、VLAN 管理、网络拓扑管理。

5) 软件资源管理

将多个系统软件组织起来对外提供统一的软件资源管理和分配,当用户请求弹性计算资源时,部署调度模块能从资源池中选取满足用户条件的软件部署到虚拟机里。

主要功能:软件签名自动发现、软件部署和补丁分发、配置文件管理与分发。

3. 监控管理子系统

云管理平台必须对云计算平台涉及的所有软硬件设备具有监控能力,提供基础设施监控、系统软件监控以及业务监控等功能,达到实时监控资源健康状态、主动发现故障、及时运维的目的。

监控管理子系统由综合分析、基础设施监控以及系统软件监控等功能模块组成。

1）综合分析

综合分析模块将提供统一的、异构平台的监控分析能力，以故障告警管理为核心，将来源于不同监控对象的监控告警指标进行整合，通过告警过滤、压缩、关联等处理后，主动为云管理员提供及时、准确的综合分析信息。

主要功能：监控配置管理、故障告警管理。

2）基础设施监控

提供对云基础设施（计算资源、存储资源、网络资源）进行实时监控和管理。

主要功能：计算资源监控管理、存储资源监控管理、网络资源监控管理。

3）系统软件监控

系统软件监控是以系统软件为视角，监控由云计算统一管理平台提供的系统软件运行情况，根据各部分的性能数据和异常数据生成各种告警信息，及时发现应用系统存在的问题和隐患（如服务不可用、性能下降等），为云系统的正常运行提供保障和支撑。

主要功能：支持主流软件的自动发现、数据库监控、中间件监控、进程监控。

4. 系统管理子系统

系统管理子系统由系统配置、安全管理、日志管理、系统状态监控等功能模块组成。

1）系统配置

系统配置完成云管理系统类别、目录、资源等编码及生成规则和要求配置；完成外围接口对必要的资源信息配置；完成系统运行策略的信息配置。

主要功能：资源池系统参数配置、网管接口参数配置、日志定期备份配置、日志定期删除配置、统计分析参数配置。

2）安全管理

系统提供权限管理、访问控制管理、密钥管理、日志分析管理、安全审计、安全补丁、病毒查杀能力。

3）日志管理

系统记录所有计算资源（物理计算资源及虚拟计算资源）、存储资源和网络资源的订单和用户的数量历史信息及当前基本信息。记录资源的使用情况，如虚拟机系统每个分区的物理资源占用状况，块存储、分布式存储、网络资源的资源总量及占用情况。

提供各资源的历史使用情况记录，统计系统中每个资源的历史使用情况；提供订单用户资源使用情况，统计每个用户所有订单使用资源情况；提供服务实例使用情况，统计每个服务实例使用资源情况；提供各种订单的申请、变更和资源操作的历史记录。

4）系统状态监控

系统状态监控为运营管理人员显示系统的各模块和功能点的运行状态，提供系统管理相关功能，包括收集云管理平台设备的性能、告警及配置信息，以合适的形式展现这些信息，在出现告警的时候通知运营管理人员。并提供向外部网管系统发送网管系统要求的性能、告警以及配置信息的功能。

5. 接口管理子系统

云计算管理平台与其他系统的接口，主要内容如下。

（1）综合监控系统：提供网络管理功能，综合监控系统能够查看云计算平台上的物理资源、虚拟资源的运行状态，并接收告警信息。

（2）4A 接口：云管理平台与 4A 系统（认证 Authentication、账号 Account、授权 Authorization、审计 Audit）之间的连接。

（3）网管服务台：用户通过网管服务台单点登录组件，访问云计算管理平台；云计算管理平台的有关短信通知通过网管服务台的短信组件发送给用户和管理员。

12.3 云数据与云存储管理

12.3.1 云存储架构

云存储架构由存储层、基础管理层、应用接口层及访问层 4 层组成，如图 12-3 所示。

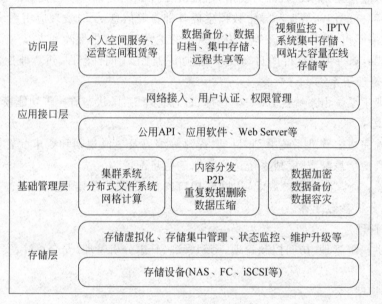

图 12-3 云存储架构

1. 存储层

存储层是云存储最基础的部分。存储设备可以是 FC 光纤通道存储设备、NAS、FC 和 iSCSI 等 IP 存储设备，也可以是 SCSI 或 SAS 等 DAS 存储设备。云存储中的存储设备往往数量庞大且分布于不同地域，彼此之间通过广域网、互联网或者 FC 光纤通道网络连接在一起。

存储设备之上是一个统一存储设备管理系统，可以实现存储设备的逻辑虚拟化管理、多链路冗余管理，以及硬件设备的状态监控和故障维护。

2. 基础管理层

基础管理层是云存储最核心的部分，也是云存储中最难以实现的部分。基础管理层通过集群、分布式文件系统和网格计算等技术，实现云存储中多个存储设备之间的协同工作，使多个存储设备可以对外提供同一种服务，并提供更大更强更好的数据访问能力。

3．应用接口层

应用接口层是云存储最灵活多变的部分。不同的云存储运营单位可以根据实际业务类型，开发不同的应用服务接口，提供不同的应用服务。例如视频监控应用平台、IPTV 和视频点播应用平台、网络硬盘引用平台，远程数据备份应用平台等。

4．访问层

任何一个授权用户都可以通过标准的公用应用接口来登录云存储系统，享受云存储服务。云存储运营单位不同，云存储提供的访问类型和访问手段也不同。

12.3.2　云数据管理

云计算需要对分布的、海量的数据进行处理、分析，因此，数据管理技术必须能够高效地管理大量的数据。云计算系统中的数据管理技术主要是 Google 的 BT(Big Table)数据管理技术和 Hadoop 团队开发的开源数据管理模块 HBase。

BT 是建立在 GFS、Scheduler、Lock Service 和 MapReduce 之上的一个大型的分布式数据库，与传统的关系数据库不同，它把所有数据都作为对象来处理，形成一个巨大的表格，用来分布存储大规模结构化数据。

Google 的很多项目都使用 BT 来存储数据，包括网页查询，Google earth(谷歌地球)和 Google 金融。这些应用程序对 BT 的要求各不相同：数据大小(从 URL 到网页到卫星图像)不同，反应速度不同(从后端的大批处理到实时数据服务)。对于不同的要求，BT 都成功地提供了灵活高效的服务。

云计算系统由大量服务器组成，同时为大量用户服务，因此云计算系统采用分布式存储的方式存储数据，用异地冗余存储的方式确保数据的可靠性。云计算系统中广泛使用的数据存储系统是 Google 的 GFS 和 Hadoop 团队开发的 GFS。

GFS 即 Google 文件系统(Google File System)，是一个可扩展的分布式文件系统，用于大型的、分布式的、对大量数据进行访问的应用。GFS 是针对大规模数据处理和 Google 应用特性而设计的，不但可以提供容错功能，还可以给大量的用户提供性能很高的服务。

一个 GFS 集群由一个主服务器和大量的块服务器构成，并允许多客户(Client)访问。主服务器存储文件系统所有的元数据，包括名字空间、访问控制信息、从文件到块的映射以及块的当前位置。DFS 控制系统范围的活动，如块租约管理、孤儿块的垃圾收集、块服务器间的块迁移等。主服务器定期通过 HeartBeat 消息与每一个块服务器通信，给块服务器传递指令并收集它的状态。在 GFS 中的文件被切分为 64MB 的块并以冗余存储，每份数据在系统中保存三个以上备份。

客户与主服务器的交换只限于对元数据的操作，所有数据方面的通信都直接和块服务器联系，这大大提高了系统的效率，防止主服务器负载过重。

12.3.3　云盘应用技术

本节将以 360 云盘为蓝本，介绍云盘的建立与使用技术。

1．云盘概述

如果担心存放在计算机里的重要资料因为意外丢失，或者嫌用 U 盘复制太麻烦想把资料储存在网上，那么网盘就是最好的选择。现在的网盘很多，比较常用的是百度云盘与 360

云盘,这里介绍的 360 云盘是奇虎 360 分享式云存储服务产品。为广大网民提供了存储容量大、免费、安全、便携、稳定的跨平台文件存储、备份、传递和共享服务。

2．云盘的基本功能

（1）文件备份：可以实现所有文件云端存储且永久备份,不用担心长时间没有登录云盘而导致文件被清空。

（2）文件同步：360 云盘可以让用户存储的文件自动同步到多种设备上,所有文件随时随地触手可及,不易丢失。

（3）文件分享：使用云盘可以方便快捷地分享备份在 360 云盘中的文件。

3．建立 360 云盘

首先在百度搜索引擎中搜索中输入"360 云盘",并单击"百度一下"按钮,得到如图 12-4 所示搜索结果。

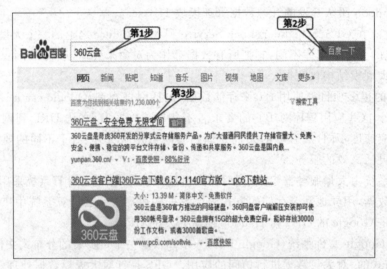

图 12-4　"360 云盘"搜索

在如图 12-4 所示的界面中,单击"360 云盘-安全免费 无限空间"链接,得到如图 12-5 所示的界面。

图 12-5　360 云盘登录界面

在图 12-5 中,单击"注册新账号",得到如图 12-6 所示的注册界面。

在"手机号"栏中,填入手机号,单击"免费获取校验码"按钮,稍候便可收到一条短信,将

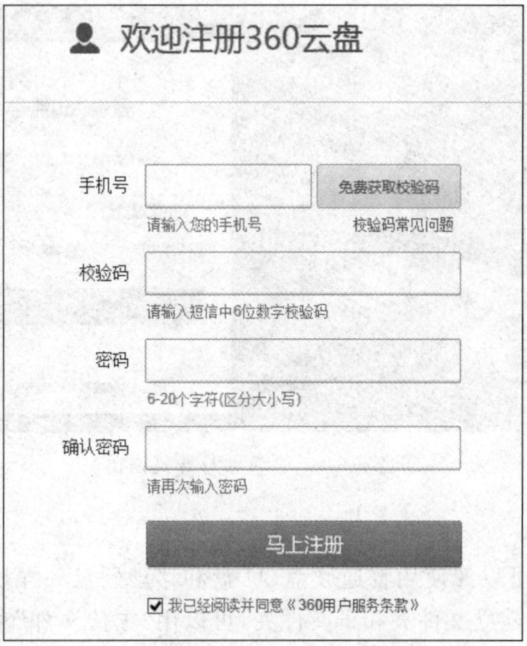

图 12-6　新用户注册

短信上给出的"校验码"填入图 12-6 中的"校验码"框中,再输入登录密码后,单击"马上注册"按钮,注册成功后,自动在 Windows 主屏幕上建立一个 360 云盘图标,同时自动进入 360 云盘主窗口,如图 12-7 所示。

图 12-7　360 云盘主窗口

4. 云盘的启动和使用

1) 360 云盘的启动与登录

单击 Windows 主屏幕上的 360 云盘图标,进入云盘账号登录窗口,如图 12-8 所示。

输入账号和密码后,单击"登录"按钮,即进入 360 云盘主窗口。

图 12-8　360 云盘账号登录窗口

2）360 云盘的使用

云盘建立好后,就可以像使用普通硬盘、U 盘和移动硬盘一样地用其存储自己的文件信息了。可以在云盘上建立文件夹和子文件夹,可以用"上传文件"功能将硬盘中的照片传输到云盘上,也可以复制、粘贴和删除文件。

12.4　云安全管理

1. 云计算存在的主要问题

如前所述,尽管云计算模式具有许多优点,但是也存在一些严重的问题,如数据隐私问题、信誉问题、安全问题、软件许可证问题、网络传输问题等。

1）数据隐私问题

如何保证存放在云服务提供商的数据隐私不被非法利用,不仅需要技术的改进,也需要法律的进一步完善。

2）用户使用习惯

如何改变用户的使用习惯,使用户适应网络化的软硬件应用是长期而艰巨的挑战。

3）管理员信息问题

因为网络管理人员可绕过公司内部对于相关程序的物理、逻辑以及人为的控制,在企业外部处理敏感数据的方式具有与生俱来的风险性,要求供应商提供尽可能详细的管理员信息,以及它所负责的其他业务。

4）审查一致性问题

即使采用服务供应商的模式,客户对于自身的数据的安全性和一致性仍然负有最终责任,传统的服务供应商受制于外部审计和安全认证,而云计算技术则拒绝接受类似的审查,客户只能被动地使用表层的服务。

5）数据安全问题

（1）数据存放位置的安全性;

（2）数据传输安全;

（3）数据存储安全性；

（4）数据审计安全性；

（5）数据隔离安全性；

（6）数据恢复安全性。

6）调查支持问题

通过云计算技术进行的违法行为或许无法进行取证。Gartner 认为云服务的取证非常困难，因为不同客户的日志和数据共用相同的存储空间，而同一客户的数据也有可能分布于不同的主机。如果供应商无法做出相关承诺，那么一旦违法行为发生时，将面临无法取证的尴尬。

7）长期可用性问题

理想状态下，云计算供应商永远不会破产或者被大公司收购，即使这点无法保障，也要确认当上述情况发生时，数据是否能够被保存下来。如何取回自己的数据以及以何种格式取回，以便日后可以将这些数据转移到新的应用程序，这就是数据可用性问题。

8）云平台可用性问题

用户的数据和业务应用处于云计算系统中，其业务流程将依赖于云计算服务提供商所提供的服务，这对服务商的云平台服务连续性、SLA 和 IT 流程、安全策略、事件处理和分析等提出了挑战。另外，当发生系统故障时，如何保证用户数据的快速恢复也成为一个重要问题。

9）云平台遭受攻击的问题

云计算平台由于其用户、信息资源的高度集中，容易成为黑客攻击的目标，由于拒绝服务攻击造成的后果和破坏性将会明显超过传统的企业网应用环境。

10）法律风险问题

云计算应用地域性弱、信息流动性大，信息服务或用户数据可能分布在不同地区甚至不同国家，在政府信息安全监管等方面可能存在法律差异与纠纷；同时由于虚拟化等技术引起的用户间物理界限模糊而可能导致的司法取证问题也不容忽视。

法律制度、市场环境、生态环境的不够完善性，不利于云计算健康发展。云计算会将大量数据集中存储管理，会牵扯广大用户的利益，涉及信息安全、服务可用性、持续性方面存在很多问题，需要有效的法律法规和完善的环境解决信息质量。目前，我国在个人信息安全、隐私保护方面的法规尚未健全，在信用水平等方面监管力度相对滞后，市场环境不完善在一定程度上阻碍了云计算的发展。

11）云计算标准化问题：基础设施的重复建设与资源浪费问题

云计算最关键问题是个标准问题，当前云计算大家都在建设，也许多年以后会出现比较混乱的状态，因为投资太多，且重复建设和投资，几乎每家软件公司、政府部门、高校都声称要做云计算，这样会出现的问题是：大家都在建设，这么多云建设好以后，究竟该用哪一朵云确是犯难的问题。因为云计算就是解决大部分人集中使用一种公共的资源，它是一个资源的优化过程；如果各自为政的话，和云计算的本质是相违背的，不但起不到资源优化和资源共享的作用，而且会造成严重的资源浪费。

12）网络传输与带宽问题

当前，网络带宽严重不足，会严重制约云计算环境下大量数据的传输。

13) 用户在选择云计算服务时的潜在安全风险分析

从云计算的概念提出以来,关于其数据安全性的质疑就一直不曾平息,这里的安全性主要包括两个方面:一是自己的信息不会被泄漏避免造成不必要的损失,二是在需要时能够保证准确无误地获取这些信息。

2. 应对措施和解决方案

(1) 云计算安全防护应由云计算服务商建立,而不由用户考虑。

(2) 采用支持虚拟化技术的防火墙建立支持虚拟化技术的安全防护体系。

(3) 数据存储安全问题:提倡"冗余存储、异地备份"。每份用户的资料至少有三个备份,分别存放在三个不同地域的云存储空间中。

(4) 数据存储位置的透明性问题:在云计算系统中,存储空间是动态分配的,数据存储过程及存储位置对云用户来说是透明的。系统应对每个用户的存储位置进行详细的登记,并可根据这张登记表对用户数据的存储位置进行追踪。

(5) 共享存储空间数据安全性问题:由于云计算用户的数据存储是共享存储空间,其安全性是很难得到保证的,这就要求用户对自身的数据必须先加密后存储。

(6) 云计算的稳定性问题:云计算平台的稳定性直接关系到系统的信誉度,必须加以重视。主机可选用高性能、高可靠计算机,核心部分应有冗余备份,另外还要有冗余、可靠的供电系统,以保证系统在任何情况下都能正常运行。

(7) 加强对云计算服务端和客户端的数据检测和安全审计:利用云计算平台超强的计算能力,尽可能地对进出的数据包进行安全检测和安全审计,以净化网络环境。

(8) 利用云安全对云计算平台进行计算机病毒及木马的检测和清除。

(9) 完善云计算相应的法律和法规。

12.5 云运维管理

1. 云运维管理概述

在云计算技术体系架构中,运维管理提供 IaaS 层、PaaS 层、SaaS 层资源的全生命周期的运维管理,实现物理资源、虚拟资源的统一管理,提供资源管理、统计、监控调度、服务掌控等端到端的综合管理能力。云运维管理与当前传统 IT 运维管理的不同表现为:集中化和资源池化管理技术。

云运维管理需要尽量实现自动化和流程化,避免在管理和运维中因为人工操作带来的不确定性问题。同时,云运维管理需要针对不同的用户提供个性化的策略,帮助管理和维护人员查看、定位和解决问题。

云运维管理和运维人员面对的是所有的云资源,要完成对不同资源的分配、调度和监控。同时,应能够向用户展示虚拟资源和物理资源的关系和拓扑结构。云运维管理的目标是适应上述的变化,改进运维的方式和流程来实现云资源的运行维护管理。

云计算在运维管理中其所涵盖的范围非常广泛,主要包括环境管理、网络管理、软件管理、设备管理、日常操作管理、用户密码管理以及员工管理等多个方面。要实现这些管理目标,则应着重从云计算运维管理中的运行监控、安全性管理和自动化处理这三个方面着手。

1）运行监控

运行监控云计算的运维管理应从数据中心的日常监控入手,对日常维护管理、事件管理、变更管理以及应急预案管理等进行全方位的日常监控,以提前发现问题并消除隐患。通过对云计算运行监控,从而实现对各个系统服务的统一管理,以及对各服务操作系统应用程序信息的统一收集,并实现对各层面信息的综合分析、归纳和总结。而且通过有效的运行监控,在系统出现问题时能及时地向系统管理员预警,从而提前解决问题,有效避免因系统故障而导致企业蒙受经济和信誉上的损失。

2）安全性管理

IT 规范化主要是指通过对企业 IT 的规范化,从而有效实现对企业 IT 资产的管理,包括对企业重要文件资料的跟踪与审计、对可能出现泄密或病毒蔓延的介质与设备进行有效控制、对客户端安全分级管理、恢复性操作以及非法软件的禁用等。通过实现 IT 规范化,有效解决了因云服务所引发的安全问题,并且强化了服务中运营管理与安全技术保障,增强了企业和用户对使用云服务的信心。

3）自动化处理

自动化处理随着当前 IT 建设的不断深入,以及云计算能力和规模的扩大,云计算运维管理的难度与复杂度也日益增加,如果只是依靠人工的运维管理将无法满足当前企业的发展需求。这些新特性都对 IT 管理的自动化能力提出了更高的要求,企业需要更高程度的自动化处理来以此实现运维管理的专业化、流程化与标准化。自动化管理已然成为云计算运维管理发展的必然趋势。

2. 云运维管理的目标

云计算运维管理的目标是:可见,可控,自动化。

所谓"可见",是指给用户和管理人员提供友好的界面和接口以便他们能够操作和实施相应的功能。当前的云计算系统普遍使用图形界面或 REST 类接口,通过这些界面或接口,用户可以提交服务请求,用户和管理人员可以跟踪查看服务请求的执行状态,管理人员可以调控服务请求的执行过程和性能表现,服务质量与资源使用状况的统计也可以通过直观的图表形式展现出来。

所谓"可控",是指在运行管理的过程中整合人员、流程、数据和技术等因素,以确保云计算服务满足合同约定的服务等级,保证云计算提供商提供服务的效率从而维持一定的赢利能力。可控性关注的方面包括:根据最佳实践经验响应用户的服务请求并确保服务过程符合组织流程,确保服务提供的方式符合企业的运营政策,实现基于使用的计费管理,实现符合用户需要的信息安全管理,实现资源使用的优化,实现绿色的能源管理。

所谓"自动化",是指云计算服务的运维管理系统能够自动地根据用户请求执行服务的开通,能够自动监控并应对服务运行中出现的事件。更进一步,自助服务是自动化在用户订阅和服务配置方面的体现。在实现"自动化"的过程中,需要关注的主要方面包括:自助服务的方式和自动化的服务开通;自动的 IT 资源管理以实现优化的资源利用;根据用户流量变化实现服务容量的自动伸缩;自动化的流程以实现云计算环境中的变更管理、配置管理、事件管理、问题管理、服务终结和资源释放管理等。

为了达到云计算服务运行管理的上述目标,云计算提供商需要建立相应的运维管理系统。运维管理系统的功能应该从云计算管理的目标出发,充分考虑云计算服务和计算资源的特点。例如,虚拟化资源可以实现灵活的调度,基于 SOA 的服务架构和标准的服务接口支持业务的灵活编排和调用,自动化技术保证管理流程的快速高效等。运维管理系统的核心管理对象是云计算服务本身,它围绕云计算服务从开通到终结的整个生命周期展开工作。

从 IT 管理技术的发展来看,云计算的管理也突破了传统的 IT 管理理念。传统的 IT 管理关注资源的管理,从底层资源的角度出发来保障业务和性能。云计算首先关注的是服务本身的性能,需要从服务性能的角度来调整和优化支持服务的资源供给方案。因此,云计算的管理是由底向上和由上到下的管理理念的结合。云计算的管理应该考虑到基础设施资源和技术的发展,业务特征和运维服务等因素,建构标准的、开放的、可扩展的云计算管理平台。

3. 云运维管理平台

云运维管理平台由管理接口层、元管理层、资源池管理层、流程管理层和管理界面层组成,其架构如图 12-9 所示。

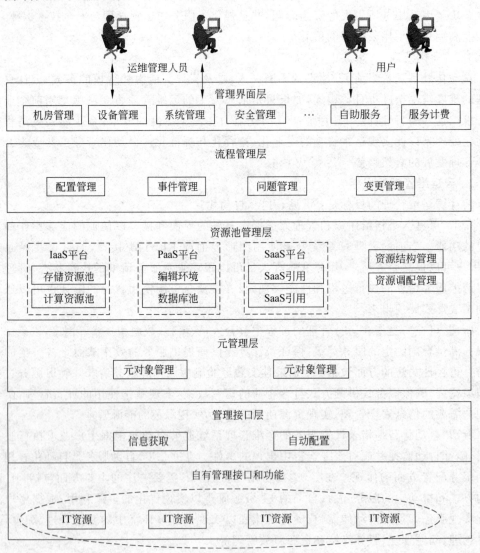

图 12-9　云运维管理平台架构

1）管理接口层

通过云计算各种 IT 资源自有的管理接口和管理功能自动获取和发送 IT 资源运行信息，同时发送管理控制信息、自动监控运行情况以及实施资源调配等管理操作。

本层获取的有关信息提供给元管理层使用，同时接收上层的控制信息。需要注意在 SaaS 应用云开发过程中，需要预留相应的接口进行管理。

2）元管理层

元管理层分为元对象管理和元过程管理两个部分，其操作步骤如下。

第 1 步：按照云计算的特点制定元对象、元过程标准。

第 2 步：将各 IT 资源分拆为最基本的元对象、元过程。

第 3 步：对这些元对象和元过程进行监控和管理操作。

3）资源池管理层

根据需要将各元对象和元过程按照实际组织形态进行组合封装，形成种类资源池，进而形成 IaaS、PaaS、SaaS 等资源平台的结构，其主要功能模块包括对资源池的对象管理和过程管理。

资源池对象管理形成了云计算运维管理对象的实际组织结构并对其属性进行管理，如资源结构管理、对象拥有属性；对象可以分类管理，形成一定的结构；对象的属性可以定义为分类继承；对象之间是存在复杂关系的，形成关系网络；对象的结构、关系可以进行集中展示。

4）流程管理层

流程管理层由配置管理、事件管理、问题管理、变更管理、发布管理、服务级别管理、能力管理、财务管理、连续性管理和可用性管理等功能模块组成。

5）管理界面层

管理界面层有安全管理、应急管理、巡查管理、信息管理、应用系统管理、支撑系统管理、用户服务管理、自助服务管理、服务计费管理、服务监控管理等功能模块。

思考题

12-1：云计算管理平台架构由哪些部分组成？

12-2：云计算管理技术的主要内容有哪些？

12-3：试述虚拟化技术与云计算技术的关系。

12-4：云存储架构由哪些部分组成？

12-5：云计算存在的安全问题主要有哪些？

12-6：云计算运维管理的基本功能有哪些？

第 13 章　网络数据的存储与备份

　　网络数据存储技术的主要目标就是要实现数据存储的安全性、高效性、可靠性、可管理性以及快速恢复能力和强大的网络特性,并支持网络系统的容灾。存储备份技术不仅指数据的简单备份,还包括内容备份以及存储管理等多方面技术。存储备份包括硬件备份和软件备份两大类,其软件技术主要包括通用和专用两个方面。

　　本章主要内容:
- 数据存储与备份技术;
- 数据存储与备份方案;
- 系统恢复技术与容灾技术。

13.1　数据存储与备份技术

13.1.1　存储备份技术的基本概念

1. 备份的基本概念

　　随着计算机技术和网络技术的迅猛发展,无论是国外还是国内,无论是政府部门还是军事机构,也无论是国家、单位还是个人,都已离不开计算机和计算机网络,可以说,人们已使用计算机及网络在处理一切事务,包括国家计划、军事机密、日常事务处理和家庭开支。

　　人们在使用计算机及网络系统处理日常业务提高工作效率的同时,系统安全、数据安全的问题也越来越突出。一旦系统崩溃或数据丢失,企业就会陷入困境。客户资料、技术文件、财务账目等数据可能被破坏得面目全非,严重时会导致系统和数据无法恢复,其结果是不堪设想的。比如 2001 年美国的 9·11 事件,就给许多大型企业,包括一些金融机构带来了巨大的损失,其教训是深刻的。

　　解决上述问题的最佳方案就是进行数据备份,备份的主要目的是一旦系统崩溃或数据丢失,就能用备份的系统和数据进行及时的恢复,使损失减少到最小。

　　现代备份技术涉及的备份对象有操作系统、应用软件及其数据。

　　对计算机系统进行全面的备份,并不只是简单地进行文件复制。一个完整的系统备份方案,应由备份硬件、备份软件、日常备份制度和灾难恢复措施 4 个部分组成。选择了备份硬件和软件后,还需要根据本单位的具体情况制定日常备份制度和灾难恢复措施,并由系统管理人员切实执行备份制度。

2. 系统备份系统的设计目标

　　系统备份的最终目的是保障网络系统的顺利运行,所以一份优秀的网络备份方案应能够备份系统所有数据,在网络出现故障甚至损坏时,能够迅速地恢复网络系统和数据。从发现故障到完全恢复系统(含系统程序),理想的备份方案耗时不应超过半个工作日。这样,如果系统出现灾难性故障,就可以把损失降到最低。

要做到灾难恢复,首先备份系统时要做到满足系统容量不断增加的需求,并且备份软件必须能支持多平台系统,当网络连接上其他的应用服务器时,对于网络存储管理系统来说,只需安装支持这种服务器的客户端软件即可将数据备份到磁带库或光盘库中。其次,网络数据存储管理系统是指在分布式网络环境下,通过专业的数据存储管理软件,结合相应的硬件和存储设备,来对全网络的数据备份进行集中管理,从而能实现自动化的备份、文件归档、数据分级存储以及灾难恢复等功能。

3. 备份技术的三个层次

备份可以分为三个层次:硬件级、软件级和人工级。

1) 硬件级备份

硬件级备份是指用冗余的硬件来保证系统的连续运行,比如磁盘镜像、双机容错等方式。如果主硬件损坏,后备硬件马上能够接替其工作,这种方式可以有效地防止硬件故障,但无法防止数据的逻辑损坏。当逻辑损坏发生时,硬件备份只会将错误复制一遍,无法真正保护数据。硬件备份的作用实际上是保证系统在出现故障时能够连续运行,硬件级备份又称为硬件容错。

2) 软件级备份

软件级备份是指将系统数据保存到其他介质上,当出现错误时可以将系统恢复到备份前的状态。由于这种备份是由软件来完成的,所以称为软件备份。当然,用这种方法备份和恢复都要花费一定时间。但这种方法可以完全防止逻辑损坏,因为备份介质和计算机系统是分开的,错误不会复制到介质上,这就意味着只要保存足够长的历史数据,就能对系统数据进行完整的恢复。

3) 人工级备份

人工级备份最为原始,也最简单和有效。但如果要用手工方式从头恢复所有数据,耗费的时间恐怕会令人难以忍受。

目前采用的备份措施在硬件级有磁盘镜像、磁盘阵列、双机容错等;在软件级有数据复制。这几种措施的特点如下。

(1) 磁盘镜像:可以防止单个硬盘的物理损坏,但无法防止逻辑损坏。

(2) 磁盘阵列:磁盘阵列一般采用 RAID5 技术,可以防止多个硬盘的物理损坏,但无法防止逻辑损坏。

(3) 双机容错:SFTIII、Standby、Cluster 都属于双机容错的范畴。双机容错可以防止单台计算机的物理损坏,但无法防止逻辑损坏。

(4) 数据复制:可以防止系统的物理损坏,可以在一定程度上防止逻辑损坏。

可以看到,前三种措施都属于硬件级备份,对火灾、水淹、线路故障造成的系统损坏和逻辑损坏则无能为力。只有第 4 种措施:数据复制可以防止任何物理故障;在有严格的备份方案和计划的前提下,能够在一定程度上防止逻辑故障。

其实,理想的备份系统是全方位、多层次的。首先,要使用硬件备份来防止硬件故障;如果由于软件故障或人为误操作造成了数据的逻辑损坏,则使用软件方式和手工方式结合的方法恢复系统。这种结合方式构成了对系统的多级防护,不仅能够有效地防止物理损坏,还能够彻底防止逻辑损坏。

但是理想的备份系统成本太高,不易实现。在设计备份方案时,往往只选用简单的硬件备份措施,而将重点放在软件备份措施上,用高性能的备份软件来防止逻辑损坏和物理损坏。

4. 基本术语

24×7 系统:有些企业的特性决定了计算机系统必须一天 24 小时、一周 7 天运行。这样的计算机系统被称为 24×7 系统。

备份窗口:一个工作周期内留给备份系统进行备份的时间长度。如果备份窗口过小,则应努力提高备份速度,如使用磁带库。

故障点:计算机系统中所有可能影响日常操作和数据的部分都被称为故障点。备份计划应覆盖尽可能多的故障点。

备份服务器:在备份系统中,备份服务器是指连接备份介质的备份机,一般备份软件也运行在备份服务器上。

跨平台备份:备份不同操作系统中系统信息和数据的备份功能。跨平台备份有利于降低备份系统成本,进行统一管理。

备份代理程序:运行在异构平台上,与备份服务器通信从而实现跨平台备份的小程序。

推技术:在进行备份时,为了提高备份效率,先将备份数据打包,然后"推"给备份服务器的技术。在备份窗口较小的情况下可以使用推技术。

并行流处理:从备份服务器同时向多个备份介质同时备份的技术。在备份窗口较小的情况下可以使用并行流技术。

全备份:将系统中所有的数据信息(含程序和数据)全部备份。

增量备份:只备份上次备份后系统中变化过的数据信息。

差分备份:只备份上次完全备份以后变化过的数据信息。

备份介质轮换:轮流使用备份介质的策略,一个优秀的轮换策略能够避免备份介质被过于频繁地使用,以提高备份介质的寿命。

13.1.2 数据备份模式

1. 传统存储模式与现代存储模式

在过去,数据信息存储系统的灾难恢复被企业看作一种保险策略,其本身并不具备任何经济效益,但是又不得不做投资,而投入资金以后却又收不到红利,除非灾难发生。现在,随着企业业务数据量的急剧增加,随着那些满足全球化客户需求的系统必须开展 7×24×365 连续运营,越来越多的企业认识到了加快、加强企业业务数据存储备份和灾难恢复的必要性。据估计,全球有五分之二的企业在最近几年中都曾经遭遇过灾难性事件,对此有切肤之痛,企业没有理由不重视业务数据的存储备份和灾难恢复。

传统的企业业务数据存储备份和灾难恢复思想是每天将企业业务数据备份在磁带库中,以在发生紧急情况时实现保护和恢复。但是近年来,关键数据的范围正在日益扩大,处于常规生产系统之外的电子邮件、知识产权、客户关系管理、企业计划资源、电子业务、电子商务、供应链和交易记录已经进入其中,再加上 9·11 事件之后提出的数据安全存储要求,这种传统的基于磁带的数据备份和灾难恢复模式已经不能满足新的客户需求了。因此,采用最新技术信息基础架构或存储网络的新业务连续性计划,从而将员工解放出来,转而从事更富生产力的项目,提高人员和资源重新部署的效率,并缩短重新恢复关键性业务功能的时间成为新的追求。

2. 异地备份

为了有效地进行灾难恢复,重要的网络系统和应用系统的数据库必须进行异地备份,这里的"异地",指的是在两个以上不同城市甚至是不同国家之间进行热备份。比如,中国人民银行总行网络系统的中心主机设在北京,可同时在上海和广州设立实时热备份的主机,即将银行资料同时备份在三个城市的计算机上,如图 13-1 所示。如果北京中心主机或主机房被破坏,则可及时地从上海和广州的存储介质上恢复系统程序和数据,而且还可用广州或上海的主机代替北京中心主机继续进行银行交易活动。

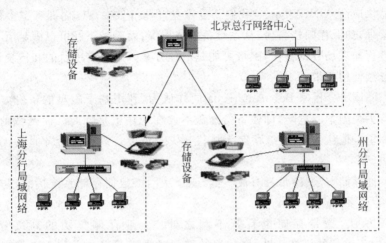

图 13-1　异地备份拓扑图

3. 高效安全的存储系统

高效安全的存储系统应综合考虑以下 4 个方面。

(1) 磁带的存储容量大、数据保存时间较长是其最大的优点。但磁带并非最理想的存储介质,就业务恢复流程而言,恢复磁带介质上存储的数据过程十分漫长,恢复时间往往长至几天甚至几周时间,且整个进程往往需要通过几次才能完成。这么长的恢复时间,会严重影响企业的业务交易。

(2) 备份必须保证数据的一致性,尤其是异地备份更是如此。不一致的备份不能算备份。不连贯的数据备份会大大增加数据丢失率,数据信息可能无法实现匹配或重新组合,最终延长恢复所需的时间。

(3) 距离是重要的因素。初听起来,数据备份/灾难恢复和距离是风马牛不相及的事情,但是"桥梁"和"隧道"实实在在构成了 IT 基础架构的单故障点。

(4) 操作流程必须自动化。在发生严重危机时,可能因为交通道路的关闭,员工将无法前往恢复站点履行其职责。因此,理想化的 IT 环境是信息存储系统能够自动执行恢复任务,而不必开展磁带传送和载入等人为干预和人工工作。

13.1.3　存储设备的选择

1. 磁盘

磁盘是最常用的存储设备,这里所说的磁盘,指的是硬磁盘,因其存取速度快,存储容量大,所以,常作为实时热备份的理想存储设备,可采用双硬盘备份技术或磁盘阵列技术进行实时热备份。当然,也可将大容量硬盘作为非实时的系统备份之用。

2. 磁带

虽然磁盘越来越普及,但作为备份工具,磁带存储仍在网络数据存储中起着重要作用,这是因为不断推陈出新的磁带存储产品及经过改进的磁带格式在推动磁带储存技术的前进,而且磁带存储的成本也更低。目前,磁带存储成本约为每 MB 仅 1 美分的几百分之一,而磁盘存储的成本为每 MB2 或 3 美分。另外,将磁带备份存放在非现场位置,还可以保护现场数据免受病毒、火灾、自然灾害、偶然删除及其他数据丢失问题的破坏。

存储产品供应商 ADIC 表示:"我们喜爱磁盘,但要记住一点,你拥有越多数据,就需要越多的人来管理,如保存归档备份、从系统备份数据等,而磁带正好可以满足所有这些要求。如果你需要进行非现场数据备份,磁带可能是最佳方案。出于实用目的和传统计算的考虑,很多公司将继续使用磁带。"

IDC 的存储调研分析家 Bob Amatruda 同样认为,利用基于磁盘的备份方法如数据镜像的公司会有丢失副本的危险,即使备份磁盘不放在现场也是如此。而磁带则可以放在非现场的保险库里。他认为:"磁盘存储无法代替灾难恢复。只有磁带才是真正的可移动的灾难恢复方法。"

较之于其他存储方法,磁带具有成本低、便于从网络数据存储系统拆装、防震且经久耐用、格式可靠等诸多优点。

但是必须承认,磁带存储也有其不利之处。企业存储集团的高级分析家 Tony Prigmore 说,由于磁带的机械特性,将数据转移到磁带以及将盒带移入磁带库要多花一定的时间,因此这对利用磁带在期限内完成备份的公司来说是个难题。

3. 磁鼓

磁鼓的最大特点是存取速度快,可作为热备份的存储设备。磁鼓在微机上用得极少,主要用在早期的大中型计算机上。

4. 光盘

光盘也是一种常用的存储备份设备,由于单张光盘的容量有限,若要用光盘作为备份介质时,最理想的是使用光盘塔。

13.1.4 几种常用的备份技术

1. 双机热备份技术

所谓的双机热备份是一种典型的硬件冗余备份技术,其实现技术是在中心站点用两台相同配置和性能的计算机同时运行同一套系统,其中一台作为主机,另一台作为备用主机,当主机故障时,系统能自动切换到备用主机上运行。保证了系统运行的稳定性、可靠性和连续性。

2. 磁盘阵列技术

该技术支持在一台计算机上同时使用两块硬盘(一块主硬盘,一块备用硬盘),系统运行时,两块硬盘进行同步的实时热备份。当主硬盘故障时,系统能自动切换到备用硬盘上工作,保证了系统运行的稳定性和连续性。磁盘阵列技术的另一大特点是两块硬盘都支持热插拔。

3. 磁盘镜像技术

将重要的系统及数据备份到本地和异地的多台镜像计算机中,其他用户要访问这些数据时,首先到最近的镜像站点去查找,若该站点上无所需数据时,再到中心站点主机上查找,如图 13-2 所示。这种技术的优点如下。

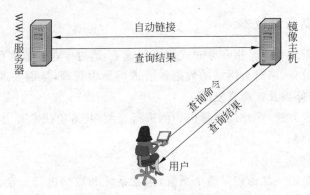

图 13-2　磁盘镜像访问技术

(1) 提高用户查找数据的速度和效率,节省查询费用;

(2) 减轻中心站点主机的负担;

(3) 事后灾难数据恢复得到保证。

磁盘镜像技术可以同步进行实时镜像,也可事后进行镜像。同步实时镜像时要求有足够的带宽。

4. 光盘塔

一般的计算机支持的存储设备是有限的,硬盘和光驱的个数不能超过 4 个。而光盘塔则支持多张光盘,即可同时往多张光盘上存储数据。

13.2　网络存储备份方案

13.2.1　网络数据备份系统的设计目标

前面介绍过,网络备份的最终目的是保障网络系统持续稳定地运行。为在整个网络系统内实现全自动的数据存储管理,备份服务器、备份管理软件与智能存储设备的有机结合是这一目标实现的基础。

网络数据存储管理系统的工作原理是在网络上选择一台应用服务器(当然也可以将网络中另配一台服务器作为专用的备份服务器)作为网络数据存储管理服务器,在其上安装网络数据存储管理服务器端软件,作为整个网络的备份服务器。在备份服务器上连接一台大容量存储设备(磁盘阵列、光盘塔、磁带机或磁带库)。在网络中其他需要进行数据备份管理的服务器上安装备份客户端软件,通过局域网将数据集中备份到与备份服务器连接的存储设备上。

网络数据存储管理系统的核心是备份管理软件,通过备份软件的规划,可为整个企业建立一个完善的备份计划及策略,并可借助备份时的呼叫功能,让所有的服务器备份都能在同一时间进行。备份软件也提供完善的灾难恢复手段,能够将备份硬件的优良特性完全发挥出来,使备份和灾难恢复时间大大缩短,实现网络数据备份的全自动智能化管理。

谈到灾难恢复,先决条件是要做好备份策略及恢复计划。日常备份制度描述了每天的备份以什么方式、使用什么备份介质进行,是系统备份方案的具体实施细则。在制定完毕后,应严格按照制度进行日常备份,否则将无法达到备份方案的目标。

13.2.2 网络数据备份技术

网络数据存储管理系统是指在分布式网络环境下,通过专业的数据存储管理软件,结合相应的硬件和存储设备,来对全网络的数据备份进行集中管理,从而实现自动化的备份、文件归档、数据分级存储以及灾难恢复等。

数据备份有多种方式,在此以磁带机为例进行介绍,其备份技术有全备份、增量备份、差分备份。

1. 全备份

所谓全备份就是用一盘磁带对整个系统,包括系统和数据进行完全备份。这种备份方式的好处就是很直观,容易被人理解。而且当发生数据丢失的灾难时,只要用一盘磁带(即灾难发生之前的备份磁带),就可以恢复丢失的数据。然而它也有不足之处:首先由于每天都对系统进行完全备份,因此在备份数据中有大量是重复的,例如操作系统与应用程序。这些重复的数据占用了大量的磁带空间,这对用户来说就意味着增加成本;其次,由于需要备份的数据量相当大,因此备份所需时间较长。对于那些业务繁忙,备份窗口小的用户来说,选择这种备份策略无疑是不明智的。

2. 增量备份

每次备份的数据是相对于上一次备份后增加的和修改过的数据。这种备份的优点很明显:没有重复的备份数据,即节省磁带空间,又缩短了备份时间。但它的缺点在于当发生灾难时,恢复数据比较麻烦。举例来说,如果系统在星期四的早晨发生故障,丢失大批数据,那么现在就需要将系统恢复到星期三晚上的状态。这时管理员需要首先找出星期一的那盘完全备份磁带进行系统恢复,然后再找出星期二的磁带来恢复星期二的数据,然后再找出星期三的磁带来恢复星期三的数据。很明显这比第一种策略要麻烦得多。另外,这种备份可靠性也差。在这种备份下,各磁带间的关系就像链子一样,一环套一环,其中任何一盘磁带出了问题都会导致整条链子脱节。

3. 差分备份

差分备份就是每次备份的数据是相对于上一次全备份之后新增加的和修改过的数据。管理员先在星期一进行一次系统完全备份;然后在接下来的几天里,管理员再将当天所有与星期一不同的数据(新的或经改动的)备份到磁带上。举例来说,在星期一,网络管理员按惯例进行系统完全备份;在星期二,假设系统内只多了一个资产清单,于是管理员只需将这份资产清单备份下来即可;在星期三,系统内又多了一份产品目录,于是管理员不仅要将这份目录,还要连同星期二的那份资产清单一并备份下来。如果在星期四系统内又多了一张工资表,那么星期四需要备份的内容就是:工资表+产品目录+资产清单,如图 13-3 所示。

由此可以看出,全备份所需时间最长,但恢复时间最短,操作最方便,当系统中数据量不大时,采用全备份最可靠;差分备份在避免了另外两种策略缺陷的同时,又具有了它们的所有优点。首先,它无须每天都做系统完全备份,因此备份所需时间短,并节省磁带空间;其

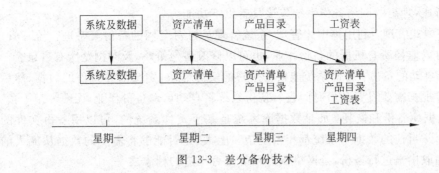

图 13-3　差分备份技术

次,它的灾难恢复也很方便,系统管理员只需两盘磁带,即星期一的磁带与发生前一天的磁带,就可以将系统完全恢复。在备份时要根据它们各自的特点灵活使用。

灾难恢复措施在整个备份制度中占有相当重要的地位。因为它关系到系统、软件与数据在经历灾难后能否迅速恢复如初。全盘恢复一般应用在服务器发生意外灾难导致数据全部丢失、系统崩溃或是有计划的系统升级、系统重组等,也称为系统恢复。随着备份设备应用技术的高速发展,惠普已于 1999 年 5 月就推出了拥有单键恢复(OBDR)功能的磁带机,只需先用系统盘引导机器启动,将磁带插入磁带机,按动一个键即可将整个系统恢复如初。单键恢复的技术将成为现在和将来备份技术的主流。

一个完整的灾难备份及恢复方案,包括备份硬件、备份软件、备份制度和灾难恢复计划4 个部分。若想做到数据的万无一失,还需要根据企业自身情况制定日常备份制度和灾难恢复措施,并由管理人员切实执行备份制度,否则数据安全仅仅是纸上谈兵。

4. 数据备份方式

常用的数据备份方式有下列几种。

(1)自动备份进程由备份服务器承担。每天晚上,自动按照事先制定的时间表所要求内容,进行增量或全量的备份。

(2)批前及批后备份。在主机端,由批处理人员输入触发备份命令,自动按要求备份数据库有关内容。

(3)其他文件的自由备份。进入软件交互菜单,选择要求备份的文件后备份。

(4)在线跟踪备份。配合数据存储管理软件的数据库在线备份功能,可定义实时或定时将日志备份。

(5)灾难备份异地存放介质的克隆。自动复制每日完成后的数据,并进行异地备份以做灾难恢复。

5. 理想的网络备份方法

理想的备份系统应该是全方位、多层次的。首先,要使用硬件备份来防止硬件故障;其次,如果是数据的逻辑损坏,则使用网络存储备份系统和硬件容错相结合的方式,这种结合方式构成了对系统的多级防护,能够有效地防止物理损坏和逻辑损坏。

在网络系统安全建设中,必不可少的一个环节就是数据的常规备份和历史保存。一般来说,本地的备份其目的主要有两个:一个是及时在本地实现数据的恢复;另一个在发生地域性灾难时,及时在本地或异地实现数据及整个系统的灾难恢复。此外,更应建立历史归档数据的异地存放制度,确保对历史业务数据可靠恢复与有效稽核的实现。

综上所述,理想的网络备份系统应该具备以下功能。

(1) 集中式管理:利用集中式管理,系统管理员可对全网的备份策略进行统一管理,备份服务器可以监控所有机器的备份作业,也可以修改备份策略,及时浏览所有目录。

(2) 全自动的备份:备份系统能根据用户的实际需求,定义需要备份的数据,然后以图形界面方式根据需要设置备份时间表。备份系统将自动启动备份作业,无须人工干预。

(3) 数据库备份和恢复:如果数据库系统是基于文件系统的,可以用备份文件的方法备份数据库。目前的数据库系统都相当复杂和庞大,是否能够将需要的数据从庞大的数据库文件中抽取出来进行备份,是网络备份系统是否先进的标志之一。

(4) 在线式的索引:备份系统应为每天的备份在服务器中建立在线式的索引,当用户需要恢复时,只需选取在线式索引中需要恢复的文件或数据,该系统就会自动进行文件的恢复。

(5) 归档管理:用户可以按项目、时间,定期对所有数据进行有效的归档处理。提供统一的 Open Tape Format 数据存储格式,从而保证所有的应用数据由一个统一的数据格式来做永久的保存,以保证数据的永久可利用性。

(6) 有效的介质管理:备份系统对每一个用于作备份的磁带自动加入一个电子标签,同时在软件中提供识别标签的功能,只需执行这一功能,就能迅速知道该磁带的内容。

(7) HSM 分级存储管理:对出版业、制造业等易产生大量资料数据的行业而言,资料多属于极占空间的图形影像,且每张设计底稿及文件资料又常需随时保持在线状态,HSM (Hierarchical Storage Management,分级存储管理)系统是一个合适的在线备份解决方案。

(8) 系统灾难恢复:网络备份的最终目的是保障网络系统的运行。所以优秀的网络备份方案应能够备份系统的关键数据,在网络出现故障甚至损坏时,能够迅速地恢复网络系统。

(9) 满足系统不断增加的需求:备份软件必须能支持多平台系统,当网络上连接了其他的应用服务器时,只需在其上安装支持这种服务器的客户端软件即可将数据备份到磁带库或光盘库中。

6. 虚拟存储技术

这种存储技术主要是为了提高人们对大容量数据管理能力而出现的,有了这种技术的帮助,人们可以轻松管理比普通存储技术大若干倍的容量信息;使用虚拟存储技术的最主要目的就是为了集中存储资源,以便更好地对大容量数据进行管理存储。

简单地说,虚拟存储技术就是对该技术的产品或者架构仿真设计成一种类似数据存储磁带机的物理存储设备。虚拟存储技术在对数据存储时,通过对"软"技术的管理控制,间接达到对"硬"存储设备的管理和控制。换句话说,人们对虚拟存储技术进行的各种性能操作都会被镜像到另一个物理存储设备上,比方说是一个磁盘或磁盘子系统,而逻辑设备和虚拟设备的特性可以完全不同,应用系统操作的是虚拟设备,而不必关心真正的物理设备是什么。

大家知道在使用传统的存储技术来保存数据信息时,每当对计算机系统增加新的存储设备时,都必须重新对整个计算机系统的参数进行一些合适的设置,而每次的新设置都需要多次关机、开机操作,在这频繁的开关过程中就有可能导致系统中的部分数据不能继续使用,从而中断业务的连续性。针对这种存储的弊病,虚拟存储技术特意简化了对数据存储管理的复杂性,降低存储管理和运行成本。而在虚拟存储环境中,无论网络后端的物理设备发生什么变化,服务器及其应用系统看到的存储设备的逻辑镜像都是不变的,这样,用户将不必关心底层物理环境的复杂性,只需管理基于异构平台的存储空间,所有的存储管理操作,如系统升级、建立、扩充存储空间、分配虚拟磁盘、改变 RAID 等就变得非常方便。另外,虚拟存储允许一个用户共享不同供应厂商的存储设备,允许多用户共享同一个存储网络,因此,用户很容易地增加存储容量和在设备间移动数据。

从上面的分析中不难发现,虚拟存储技术其实只是一种逻辑存储技术,这种存储技术对数据的管理是智能的、有效的。利用该技术,用户可以直接对数据存储空间进行管理和控制,而不是对当前计算机系统所使用的物理存储硬件进行管理和控制。

虚拟存储和网络存储有一种共同的特点,那就是对网络上的数据进行存储管理,从而使网络用户能方便地实现和管理存储网络,不过使用虚拟存储技术的根本目的还是用来有效提高存储效率,降低存储投资的费用的。比方说,人们在使用普通的磁盘来存储数据时,有时为了满足数据信息量不断增长的需求,常常需要让磁盘保留一定的容量空间,而这种容量空间的保留有时会造成 30% 左右的磁盘容量从来就未被使用过,这样就会白白地造成了磁盘空间资源的浪费;另外,为了满足系统的镜像等附加功能要求,用户必须购买超过实际数量三四倍的磁盘。而虚拟存储技术可以将所有可用的存储设备作为一个存储池来管理,容量可以根据需要进行重新分配或增加,多余的存储容量可以由需要的应用程序加以利用,这样,磁盘容量就会毫无保留地得到全面的利用,从而从根本上解决了容量的浪费问题。

其实在存储网络刚开始推出时,人们已经意识到网络存储还不足以真正减轻存储管理的沉重负担。而如何更高效地管理好存储,是各个数据存储用户必须认真思考的问题,所有围绕存储和管理存储努力的目标是如何使存储管理自动化,从而减少人工操作。虚拟存储正是针对这一目标的技术,同时根据客户环境设定自动管理规则,并赋予系统智能化的决策功能,在不久的将来也会成为虚拟技术的一部分。

新的虚拟存储技术为数据保护以及大容量数据恢复提供了更好的功能,同时还为创建及移动备份提供了新的途径。该技术提供的镜像功能使系统管理人员可同时在不同的站点复制多个备份,这样就无须在不同的磁盘子系统中再进行物理备份。充分利用虚拟存储新技术,可以更有效地使用磁盘存储容量,降低传统磁盘存储的成本。有了虚拟存储新技术,各级存储用户可以在不需要增加太多成本的基础上,就能根据需要进行任意数量的数据备份,为大容量数据的灾难恢复做好了充分准备。

关于系统备份和灾难恢复的软件,在国内外几家公司的产品较为成熟,其中最为成熟的是美国 VERITAS 公司的 Backup Exec 系列软件。

VERITAS 公司的 Backup Exec 软件是一种多线程、多任务的存储管理解决方案,专为在单一的或多结点的 Windows 2000/NT 企业环境中进行数据备份、恢复、灾难恢复而设计,适用于单机 Windows 2000/NT 工作站、小型局域网以及异构的企业网络。目前,Backup Exec 广泛应用于国内外的企业中,在世界数据备份软件市场的占有率高达 80% 以上,并在各种性能评测中远远领先于其他产品。

美国 VERITAS 公司的网络备份软件 Backup Exec 是基于网络结构设计的,实现优异的网络数据存储功能,充分体现了备份工作的企业级要求。

Backup Exec 数据存储管理系统提供了客户/服务器体系结构下网络数据存储管理解

决方案,它通过在网络中选定一台机器作为数据管理的备份服务器,在其他机器上安装Backup Exec的客户端软件(备份代理),从而可以将整个网络的数据全自动地备份到与备份服务器相连的存储设备上,并在备份服务器上为各个备份客户端建立相应的备份数据的索引表,存储介质使用索引表来实现数据的全自动恢复。

13.3　系统恢复技术与容灾技术

灾难恢复是指当信息系统受到非常大的损害时,如地震、火灾、非正常人为破坏等造成的系统或数据大范围损坏或丢失,应用预先制定好的应急处理策略,进行尽可能复原的修复或弥补。事故处理及紧急的技术事件响应策略应用于处理非正常发生的事件或事故对信息系统带来的损害,或避免这些非正常事件给信息系统带来损害。

事故处理及紧急响应策略可能真正应用的次数非常少,特别是当安全策略建立得非常全面后,已经避免了大多数意外事件的发生,而灾难恢复有可能永远得不到应用,但这种策略无疑是整个安全策略体系中最重要的核心策略。

灾难恢复策略关注的是事故对公司造成什么影响,而相应建立起一个响应这些灾难的方案。灾难恢复策略也包括怎么样减少这些潜在事故的发生机会,并且为关键设施的快速响应做准备。策略中也定义了哪些是关键的服务,它们需要多快的时间来恢复正常应用。

所有企业的信息系统都应该有一定等级的灾难恢复策略。灾难恢复策略的制定者必须考虑在企业内部任何一个地方是否会有一些灾难性事故发生的潜在因素,以及事故发生后将如何恢复正常。其中最重要的就是电子数据方面的灾难恢复。

要建立起一套灾难恢复策略,也涉及要清楚企业所面临的风险和公司的法律与金融信用责任。从这个基础出发,就可以开始着手为企业建立一个灾难恢复策略,具体将要做以下几方面的工作。

13.3.1　基础知识

和其他策略一样,建立一个灾难恢复策略先要从了解需求开始。要了解需求,应该清楚发生灾难的薄弱环节有哪些,这些灾难发生的可能性有多大,如果发生的话,会给企业带来多大损失,系统各部分需要多久能恢复正常。当管理部门明白了这些需求后,就可以开始进行策略的构思,开始做准备,研究制定的策略如何来处理和完成这些需求。

1. 关于事故

一个事故可以是一起灾难性的事件,例如会引起整个企业或区域大规模的停电或造成设备的停止运行的事件。有的是自然灾难,像地震、龙卷风、瘟疫、雷击、火灾或是洪水,有的是人为的灾难,像爆炸、大面积停电,或是有些挖掘机在施工时铲断了电缆而造成的事故。这些事故都会严重影响企业的正常运作。

2. 风险评估

建立灾难恢复策略的第一步是需要进行风险评估。

风险管理是一项要定期进行的专业性质的工作,而不是一种日常事务,所以适合从外部聘请人员来从事此项工作。如果企业没有内部工作人员从事风险管理的工作,就可以聘请外面的风险评估人员来进行风险评估。

一次风险评估主要包括确定企业可能会面临哪些灾难,这些灾难发生的可能性有多大。专业风险评估人员接下来会针对每种类型的灾难发生情况,计算出企业进行恢复需要的费用。企业的管理者根据这些信息,决定在减少每种类型灾难的影响时,大概成本有多少,并决定如何来解决将会发生的问题。

风险缓解预算计算方法如下:

$$风险缓解预算＝灾难可能造成的损失×灾难发生的可能性$$

例如,如果一个公司有百万分之一的几率会遭受洪灾,但发生一次灾难性事故会花掉公司 1000 万美元,那么减轻洪水影响的预算至多不能超过 10 美元(每年)。

这仅仅是对整个过程的一个简单描述。每一次灾难发生的程度不同,几率也不同,所以造成损失的大小也不一样。针对某种程度的特定灾难所导致损失的预防工作,也可能会在发生同样的更严重的灾难时,减小造成的损失。当根据不同类型的灾难,做预防措施的预算时,应该考虑到所有的复杂情况。

3. 法律义务

企业在制定灾难恢复策略时,除了对基本的费用考虑之外,还要考虑一些其他方面的因素。例如,一个商业公司有对他们的厂家、顾客和股东履行合同的义务;上市公司应该遵守所在股市的规矩;学生与他们的学校有一些约定的义务。当然,也应该建立法规和相应的工作安全守则,而这些内容可以不在策略中说明。

法律部门应该能详细说明这些义务,这些义务如何转换为相应的灾难恢复策略内容。如果规定了要用多快的速度,就有可能使各种物理和电子的基础设施恢复正常运转。在整个基础设施恢复正常之前,要想先恢复单独的部分,需要深入了解这些部分和什么设施相关,并且制定一个详细的计划。为了按时完成,也需要知道恢复这些组成部分要花多长时间。

4. 损害限制

损害限制是关于减少灾难的代价的。通过提前计划和完善的处理步骤,进行一些损害限制可以减少企业的成本。大部分的损害限制确实会给企业带来额外的花费,这也是风险评估者进行投资/受益分析的一部分。

限制主要灾难形式所导致损失是策略要达到的目标,通过灾难专业研究人士的评估,策略的可执行性与有效性会有很大提高。在数据中心的设备投入运行之前,考虑建立一个防火系统来限制损害是非常重要的。策略在具体制定时可以说明普通灭火系统的配置,它有一个预警机制,允许操作人员在防火系统激活之前检测并解决遇到的问题,比如一个硬盘或电源着火的情况。在加高的数据中心地板下或是很少有人光顾的不间断电源、发电机机房中设置湿度检测系统,这也是非常重要的灾难限制机制。

另一个需要引起注意的领域就是整个企业或地区的突然断电。短期的断电、电压浪涌和负载过大都是经常发生的,都会引起工作中断、设备损坏。如果策略描述要求有 UPS 系统(不间断电源系统)调节电源,能使设备可以获得一个一致的、稳定的电源供给。也可防止短期的断电,在断电后仍可以维持几分钟,先进的 UPS 可持续供电 24h、48h 或更长时间。如果是长时间断电,那么除了 UPS 之外,就需要一个发电机了,还要有一些开关转换装置,在正常供电和发电机电源之间转换,如果确实有必要,策略中也可以具体到对发电机进行一些描述。一些企业可能除了数据中心外,其他有些地方也需要提供保护电源。

5. 准备工作

即使安装了合理数量的灾难控制设施,企业仍然可能遭遇灾难。策略中对灾难预防进行描述就会为这种不测事件做准备。为一个灾难做准备意味着可以及时恢复必要的系统,这也是策略的重要任务。

灾难后恢复服务包括在旧机器损坏的情况下,在新机器上重建必要的数据和服务。这样就需要提前安排好提供替换硬件的供货商。如果原来的场地因为安全原因、没有电源或是没有通信系统导致不能使用,就需要有另一个场所来存放这些设备。还要确保那些随时可以供给使用设备的公司知道在紧急事故发生时把设备送往何处。确认供货商许诺的送货时间是多久,以及他们在得到紧急通知的时候可以提供什么硬件。在计算整个过程所耗时间的时候,还要把这个设备的周转时间计算在内。

重建数据和服务的典型过程包括先安装各类应用系统,使它能够恢复数据,然后就可以进行数据的恢复。这要用到放在另外一个地方的存有备份数据的存储器和需要的恢复服务。它也意味着能够判断出哪些存储器是数据恢复时必需的。企业应该在安装完基础设施后,进行这部分的准备工作。在制定灾难恢复过程中要同时做一件事,就是测试从别处拿到备份存储器需要多久,这个时间要从彻底系统恢复到工作状态所需的全部时间中扣除,如果时间过长,一般不可能按时完成重建计划。

6. 数据完整性

数据完整性的含义是保证数据不被外界更改。有些病毒或个人可以恶意地破坏数据完整性。个人程序中的错误和未发现的硬件故障也可以造成数据的破坏。对于重要的数据,应该把确保数据完整性作为一项日常工作,并且要把重要数据进行备份或归档。同时,应该安装病毒扫描程序,而且要经常升级,保持最新的版本。

灾难恢复策略也包括创建一个备份,记录完整、正确的公司数据,以便恢复系统。对于灾难研究,必须取一个最新的、一致的并且和所有数据库同步的数据备份。

确保用户能够按照策略设计者推荐的方式来用好数据完整性机制是很重要的。等到事故发生后才认识到这些策略的价值,就已经太晚了。

13.3.2 灾难恢复技术

据不完全统计,即使在欧美一些发达国家中,支持企业关键业务的应用系统也有一半左右以局域网方式运行。因此,灾难恢复的重点也应当在此。

局域网环境下的系统恢复,绝非备份数据和故障后恢复那么简单。一个完备的局域网灾难恢复策略,应当对影响局域网正常运转的所有事件有相应的策略。从根本上说,这种恢复策略应当包括三个重要部分,即数据保护、灾难防备、事后恢复。

1. 备份软件

对保护数据来说,功能完善、使用灵活的备份软件必不可少。合格的备份软件应当具有以下功能。

(1) 保证备份数据的完整性,并具有对备份介质(比如磁带)的管理能力。数据完整性是系统恢复后立即可用的前提,因此,只有保证数据完整性,数据备份才有意义。超大系统的备份介质管理需要备份软件的参与和支持。特别是,备份软件需要具有"通知机制",可以提醒系统管理员何时更换备份介质,何时从备份设备中取出备份介质,为系统管理员建议介质轮换周期、备份策略。

（2）支持多种备份方式，可以定时自动备份。除了支持常规备份方式（完全式、增量式、差分式）以外，还可以设置备份自动启动和停止的日期，记录系统配置以供重用，处理备份中的各种情况，等等。

（3）具有相应的功能或工具，进行设备管理、介质管理。这种功能或工具应当支持各种类型的介质，包括级联式磁带、磁带库、磁带组、磁带阵列。备份软件应当保存设备和介质活动记录，诸如磁带首次格式化的时间、格式化次数，等等。

（4）支持多种校验手段，以保证备份的正确性。备份软件至少应当提供字节校验、CRC（循环冗余校验）校验和快速磁带扫描等手段。还应该提供磁带到磁带的复制和比较功能，并对写入磁带的数据提供保护。

（5）提供联机数据备份功能。在联机状态下进行数据备份对许多系统都是一大挑战。但是，合格的备份软件必须具备这一功能，因为对依靠数据库服务器管理数据的应用系统来说，这一功能必不可少。

除了以上功能外，更完善的备份软件还支持 RAE 容错技术和图像备份功能。前者保证个别磁带遭到破坏时，整个备份仍然可用。后者使用户可以绕开系统，对图像快速备份。

2. 恢复的选择和实施

数据备份只是系统成功恢复的前提之一。恢复数据还需要备份软件提供各种灵活的恢复选择，如按介质、目录树、磁带作业或查询子集等不同方式做数据恢复。此外，还要认真完成一些管理工作：定期检查，确保备份的正确性；将备份磁带保存在异地一个安全的地方（如专门的磁带库或银行保险箱），按照数据增加和更新速度选择恰当的备份周期。一般而言，部分备份周期不应该超过一个月。

服务器的保护对客户/服务器环境而言，传统的针对大型主机的恢复策略是不适用的。客户/服务器环境恢复的关键是保护好服务器管理的数据。而服务器磁盘的安全有效又是保护数据的关键。因此，配备高性能、具有容错能力的磁盘存储器，是保护服务器的有力措施之一。

3. 灾难恢复

灾难恢复措施在整个备份制度中占有相当重要的地位。因为它关系到系统在经历灾难后能否迅速恢复。灾难恢复操作通常可以分为两类：全盘恢复和个别文件恢复。还有一种值得一提的是重定向恢复。

（1）全盘恢复：全盘恢复又称系统恢复，一般应用在服务器发生意外灾难时导致数据全部丢失、系统崩溃，或是有计划的系统升级、系统重组等。

（2）个别文件恢复：个别文件恢复要比全盘恢复常见得多。利用网络备份系统的恢复功能，很容易恢复受损的个别文件。只需浏览备份数据库或目录，找到该文件，触发恢复功能即可。

（3）重定向恢复：重定向恢复是将备份的文件恢复到另一个不同的位置或系统上去。重定向恢复可以是整个系统恢复，也可以是个别文件恢复。重定向恢复时需要慎重考虑，要确保系统或文件恢复后的可用性。

4. 自启动恢复

系统灾难通常会使企业丢失数据或者无法使用数据。利用备份软件可以恢复丢失的数据,但是,重新使用数据并非易事。很显然,要想重新使用数据并恢复整个系统,首先必须将服务器恢复到正常运行状态。为了提高恢复效率,减少服务停止时间,应当使用"自启动恢复"软件工具。通过执行一些必要的恢复功能,自启动恢复软件可以确定服务器需要的配置和驱动。因此,无须重新人工安装、配置操作系统,也不需要重新安装、配置磁带恢复软件及应用程序。此外,自启动恢复软件还可以生成备用服务器的数据集和配置信息,以简化备用服务器的维护。

5. 病毒防护

如果系统中潜伏着病毒,那么即使数据和系统配置没有丢失,服务器中的数据也毫无价值。因此,病毒防护也是灾难恢复的重要内容。在数据和程序进入网络之前,要进行病毒的检验和清除处理。更为重要的是,要对整个网络自动监控,防止新病毒出现和传播。这些功能只有在强大的防病毒软件支持下才能实现。防病毒软件应该与其他防灾方案密切配合,同时互相透明。总而言之,一个完整的灾难恢复方案必须包括很强的病毒防护策略和技术手段。

13.3.3　异地容灾技术

异地容灾技术的核心就在于在不同的地方将灾难化解,在实践中主要表现为两个方面:一是保证企业数据的安全;二是保证业务的连续性。由于工作站点和灾难恢复站点运行同样的系统,包括操作系统、基础数据库和应用软件,并通过数据复制管理器或者通过光纤通道的远程数据复制完成在线和实时的本地复制。假如工作站点发生灾难,不能再继续工作,这时容灾中心会将业务数据及时恢复到备用服务器上,并自动将业务切换到备用服务器,然后实现业务的远程切换,恢复系统不间断地运行,在容灾中心实现应用的异地容灾,这个过程只需要几秒或者几分钟的时间。

1. 用户需要了解的容灾技术

由于异地容灾的核心就是在工作站点以外的地方将灾难化解,所以异地容灾解决方案的基本原理就是在工作站点一定距离之外设立灾难恢复站点,然后通过网络设备将生产站点和灾难恢复站点连接起来,以实现实时的数据同步。异地容灾解决方案以存储区域网络为基础,在存储区域网络与网络之间采用光纤通道交换机来实现连接。

异地容灾系统的关键技术包括网络技术、存储技术及解决方案。从网络层面而言,无论是 ATM 网络还是光纤网络,都已经在世界各地得到了广泛的应用;在存储技术方面,RAID、磁盘等基础技术已经成熟,磁盘阵列的应用已经遍布全球每一个角落;存储区域网络在世界各地也得到了全面的认可。

一般来说,异地容灾的技术分为以下两种。

(1) 基于主机系统的数据恢复是通过软件形式来实现,目前各大数据库厂商都是通过这种方法实现对数据库中数据的备份。提供数据安全性产品的公司,比如 IBM、VERITAS 都推出了一系列的跨平台存储管理软件的解决方案。

基于主机系统的数据复制能够把数据定期、在线地复制到目的地的机器上去。对用户来说,这种复制方式的优点是能够较好地保证数据的一致性,但它将消耗大量的主机资源,这种方式要求做任何一笔事务,都要实时地将结果发送到远程的站点中,等待远程操作结束后,再执行下一笔事务。在实际操作中,很难做到这一点,只能做异步的数据复制。

（2）基于智能存储系统的远程镜像。这种方法是基于控制器的远程备份，它有在主副存储子系统之间同步数据镜像的能力，对主机的资源占用很小，能保证业务正常运行下的I/O 响应。但缺点是会受通信链路的通信条件的影响。当带宽不够的时候，只能做远程的异步复制。

用户如何选择这两种技术呢？比较而言，由于基于智能存储的远程复制是通过硬件实现复制，其稳定性要好于基于主机系统的复制，但在灵活性和兼容性上要差一些。

在企业的一些中低端应用中，当成本预算较紧、主机资源又不是瓶颈的情况下，可以考虑选用基于主机系统的通过软件实现复制的方法；而对于企业中的一些关键应用，比如银行业务、电信计费、大型企业业务以及政府的办公系统数据等，由于可靠性要求高，业务不能中断，需要选用针对企业的高端应用的容灾解决方案。

2. 用户需要做的准备工作

灾难的来临是没有任何提示的，因此平时制定有效的恢复计划和措施非常重要。企业必须做出充足的准备来抵抗灾难。

首先，需要建立一个符合要求的备份中心。所谓符合要求，就是说备份中心应该具备与主中心相似的网络和通信设置、业务应用运行的基本系统配置、稳定高效的电信通路连接主中心，以确保数据的实时备份、与主中心相距足够安全的距离等。

无论是工作中心还是备份中心，都应该有完善的容错措施，这将使企业减少许多出现系统故障的可能性。

其次，及时进行有效的备份是至关重要的，为了做好备份，应该注意选择恰当的硬件和软件，这是成功备份和灾难恢复的重要环节。

硬件的选择经常是受预算限制的，用户可以根据自己的实际需要选择恰当的存储产品。由于备份工作一般在晚上进行，备份软件的功能和特点就显得十分重要了。好的备份软件应提供完善的文件备份以及镜像技术，能够快速存储失效的操作系统的硬件驱动，并恢复新的系统。

此外，完善的管理制度对一个企业来说重要程度不亚于技术和产品。平时数据的及时备份、灾难发生的处理方法等都将对灾难恢复的效果、速度产生非常大的影响。

3. 容灾与容错的区别

容灾系统和容错系统是两个完全不同的概念。

容错系统，就是系统在运行过程中，若其中某个子系统或部件发生故障，系统将能够自动诊断出故障所在的位置和故障的性质，并且自动启动冗余或备份的子系统或部件，保证系统能够继续正常运行，自动保存或恢复文件和数据。

容错的机制就是为系统提供关键子系统或部件的冗余或备份资源，如冗余或备份的电源、磁盘驱动器、中央处理器、控制器、存储器以及网络交换部件等，以便出现故障时，系统启用冗余或备份的资源。

与容灾系统相比，容错系统的提出已经有了很长的时间。二者的共同之处都是为了保证系统的安全可靠；但主要的区别就是针对导致系统中断的原因不同，容错是为了防止网络系统内部的某些子系统出现故障，而容灾是为了防止由于自然灾害等导致的整个系统全部或大部分受到损坏。

制定一个灾难恢复策略，最重要的就是要知道哪些是商务工作中最重要的设施，在发生灾难后,这些设施的恢复时间是多长。同时,策略制定者也需要明白,在风险分析完成之前,还没有决定公司的损害控制预算的时候,可能会发生什么灾难,它们带来的损害有多大。

制定一个灾难恢复策略应该考虑以下几点。应该说明获得新设备的时间、取得站点备份的时间和从空白开始重建关键系统的时间。这样就要求提前计划好怎么获取适合的新设备,并能迅速找到重建关键系统需要的磁带。

灾难恢复策略的制定者必须寻找限制损失的简单方式。当然,会有一些方法比较复杂,代价也比较昂贵。如果能够使设施自动化程度提高,并且成为基础设施的一部分,那么就会大大提高工作效率。比如说,自动防火系统、自动检测水灾系统、地震时的自动支撑系统和机柜固定设施。灾难计划的制定者还得为小组或普通员工制定一个计划,预防紧急事故的发生。往往计划越简单越有效,计划小组的成员必须熟悉各自的任务,每年还应该进行几次演练。

完全备份方案,包括建立一个备份站点。这种方案过于理想,会超出大多数公司的预算。所以,一般采用的折中方案比较适宜。

13.4 应用实例

13.4.1 数据备份与还原技术

通过前面的学习,已经充分了解到系统的备份与还原对于网络系统的重要性。在一些大型系统中,通常可以应用异地备份等功能来实现数据的备份,在出现问题数据被修改或破坏时,只需要通过异地的备份数据进行相关的恢复工作。这里介绍的是基于 Windows XP/2003 环境的系统备份与还原技术。

在 Windows XP/2003 系统中自带的"系统还原"组件,可以实现系统备份与还原功能。通过设置一个还原点的方法,记录我们对系统所做的相关更改,当系统出现故障时,使用系统还原功能就将系统恢复到更改以前的状态,达到保护系统和数据的目的。

1. 准备工作

使用该功能前,先确认 Windows XP 是否开启了该功能。鼠标右击"我的电脑",选择"属性"→"系统还原"选项卡,确保"在所有驱动器上关闭系统还原"复选框未选中,再确保"需要还原的分区"处于"监视"状态,如图 13-4 所示。

2. 创建还原点

依次单击"开始"→"所有程序"→"附件"→"系统工具"→"系统还原",运行"系统还原"命令,打开系统还原向导,如图 13-5 所示。

选择"创建一个还原点",单击"下一步"按钮,出现如图 13-6 所示的界面。

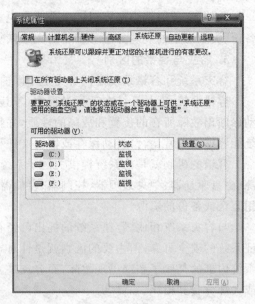

图 13-4 系统属性

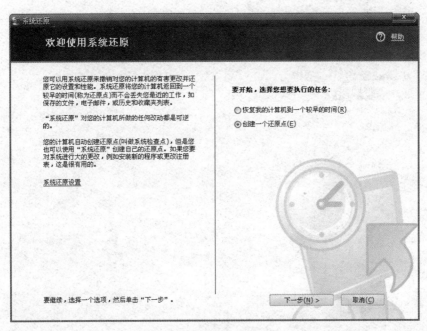

图 13-5 选择执行的任务

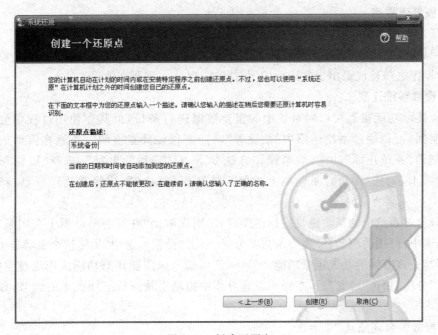

图 13-6 创建还原点

　　在"还原点描述"中填入还原点名(还原点名字可以根据自己的需要任意填写),出现如图 13-7 所示界面,即说明完成了还原点的创建。

　　这里需要说明的是:在创建系统还原点的时候,要确保有足够的硬盘可用空间,否则可能导致创建失败。同时还可以给系统设置多个还原点,其设置方法同上,这里不再赘述。

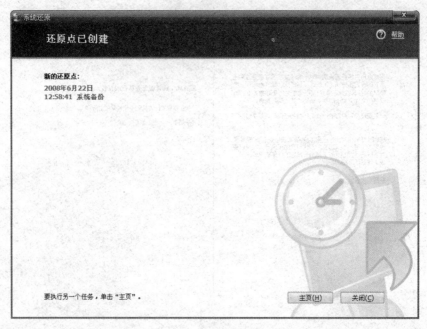

图 13-7　还原点创建完毕

3. 恢复还原点

打开系统还原向导，选择"恢复我的计算机到一个较早的时间"，单击"下一步"按钮，选择好日期后再跟着向导还原即可。需要注意的是：由于恢复还原点之后系统会自动重新启动，因此操作之前建议退出当前运行的所有程序，以防止重要文件丢失。

4. 设置系统还原

系统还原功能虽然可以对系统中的重要数据进行备份，但其在使用过程中会占用大量硬盘空间，可以通过系统还原中的"设置"功能来保证硬盘空间。当然在需要的情况下也可以取消"系统还原"功能，取消操作方法如下，右击"我的电脑"，选择"属性"→"系统还原"选项卡，勾选"在所有驱动器上关闭系统还原"复选框，删除系统还原点，释放硬盘空间。

若只想对系统中的某个磁盘进行还原设置，则先取消"在所有驱动器上关闭系统还原"复选框，选中"可用的驱动器"项中所需要分区，单击"设置"，选中"关闭这个驱动器上的系统还原"可禁止该分区的系统还原功能。另外，还可给分区限制还原功能所用磁盘空间，选中需设置的分区，单击"设置"后，在弹出设置界面中拖动滑块进行空间大小的调节，如图 13-8 所示。

5. 释放多余还原点

Windows XP 中还原点包括系统自动创建和用户手动创建的还原点。当使用时间增长之后，还原点会自动增多，这样会占用大量硬盘空间。此时，如果需要的话，可释放一些多余的还原点。首先打开"我的电脑"，选中磁盘后鼠标右击，选择"属性"→"常规"，单击"磁盘清理"选中"其他选项"选项卡标签，在"系统还原"项中单击"清理"按钮，单击"是"按钮即可，如图 13-9 所示。

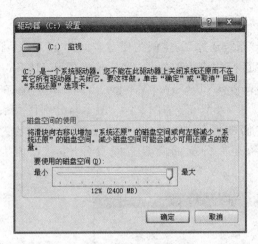

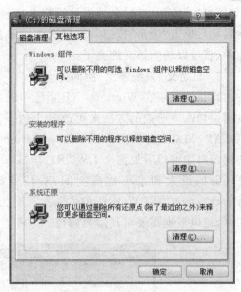

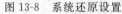

图 13-8　系统还原设置	图 13-9　磁盘清理

6. 系统还原功能失败的处理

上面所介绍的系统还原功能是在 Windows XP 中进行操作的,但在一些情况下,如系统损坏或病毒破坏等原因,无法正常进入系统。当这样的情况发生时,可以通过如下方法解决。

1) 安全模式运行系统还原

如果 Windows XP 能进入安全模式,则可在安全模式下进行系统恢复,步骤同"恢复还原点"。

2) DOS 模式进行系统还原

如果系统无法进入安全模式,则在启动时按 F8 键,选择 Safe Mode with Command Prompt,用管理员身份登录,进入"％systemroot％\windowssystem32restore"目录,找到 rstrui 文件,直接运行 rstrui 文件,按照提示操作即可。

3) 在丢失还原点的情况下进行系统还原

在 Windows XP 中已预设了 System Volume Information 文件夹,但通常是隐藏的,它保存了系统还原的备份信息。打开查看"显示所有文件和文件夹"属性,取消选择"隐藏受保护的系统文件",会在每个盘中看到 System Volume Information 文件夹,利用这个文件夹可以进行数据恢复。

鼠标右击"我的电脑",选择"属性"→"系统还原",取消"在所有驱动器上关闭系统还原"复选框,单击"应用"按钮。这样做是为了重建一个还原点。再打开"系统还原"命令,就可以找到丢失的还原点了。

上面的叙述是针对 FAT32 分区,如果系统分区为 NTFS,那么在启动 System Volume Information 文件夹时会稍为复杂一些。因为可能并没有被加入到 System Volume Information 安全属性中,访问不到该文件。解决这一问题的方法是,鼠标右击该文件夹,在弹出的菜单中选择"属性",打开 System Volume Information 属性对话框,选中"安全"选项卡,单击"添加"按钮,打开"选择用户或组"窗口,单击该窗口右下角的"高级"按钮,然后单击

"立即查找"按钮,这时会列出计算机上所有的用户和组,选中自己当前的账户或账户所在组的名称后单击"确定"按钮。这样选中的账户被添加到 System Volume Information 安全属性中,就可以访问该文件夹了。

7. 自定义"系统还原"空间的大小

默认情况下在 Windows XP 系统中的用于"系统还原"的空间为磁盘空间的 12%,但可以通过修改注册表的方法来更改这个值。首先运行注册表编辑器,然后依次展开 HKEY_LOCAL_MACHINE/SOFTWARE/Microsoft/WindowsNT/CurrentVersion/SystemRestore,在右侧窗口中可以看见两个 DWORD 值"DSMax"和"DSMin"(如图 13-10 所示),分别代表系统还原的最大和最小磁盘空间,直接修改它们的键值即可。该分项下还有一个名为"DiskPercent"的 DWORD 值,它表示要为系统还原分配的磁盘空间百分比,默认值为12%,可以根据需要对其适当调整。

图 13-10　注册表设置

13.4.2　网络备份软件 SmartSync Pro

1. SmartSync Pro 概述

SmartSync Pro 是一个专业的数据备份软件,它可以完成各种基本数据的备份工作,同时支持本地备份和网络异地备份,并支持 Windows 2000/XP/2003 环境,通过网络将数据备份到事先设置好的位置(本地或异地)。在这里,以 SmartSync Pro 1.6 版为蓝本,介绍SmartSync Pro 软件的使用方法。

2. SmartSync Pro 的下载与安装

SmartSync Pro 软件可以在网上下载,其免费下载网站地址之一是"http://www.onlinedown.net/soft/8321.htm"。

双击 SmartSync Pro 系统的安装程序,即开始安装时,得到如图 13-11 所示的 Welcome屏幕。

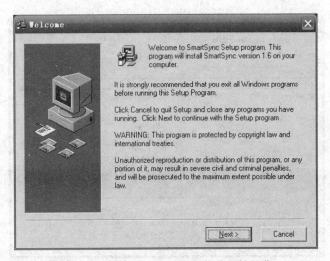

图 13-11　SmartSync Pro 安装的初始屏幕

　　单击 Next 按钮,之后按屏幕提示操作进行安装,系统安装完毕后,得到如图 13-12 所示的屏幕。

图 13-12　SmartSync Pro 安装完毕

　　单击 Finish 按钮,SmartSync Pro 软件安装完毕。

3. SmartSync Pro 的启动与配置

　　选择"开始"→"程序"→SmartSync,即启动 SmartSync Pro 程序,其主屏幕如图 13-13 所示。

4. SmartSync Pro 的配置

1) 数据目录设置

　　"数据目录"指的是需要备份的数据所存放的位置,其默认目录是"C:\Documents and Settings\Administrator\My Documents"。

　　在如图 13-13 所示的主屏幕下,选择 Folder 选项卡,可进行备份目录的建立(New)、删除(Delete)、更名(Rename)以及属性(Properties)等操作,如图 13-14 所示。

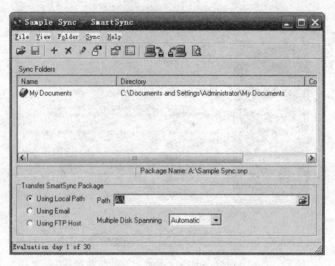

图 13-13　SmartSync Pro 主屏幕

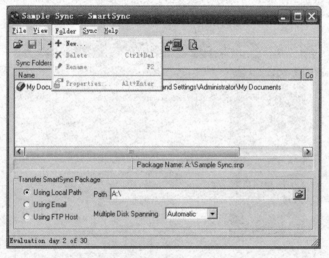

图 13-14　数据目录设置

例如,选择建立目录(New),并输入"D:\教案"后,得到如图 13-15 所示的屏幕。

2) SmartSync Pro 备份位置设置

SmartSync Pro 的备份位置有以下三种。

(1) Using Local Path(本地备份模式):选择一个本地存储设备来备份数据。

(2) Using Email(电子邮件备份模式):选择一个邮件服务器来备份数据。

(3) Using FTP Host(FTP 服务器备份模式):选择一个远程 FTP 服务器来备份数据。

在图 13-14 中,选择 Transfer SmartSync Package 中的单选钮进行备份位置的设置。例如,当选择 Using FTP Host 选项并在 Host Name 中填入 FTP 服务器的 IP 地址"213.40.5.42",则 FTP 备份位置即设置完毕,如图 13-15 所示。

5. 数据的备份与恢复

在 SmartSync Pro 主屏幕下,选择 Sync→Create Updates 功能或单击主屏幕中的快捷

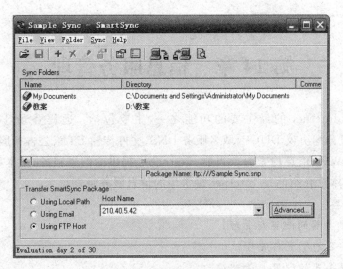

图 13-15　SmartSync Package 配置

操作图标 ![] 进行数据的备份，选择 Sync→Apply Updates 功能或单击主屏幕中的快捷操作图标 ![] 进行数据的恢复。

思考题

13-1：数据备份的主要目的是什么？

13-2：数据备份有哪几个层次？

13-3：传统存储模式有什么特点？

13-4：试述异地备份策略是什么？

13-5：什么是虚拟存储技术？

13-6：局域网灾难恢复策略是什么？

13-7：网站镜像的作用是什么？

13-8：什么是镜像同步？如何实现镜像同步？

第 14 章　信息服务管理

信息服务是 Internet 的最主要的功能之一,主要包括:远程登录 Telnet、电子邮件 E-mail、动态主机分配协议 DHCP、域名服务 DNS、文件传输 FTP、公告板服务 BBS、全球信息网(万维网)WWW、信息检索等。当前 Internet 上提供的信息服务,基本采用的是 C/S 模型的服务模式。本章介绍的是 Internet 最常用的信息服务管理技术。

本章主要内容:
- WWW 服务器的配置与管理;
- 邮件服务器的配置与管理;
- DHCP 服务器的配置与管理;
- 域名服务器的配置与管理。

14.1　WWW 服务器管理

14.1.1　WWW 服务器概述

WWW(World Wide Web,万维网)是分布式超媒体系统,是信息检索技术与超文本技术相结合且使用简单功能强大的全球信息系统,是目前 Internet 提供的最主要的信息服务。WWW 向用户提供一个高级浏览服务,用户通过一个多媒体的图形浏览界面,在 WWW 提供的信息栏上一层一层地选择,通过超文本链接查询详细资料。

因 WWW 服务具有简单、快速、提供内容丰富、格式多样、交互性好等特点,WWW 服务成为当前 Internet 使用最广泛的一种服务。建立一个 WWW 服务器已成为 Internet 站点建设时需要考虑的首要任务,同时提供 WWW 服务的服务器软件是非常丰富的,使用较广泛的服务器有 Apache 的 Apache Server、Microsoft 的 IIS 等。IIS 是 Microsoft 公司推出的一套综合的服务器组件。这里介绍的是 Apache Server 的配置与管理技术。

1. WWW 服务中使用的协议

在 WWW 服务中使用的主要协议是 HTTP(HyperText Transfer Protocol)。相关的协议有 HTML(RFC 1866)、URL(RFC 1738,RFC 1808)、MIME(RFC 1521),协议中规定 HTTP 服务器默认是 TCP 端口 80。这里 RFC 是 Request For Comments(请求注释的标准与规范文件)的缩写。

2. 超文本

超文本是由 HTML 标注而成的一种特殊的文本文件,其中的一些字符被 HTML 标记为超链接,在显示时其字体或颜色有所变化,或者标有下划线,以区别一般的正文。当光标移动到一个超链接上时,光标的形状将发生变化,按下鼠标的执行键,浏览的内容将转到该超链接指定的文件或文件的具体位置。在超文本文件中通过 HTML 的标注,可以加入声音、图形、图像、视频等文件信息,通过浏览器显示出来。

3．URL

统一资源定位地址是在 Internet 中定位信息资源文件的完整标识，通常在浏览器的地址栏中显示出来。其具体格式如：

```
protocol://server_name: port/document_name
```

protocol：访问文档采用的协议名。

server_name：文档所在主机的域名。

port：可选的协议端口号。

document_name：在计算机上的文档名。

例如，http://www.edu.cn/index.html 说明当前采用 HTTP，访问主机名为 www.edu.cn 的服务器上的超文本文件 index.html。

4．WWW 的工作流程

如图 14-1 所示，客户机通过运行本地的浏览器程序，在浏览器中发出服务请求，服务请求将通过 HTTP（超文本传输协议）传到远程服务主机，服务主机根据客户的请求在其保存的资源文件中查找到客户所请求的资源，然后通过 HTTP 传递给客户机，在客户机的浏览器中显示出来。

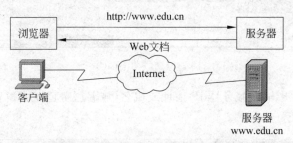

图 14-1　WWW 服务传输过程

5．主页

WWW 服务器中保存大量的超文本文件和超文本文件中所标注的其他资源文件，当访问该服务器而没有指定具体文件名时，服务器会将一个默认的超文本文件传递给用户，此文件称为主页（Homepage）或首页，默认的主页文件名为 index.html。主页在 WWW 服务器上起到了一个目录的作用，可以引导用户一层层地查找自己所需的信息。

14.1.2　WWW 服务器的配置与管理

Apache 服务器具有良好的可移植性和稳定性，同时能与其他可扩建技术相结合，具有较好的扩展性，用户还可以根据自己的需求灵活地配置服务器，增强服务器的性能和安全性。Apache 服务器是一个自由的、开放的服务器软件，可以在 www.apache.org 的网站上根据用户自己的需求选择不同的版本，该软件在国内众多的软件下载站点均有提供，如果用户有兴趣还可以在有关站点下载该服务器的源代码，按自己的需要改编和优化代码后编译成具有自己特点的 WWW 服务器。由于篇幅所限，在本书中省略了 Apache Server 软件的下载与安装过程，读者可参阅有关资料。下面介绍的是 Apache Server 的配置与管理技术，并假设在读者的计算机上已安装好了 Apache Server 软件。

1. Apache HTTP Server 的启动与关闭

单击"开始"→"程序"→Apache HTTP Server→Start Apache in Console,如图 14-2 所示,启动 Apache HTTP Server,弹出 Server 监视对话框,说明 Apache 服务器已正常启动。

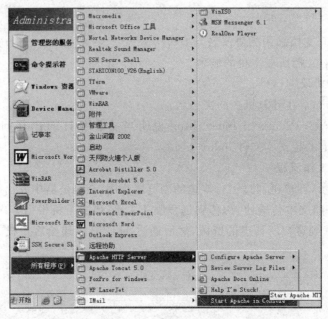

图 14-2　启动 Apache

在浏览器地址栏中输入服务器 IP 地址或域名(域名服务已正常解析),可访问服务器中的网页,如图 14-3 所示。

图 14-3　浏览 Apache 服务器的网页

在图 14-3 中,若单击 Apache 监视对话框右上角的"关闭"按钮,则关闭监视对话框并停止 Apache 服务器运行。

2. httpd.conf 文件的全局参数的设置

Apache HTTP Server 的设置文件位于 Apache 根目录下的 conf 目录中,传统的 Apache 使用了 httpd.conf、access.conf 和 srm.conf 配置和管理 Apache HTTP Server。

httpd.conf 提供最基本的服务器配置,是对服务程序如何运行的描述;srm.conf 是服务器的资源映射文件,告诉服务器各种文件的 MIME 类型,以及如何支持这些文件;access.conf 用于配置服务器的访问权限,控制不同的用户和计算机的访问控制。三个文件的配置控制服务器的各方面特征。在新版本的服务器中,Apache HTTP Server 已将 httpd.conf、access.conf 和 srm.conf 中所有配置参数均设置在 httpd.conf 中,保留的 access.conf 和 srm.conf 文件的目的只是为了与旧版本保持兼容。

1) Server Type Standalone

指定服务器的启动方式,在 Windows 平台上的 Apache 服务器均是独立方式(Standalone),即服务器将由其本身启动,并驻留在主机内存中监视连接请求。

Apache 服务器启动的另一种方式是"inetd",是在 UNIX 及 UNIX 类操作系统平台上的一种方式,由系统 inetd 监视连接请求并启动服务器。

2) ServerRoot "D:/Program Files/Apache Group/Apache"

Apache 服务器守护进程 httpd 的运行目录,httpd 在启动之后自动将进程的当前目录更改为该设置值,在本文件中其后出现的文件和目录的信息均是相对于 ServerRoot 目录的相对路径。

3) PidFile logs/httpd.pid

指定记录 httpd 进程的 PID(进程标识号)的文件。

4) ScoreBoardFile logs/apache_runtime_status

维护进程的内部数据,当需要在同一台计算机上运行多个 Apache 服务器时,针对不同 Apache 服务器使用不同的 httpd.conf 文件和不同的 ScordBoardFile 文件。

5) ♯ResourceConfig conf/srm.conf 和 ♯AccessConfig conf/access.conf

为保持兼容性而设置的针对 srm.conf 和 access.conf 文件设置的参数,如果没有兼容性需要保持这两个选项为关闭。

6) Timeout 300

定义客户程序和服务器连接的超时间隔,超过此时间间隔(以 s 为计量单位)服务器将断开与客户机的连接。

7) KeepAlive On/off

用于支持 HTTP 1.1 版本的一次连接、多次传输功能,保证在一次连接中能传递多个 HTTP 请求。由于现在的浏览器基本都支持该功能,因此建议打开该设置。

8) MaxKeepAliveRequests 100

设置一次连接可以进行的 HTTP 请求的最大次数。该值设为 0 时,表示一次连接期间允许无限次 HTTP 请求。

9) KeepAliveTimeout 15

设置一次连接中的多次请求传输之间间隔的最大时间。如果服务器已经完成一次请求,在超过时间间隔参数设定值后,还没有接收到客户端的下一次请求则断开连接。

10) MaxRequestsPerChild 0

定义一个子进程独立时服务请求的次数。这是因为在 Apache 服务器中一个服务器副本处理完一次 HTTP 请求后并不立即退出,而是驻留在内存中等待下一次请求,此设置的优点在于减少生成、退出子进程所消耗的 CPU 时间,提供系统效率,但在处理过程中会不断申请和释放内存,当次数过多时会产生内存垃圾,降低计算机运行的稳定性。

11) ThreadsPerChild 50

定义每个子进程允许的线程数。

12) ♯ Listen 3000 或 ♯ Listen 12.34.56.78:80 和 ♯ BindAddress *

指定服务器监听的端口,通常情况下 WWW 服务器监听的端口是 80,如果需要在多个端口提供 WWW 服务时可利用此设置增加监听端口的端口号。

当提供服务的计算机拥有多个 IP 地址时,可以指定服务器只在某个绑定的 IP 地址上进行监听,否则服务器将回应针对所有 IP 提出的服务请求。具体实现的语法为:

```
Listen \[IpAddress:\]port
BindAddress *|Ipaddress|domainname
```

通过使用 BindAddress 参数使服务器只回应对一个 IP 地址的请求,但是通过扩展的 Listen 参数,仍然可以让 HTTP 守护进程响应对其他 IP 地址的请求,此种较复杂的用法主要用于设置虚拟主机。

13) ♯ Dynamic Shared Object (DSO) Support

动态为 Apache 加载新的特性模块,使服务器在牺牲很少的效率时得到很大的灵活性。

14) ♯ExtendedStatus On

报告服务器全面运行状态信息参数。

3. 常用主服务器设置

1) Port 80

定义工作于独立模式(Standalone)下 httpd 守护进程使用的端口,标准端口是 80。此选项只对独立模式有效。

注意,1024 以下的端口号是协议中保留的许多服务使用的端口,建议希望改变时,该值应在 1024 以上。8000 和 8080 端口是 WWW 服务常用的两个端口。

2) ServerAdmin root@mydomain.com

设置 WWW 服务器管理员的 E-mail 地址,在 HTTP 服务出现错误条件下时返回给客户端的浏览器,以便客户能和管理员联系,报告错误。

3) ServerName www.mydomain.com

定义 Web 服务器返回给浏览器的名字,在没有定义虚拟主机的情况下,服务器总是以这个名字回应浏览器(这里的服务器名字是 www.mydomain.com)。

默认情况下,不需要指定该参数,服务器将通过名字解析过程来获得自己的域名,当名字服务器不能正常解析时,此参数可设定为 IP 地址。当 ServerName 设置不正常时,服务器不能正常启动。

4) DocumentRoot "D:/Program Files/Apache Group/Apache/htdocs"

定义服务器对外发布的超文本文档存放的路径,客户程序请求的 URL 将被映射为该目录下的超文本文件。在此目录下可以使用符号连接指定的不在该目录下的其他文件和目录。

5) <Directory DIR>

```
Options FollowSymLinks
AllowOverride None
</Directory>
```

Apache 服务器通过两种方式对目录文档的访问控制,一种是在配置文件 httpd. conf (或 access. conf)中针对每个目录进行设置,另一个方法是在每个目录下设置访问控制文件,通常访问控制文件名为. htaccess。

在 httpd. conf 中的<Directory DIR>…</Directory>选项用于设置目录"DIR"的访问权限,Options FollowSymlinks 表示允许符号连接;AllowOverride None 表示不允许"DIR"目录下的访问控制文件. htaccess 改变这里的配置。Apache 服务器中对一个访问目录的控制设置被下一级目录继承。

6) <Directory "D:/Program Files/Apache Group/Apache/htdocs">

```
Options Indexes FollowSymLinks MultiViews
AllowOverride None
Order allow,deny
Allow from all
</Directory>
```

定义 Apache 对外发布文档的目录的访问设置。

7) <IfModule mod_userdir. c>

```
UserDir "D:/Program Files/Apache Group/Apache/users/"
</IfModule>
```

当一台计算机上运行了 Apache 服务器,在此计算机上的用户可以有自己网页的路径,比如 http://www. mydomain. com/~user,映射目录为用户个人主目录下的一个子目录。UserDir 用于定义目录的名字。

8) #<Directory "D:/Program Files/Apache Group/Apache/users">

```
#AllowOverride FileInfo AuthConfig Limit
#Options MultiViews Indexes SymLinksIfOwnerMatch IncludesNoExec
#<Limit GET POST OPTIONS PROPFIND>
#Order allow,deny
#Allow from all
#</Limit>
#<LimitExcept GET POST OPTIONS PROPFIND>
#Order deny,allow
#Deny from all
#</LimitExcept>
```

```
#</Directory>
```

控制用户目录的访问权限。

9) <IfModule mod_dir.c>

```
DirectoryIndex index.html
</IfModule>
```

指定当客户端访问服务器没有指定访问的文件名时，Apache 服务器自动搜索这个目录下有 DirectoryIndex 定义的文件，并返回给客户端。如果 DirectoryIndex 定义的文件也不存在时，系统根据设置返回目录列表或拒绝访问。

10) AccessFileName .htaccess

定义每个目录下访问控制文件的文件名，通过改变该文件改变不同目录的访问控制权限。

11) #CacheNegotiatedDocs

指定代理服务器和 Apache 服务器协商是否缓存其网页。

12) <Files ~ "^\\.ht">

```
Order allow,deny
Deny from all
Satisfy All
</Files>
```

针对具体文件的访问控制。

13) UseCanonicalName On

服务器是否能使用 ServerName 和 Port 选项的设置内容构造完整的 URL。

14) <IfModule mod_mime.c>

```
TypesConfig conf/mime.types
</IfModule>
```

设置保存有不同 MIME 类型数据的文件名。

15) DefaultType text/plain

默认的文件 MIME 类型。

16) HostnameLookups Off

设置日志是记录客户机的主机名还是记录 IP 地址，默认为 Off。此时，记录 IP 地址。

17) ErrorLog logs/error.log

记录错误信息日志文件名。

18) CustomLog logs/access.log common

访问日志信息日志文件名。

在主服务器设置选项中还有许多其他功能选项，由于使用较少，在此省略。

4. WWW 的常规管理信息

Apache 服务器在 httpd.conf 中设置的日志文件，通过其中的信息可以了解服务器的运行信息。

在"开始"→"程序"→Apache HTTP Server→Review Server Log Files 菜单下可以打开两个基本的日志文件：Review Access Log 和 Review Error Log，如图 14-4 所示。

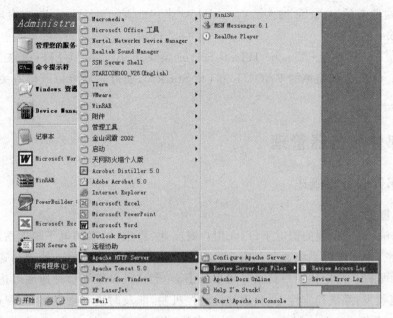

图 14-4 打开 Apache 日志文件

在 Review Access Log 日志文件中可以查询 WWW 被正常访问的操作。比如：

192.1614.0.1--\[30/Mar/2016:09:58:17+0800\] "GET/HTTP/1.1" 406 2697

说明：在 2016 年 3 月 30 日来自 192.1614.0.1 的计算机对该服务器发出了 GET 请求并成功连接。

Review Error Log 日志文件记录了服务器发生错误时的记录。比如：

\[Tue Mar 30 09:58:17 2016\]\[error\]\[client 192.1614.1.1\] no acceptable
variant: d:/program files/apache group/apache/htdocs/well.html
Apache server shutdown initiated...

说明：在 2016 年 3 月 30 日来自 192.1614.1.1 的计算机针对文件 well.html 的访问是错误的，服务器关闭连接。

通过针对 Access Log 和 Error Log 的结合分析可以挖掘出服务器运行的众多信息，并可以从中分析出服务器是否受到攻击等信息。

5. 虚拟服务器

虚拟服务器是在同一台服务主机上同时假设多个 Web 网站。在 Apache 服务器中提供两类虚拟主机：一类基于 IP 地址的虚拟主机，一类基于域名的虚拟主机。基于 IP 的虚拟主机对所有版本的浏览器提供支持，适应范围更广泛；而基于名称的虚拟主机，需要支持 HTTP 1.1 协议的浏览器才能支持。但基于 IP 虚拟主机受到 IP 有限的限制，而基于域名的虚拟主机允许用户创建无限多的虚拟主机。

虚拟主机还有两种运行方式：一种是同时运行多个 Apache 的守护进程（daemon

httpd),一种是只运行一个守护进程。多个守护进程的运行方式,是在同一计算机上安装多个 Apache。基于 IP 类型的虚拟主机,网络接口上必须绑定多个 IP。而单守护进程的运行方式是通过对原有的 Apache 加入<VirtualHost>…</VirtualHost>标志实现的。

6. Apache 的帮助

在"开始"→"程序"→Apache HTTP Server 菜单下 Apache 为用户提供了在线帮助 Apache Docs Online 和简单的 FAQ"Help I'm Stuck!",通过它们可以获得有关 Apache 的更多信息。

14.2　邮件服务器管理

14.2.1　邮件服务器概述

1. 基本概念

在 Internet 高速发展的情况下,广大用户对高速、稳定、可靠的电子邮件系统的需求日益明显。目前,电子邮件系统通常利用业界领先的技术手段优化系统,达到高速检索定位,在百万级用户情况下,定位用户目录时间小于 1s,单台 MTA 发送信件速度可达到 400 000 封/日的高速收发;系统稳定性上,独创邮件监控机制,能及时进行硬盘回写,保证信件不会因系统进程问题丢失;系统安全性方面用户密码密文存储,支持 SSL 连接,保证连接安全性,防止网络窃听;独具特色的垃圾邮件识别器,针对 IP 和信件大小进行的垃圾邮件识别,系统自动提醒系统管理员,考虑对进行攻击的 IP 拒绝服务;此外,由于 WWW 服务的广泛引用,目前的电子邮件系统还采用 Web 方式量身定做系统管理界面,最大程度上减轻了使用者的负担;当前众多的电子邮件产品包括几千到几千万不同的用户级别;具有灵活性的模块化设计,使系统可以轻松扩容;丰富的管理功能,简化了邮件系统管理员过去烦琐的工作;全 Web 界面操作、人性化的设计,简化了用户的操作;同时许多邮件服务器在基本的邮件服务之外还提供了一些十分有用的附加服务,例如:

(1) 邮件寻呼服务:提供这种服务的邮件服务器在收到用户的电子邮件时,可以根据发信人的要求,将电子邮箱收到的新邮件发送到收信人的数字寻呼机上,甚至将指定长度的信件内容传输到收信人的手机上。当然,在提供这种服务时,要求邮件服务器本身具备硬件上的电话拨号通信能力。

(2) 邮件传真服务:有些邮件服务器还具有提供选件能力,可以根据发信人的要求,将电子邮箱收到的邮件发送到收信人指定的传真机上,甚至还可以将电子邮件的附件部分(如图像)发送到传真机上。

2. 电子邮件服务的组成

电子邮件服务主要由以下部分构成。

(1) 报文存储器:也称为中转局,用于存放电子邮件,通常是邮件服务器的物理介质——硬盘。

(2) 报文传送代理:报文传送代理的作用是把一个报文从一个邮箱转发到另一个邮箱,从一个中转局到另一个中转局,或从一个电子邮件系统转发到另一个电子邮件系统。

(3) 用户代理:用户代理是简单的基本电子邮件软件包。用户代理是实现用户与邮件系统接口的程序,包括前端应用程序、客户程序、邮件代理等。通过用户代理,实现编制报文、检查拼写错误和规格化报文、发送和接收报文,以及把报文存储在电子文件夹中等功能。

(4)邮件网关:通过网关进行报文转换,以实现不同电子邮件系统之间的通信。

3. 邮件服务中采用的协议

邮件服务中有 SMTP(Simple Mail Transport Protocol,简单邮件传输协议)、POP(Post Office Protocol,邮政服务协议)、MIME(Multipurpose Internet Mail Extensions,多用途 Internet 邮件扩展)等。SMTP 提供的是一种直接的端对端的传递方式,这种传递允许 SMTP 不依赖中途各点来传递信息。POP 有 POP、POP2 和 POP3 三个版本。几个版本的协议指令并不相容,但基本功能都是从邮件服务器上取信。MIME 是现存的 TCP/IP 信件系统的扩展,增加对多种资料形态和复杂信件内容的支持。

4. 电子邮件的组织结构

典型的电子邮件服务系统组织结构如图 14-5 所示。

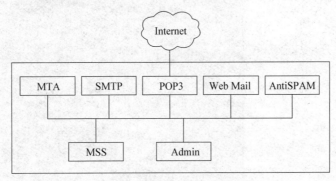

图 14-5　邮件系统拓扑结构图

由于电子邮件使用的广泛性,目前有许多优秀的 E-mail 服务软件运行于不同的操作系统平台上,如 UNIX 平台下的 Sendmail、Qmail,Windows 平台下的 Microsoft Exchange Server,IIS 中内置的 SMTP Server 和 Ipswitch 发布的 IMail 等。IMail 是一个简单灵活,功能强大,安全性好的邮件服务系统,同时安装简单、灵活,价格低廉,是目前在 Windows 平台上广泛使用的邮件服务系统。

5. 电子邮件的工作过程

电子邮件的工作遵循 C/S 结构,电子邮件系统通过客户计算机上的程序与服务器上的程序相互配合,将电子邮件从发信人的计算机传递到收信人信箱。电子邮件系统是一种存储转发系统。系统工作过程如图 14-6 所示。

当用户发送电子邮件时,发信方的计算机成为客户。该客户端的 SMTP 与发送方服务器 SMTP 进行会谈,将信件传递到发送方邮件服务器中,通过发送服务器将邮件通过 Internet 发送到接收方邮件服务器中,再通过 POP 将邮件从接收邮件服务器中将邮件取回接收者的计算机中。

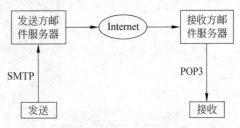

图 14-6　电子邮件传输过程

6. 电子邮件服务的特点

由于电子邮件在高速传输的同时允许收

信人自由决定在什么时候回复，因此电子邮件将即时通信和自由中断的邮件相结合。

信件传送允许任意用户之间交换信息，邮件内容允许包含多种格式的内容，传递的内容灵活、丰富。

14.2.2 邮件服务器的配置与管理

1. IMail 管理服务设置

在安装有 IMail 软件的服务器上，单击"开始"→"程序"→"所有程序"→IMail→IMail Administrator，启动 IMail 服务器管理器，如图 14-7 所示。

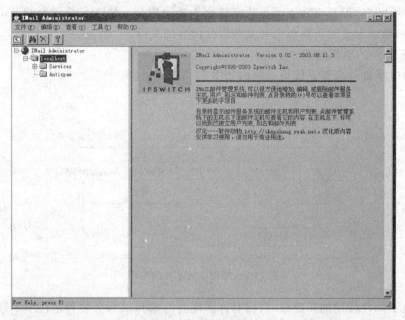

图 14-7 IMail 服务管理器

选择 IMail Administrator→localhost，显示 IMail 服务器的基本信息，如图 14-8 所示。

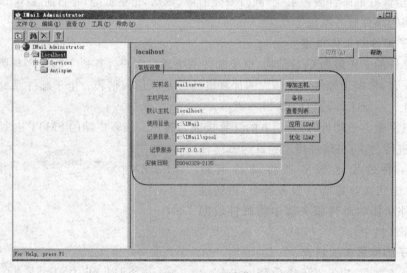

图 14-8 IMail 基本信息

选择 IMail Administrator→localhost→Services，在管理器右侧状态栏中显示 IMail 服务器中所有服务的版本号和当前的运行状态，如图 14-9 所示。

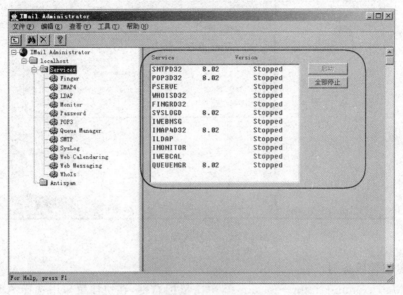

图 14-9　管理服务

在 IMail Administrator→localhost→Services 下选择具体的服务，可以针对每个服务进行日志设置和状态的改变，如图 14-10 所示。

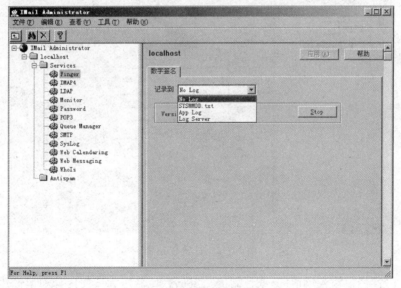

图 14-10　服务设置

选择 IMail Administrator→localhost→Antispam，打开反垃圾邮件的设置，IMail 主要针对发送垃圾邮件的服务器的域名做过滤处理，如图 14-11 所示，可以动态地增加和修改过滤的服务器。

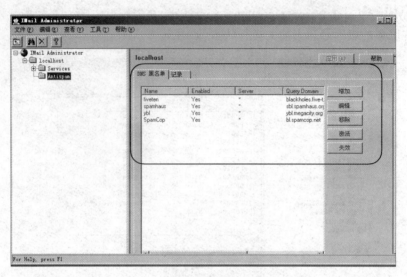

图 14-11　反垃圾邮件设置

2. 创建邮件服务器

选择 IMail Administrator→localhost,单击鼠标右键,在快捷菜单中选择 Add Host,如图 14-12 所示,创建一个新的服务器主机,弹出"创建新的虚拟主机"对话框,在该对话框中单击"下一步"按钮,弹出"新主机名"对话框,如图 14-13 所示。

图 14-12　创建服务器

在"主机名"栏中输入申请的(或计划的)主机名(域名),为方便区分和记忆建议取名为:mail 或 mailserver 等主机名再加上邮件的邮件域域名,单击"下一步"按钮,弹出"IP 地址"对话框,如图 14-14 所示。

在"IP 地址"对话框中选择服务器绑定的 IP 地址,如果采用一个 IP 对应一个服务器则选定具体的 IP 地址;如果使用一个 IP 对应多个邮件服务域时使用 virtual,单击"下一步"按钮,弹出"虚拟主机别名"对话框,如图 14-15 所示。

图 14-13　服务器主机名

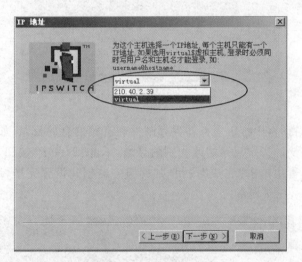

图 14-14　服务器 IP 地址

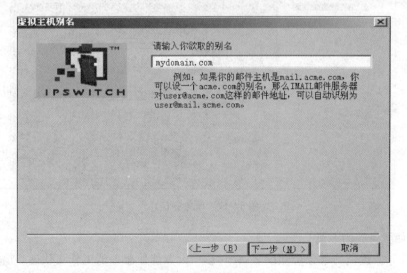

图 14-15　虚拟主机别名

在"虚拟主机别名"对话框中,输入邮件域的别名,如"mailserver.mydomain.com"的邮件域别名可以设为"mydomain.com",单击"下一步"按钮,弹出"使用目录"对话框,如图14-16所示。

图 14-16　服务器使用目录

在"使用目录"对话框中指定服务器保存邮件和有关信息的目录,如果默认目录的存储空间不足,可以将存储的指定目录修改为别的目录,单击"下一步"按钮,弹出提示安装完成的对话框,在该对话框中单击"完成"按钮,邮件服务器创建设置完毕,IMail 管理器显示该服务器的信息,如图14-17所示。

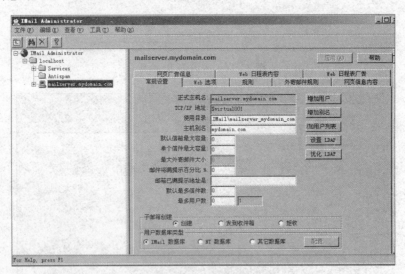

图 14-17　服务器信息

3. 邮件服务器的设置

邮件服务器提供的服务功能较多,针对选项设置能使服务器工作更快速,功能更强大。

1) 常规设置

主要针对服务器的基本参数设置,如图14-18所示。可以设置默认的邮箱的最大容量、单个邮件最大容量,邮件将提示百分比、默认的最多邮件数、最多用户数等。

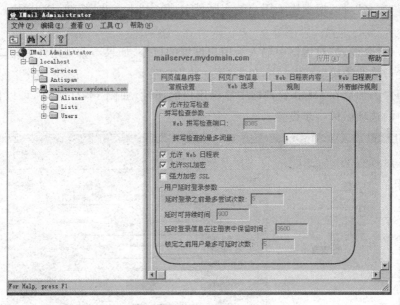

图 14-18　服务器基本设置

2)Web 选项

IMail 服务器支持 Web 方式的邮件收发,在"Web 选项"中可以对拼写、日程表、SSL 等进行设置,如图 14-19 所示。

图 14-19　服务器 Web 选项设置

完成"常规设置"和"Web 选项"设置后,服务器可以通过 C/S 方式和 WWW 方式为用户提供服务,其他的选项功能在此不予介绍。

4. 用户管理

在图 14-19 中,选择 IMail Administrator → localhost,单击下面的具体服务器,如

mailserver. mydomain. com,选中 Users,显示当前用户和用户的默认设置,如图 14-20 所示。

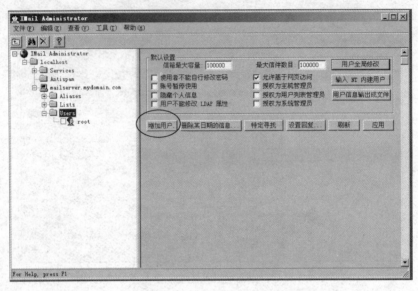

图 14-20 用户选项

在如图 14-20 所示对话框中单击"增加用户"按钮,弹出"新用户"添加对话框。在"新用户"对话框中输入用户名如"User1",单击"下一步"按钮,弹出"用户实名"对话框。

在"用户实名"对话框中输入用户的实际姓名,单击"下一步"按钮,弹出"用户口令设置"对话框。

在"用户口令设置"对话框中输入为用户设置的口令,如果不希望用户更改口令则将"使用者不能自行修改密码"选项选中,单击"下一步"按钮。

完成用户添加后在 IMail 管理器中显示用户的属性,如图 14-21 所示,可以根据实际的需要对用户的选项做进一步设置。

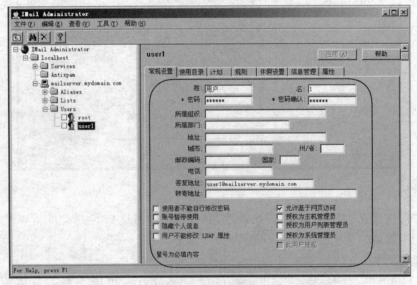

图 14-21 用户属性

在如图 14-21 所示的 IMail 管理器中选择 IMail Administrator → localhost → mailserver. mydomain. com→User1,右击下面的具体用户,在快捷菜单中选择 Delete,可删除该用户。

5. 自动回复设置

发向指定信箱(邮件目录)的信将被自动回复(自定义邮件内容;并可选是否同时将收到的邮件转发到另一个信箱)。

选择 IMail Administrator→localhost 下的具体服务器,如 mailserver. mydomain. com→list,右击下面的具体用户名并单击"应用"按钮,然后选择用户的"信息管理"选项卡,如图 14-22 所示。

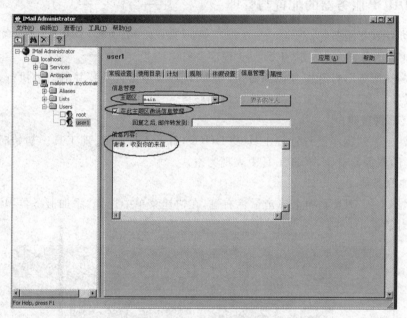

图 14-22　回复所有的信

在"信息管理"选项卡中选择"主题区",将"在此主题区激活信息管理"复选框选中,在"信息内容"框中输入自动回复的内容。

14.3　DHCP 服务器管理

14.3.1　DHCP 服务器概述

DHCP 是 Dynamic Host Control Protocol(动态主机控制协议)的缩写,DHCP 服务器是一台能提供自动分配的 IP 地址给使用 DHCP 客户端的计算机,用于动态分配 IP 地址,使管理人员能够集中管理 IP 地址的发放,省略客户端设置 IP 地址的过程,降低了客户端的设置难度,而且避免了手工设置时容易发生 IP 地址冲突的问题。

同时,当计算机从一个 IP 子网移动到另一个 IP 子网时不必因为物理位置的移动而更改 IP 地址的设置。DHCP 让客户计算机能从网络上的 DHCP 服务器的 IP 地址数据库中自动获取 DHCP 服务器为其指定的 IP 地址,降低了管理的复杂程度,同时提高了 IP 地址的利用率。

DHCP 运行方式简单,如图 14-23 所示,由一台 DHCP 服务器、一台自动向 DHCP 服务器索取 IP 地址的客户端组成。当客户端计算机启动后自动向服务器请求一个 IP 地址,如果还有 IP 地址没有被占用,则在 IP 地址数据库中登记该地址被该客户端使用,然后把该 IP 地址及相关选项返回给客户端。

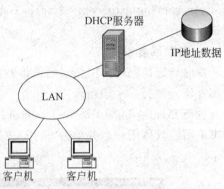

图 14-23　DHCP 服务示意图

14.3.2　DHCP 服务器的配置与管理

1. 启动 DHCP 服务

在 DHCP 服务器上,单击"开始"→"程序"→"管理工具"→"服务",打开服务控制器,检查 DHCP 服务是否安装并能自动执行。

如果服务没有启动,在服务控制器上启动服务。

2. DHCP 管理器

单击"开始"→"程序"→"管理工具"→DHCP,打开 DHCP 管理工具。初始时管理器没有任何管理的服务器对象,管理工具中表现为空。

3. 添加服务器

在管理器中的 DHCP 项上单击鼠标右键,在快捷菜单中选择"添加服务器"项,弹出"添加服务器"对话框,如图 14-24 所示。

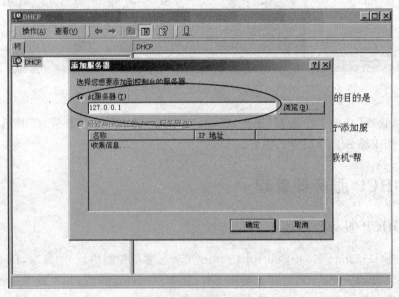

图 14-24　添加服务器

在"添加服务器"对话框中输入管理的 DHCP 服务器的地址或主机名,在此处首先管理本机的 DHCP 服务器,在"此服务器"栏中输入本机的 IP 地址/主机名/自环地址(127.0.0.1),单击"确定"按钮,将服务器添加到 DHCP 管理器中。

4. 建立作用域

DHCP 服务器添加进管理器中后还需要对其做进一步的配置。

右击管理的服务器,在快捷菜单中选择"新建作用域",如图 14-25 所示,弹出"新建作用域向导"对话框。

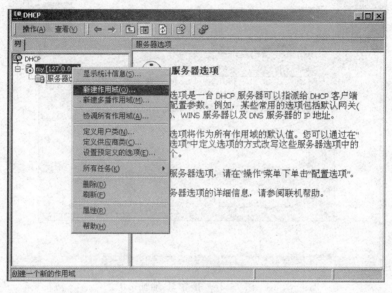

图 14-25　新建作用域

在"新建作用域向导"中单击"下一步"按钮,弹出"规划作用域名称"对话框。

在"规划作用域名称"对话框中输入"名称"和"说明"两项参数。这两项参数由用户自由指定,方便用户了解 DHCP 的作用域范围和功能,可以不进行设置。单击"下一步"按钮,弹出"IP 地址范围"对话框。

在"IP 地址范围"对话框中设置发放的 IP 地址范围,如图 14-26 所示,在其中的"起始

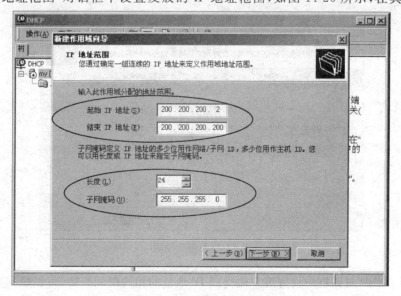

图 14-26　IP 地址范围

IP 地址"与"结束 IP 地址"中填入准备发放的 IP 地址范围。填入范围参数后,"长度"和"子网掩码"栏自动出现对应的参数,用户也可以根据需要对这两项进行修改,单击"下一步"按钮,弹出"添加排除"对话框,如图 14-27 所示。

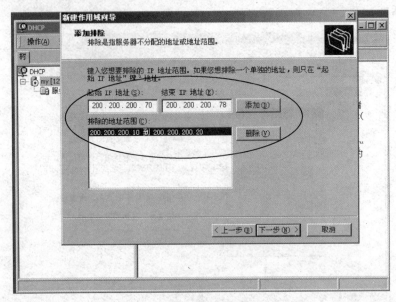

图 14-27 排除 IP 地址

排除 IP 地址,即在规划的地址范围内不希望发放给 DHCP 客户端使用,或是规划给非 DHCP 客户端使用的 IP 地址,如在地址范围内提供其他服务的主机的 IP 地址。在"添加排除"对话框中的"起始 IP 地址"与"结束 IP 地址"栏中输入希望排除的 IP 地址范围,单击"添加"按钮,规划的排除 IP 地址范围被添加到排除范围中,如图 14-27 所示。重复操作可以设置多段排除 IP 地址范围,完成规划设置后单击"下一步"按钮,弹出"租约期限"对话框,如图 14-28 所示。

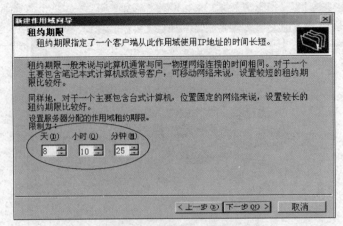

图 14-28 租约期限

在"租约期限"对话框中设置客户端得到 IP 地址的租约时间长度,可以根据实际的情况选择具体的参数,一般在变化较大的局域网中,由于变动较大设置一个较小的租用时间,时间可以精确到分,如图 14-28 所示。设置完租约期限后单击"下一步"按钮,弹出"配置 DHCP 选项"对话框,如图 14-29 所示。

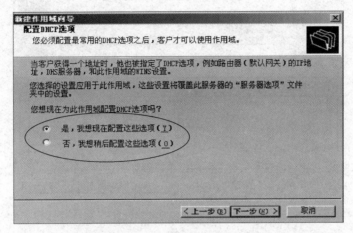

图 14-29 配置 DHCP 选项

在到达"配置 DHCP 选项"对话框后已完成新建一个 DHCP 作用域的设置,如果计划设置额外的选项,选择"是,我想现在配置这些选项",单击"下一步"按钮,弹出"路由器(默认网关)"对话框,如图 14-30 所示。否则,在图 14-29 中选择"否,我想稍后配置这些选项",单击"下一步"按钮完成设置。

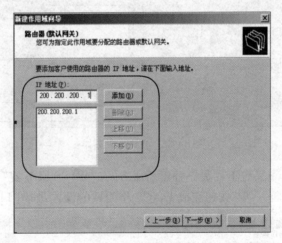

图 14-30 路由设置

在"路由器(默认网关)"对话框的"IP 地址"栏中输入相应的 IP 地址(默认网关地址),单击"添加"按钮,将地址添加到路由地址范围中。通常情况下只需设置一个路由地址,如果希望有备份的路由可以添加多个路由地址,但是多个路由地址可能会引发网络的路由振荡,须慎重。单击"下一步"按钮,弹出"域名称和 DNS 服务器"对话框,如图 14-31 所示。

在"域名称和 DNS 服务器"对话框中的"服务器名"栏中输入服务器的名字,在"IP 地址"栏内输入域名服务器的 IP 地址,单击"添加"按钮,将服务器地址添加到服务器地址池中,可以为客户端指定多个域名服务器以提高服务的稳定性。单击"下一步"按钮,弹出"WINS 服务器"对话框,如图 14-32 所示。

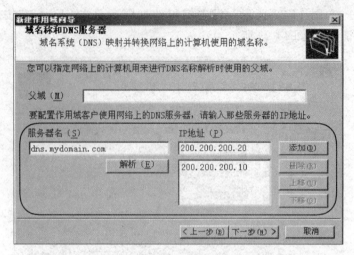

图 14-31　域名服务器设置

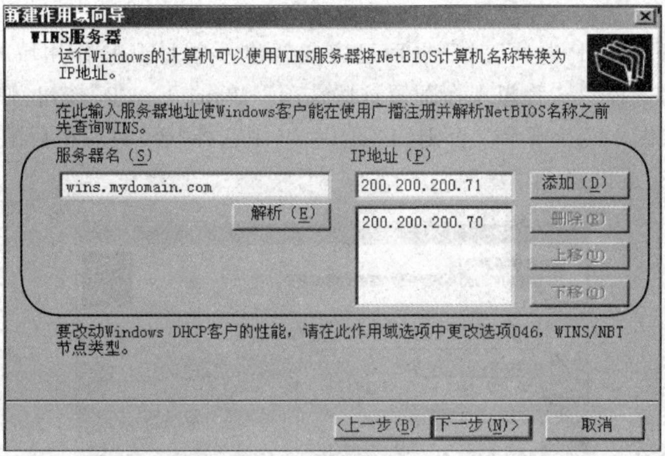

图 14-32　WINS 服务器

WINS 是 Windows 平台下的另一种解析服务,在"WINS 服务器"中输入服务器名和服务器的 IP 地址,单击"下一步"按钮完成 DHCP 作用域的设置,如图 14-33 所示。

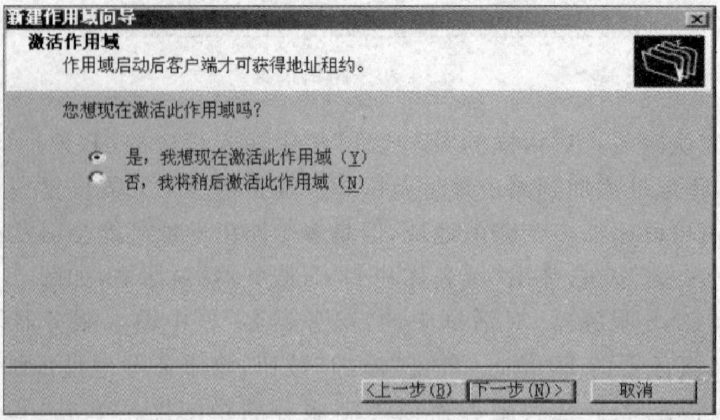

图 14-33　激活作用域

在图 14-33 中选择是否现在激活此作用域,单击"下一步"按钮,完成作用域添加。

作用域添加完成后在管理器中可以选择作用域的名字查看作用域的各项属性,如图 14-34 所示。

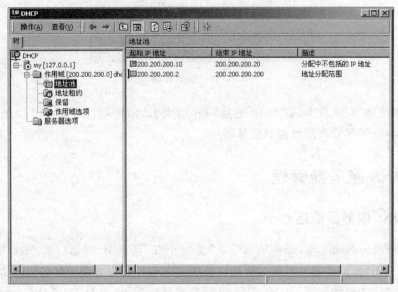

图 14-34　作用域属性

5. 设置排除地址

在新建作用域时可以设置排除地址,如果希望再增加排除 IP 地址范围,选中作用域中的"地址池"项目,在"地址池属性"项目上单击鼠标右键,在快捷菜单中选择"新建排除范围",如图 14-35 所示,弹出"添加排除"对话框,如图 14-36 所示。

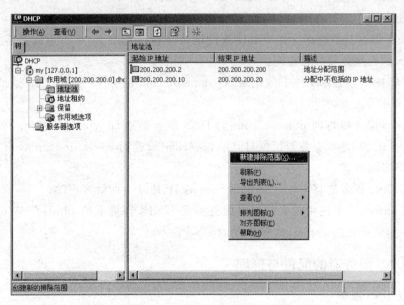

图 14-35　新建排除范围

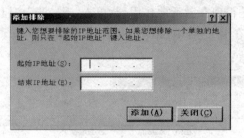

图 14-36　添加排除

在"添加排除"对话框中"起始 IP 地址"和"结束 IP 地址"栏中输入 IP 地址范围,单击"添加"按钮将新的排除范围添加到服务器中。

14.4　DNS 服务器管理

14.4.1　DNS 服务器概述

DNS(Domain Name System,域名系统)是一个在 TCP/IP 网络(Internet)中将计算机的名称转换为 IP 地址的服务系统。使用计算机的名称使用户方便记忆的同时也防止 IP 地址变更引起使用不便的问题。DNS 是一个标准的网络服务,通过 DNS 让每一个客户端能登录与解析网络名称。

Internet 的域名结构是分层结构,有分机域、主机域、机构性域、地理域和根域,详见第 6 章。

DNS 的搜索过程如下。

客户端如果希望连接 www.domain.com,客户端计算机发出一个正向搜索到客户端设置的 DNS 服务器中进行查询。

DNS 服务器在其数据库文件中对比查询记录是否在其中,如果有返回给客户端,没有则传到 .com 的根服务器继续查询。

根服务器根据数据库文件中的记录,将 domain.com 的 DNS 服务器 IP 地址返回给客户的 DNS 服务器。

客户 DNS 服务器再向 domain.com 的 DNS 服务器查询 www.domain.com 的 IP 地址,domain.com 的 DNS 服务器根据自己的数据库记录返回 www.domain.com 的 IP 地址给客户的 DNS 服务器。

客户的 DNS 服务器将 www.domain.com 的 IP 地址返回给客户端。

目前在 Internet 上使用较多的域名服务器是 UNIX 环境下的 Bind,在 Windows 平台上使用较多的是 Windows Server 中内置的 DNS Server。

14.4.2　DNS 服务器的配置与管理

1. 启动 DNS 服务

在 DNS 服务器上,单击"开始"→"程序"→"管理工具"→"服务",打开服务控制器,如图 14-37 所示,检查 DNS 服务是否安装并能自动执行。如果服务没有启动,在服务控制器上启动服务。

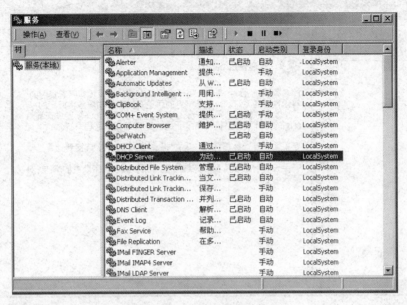

图 14-37　DNS 服务启动情况

2. DNS 管理器的配置

单击"开始"→"程序"→"管理工具"→DNS，打开 DNS 管理工具，如图 14-38 所示。初始时，管理器没有任何服务器对象，管理工具中表现为空，如图 14-39 所示。

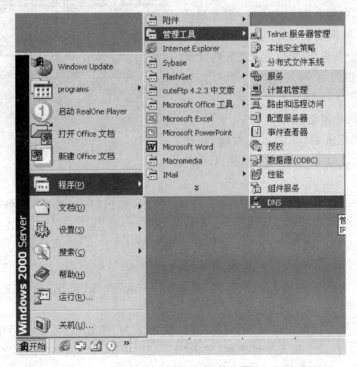

图 14-38　打开 DNS 管理器

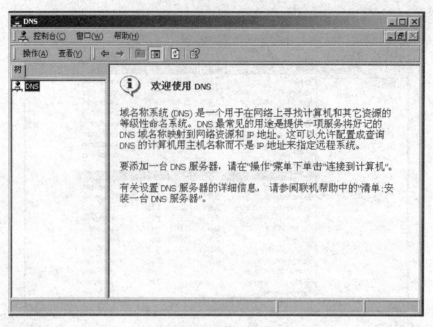

图 14-39 DNS 管理器

3. 添加服务器

在图 14-39 的对话框中单击"操作"选项,再在快捷菜单中选择"连接到计算机",弹出"选择目标计算机"对话框,如图 14-40 所示。

在图 14-40 中输入管理的 DNS 服务器的地址或主机名,如果是管理本机的 DNS 服务器,选择"这台计算机";否则选择"下列计算机"并输入计算机的 IP 地址,单击"确定"按钮将服务器添加到 DNS 管理器中。

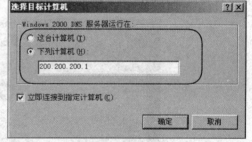

图 14-40 选择目标计算机

4. 建立正向标准区域

选中管理的服务器,单击鼠标右键,在快捷菜单中选择"新建区",弹出"新建区域向导"对话框。

在"新建区域向导"对话框中单击"下一步"按钮,弹出"区域类型"对话框,如图 14-41 所示。

在"区域类型"对话框中选择"标准主要区域",单击"下一步"按钮,弹出"区域名"对话框,如图 14-42 所示。

在"区域名"对话框中输入区域名称,单击"下一步"按钮,弹出"区域文件"对话框,如图 14-43 所示。

在"区域文件"对话框中选择"创建新文件,文件名为"单选项,系统自动生成文件名,如果希望重新命名,在其中输入文件名称,单击"下一步"按钮,完成 DNS 正向区域创建。

完成安装后,在 DNS 管理器中显示 DNS 正向区域属性。

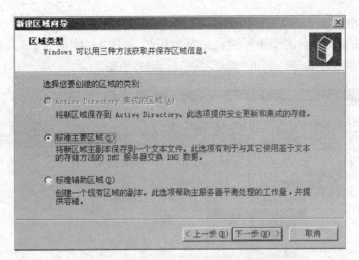

图 14-41　区域类型

图 14-42　区域名

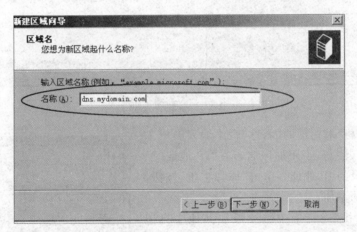

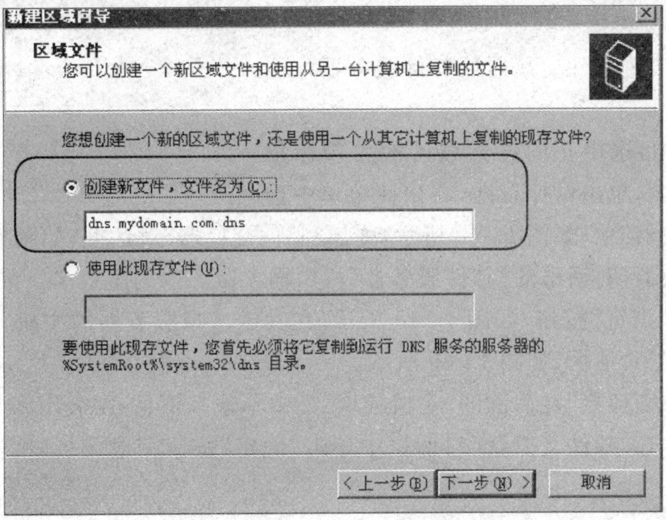

图 14-43　区域文件

5. 新建主机记录

选中正向搜索域中的希望添加主机记录的域名,如图 14-44 所示,单击鼠标右键,在快捷菜单中选择"新建主机"项,弹出"新建主机"对话框,如图 14-45 所示。

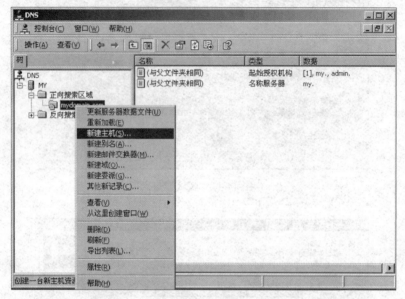

图 14-44　新建主机

在"新建主机"对话框的"名称"栏中输入新增主机记录的名称,(注意,不用加域名),在"IP 地址"栏中输入主机记录的 IP 地址。单击"添加主机"按钮,完成主机记录的添加。

在"新建主机"对话框中继续添加其他主机记录,添加完毕后单击"取消"按钮返回 DNS 管理器,在管理器中显示主机记录属性。

6. 新建邮件交换器

只有正确地设置邮件交换器后邮件服务器才能正常工作。

在图 14-44 中,选中正向搜索域中的希望添加

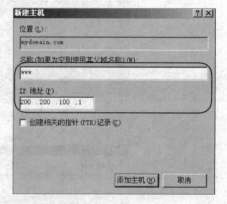

图 14-45　添加主机

邮件交换器的域名,单击鼠标右键,在快捷菜单中选择"新建邮件交换器"项,如图 14-46 所示,弹出"邮件交换器"对话框,如图 14-47 所示。

在"邮件交换器"对话框的"邮件服务器"栏中输入服务器的主机名。如果不能直接输入主机名可以单击"浏览"按钮,如图 14-48 所示,在其中选择服务器的主机,单击"确定"按钮返回"邮件交换器"对话框,如图 14-49 所示。

如果在"邮件交换器"对话框的"主机或域"栏中不输入信息,则表示和父域一致。

完成设置后,在"邮件交换器"对话框中单击"确定"按钮完成设置,DNS 管理器显示如图 14-50 所示。

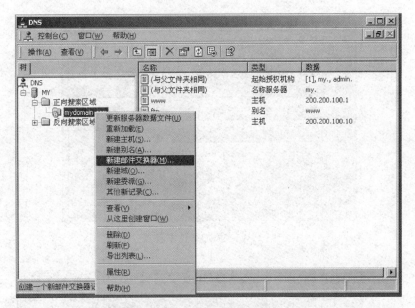

图 14-46 新建邮件交换器

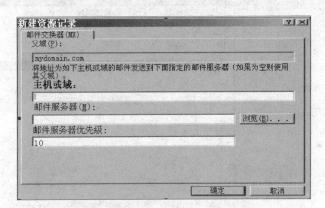

图 14-47 添加邮件交换器

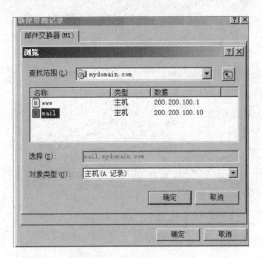

图 14-48 选择主机名

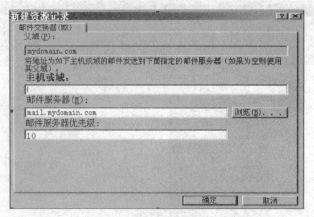

图 14-49 添加邮件服务器

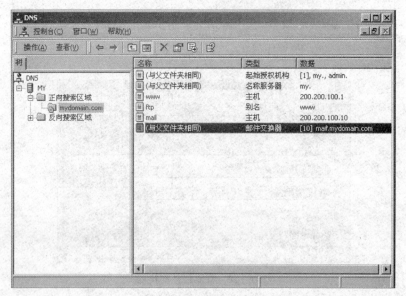

图 14-50 邮件交换器属性

思考题

14-1：Internet 信息服务的主要内容有哪些？

14-2：什么是超文本文件？

14-3：URL 的含义是什么？

14-4：电子邮件有什么特点？它与传统的邮件传递有什么不同？

14-5：简述 DHCP 的主要功能。

14-6：DNS 服务器的主要作用是什么？

14-7：SMTP 的含义是什么？其作用是什么？

第15章 网络管理实用工具

经过前面的学习,我们全面掌握了计算机网络管理的基本理论和实现技术,在这一章中,将介绍当前主流的网络管理实用工具软件,可以利用这些工具对网络进行监控和管理。

本章主要内容:

- 网络执法官:NetRobocop 应用技术。
- 网络监管软件:Sentry(网路岗)应用技术。
- 安全漏洞修复专家:Security Analyzer 应用技术。

15.1 网络执法官:NetRobocop

15.1.1 NetRobocop 概述

1. 概述

网络执行法官(英文名 NetRobocop),是一款局域网络的优秀管理软件工具,该软件能运行在局域网络的任意一台计算机上。利用该软件可监控整个网络的连接情况,并能实时地检测各用户的 IP 地址、MAC 地址、主机名等信息;还可检测网卡的生产厂家、网络连接设备的类型、IP 地址的范围;高版本的 NetRobocop 还可穿透对方的防火墙,对违反权限操作的用户进行监测和管理,或禁止未经确认的 MAC 地址接入网络。

2. 网络执法官的基本功能

"网络执法官"是一款局域网管理软件,只需在局域网内的一台普通机器上运行,即可穿透各用户防火墙,监控整个网络的连接情况,其主要功能如下。

1) 实时记录上线用户并存档备查

网络中任一台主机,开机即会被本软件实时检测并记录其网卡号、所用的 IP 地址、上线时间、下线时间等信息,该信息自动永久保存,可供查询,可依各种条件进行综合查询,并支持模糊查询。利用此功能,管理员随时可以掌握当前或以前任一时刻任一台主机是否开机、开机多长时间,使用的是哪一个 IP、主机名等重要信息;或任一台主机的开机历史。

2) 自动侦测未登记主机接入并报警

管理员登记完或软件自动检测到所有合法的主机后,可在软件中做出设定,拒绝所有未登记的主机接入网络。一旦有未登记主机接入,软件会自动将其 MAC、IP、主机名、上下线时段等信息做永久记录,并可采用声音、向指定主机发消息等多种方式报警,还可以根据管理员的设定,自动对该主机采取 IP 冲突、与关键主机隔离、与网络中所有其他主机隔离等控制措施。

3) 限定各主机的 IP,防止 IP 盗用

管理员可对每台主机指定一个 IP 或一个 IP 段,当该主机采用超出范围的 IP 时,软件会判定其为"非法用户",自动采用管理员事先指定的方式对其进行控制,并将其 MAC、IP、

主机名做永久记录备查。管理员可事先指定对非法用户实行 IP 冲突、与关键主机隔离、与其他所有主机隔离等管理方式。

4) 限定各主机的连接时段

管理员可指定每台主机在每天中允许与网络连接的时段或不允许与网络连接的时段(可指定两个时段,如允许每天 8:30~12:00 和 13:30~17:00 与网络连接),并可指定每一用户是否被允许在每个周六、周日与网络连接。对违反规定的用户,软件判其为非法用户,自动记录并采用管理员事先指定的方式进行管理。管理方式同样可为 IP 冲突、与关键主机隔离、与其他所有主机隔离等。

总之,本软件的主要功能是依据管理员为各主机限定的权限,实时监控整个局域网,并自动对非法用户进行管理,可将非法用户与网络中某些主机或整个网络隔离,而且无论局域网中的主机运行何种防火墙,都不能逃避监控,也不会引发防火墙警告,提高了网络安全性。管理员只需依据实际情况,设置各主机的权限及违反权限后的管理方式,即可实现某些具体的功能,如禁止某些主机在指定的时段访问外网或彻底禁止某些主机访问外网;保护网络中关键主机,只允许指定的主机访问等。

在本节中,介绍的是网路岗 NetRobocop v2.83 的使用技术。

15.1.2　NetRobocop 的安装

软件文件名:robocopsetup. exe。版本:v2.83。

安装过程:运行 robocopsetup. exe 文件,即开始安装,如图 15-1 所示。

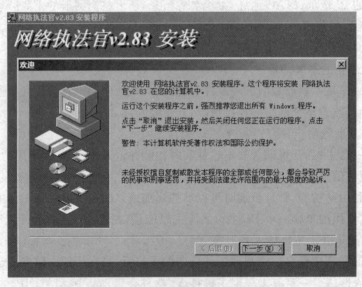

图 15-1　开始安装

单击"下一步"按钮,进入安装目录选择屏幕,此时,可选择一个软件安装目录,也可使用系统默认值,并单击"下一步"按钮,开始进行系统安装,安装完毕后,得到如图 15-2 所示的屏幕。

单击"关闭"按钮,系统安装完毕。

如果系统中还未安装 WinPcap 驱动程序,则会自动弹出 WinPcap 驱动程序选择安装对

图 15-2 安装完成

话框,如图 15-3 所示。

单击"安装"按钮,即进行安装 WinPcap 驱动程序。安装完毕后,弹出如图 15-4 所示的屏幕。

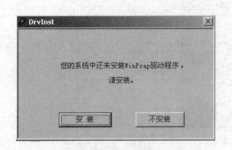

图 15-3 WinPcap 驱动程序选择安装对话框

图 15-4 NetRobocop 文件清单

至此,网络执法官全部安装完毕。

15.1.3 NetRobocop 的配置

1. NetRobocop 的启动与初始设置

1) NetRobocop 的启动

选择执行"开始"→"程序"→"网络执法官 v2.83"→NetRobocop,即启动网络执法官 NetRobocop 系统,如图 15-5 所示。

2) 初始设置

如果是在软件安装完毕后第一次启动网络执法官,则会自动弹出"监控参数选择"对话框,如图 15-6 所示。

系统会自动将本机所在网段的 IP 地址范围列入监控范围,并将本机的网卡型号、IP 地址都一一列出。选中一块网卡(即在选中的网卡说明前面的小框中打上一个"√"),单击"确定"按钮,得到如图 15-7 所示的屏幕。

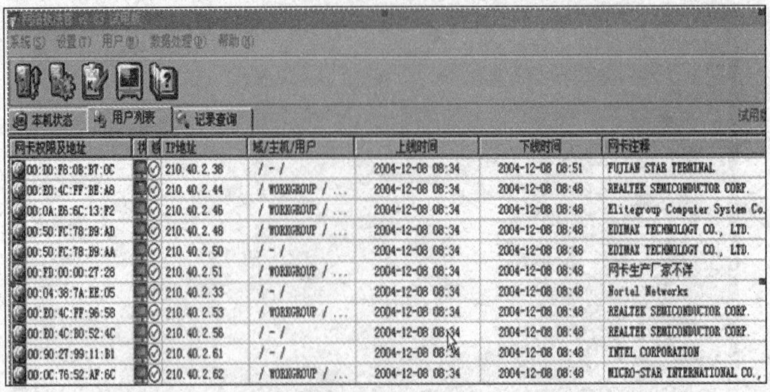

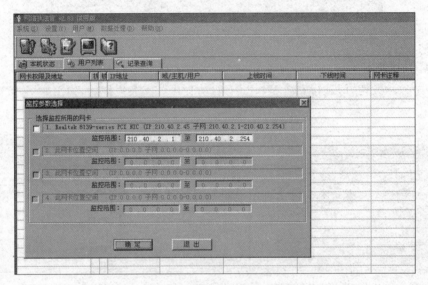

图 15-5　网络执法官 v2.83 主屏幕

图 15-6　监控参数选择屏幕

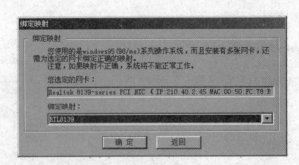

图 15-7　"网卡"绑定映射

在图 15-7 中,选择一个绑定,单击"确定"按钮,系统初始配置完毕。

以后每次启动时,不再出现初始配置屏幕。直接进入如图 15-5 所示的主屏幕。

3) 网络执法官的注册方法

安装好网络执法官后第一次运行网络执法官时,由于软件尚未注册,所有在局域网中运行的计算机都会接收到一条信息,提示某个 IP 地址运行了该软件,如果不想暴露自己,可以使用防火墙断开网络。进到网络执法官的主界面中,在"帮助"→"注册"里面单击"注册",会提示"注册完成"(如图 15-8 所示),然后再在菜单的第二项"设置"里面的"安全"功能,在"原口令"项中输入旧口令(初始口令为任意非空字符串),在"新口令"中输入新口令(假设为123456),再确认口令(如图 15-9 所示),提示口令更改成功,然后关闭网络执法官,现在可以用 123456 这个口令进入软件了,注册完毕。

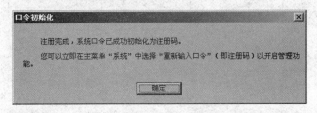

图 15-8　确认口令

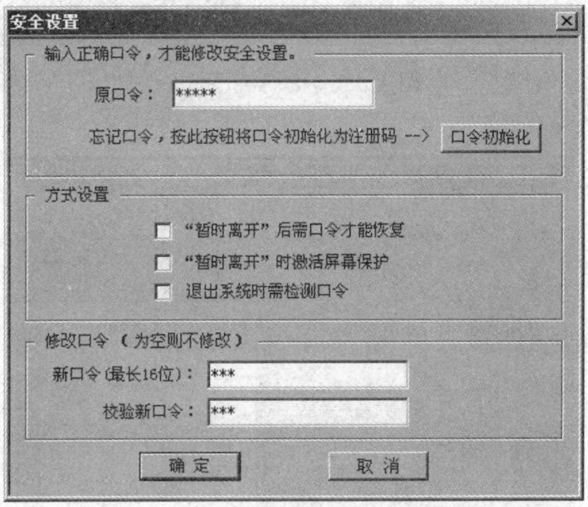

图 15-9　口令更新

2. 添加新用户

在主屏幕(图 15-5)中,选择执行"用户"→"登记新用户"命令,进入"添加新用户"设置屏幕,如图 15-10 所示。

在"新用户"的"网卡地址"栏中输入新用户的 MAC 地址,并进行"权限"设置和"管理方式"的设置,根据需要,还可进行"IP 地址保护"及"关键主机"设置。单击"确定"按钮,新用户添加设置完毕。

3. 关键主机设置

所谓关键主机,就是局域网中安装有 NetRobocop 的主机,通常情况下它就是管理员自己使用的工作站。

在主程序界面中,选择执行"设置"→"关键主机"命令,也可在图 15-10 中,单击"关键主机"按钮,进入关键主机设置屏幕,如图 15-11 所示。

在图 15-11 中的"指定 IP"栏中输入一个关键主机的 IP 地址(比如 210.40.0.33)并单击"添加"按钮,关键主机即已指定,单击"确定"按钮,关键主机设置完毕。

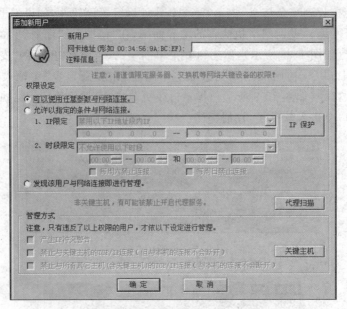

图 15-10　添加新用户

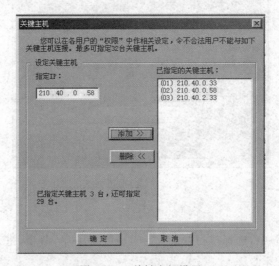

图 15-11　关键主机设置

NetRobocop v2.83 最多允许设置 32 台关键主机。

4. IP 地址保护

设置 IP 地址保护的目的是,除了关键主机外,所有被指定权限的用户,均不得使用已设置的 IP 保护地址。

在主程序界面中,选择执行"设置"→"IP 保护"命令,也可在图 15-10 中,单击"IP 保护"按钮,进入 IP 地址保护设置屏幕。如图 15-12 所示。

在图 15-12 中的"输入 IP 段"栏中输入一个受保护的 IP 地址段(比如 210.40.2.200～210.40.2.254)并单击"添加"按钮,IP 地址保护范围已指定,单击"确定"按钮,IP 地址保护设置完毕。

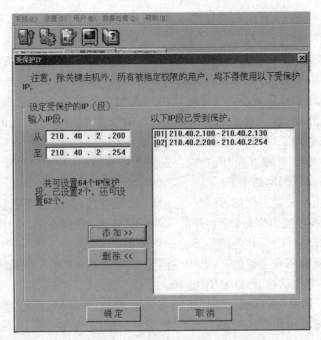

图 15-12　IP 地址保护设置

NetRobocop v2.83 最多允许设置 64 个受保护的 IP 地址段。

5. 默认权限设置

在默认状态下，NetRobocop 会自动对整个局域网进行扫描，同时把扫描到的所有工作站网卡都当作新的合法用户，并且会自动为这些合法用户授予默认权限，而默认权限的默认数值就是"可以使用任意参数和网络进行连接"，如果这个默认权限不符合管理要求时，可以对此进行重定义。在重定义默认权限时，可以选中"允许以指定的条件与网络连接"选项，然后再根据实际要求，设置好特定的权限就可以了。

操作步骤：在主屏幕下，选择执行"设置"→"默认权限"命令，进入默认权限设置屏幕，其操作屏幕及操作方法与图 15-10 的"添加新用户"基本一致。

6. 临时权限设置

临时权限设置主要用于临时解除对某些主机的某些限制。在主屏幕下，选择执行"设置"→"临时权限"命令，进入"临时权限"设置屏幕，如图 15-13 所示。

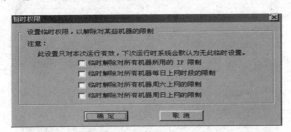

图 15-13　临时权限设置

7. 设置一个用户的权限

如果要对局域网中的某个工作站进行权限设置，可以在主程序界面的用户列表中，用鼠标右键单击某个工作站,从弹出的快捷菜单中执行"设置权限"命令,在其后打开的设置界面中,就能自定义工作站的访问权限了。例如,要想限制工作在指定的时间内,只能用指定的IP地址接入到局域网,就可以选择权限设置窗口中的"允许以指定的条件与网络连接"选项,然后设置好具体的访问时段以及具体的限定地址就可以了。

要是将某个工作站权限设置为"发现该用户与网络连接即进行管理",NetRobocop 程序一旦扫描到该工作站,就会将它当作非法用户,对于非法用户,NetRobocop 允许你使用下面的几种方式来管理工作站。

第一种是"IP 冲突"管理方式,该方式会强制工作站显示 IP 冲突提示,从而造成该工作站无法正确连接到局域网网络中。

第二种是"禁止与关键主机的 TCP/IP 连接"管理方式,该方式会强制工作站不能和安装有 NetRobocop 程序的工作站,建立新的 TCP/IP 连接;当然在用 NetRobocop 扫描工作站之前,已经创建好的 TCP/IP 连接是不会受影响的。

第三种是"断开和所有主机的 TCP/IP 连接"管理方式,该方式会强制工作站禁止与局域网中的其他任何工作站建立 TCP/IP 连接。

操作步骤:在"用户"→"设定权限"下选择一台主机的 MAC 地址,即进入该用户的权限设置,其操作屏幕及操作方法与图 15-10 的"添加新用户"基本一致。

8. 快速批量绑定 IP 地址

在管理局域网的过程中,常常会出现 IP 地址发生冲突的现象。为了避免这种现象,不少人都采用了 IP 地址与网卡 MAC 地址相互绑定的办法,来限制用户随意修改 IP 地址。不过如果对局域网中每台工作站地址进行逐一绑定的话,工作量显然是很大的,而且容易出错。为此,NetRobocop 程序提供了批量绑定的功能,可以让用户快速完成多台工作站的 IP 地址绑定任务。在需要对多台工作站 IP 地址进行绑定时,可以先打开主程序界面的"用户列表"屏幕。按住 Ctrl 键,用鼠标左键选择要绑定的 IP 地址及 MAC 地址行(可选择多个),然后放开 Ctrl 键,鼠标移到选中的行,单击右键,在弹出菜单中选择执行"MAC_IP 绑定"命令,进入批量 IP 地址绑定屏幕,如图 15-14 所示。

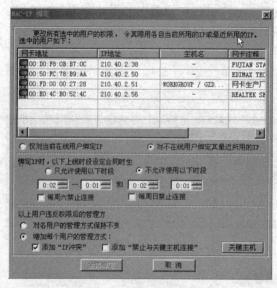

图 15-14　批量 MAC_IP 地址绑定

在图 15-14 中，单击"全部绑定"按钮，批量 IP 地址绑定完毕。

9. 安全设置

安全设置的作用是在发现有非法用户使用网络时的处理方式的设置。

在主屏幕下，选择执行"设置"→"安全"命令，进入安全设置屏幕，如图 15-15 所示。

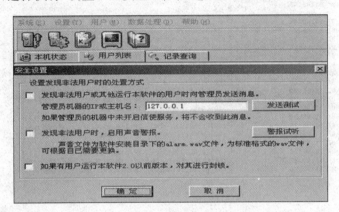

图 15-15　安全设置

在图 15-15 中，选择处理方式后，单击"确定"按钮，安全设置完毕。

10. 口令设置

在主屏幕下，选择执行"设置"→"口令"命令，进入口令设置屏幕，如图 15-16 所示。

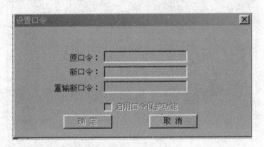

图 15-16　口令设置

在图 15-16 中，先输入原口令（最初的原口令为空），再输入新口令（新口令必须输入两次），单击"确定"按钮，口令设置完毕。

15.1.4　NetRobocop 的使用技术

1. 查看系统日志

在主屏幕下，选择执行"系统"→"查看系统日志"命令。进入系统日志查看屏幕，如图 15-17 所示。

2. 查看用户属性

在主屏幕下，选择执行"用户"→"查看属性"命令。系统将所有用户列出，选择一个用户，即进入用户属性查看屏幕，如图 15-18 所示。

3. 查看本机状态

在主屏幕下，单击"本机状态"按钮，进入本机状态查看屏幕，如图 15-19～图 15-21 所示。

NR_log - 记事本
文件(F) 编辑(E) 搜索(S) 帮助(H)

2004-12-07 11:42:10 网络管理软件"网络执法官"日志文件(http://www.netrobocop.com)
建立。

2004-12-07 11:42:10 系统启动
2004-12-07 11:42:43 系统正常关闭

2004-12-07 11:43:04 系统启动
2004-12-07 11:45:20 发现未登记网卡:00:04:38:7A:EE:05, IP:210.40.2.33, 已赋予默认权限。
2004-12-07 11:45:20 发现未登记网卡:00:0E:A6:B4:32:84, IP:210.40.2.35, 已赋予默认权限。
2004-12-07 11:45:20 发现未登记网卡:00:D0:F8:0B:B7:0C, IP:210.40.2.38, 已赋予默认权限。
2004-12-07 11:45:20 发现未登记网卡:00:FD:00:00:27:28, IP:210.40.2.42, 已赋予默认权限。
2004-12-07 11:45:20 发现未登记网卡:00:50:FC:78:B9:A9, IP:210.40.2.43, 已赋予默认权限。
2004-12-07 11:45:20 发现未登记网卡:00:E0:4C:FF:BE:A8, IP:210.40.2.44, 已赋予默认权限。
2004-12-07 11:45:20 发现未登记网卡:00:0A:E6:6C:13:F2, IP:210.40.2.46, 已赋予默认权限。
2004-12-07 11:45:20 发现未登记网卡:00:50:FC:78:B9:AA, IP:210.40.2.50, 已赋予默认权限。
2004-12-07 11:45:20 发现未登记网卡:00:50:FC:78:AB:F2, IP:210.40.2.52, 已赋予默认权限。
2004-12-07 11:45:20 发现未登记网卡:00:E0:4C:FF:7F:44, IP:210.40.2.55, 已赋予默认权限。
2004-12-07 11:45:20 发现未登记网卡:00:90:27:99:11:B1, IP:210.40.2.61, 已赋予默认权限。
2004-12-07 11:45:20 发现未登记网卡:00:E0:4C:B0:52:4C, IP:210.40.2.56, 已赋予默认权限。
2004-12-07 11:45:20 发现未登记网卡:00:E0:4C:FF:C0:47, IP:210.40.2.57, 已赋予默认权限。
2004-12-07 11:45:20 发现未登记网卡:00:E0:4C:FF:96:58, IP:210.40.2.58, 已赋予默认权限。
2004-12-07 11:45:20 发现未登记网卡:00:E0:4C:39:1C:25, IP:210.40.2.54, 已赋予默认权限。
2004-12-07 11:45:20 发现未登记网卡:FF:FF:FF:FF:FF:FF, IP:210.40.2.63, 已赋予默认权限。
2004-12-07 11:45:20 发现未登记网卡:00:0C:76:52:AF:6C, IP:210.40.2.62, 已赋予默认权限。

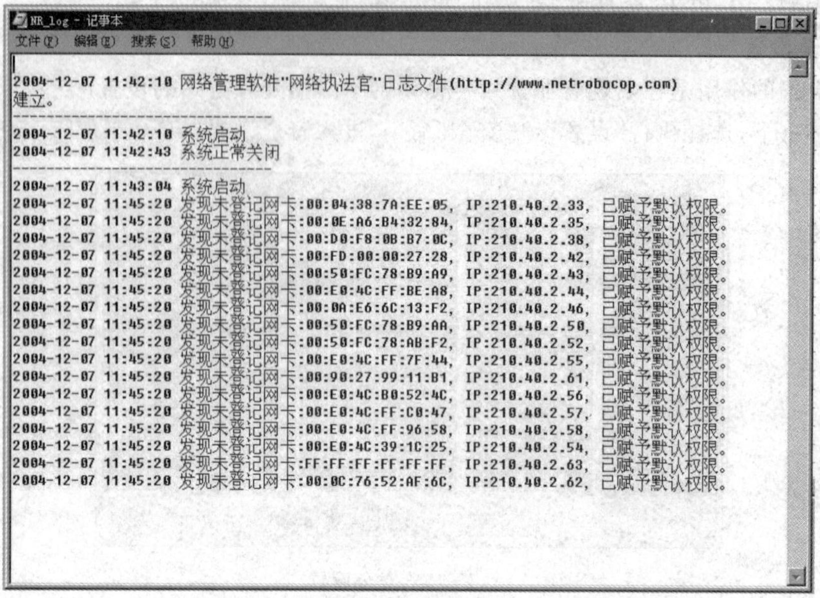

图 15-17 日志查看

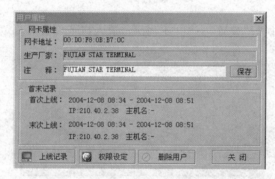

图 15-18 用户属性

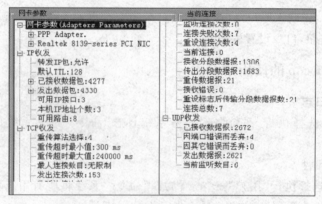

图 15-19 本机状态-网卡参数情况

```
当前连接
├─ TCP 当前连接数:7
│  ├─ 正在监听 对端 0.0.0.0:40752    本地 0.0.0.0:4356
│  ├─ 正在监听 对端 0.0.0.0:32864    本地 0.0.0.0:35072
│  ├─ 正在监听 对端 0.0.0.0:32192    本地 0.0.0.0:35328
│  ├─ 正在监听 对端 0.0.0.0:35184    本地 0.0.0.0:35584
│  ├─ 正在监听 对端 0.0.0.0:20544    本地 0.0.0.0:4868
│  ├─ 正在监听 对端 0.0.0.0:54016    本地 0.0.0.0:6404
│  └─ 正在监听 对端 0.0.0.0:28880    本地 0.0.0.0:6660
└─ UDP 监听:6
   ├─ 本地 0.0.0.0:4356
   ├─ 本地 210.40.2.45:35072
   ├─ 本地 210.40.2.45:35328
   ├─ 本地 127.0.0.1:4868
   ├─ 本地 127.0.0.1:6404
   └─ 本地 127.0.0.1:6660
```

图 15-20　本机状态-当前连接情况

图 15-21　本机状态-资源占用情况

4. 用户列表

在主屏幕下,单击"用户列表"按钮,进入用户列表查看屏幕。

5. 如何检测他人利用网络执法官攻击自己

可以使用专用于检测局域网中非法运行网络执法官的"网络执法官专用检测版",运行"网络执法官专用检测版"的程序界面和网络执法官一样,它会在局域网中运行"网络执法官"的计算机上面用一个蓝色图标标出。由此就可以找到非法运行"网络执法官"的人了。

15.2　网络监管软件:网路岗

网路岗(Sentry)是一款功能强大的网络监控软件产品。它只需要安装在一台计算机上,便可监控整个局域网的网络活动信息。功能包括:对指定端口进行封堵,选定计算机使其只能上指定的站点;现场观察员工上网情况;有效控制员工网上活动,指定员工的上网、收发邮件的时间段;任意选择监控内容(因特网、收发邮件、FTP、Telnet、聊天等);设置监控对象;任意封堵网络程序(如网络游戏);设置操作口令,可防止授权和被盗用;非常灵活的查询途径,可打印查询内容;多种统计方式,可打印统计结果。监控网络流量和网络带宽;一机监控,多机观察;企业管理者可利用该软件全面掌握公司员工的网上活动。

这里主要以网路岗的第 4 代产品(金版系列)为蓝本,全面介绍网路岗的基本功能及其使用技术。

15.2.1　"网路岗"概述

1. 网路岗的功能

(1) 邮件监视/控制;

（2）聊天监视/控制；

（3）上网监视/控制；

（4）其他协议的监控；

（5）监控屏幕；

（6）监控上网流量；

（7）自定义监控项目；

（8）软件本身的功能。

2. 网路岗的发展

网路岗产品自 2001 年 8 月问世，至今已经历了 4 个阶段，其版本也从 1.0 升级到了 4.0。

网路岗一代于 2001 年 8 月 15 日宣告完成，并于同日将产品推向市场。其主要功能是：监控常见网络活动、电子邮件监控及简单网络监控功能。

网路岗二代于 2001 年 12 月 8 日完成，并获得软件登记证书。主要增强了集成化并完善了产品的监控功能。

网路岗三代于 2002 年 10 月 15 日完成，全面增强了上网控制功能，提供了更实用的操作界面，具备复杂网络结构的监控解决方案。

网路岗四代于 2004 年 2 月 17 日问世，在网路岗三代的基础上，新增了透明的邮件监控功能、全面的协议分析、详细的堵截日志、漂亮的报表功能、基于用户监控模式、完善的跨 VLAN 支持、支持大型数据库、支持二次开发功能，同时还有报警、远程控制等新功能。

3. 网路岗的应用

我们知道，防火墙能对网络安全起到很好的保护作用，局域网络通常利用防火墙作为 Internet 与 Extranet 连接的保护屏障，它能对外来的攻击起到良好的屏障作用，但对于网络内部的攻击，防火墙则是心有余而力不足。也就是说，防火墙是不能防止来自局域网络内部的攻击的。而网路岗则能对来自局域网内部的威胁和攻击有很好的防御措施。防火墙与局域网的连接拓扑如图 15-22 所示。

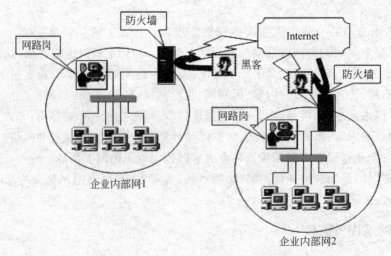

图 15-22　防火墙与网路岗的连接拓扑图

企业内部网(简称"企业网"或 Intranet)与互联网 Internet 之间的关系,一方面互联的是全球网,包含无数个大大小小的企业网,换句话说,企业网本身就是互联网的组成部分,另一方面,各个企业网又是独立的、有着自己特点的专用网络,当需要保护企业网上特有的信息资源(如数据库等),不能被企业之外的互联网用户访问或破坏时,就需要设置"防火墙",将内、外两个网络隔开,以保证企业内部网安全,形象一点儿说就是,"防火墙"就是防"外贼"的。

由于"防火墙"不是针对企业内部网的用户进行管理的。"防火墙"可以防止存储在企业服务器上的静态信息和数据库不被企业之外的人获取,但是,若有人从企业内部将信息发送出去,则是"防火墙"所不能管辖的,这时就需要企业内部网的管家"网路岗"来执行任务了,或者形象一点儿说,"网路岗"是用来防"家贼"的。

15.2.2　"网路岗"的下载与安装

1. 环境要求

(1) 操作系统:Windows 的各个版本。

(2) 硬盘空间:剩余空间 10GB 以上,如果监控 100 台机器的邮件,建议采用 50GB 以上的硬盘剩余空间。

注意事项:

(1) 不能在无网卡的机器上安装网路岗金版产品。

(2) 为了充分发挥网路岗的作用,计算机上必须配置两块网卡,其中一块是常规的"捕捉信息包网卡",用以作为机器与网络的接口设备;另一块作为"信息过滤网卡",作为网路岗信息过滤专用。信息过滤网卡在"网卡绑定"的"高级"中设置。

特别说明:监控机器越多,网络流量越大,需要的配置越高,根据经验,在 P4 以上配置的 PC 上运行网路岗,监控的在线机器可达 1000 台以上。

2. 软件下载

软件名称:Sentry4Demo.zip

下载地址:http://www.90down.com/softdown/49722.htm

软件下载完毕后,首先要对软件进行解包。

3. 软件安装

进入解包后的 Sentry4Demo 文件夹,运行 Sentry4Demo.exe,即开始安装。首先进入产品许可证认可屏幕,认真阅读产品许可证协议,选择"我接受该许可证协议中的条款",并单击"下一步"按钮,得到文件保存位置选择屏幕。此时,可选择一个软件安装的文件夹,也可选择默认文件夹,单击"下一步"按钮,之后按照屏幕提示信息进行操作,安装加密狗驱动程序、创建菜单、安装监控服务程序。最后得到如图 15-23 所示的文件清单屏幕。

至此,软件安装完毕。

软件安装完毕后,如果用户在本机上没有安装过早期的"网路岗"产品,则还需要安装网路岗驱动程序 SentryDrv.exe。

根据屏幕提示,依次操作即可。

4. 软件的启动

单击"开始"→"程序"→"网路岗.金版"→"网路岗.金版",即启动网路岗软件,得到如图 15-24 所示的主屏幕。

图 15-23　网路岗文件清单

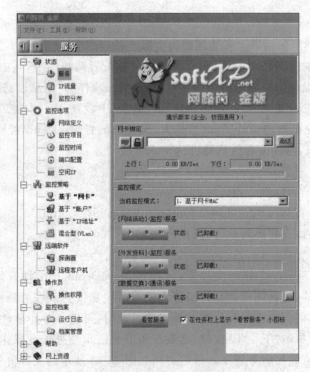

图 15-24　网路岗主屏幕

15.2.3　"网路岗"的配置

1. 绑定网卡

　　如果安装本产品的计算机有多块网卡,则用户须小心选择网卡,一旦选错网卡,"网路岗"不但监视不了任何信息,同时也不能对目标机器进行任何控制。

选择网卡时,用户应选择内网段的网卡,而不能选择接入 Internet 的网卡。出现多块内网网卡时,可能需要用户逐块选择并测试监控效果。

默认情况下,系统获取通信数据包的网卡和发送封堵包的网卡是同一块,但用户可以通过设置信息过滤网卡,通过另外一块网卡来发送封堵包以控制目标机器。

有一种情况,用户必须启用信息过滤专用网卡。当用户设置"镜像端口"来实现对数据包监视后,发现尽管接入"镜像端口"的机器 IP 配置正确,但仍不能和局域网其他机器进行通信,也就是说,所设置的"镜像端口"只能接受通信包,而不能发送数据包,"镜像端口"是单向的。针对这类情况,建议用户再添加一块网卡,作为"网路岗"的信息过滤专用网卡。

网卡绑定如图 15-25 所示。

2. 选择监控模式

网路岗.金版系列同时提供多种监控模式:基于网卡,基于账户,基于 IP,混合模式。用户具体选择哪一种模式,直接影响到监控的效果。监控模式的选择如图 15-26 所示。

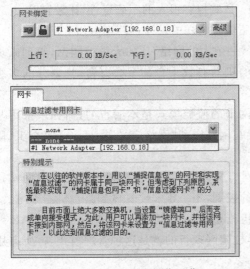

图 15-25　网卡绑定操作屏幕

图 15-26　选择监控模式

1) 基于网卡 MAC 监控模式

基于网卡监控就是以网卡 MAC 为依据,根据网卡 MAC 地址确定被监控的信息内容的身份。由于每台机器的网卡 MAC 相对固定,用户不易修改,因此建议用户将该监控模式列为首选。

在这种监控模式下,用户更换新的网卡后,网路岗会重新检测到新的 MAC,因此,新网卡将被当作新加入的机器来处理,在此提醒用户注意。

2) 基于账户监控模式

在此监控模式下,目标机器首次上网时(如访问外部网站),在 IE 界面中将会出现要求身份验证的界面,当验证通过后,在屏幕上方自动弹出计时窗口,表明目标机器的在线情况,这时候,目标机器才可以正常上网、收发邮件等。

如果不考虑监控所带来的工作量,基于账户监控是较为合理的模式,理论上讲,基于网卡、基于 IP 的监控模式并不能完全杜绝目标机器的欺骗上网行为。

在基于账户的监控模式下,目标机器上网需要通过身份验证,与目标机器的 IP 地址和

MAC 地址无关,所有的上网日志和账户直接相关,通过账户来查找上网记录情况,这样可有效地避免被监控者篡改 MAC 和 IP 地址的情况。

然而,该监控模式的缺点也十分明显。首先,管理者需要手动管理账户名和密码,需要经常维护密码丢失的用户;其次,目标机器每次开机在首次上网时都需要输入用户名和密码,会给用户增加麻烦。

建议:如果计算机数量不是太多,且监控的要求也比较高的情况下,可以考虑采用基于账户的监控模式。

3) 基于 IP 监控模式

基于 IP 监控就是以 IP 地址为依据,并以此 IP 来确定所监控的信息的身份。

但是,如果用户局域网的 IP 地址是动态分配的,基于 IP 地址的监控模式就不可取。众所周知,即使在静态分配 IP 地址的环境下,其 IP 也可由用户随意轻松地更改。假如目标机器 A 在目标机器 B 关机的情况下,私下将 IP 地址更换成目标机器 B 的 IP,那么机器 A 上网日志就会落入机器 B 的名下。由此可见,基于 IP 监控有很大的不确定性,比较冒险。

基于 IP 监控的缺点既然这么明显,那为何还要做这样的设计? 其理由如下。

(1) 容易解决复杂的网络结构带来的问题。一个大的网络,比如大学校园网,管理人员通常希望装一套网路岗来解决问题,尽管该网的机器有数千台甚至数万台,且划分的多级 VLAN(IP 段)多达数十上百个。

显然,在每个 VLAN 安装探测器采用基于网卡的监控模式是不明智的,而如果采用基于 IP 的监控模式,问题就变得非常简单,只需要在网路岗的"网络定义"栏目定义每个 IP 段就可以了。

(2) 用户可能只关心某一范围内机器的上网情况,比如,用户只想知道某一游戏网站是哪一个 IP 段机器上的,只想对这些机器做统一的控制,不一定非要具体到某台机器不可。

(3) 如果局域网中的服务器为每一台计算机指定了一个 IP 地址并进行了 IP-MAC 地址绑定,则基于 IP 监控模式是有效的,贵州大学校园网现行的就是这种管理模式,将所有用户的 IP 地址与 MAC 地址绑定。

目前,网路岗的客户如果存在多网段的情况,大多是采用这种监控模式。

4) 混合模式

在网络结构比较庞大的环境中,用户通过了解不同监控模式下客观存在的优缺点后,可能希望对不同的 IP 段实施不同模式的监控,以达到更满意的监控效果,混合模式因此而诞生。

用户设置混合监控模式,并分配了各 IP 范围的监控模式后,系统将自动对网络信息进行分析归类,再将信息转交给不同的监控模式的模块进行处理。尽管系统后台处理过程异常复杂,但留给用户的操作却依然非常简单。

在此,建议用户在定义 IP 范围的时候,最好以网段为单位,或以 VLAN 划分的 IP 段作为参考。如果用户定义的两个 IP 范围在同一个网段中,则用户可能会自己修改 IP,以使其从一个 IP 范围跳转到另一个 IP 范围。

3. 定义内部网网段

单击"监控选项"中的"网络定义"菜单,即可进行内部网网段定义、因特网出口 IP 定义以及代理 IP 或内网资源设置。

只有出现多网段的情况,才需要定义内部网网段;在单网段环境,系统会自动识别该网段的 IP 掩码值,以减少用户工作量。

定义网段时,一般要求用户定义每个需要监控的 IP 段,但是,用户也可采用简化的定义方式,比如:输入掩码时,直接用 255.255.0.0 代替 255.255.255.0,这样可能只需要输入一次,这是一种不精确的定义方式,方案是可行的,但不提倡。

内部网网段的定义如图 15-27 所示。

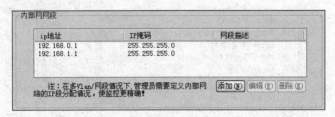

图 15-27 定义内部网网段

4. 定义因特网出口 IP 地址

因特网出口 IP 地址定义操作屏幕如图 15-28 所示。

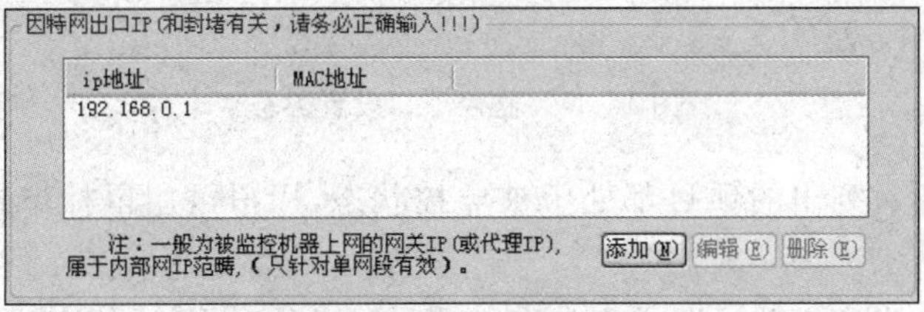

图 15-28 定义因特网出口 IP 地址

上述设置,目前只针对单网段有效果。设置 Internet 出口的目的是为了让系统启用隔断堵截方式。通常针对 UDP 通信,系统会启用隔断封堵方式,该方式用到 Internet 出口 IP 地址;封锁后,被堵目标不能再上网,包括访问网页、收发邮件、聊天等,如果目标机是 Windows 98/ME 系统,可能需要重新启动才可以恢复,如果是 Windows 2000/XP 及以上版本的系统,则过几分钟自动恢复。但是,如果用户添加 IP 时,能正确输入出口 IP 所对应的 MAC 地址,系统会在很短的时间内自动恢复被封机器的上网通道。

5. 设置代理 IP 或内网资源

如果用户采用非透明代理服务器软件实现多机共享上网,那么必须在该处输入代理服务器的 IP 地址(内网 IP 范畴)。另外,如果网内有邮件服务器等内网资源,也需要在上面输入其 IP,才能监控到内网机器访问内网资源的情况。

代理 IP 或内网资源设置如图 15-29 所示。

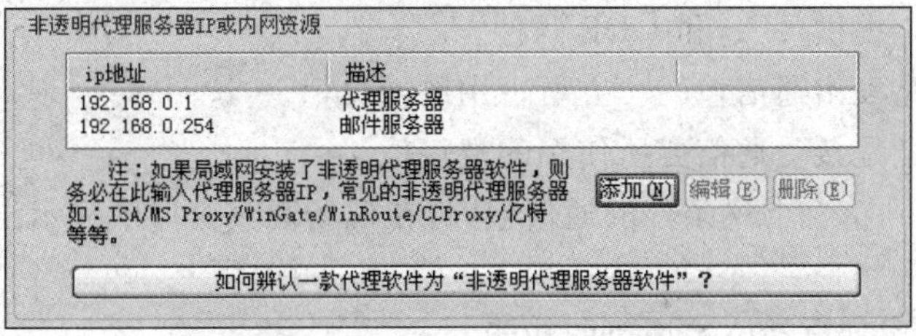

图 15-29 设置代理 IP 或内网资源

6. 监控项目设置

单击"监控选项"下的"监控项目"菜单，得到监控项目设置屏幕，如图 15-30 所示。

图 15-30　监控项目设置屏幕

默认情况下，所有列出的项目都处于被监控状态，用户可用鼠标单击项目以"取消/选中"该项目。

系统还提供了"自定义项目"，用户自定义项目时必须对 IP 通信有比较深入的了解。在图 15-30 中单击"自定义项目"按钮，即得到如图 15-31 所示自定义项目屏幕。

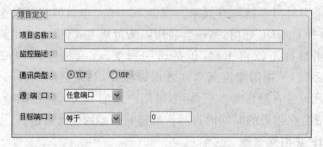

图 15-31　自定义项目屏幕

各项目的含义如下。

(1) 项目名称：用以标识所定义的项目。

(2) 监控描述：将在现场观察窗口中显示和并保存于对应的日志文件中。

(3) 通信类型：提供 TCP 和 UDP 两种。

(4) 源端口：是发出通信包的一方所占用的端口值。

(5) 目标端口：是接受通信方所使用的端口值。

如果系统检测到符合上述条件的通信包，将在现场观察窗口中显示出来，并记录到日志文件中。

什么情况下要用到自动监控项目的功能？

如果用户了解某个病毒/游戏/聊天软件的通信包规律,通过自定义项目,可以让网路岗来提醒用户哪台机器干什么敏感的事情。

7. 端口配置

单击"监控选项"下的"端口配置",进入"端口配置"屏幕,如图 15-32 所示。

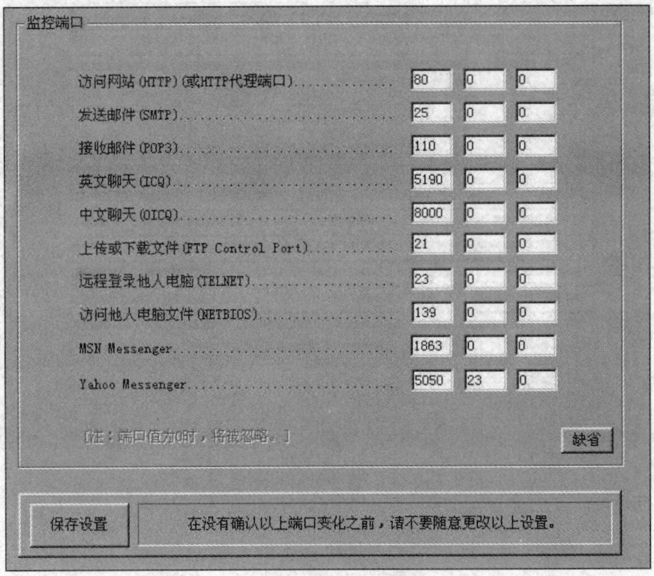

图 15-32　端口配置

监控项目和端口是息息相关的,系统是通过对特定端口数据的分析来实现对特定项目的监控的。每一个项目可同时配置三个端口,比如网络有一天也许同时有 80、8080、3128 等访问网站的端口的现象出现,这样就需要配置多个端口。

如果用户采用非透明代理服务器软件实现共享上网,且代理端口并非 80,那么就需要在 HTTP 的端口 80 后面再增加一个端口值。

8. 监控时间设置

单击"监控选项"下的"监控时间"菜单,进入"监控时间"设置屏幕,如图 15-33 所示。

此时,显示的监控时间是全局的,在非监控时间段,监控服务会完全不做任何控制,尽管服务还处于运行状态。

9. 空闲 IP 设置

单击"监控选项"下的"空闲 IP",进入"空闲 IP"设置屏幕,如图 15-34 所示。

通常,网络管理员在给网内机器分配完 IP 后发现,有些 IP 范围段是空闲的,短期内用不上;同时网管也不想让这些 IP 被使用,那么,利用空闲 IP 防止计算机 IP 被私下更改就非常有效。

10. 基于"网卡"的监控策略

单击"监控策略"下的"基于网卡"菜单项,即可对基于网卡的监控策略进行设置,策略配置好后,即可对网络进行有效的监控。

1)上网

上网功能主要是对一周内上网时间的限制进行合理的设置,如图 15-35 所示。

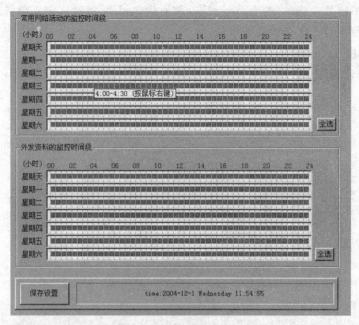

图 15-33　监控时间设置屏幕

图 15-34　空闲 IP 设置

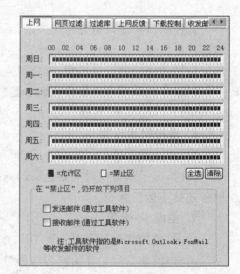

图 15-35　上网时间设置

　　说明：如果用户只是简单地控制目标机器的上网行为，在这里设置是最好的。图 15-35 中蓝色显示块表示允许，白色表示禁止。用鼠标控制选择蓝色/白色。

　　只有在白色时间段（禁止区域），"发送邮件"/"接收邮件"的选项才起作用。在蓝色时间段是不是就一定可以上网还难说，主要看后面的项目中是否设置了封锁，在如此多的上网规则中，只要有一处封堵，就能起到封堵的作用。

如果用 Outlook 收发 Hotmail 邮件，图 15-35 中的选项将不起作用，因为 Hotmail 邮件并非通过收发邮件的端口(110/25)发生通信，而是通过 http 方式。

2) 网页过滤

网页过滤主要是针对地址 URL 的过滤，对内容不予考虑；定义关键词的时候，建议输入最具代表性的词。

网页过滤设置如图 15-36 所示。

针对天网、搜狐、google.com、baidu.com 和 3721 等中文搜索网站，网路岗还支持对中文关键词的封堵。

实例：

(1) 如果要禁止访问 www.sina.com.cn 网站，则输入 sina.com.cn 比较合适，如输入 sina.com，则 www.sina.com 和 www.sina.com.cn 都不能访问了。

(2) 在禁止网站列表中输入"法轮功"，以防被控机器在搜索网站上以该关键词来搜索。

(3) 在"只允许访问列表"中输入".sohu"，可让用户只能访问 www.sohu.com 网站。

3) 列表过滤库

列表过滤库的设置如图 15-37 所示。

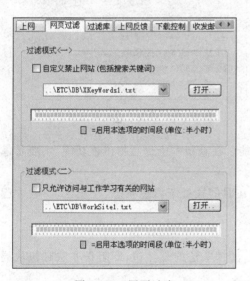

图 15-36　网页过滤

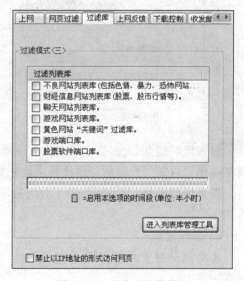

图 15-37　列表过滤库设置

为方便用户控制，网路岗专门收集了几类网站列表和端口库，可供选择。针对列表库，用户可进入"列表库管理工具"进行添加或删除操作。

在"列表库管理工具"中，用户可以从网上更新相关的列表库。

4) 上网反馈

对于被封锁上网的机器，可以采用三种方式：给对方发送连接出错信息、反馈一段文字信息或转移到其他页面，如图 15-38 所示。

说明：如果用户通过封堵端口的方式来禁止上网，则上述功能无效；而通过关键词来封锁网站才有效。

在以前的软件版本中,当封锁一台机器访问某个网站时,会显示连接出错信息,正如图 15-38 中的默认设置一样,根据用户需求,此处特意增加此功能,以让被封锁的机器显示更明确的信息。

另外,如果目标机器访问了某个敏感网站,通过设置也可以让其跳转到某一个指定的页面(比如企业网或校园网)。

5) 收发邮件

使用"收发邮件"功能设置一周内什么时间可以收发邮件,什么时候禁止收发邮件,其设置屏幕如图 15-39 所示。

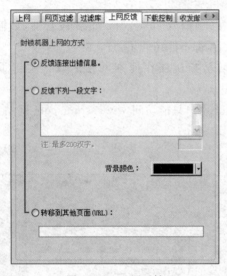

图 15-38　上网反馈

图 15-39　收发邮件时间设置

根据反馈信息,大多数客户并没有使用此功能。在新版本中仍然提供该功能,主要考虑到某些用户对邮件封锁的时间性要求比较高。

需要说明的是:图 15-39 中下方的选项只有在时间段处于白色状态(禁止区域)时才起作用。

6) 邮件过滤

本功能是对于大于 2KB 的邮件包进行过滤,滤掉非法的邮件包,即阻止非法邮包从局域网中发出。

邮件过滤设置如图 15-40 所示。

单击"打开"按钮,可在"记事本"操作屏幕下定义允许收发的邮箱地址。其结果放在..\ETC\DB\WorkEmail. txt 文件中。

邮件过滤并非严格过滤,如果邮件内容太少,甚至没有,那么系统检测到有邮件发送迹象时,已经太迟,该邮件可能已经发送出去,再去堵截就没有意义了。

尽管如此,针对稍大的邮件的过滤还是有效的,尤其是带附件的邮件。

7) IP 过滤

IP 过滤是针对因特网上各类资源的 IP 地址的过滤,进行设置时,需要对 IP 有全面的了解。事实上,全球 IP 地址的分配是有一定大致规定的,相关知识可在网上搜索到,搜索关键词请用"IP 地址分配",利用这些规律,可以设置哪些地区的网站不可以访问。

IP 过滤操作屏幕如图 15-41 所示。

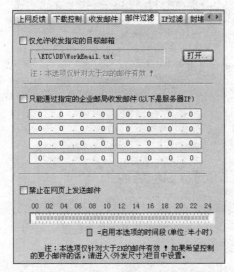

图 15-40　邮件过滤

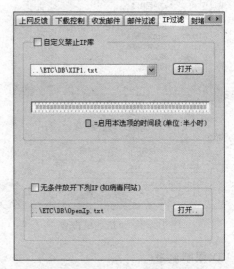

图 15-41　IP 过滤屏幕

单击"自定义禁止 IP 库"项后面的"打开"按钮,可在"记事本"操作屏幕下定义禁止 IP 的地址的范围,其结果放在..\ETC\DB\XIPn.txt(这里 n＝1~5)文件中。单击"无条件放开下列 IP"项后面的"打开"按钮,可在"记事本"操作屏幕下定义开放 IP 地址的范围,其结果放在..\ETC\DB\OpenIpn.txt(这里 n＝1~5)文件中。

8) 封堵端口

"封堵端口"是专业化名词,从本产品一代开始就保留此功能,是现有客户用的比较多的功能之一。

任何一款网络软件,如果它建立在 TCP/IP 通信之上,都会用到"端口",比如股票软件、FTP 软件、收发邮件软件等,都具备自己的开放端口。因此,通过"端口"来封锁上网行为是非常有效的。

尽管很多软件的端口是软件开发者自定义的,但用户也不必担心其改变自身的"开放端口",因为,"开发端口"一旦改变,该软件的客户端也必须随之更改,从市场角度看是不现实的。

封堵端口功能设置如图 15-42 所示。

例如,要将收发邮件的功能封堵,则在端口 25(发送邮件端口)和 110(接收邮件端口)前面打上钩即可。

在如图 15-42 所示的屏幕中,所列的端口是常用的部分端口,可以通过单击右边的"添加"按钮来添加所需的端口。

9) 外发尺寸

外发尺寸功能是对外发邮件大小的设置,主要用于"邮件过滤"功能,邮件过滤功能的默认值是只能对于大于 2KB 的邮件进行过滤,若需对较小的邮件进行过滤,则要使用本"外发尺寸"功能进行设置,如图 15-43 所示。

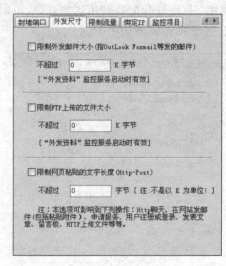

图 15-42　封堵端口设置　　　　　　　　　　图 15-43　外发尺寸设置

10）限制流量

本功能是用以对网络流量进行限制，可以按周、按天、按小时及按分钟进行流量的限制，如图 15-44 所示。

本软件只能检测到上网带宽数据而不能实现对带宽进行管理和分配。尽管如此，根据客户的要求，系统仍然提供了对流量的限制功能；比如，限制某台机器每天只能有多少 MB 的上网流量，超过这个数字，系统会自动断网。

图 15-44 显示的累计流量是动态的，便于用户及时观察到客户机的流量。

如用户规定该机器每分钟的流量，则每隔一分钟累计流量就会自动变成 0。

11）绑定 IP

在单网段环境，且是基于网卡的监控模式下，用户可以通过绑定 IP 的功能来防止目标机器私下更改 IP 地址上网。IP 地址绑定如图 15-45 所示。

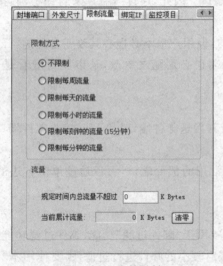

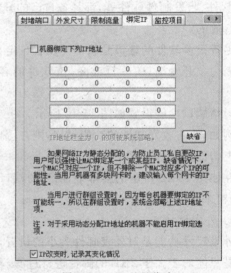

图 15-44　流量限制　　　　　　　　　　　图 15-45　IP 地址绑定

绑定 IP 地址的含义就是将数个(最多 5 个)IP 地址绑定到自己机器的 MAC 地址上,防止别人盗用自己的 IP 地址。

"IP 改变时,记录其变化情况"复选框被选中时,该网卡更改 IP 地址后,会详细记录其更改情况。

12) 监控项目

监控项目可对"监控常见网络活动"、"监控聊天内容"和"监控外发资料内容"进行设置,可以只设置一项监控内容,也可以同时设置三项监控内容,如图 15-46 所示。

用户可根据需要设置目标的监控内容。如果用户购买的版本没有邮件内容监控或没有聊天内容监控,则图 15-46 中"监控聊天内容"和"监控外发资料内容"的选项就不起作用。

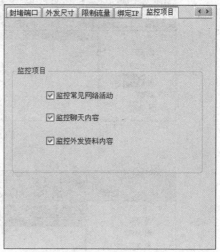

图 15-46　监控项目设置

15.2.4 "网路岗"的使用技术

1. IP 流量监控

在如图 15-24 所示的主屏幕下,单击"状态"下的"IP 流量"菜单,可对 IP 流量进行监控,如图 15-47 所示。

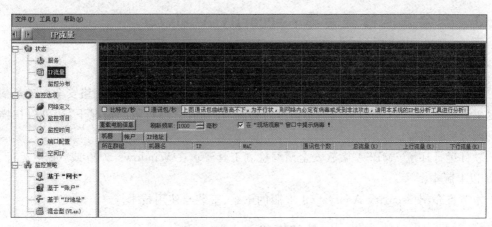

图 15-47　IP 流量监控屏幕

2. 监控分布

可以用本功能来查询网路岗所能监控的范围,可将所有被监控的机器的 IP 地址、MAC 地址、产品型号及获取时间全部列出。在图 15-24 中,单击"状态"下的"监控分布"菜单,即进入"监控分布"屏幕,如图 15-48 所示。

3. 运行日志

可用本功能来查看网段上所有被监控的用户的上网活动情况。可将用户的类别、用户名、上网时间以及上网的内容进行详细的记录并显示出来。在图 15-24 中,单击"监控档案"中的"运行日志"菜单,即进入"运行日志"屏幕,如图 15-49 所示。

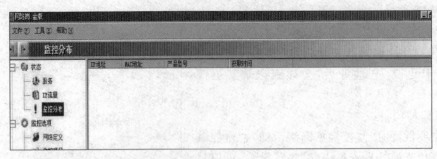

图 15-48　监控分布

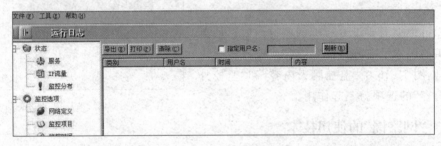

图 15-49　运行日志查询

由于篇幅所限,网路岗的功能不能一一介绍,有兴趣的读者可参阅有关资料。

15.3　安全漏洞修复专家：Security Analyzer

15.3.1　Security Analyzer 概述

Microsoft Baseline Security Analyzer(简称 MBSA)是一款常用的网络安全扫描及漏洞修复工具软件,MBSA 不仅可以对本机进行检测,在拥有管理权限的情况下,还可以扫描局域网或远程的机器。

软件运行环境:MBSA 微软安全漏洞检测工具要求在 Windows 2000 或 XP 上运行,IE 5.01 以上版本。

本节将介绍 Security Analyzer 1.2 版的下载、安装与使用技术。

15.3.2　Security Analyzer 软件的下载与安装

1. 软件的下载

软件下载网址:http://www.365mm.cn。

文件名:0559.rar。

软件下载完毕后,首先进行文件解压,软件解压后存放位置的默认值是 0559 文件夹。

2. 英文版 Security Analyzer 的安装

运行 Security Analyzer 文件夹下的 MBSASetup_en 程序,即开始安装,得到如图 15-50 所示的安装屏幕。

在图 15-50 中,有两种选择：Reinstall or Repair 和 Uninstall。前者是安装 Security

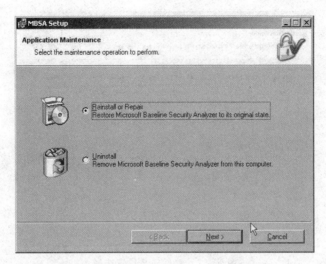

图 15-50 Security Analyzer 开始安装屏幕

Analyzer 软件,后者是卸载 Security Analyzer 软件。

若要安装 Security Analyzer 软件,则在图 15-50 中,选择 Reinstall or Repair 选项,单击 Next 按钮,进入"软件协议"声明屏幕,如图 15-51 所示。若要卸载原有的 Security Analyzer 软件,则在图 15-50 中,选择 Uninstall 选项,单击 Next 按钮,即开始卸载。

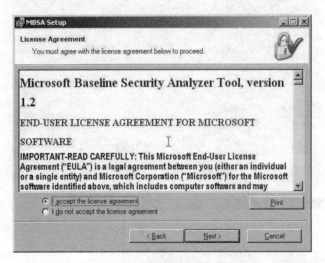

图 15-51 软件协议声明

认真阅读软件协议,选择 I accept the license agreement 选项,单击 Next 按钮,进入软件安装位置选择屏幕,如图 15-52 所示。

在图 15-52 屏幕中,可单击 Browse 按钮指定一个软件安装位置(盘符及文件夹),也可用系统默认文件夹,之后,单击 Next 按钮,进入如图 15-53 所示的屏幕。

单击 Install 按钮,进入文件复制屏幕,如图 15-54 所示。

文件复制完毕后,自动弹出如图 15-55 所示的屏幕。

单击 OK 按钮,英文版 Security Analyzer 软件安装完毕。

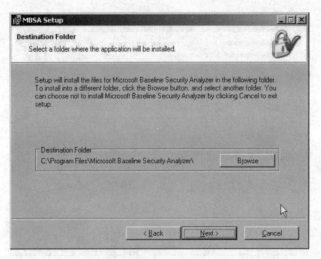

图 15-52　软件安装位置选择

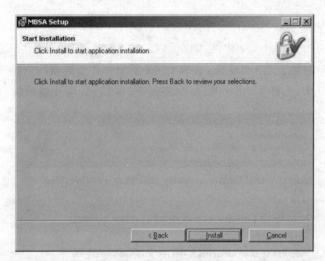

图 15-53　准备安装

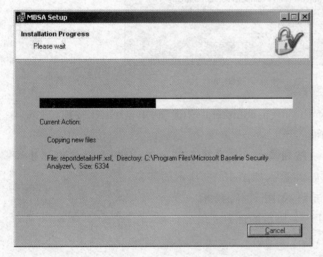

图 15-54　文件复制

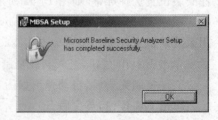

图 15-55　安装完成

3. 软件的汉化

对于英文版软件,国内大多数用户使用起来是有困难的,为此,必须对软件进行汉化。Security Analyzer 系统自带有一个汉化软件,在 Security Analyzer 系统的原文件夹下文件名为"MBSA 汉化程序"。操作过程如下。

运行 Security Analyzer 原文件夹下的"特别文件"文件夹下的"MBSA 汉化程序",开始汉化,进入如图 15-56 所示的屏幕。

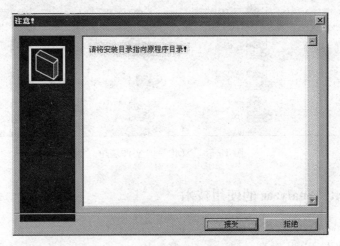

图 15-56　汉化程序的初始屏幕

单击"接受"按钮,得到文件夹指定屏幕,如图 15-57 所示。

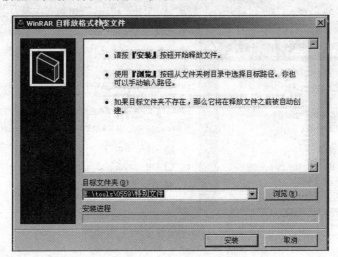

图 15-57　文件夹指定

在图 15-57 中,输入目标文件夹,也可单击"浏览"按钮找到相应的文件夹(如果输入的目标文件夹不正确,则不能对系统进行汉化,值得注意的是,即使输入的文件夹错误,在汉化过程中也不会提示错误),之后单击"安装"按钮,即进行汉化,最后得到如图 15-58 所示的汉化后的文件清单屏幕。

至此,软件汉化完毕。

图 15-58　汉化后的文件清单

15.3.3　Security Analyzer 的使用技术

1. Security Analyzer 程序的启动

运行"开始"→"程序"→ Microsoft Baseline Security Analyzer,即启动 Security Analyzer 程序,其主屏幕如图 15-59 所示。

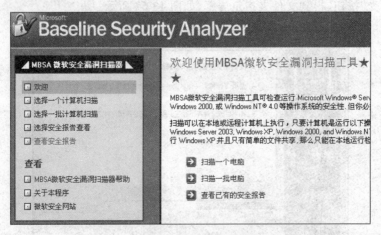

图 15-59　Security Analyzer 主屏幕

2. 对一台计算机进行扫描

在图 15-59 中,选择执行"扫描一个电脑",即可对一台指定的计算机进行安全扫描,如图 15-60 所示。

在图 15-60 中,输入欲扫描的计算机名称或 IP 地址,如"210.40.2.35",单击"开始扫描"按钮,即开始扫描,如图 15-61 所示。

在扫描过程中,随时可单击"停止"按钮中止扫描过程。扫描结束后,得到如图 15-62 所示的扫描结果(安全性报告)屏幕。

选择要扫描的计算机
指定你要扫描的计算机. 你可以输入计算机名称或IP地址[选一项输入就可以].
计算机名称:
(this computer)
IP 地址:
210 . 40 . 2 . 35
安全报表名称:
%D% - %C% (%T%)
%D% = 域, %C% = 计算机, %T% = 日期和时间, %IP% = IP 地址
选项:
检查操作系统漏洞
检查弱密码
检查 IIS 漏洞
检查 SQL 漏洞
检查安全更新
使用 SUS 服务
更多 扫描选项
开始扫描

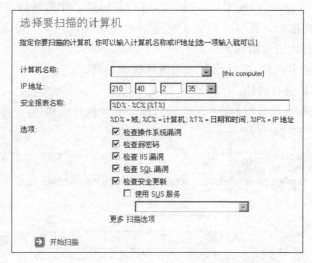

图 15-60 单台计算机扫描配置

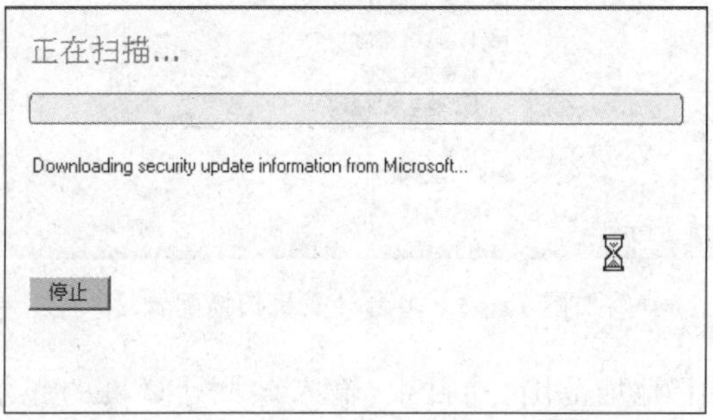

正在扫描...
Downloading security update information from Microsoft...
停止

图 15-61 单台计算机扫描过程

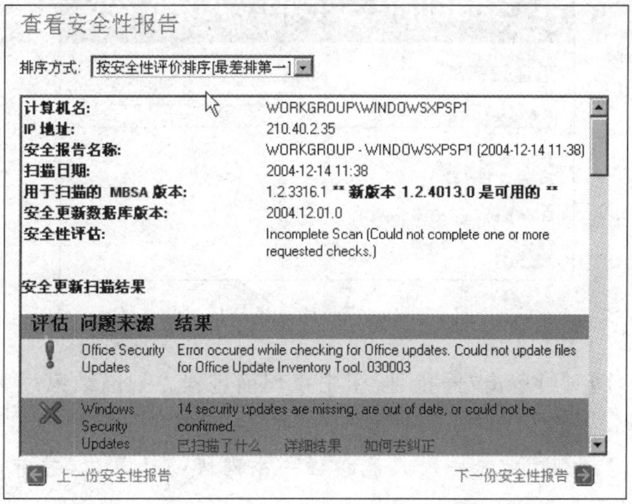

查看安全性报告
排序方式: 按安全性评价排序[最差排第一]
计算机名: WORKGROUP\WINDOWSXPSP1
IP 地址: 210.40.2.35
安全报告名称: WORKGROUP - WINDOWSXPSP1 (2004-12-14 11-38)
扫描日期: 2004-12-14 11:38
用于扫描的 MBSA 版本: 1.2.3316.1 ** 新版本 1.2.4013.0 是可用的 **
安全更新数据库版本: 2004.12.01.0
安全性评估: Incomplete Scan (Could not complete one or more requested checks.)
安全更新扫描结果
评估 问题来源 结果
Office Security Updates
Error occured while checking for Office updates. Could not update files for Office Update Inventory Tool. 030003
Windows Security Updates
14 security updates are missing, are out of date, or could not be confirmed.
已扫描了什么 详细结果 如何去纠正
上一份安全性报告
下一份安全性报告

图 15-62 单台计算机扫描结果

在图 15-62 中，单击"已扫描了什么"按钮，可查看扫描了什么项目及内容；单击"详细结果"按钮，可详看所扫描的计算机存在的安全漏洞的详细列表；单击"如何去纠正"按钮，可查看安全漏洞相应的有效防范措施。

扫描结果还有很多内容，可滑动右边的滑块往下查看。

3. 对多台计算机进行扫描

在图 15-59 中，选择执行"扫描一批电脑"，即可对一批计算机（在一个网段中的计算机）进行安全扫描，如图 15-63 所示。

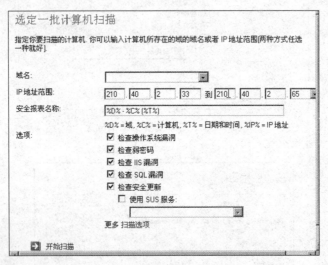

图 15-63　多台计算机扫描配置

在图 15-63 中，在"IP 地址范围"项目中，输入该批计算机的起始 IP 地址和结束 IP 地址，单击"开始扫描"按钮，开始进行扫描，如图 15-64 所示。

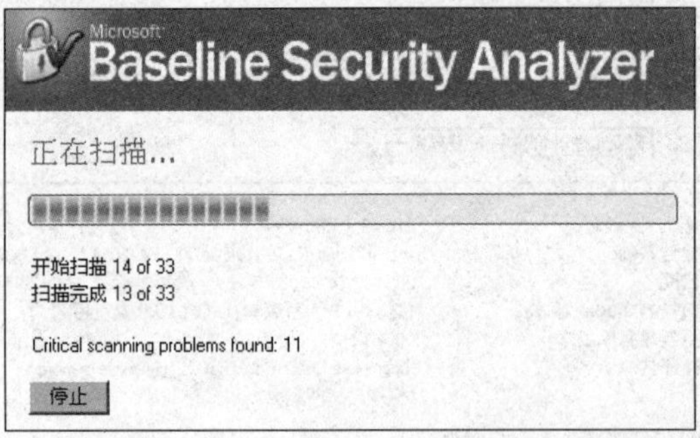

图 15-64　多台计算机扫描过程

在扫描过程中，随时可单击"停止"按钮中止扫描过程。扫描结束后，得到如图 15-65 所示的扫描结果屏幕。

注意："扫描一批电脑"功能一次只能扫描一个网段的计算机，若有多个网段的机器需要扫描，必须要分多次扫描才能完成。

在图 15-65 中，选择某一行，则可查看该台计算机的安全性报告，安全报告如图 15-62 所示。

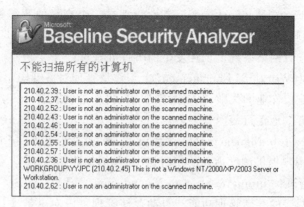

图 15-65 多台计算机扫描结果

15.4 其他管理软件产品简介

15.4.1 CA Unicenter TNG

Unicenter TNG 是 CA 公司推出的优秀网络管理工具之一,它是一个基于 Windows 环境的企业系统管理软件,能为计算机系统和计算机网络系统提供集中的、跨平台的、多层次的统一管理,并能够提供一个统一简单、稳定可靠的网络管理平台,能够保证系统 7×24 小时的全天候正常运行及网络资源的有效利用。

1. Unicenter TNG 的特点

Unicenter TNG 具有以下特点。

(1) 集中管理:Unicenter TNG 提供了一个集中的管理方法,用户可通过一台中心管理机,查看到所有要管理的资源,包括这些管理对象的实时运行情况。

(2) 强大的管理功能:Unicenter TNG 可结合合作伙伴和客户的解决方案,为管理复杂的异构网络提供一个全面的解决方案。通过 Unicenter TNG,网络管理员不仅能够发现问题,而且能够对发现的问题指定相应的处理策略进行自动处理。Unicenter TNG 能够管理网络系统中的所有资源,包括主机系统、网络连接设备、数据库服务器以及数据库等,同时,还能实时监控这些资源的运行情况。

(3) 强大的安全管理:Unicenter TNG 提供的安全管理手段包括防火墙、病毒检测、用户访问控制和数据备份等,提供了从网络系统到应用系统的整体安全策略,建立了统一的网络用户和网络资源的整体安全控制系统。

(4) 开放性和可扩展性强:Unicenter TNG 支持多种硬件平台和多种操作系统,同时支持多种工业标准的网络协议(如 SNA、SNMP、TCP/IP、FTP、Telnet)。

(5) 能从系统的任何一个位置管理系统资源:Unicenter TNG 提供了基于 Web 的浏览界面,支持多种 Web 协议,能从任何地方管理系统资源。

(6) 易于学习和使用:Unicenter TNG 提供了丰富的图形界面,包括 2D(二维)、3D(三维)和 Web 界面,通过这些界面,用户可以完成所有的管理功能的操作。

2. Unicenter TNG 的基本功能

Unicenter TNG 提供了下述基本功能。

（1）事件管理（Event Management）：事件管理是一个高级的系统管理工具，用作事件管理的接口。该控制台是 Unicenter TNG Enterprise Management GUI 的一个特殊窗口，能够让用户完整地查看网络系统上正在发生的事件处理过程。

（2）工作量管理（Workload Management）：工作量管理对关键操作进行控制，如作业调度、监控作业顺序、监控作业的失败、坚持时间要求、将作业与机器相匹配，以便作业在机器上有足够的资源以有效地运行等。

（3）作业跟踪（Job Management）：系统可通过图形用户接口（Graphical User Interfaces，GUI）为用户提供调度活动的实时显示，包括作业状态、作业集状态和作业流。

（4）自动存储管理（Automatic Storage Management，ASM）：ASM 具有与大型计算机相同的跨平台和跨网络的存储管理功能。自动存储管理可以对磁带、CD-ROM 以及类似的设备进行管理，还可以利用廉价的磁盘冗余阵列（Reaundant Array of Inexpensive Disks，RAID）进行并行存储。

（5）安全管理（Security Management）：Unicenter TNG 实现了三个逻辑层次的安全：验证安全、授权安全和审计安全。

（6）问题管理（Problem Management）：问题管理器可以对问题进行自动定义、跟踪和解决。

（7）性能管理（Performance Management）：Unicenter TNG 的性能管理被紧密集成到图形界面，用户只要单击 2D 或 3D 图上的被管理对象，即能对上下文敏感的样式查看并管理性能数据。

3. Unicenter TNG 的框架

分布式管理软件是基于客户/服务器计算机模式的。如何将程序分割成为运行于各结点上的客户机和服务器模块，是一个复杂的管理问题。为了解决这一问题，CA 公司提出了标准化解决方案 Unicenter TNG Framework 框架。

Unicenter TNG Framework 是一个脱离约束的企业管理框架，该框架封装了 Unicenter TNG 支撑结构。该框架体现了企业管理所必需的分布式服务，而且增加了补充的管理功能。管理框架建立在混杂模式的系统和网络之上，提供核心的集成服务。用户可以插入管理软件的一些组件，用于特定需要管理的元素集。标准框架有开放的 API 和共享用户接口，它允许用户创造一个协作的但可制定的环境。目前，Unicenter TNG Framework 已得到了广泛的支持和应用推广，同时，CA 公司还提供了一系列功能丰富的应用软件，并从大量的用户实践中衍生出了 API 集。

15.4.2 HP OpenView

HP OpenView 是一个具有战略性意义的产品，它集成了网络管理和系统管理各自的优点，并把它们有机地结合在一起，形成一个单一而完整的管理系统，从而使企业在急速发展的 Internet 时代取得辉煌成功，立于不败之地。在 E-services（电子化服务）的大主题下 OpenView 系列产品包括统一管理平台、全面的服务和资产管理、网络安全、服务质量保障、故障自动监测和处理、设备搜索、网络存储、智能代理、Internet 环境的开放式服务等丰富的功能特性。

1．HP OpenView 简介

HP 公司是最早开发网络管理产品的厂商之一，OpenView 是 HP 公司的旗舰软件产品。OpenView 解决方案实现了网络运作从被动无序到主动控制的过渡，使 IT 部门及时了解整个网络当前的真实状况，实现主动控制，而且 OpenView 解决方案的预防式管理工具临界值设定与趋势分析报表，可以让 IT 部门采取更具预防性的措施，以保障管理网络的健全状态。简单地说，OpenView 解决方案是从用户网络系统的关键性能入手，帮其迅速地控制网络，然后还可以根据需要增加其他的解决方案。

HP OpenView 是一个产品系列，它包括一系列管理平台，一整套网络和系统管理应用开发工具。OpenView 是管理多厂商网络设备和系统的战略平台，通过集成多厂商网络设备和系统管理产品，为用户的网络、系统、应用程序和数据库管理提供了统一的解决方案。

2．HP OpenView 的功能和特点

HP OpenView 电子商业解决方案是一种端到端多平台软件套件，它包含新的和现有的 HP OpenView 软件、服务和支持。它采用了灵活的管理体系结构，能在不同电子商业生态系统的各种 IT 环境中运行。其管理功能的深度和广度有助于生成和控制策略，以保证新型电子化服务的可用性、安全性。HP OpenView 不但能快速排除故障和解决 IT 基础设施问题，还能监控和报告服务可用性、使用情况。

OpenView 支持 SNMP 和 CMIP 两大网络管理标准，提供 OSI 定义的 5 大网络管理功能（即故障管理、配置管理、计费管理、性能管理和安全管理）。OpenView 为分布式的网络管理结构提供了强大支持，特别适合于大型网络的管理。

OpenView 的主要特点如下。

（1）OpenView 在数据的存储和管理上，为多种数据库提供了接口，包括 Oracle，Sybase 和 Informix 等主要数据库产品。

（2）OpenView 不仅支持对计算机网络的管理，还提供了对电信网络的管理支持，包括对电话交换机、SDH 线路和其他电信设备的管理。

（3）OpenView 可以安装在不同的操作系统平台上，包括 HP-UX，Solaris，AIX，IRIX 以及 Windows NT 等。

（4）OpenView 采用了模块化的设计方法。在统一数据管理格式和平台的基础上，对不同的管理功能采用不同的管理模块来实现，具有良好的可扩展性。

3．HP OpenView 管理框架

HP OpenView 解决方案框架为最终用户和应用程序开发商提供了一个基于通用管理过程的体系结构，可为用户提供集成网络、系统、应用程序和适合多用户分布式计算环境的数据库管理。第三方的解决方案可以很容易地集成到 OpenView 的系统框架中，为用户和应用开发商提供一个灵活的解决方案，以适应不断增长的、多厂商产品混杂的、分布式企业计算环境。OpenView 管理框架如图 15-66 所示。

OpenView 管理框架包括以下 4 个部件。

（1）用于网络管理的网络结点管理器（Open Mail、SAP R/3 Management 等）；

（2）用于操作和故障管理的 IT/Operation；

（3）用于配置和变化管理的 IT/Administration；

（4）用于资源和性能管理的 HP PerfView/MeasureWare 和 HP NetMerix。

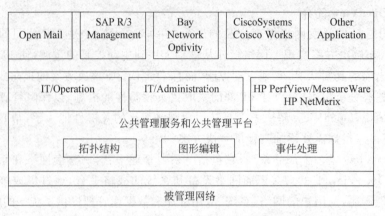

图 15-66　HP OpenView 管理框架

4. HP OpenView 家族成员

前面说过,HP OpenView 是一个大家族,由网络管理、开发管理、服务和应用管理、存储管理、电信网管理及安全管理等几个方面组成。

1) 网络管理

(1) 网络结点管理器

网络结点管理器(Network Node Manager,NNM)是 OpenView 家族中的主力网络管理系统软件。NNM 的分布发现与监控机制,允许把处理程序就近安装于用户所处环境的本地域中。通过部署多套 NNM,系统管理员就可以通过采集器与管理器管理企业的 IT 环境。采集器与管理器均可使用全版 NNM(不限管理结点数)或简版 NNM(不超过 100 个管理结点),这样一个可伸缩的解决方案可以适应不同规模网络与组织需要,可减少网络流量,从而最大限度地节约网络带宽,把带宽留给真正需要传送的商用信息。NNM 可以成功地监测和控制计算环境,它还可提供一套有力的工具,以便管理从工作组到整个企业的分布式多厂商的网络与系统。NNM 可以用来处理各种技术、应用以及用于建立现在或未来的、本地或全球性的网络设备。它能够为用户节省网络投资,并最大限度地利用已有资源。

(2) 网络监控管理器 NetMetrix/UX

网络监控管理器 HP NetMetrix/UX 应用程序集是将网间管理纳入企业管理大策略的基础。通过与 HP OpenView 系列产品集成,HP NetMetrix/UX 提供除系统、应用和数据库信息之外,还提供了实现真正的端到端的可视化所需的网络元素。HP NetMetrix/UX 可提供一套管理应用,它可满足以太网、令牌网、FDDI 技术、广域网连接和交换网络的数据通信基础设施要求。网络监控管理器的管理服务还包括许多行为,比如获取信息以确定适当的网络服务水平,提供一致性的监测,并能持续向用户提供关于 IT 性能的反馈意见等。

(3) 可扩展的 SNMP 代理

可扩展的 SNMP 代理是管理基于 SNMP 的网络、系统及应用方面的重大突破,拓宽了基于 SNMP 的管理程序对基本网络设备、重要系统及应用的控制能力。除了管理诸如路由器、网桥以及集线器之类的设备外,可扩展的 SNMP 代理还管理着应用、打印机、用户以及对企业成功至关重要的数据库,能够控制对网络及系统资源访问,并能毫不费力地监控重要的网络元件。

2) 开发管理

(1) 信息管理中心 IT/Administration

信息管理中心为 UNIX 和 PC 环境提供了统一的系统管理,能够很容易地控制并配置大量的多机种系统。IT/Administration 为不同的平台提供了一个单一直观的界面。它具有以下功能:用户管理、查询功能、软件分配、精确地定义管理员责任、硬件及软件管理的库存管理、中心策略的统一实施、对文件系统、磁盘、接口卡、交换空间、内核和打印机的集中配置及精确的中心数据仓库同步功能。

(2) 信息操作中心开发工具箱 IT/Operations Developer's Toolkit

如果要将自主开发的软件集成到 HP OpenView 的操作和管理平台中,IT/Operations 工具箱是关键。随着计算机环境变得越来越复杂和地理上更加分散,企业所面临的是越来越需要灵活而有效的网络和系统管理解决方案。IT/Operations 产品的设计,正是为了将来自独立软件商、网络设备提供商、系统集成商的不同产品集成在一起,以提供一个完整的客户解决方案,它丰富了一个强有力的、综合全面的管理环境。IT/Operations 是用于分布式多厂商计算机环境的操作和管理平台,该产品具有开放式的应用编程接口,使独立软件商、网络设备提供商、系统集成商和 IT/Operations 客户能在不同的级别集成他们的应用软件,每个级别都极大地减少了工作量。

(3) NNM 开发者工具集 NNM Developer's Toolkit

网络结点管理器开发者工具集(Network Node Manager Developer's Toolkit)提供了访问 NNM 功能所必需的应用程序开发接口(API)。它的设计目标是帮助开发者编制用于管理 SNMP 和 TCP/IP 设备所集成的网络和系统管理应用程序。

(4) 软件分发器 Software Distributor

软件分发器控制企业软件分发和软件管理成本。分布式计算环境可以提高信息技术基础设施的威力与灵活性。这种分布环境还可为管理桌面软件增加挑战性。HP OpenView 软件分发器正是最佳的解决方案。

(5) 代理程序测试工具集 Agent Tester Toolkit

代理程序测试工具集 TMN 开发者能够从练习模型开始,逐渐地测试代理程序开发,并在无须写入代码的情况下,确保增加功能的一致性。

3) 服务器和应用管理

(1) 信息操作中心 IT/Operations

信息操作中心在 OpenView 解决方案中用于解决系统、网络、应用、数据库的操作与故障管理。它是一个先进的操作与故障解决方案,可以保证分布式或多厂商的产品在任何时候都能正常运转。由于采用一种独立的技术方式,因此,IT/Operations 允许对任何多样化计算环境进行集中式管理。

(2) 性能管理模块 HP PerfView

性能管理模块用来解决那些与管理分布式多厂商系统性能有关的问题。管理信息库控制各种各样的、地理上分散的系统性能,从而极大地减少了性能管理所需的人力和系统开销。由于 PerfView 在 OpenView 环境下运行,因而,当发生警报时,PerfView 能自行更新 OpenView。使用 PerfView,IT 管理员可从中心监视整个企业的系统性能。PerfView 在发生需要引起注意的情况时,可通过智能进程通知中心站。PerfView 可实时地自动识别和帮助解决那些已存在的和潜在的性能问题,而且能够在影响系统功能之前就及时解决。PerfView 专为多厂商环境设计,现在可用于 HP9000,HP3000,Sun SPARC 系统和 IBM RS/6000 系统结点上。

(3) 多厂商分布式环境管理 OpenView OpenSpool

目前打印数据的处理速度慢,成本高。打印服务的整个管理工作程序复杂,耗费时间长,在网络化的多机种环境中更为突出。为解决这个问题,HP 公司研制了 OpenSpool,作为市场上首类系统管理产品之一,OpenSpool 提供了真正的客户/服务器功能,可对网络中的打印机、绘图仪、队列、表格和字体进行完全访问和控制。

4) 存储管理

(1) 自动存储管理 OmniStorage

目前,网络存储的信息量正在持续增长,尤其是图像管理、数据仓库、视频点播、CAD/CAM 和 GIS 的出现,要求存储容量可以轻而易举地达到几百 GB,甚至数十 TB。不同类型的存储介质(例如,磁盘存储、光存储、磁带存储)对比显示,在访问性能及兆字节成本比方面存在着明显的区别。商业目标要求最优化的访问性能与成本。只有通过组合不同类型的外设,并以能够优化性能的方式分布数据才能实现这一目的。要管理大容量存储,智能软件解决方案是不可缺少的。一旦这些解决方案得以应用,就可以在很大程度上提高管理员、操作员及用户的工作效率。OmniStorage 解决了这一问题。

(2) 自动备份及恢复管理 OmniBack II

OmniBack II 以保护企业的所有数据,方便的备份和恢复功能可以管理从 PC 到基于 UNIX 的商用服务器。它能够管理从小型办公室到分布在不同地区的企业数据,与 OpenView、IT/Operation 结合,还可使整个公司的管理中央化。OmniBack II 管理各种类型的数据,并处理由 UNIX,Windows NT,Netware 或 PC 组成的环境下的所有数据。另外,OmniBack II 还可以备份来自 Oracle,Sybase,Informix 和 APR/3 的在线数据库和应用数据。OmniBack II 对拥有成千上万个磁带的带库可以实行自动和远程管理。对大型文件服务器和数据库服务器可以进行高质量备份。

5) 电信网管理

(1) 被管对象工具集

被管对象工具集(Managed Object Toolkit,TMN)用于加速电信管理应用程序的开发。开发基于 OSI 的电信管理网络(TMN)解决方案是一件非常复杂的工作。电信设备制造商和网络运营商在强大的竞争压力下不断降低成本,而且更快地向市场推出新产品和新服务。因此,TMN 应用程序的开发者需要功能强大的软件开发工具,帮助他们加快产品的生产。为了满足 TMN 应用程序开发者的这一需要,Managed Object Toolkit 将绝大多数 TMN 应用程序开发过程自动化,因此极大地提高了开发效率。

(2) 事件关联服务

事件关联服务(Event Correlation Service,ECS)用于管理事件风暴。电信操作人员和网络管理人员必须会管理大量的事件和报警,也就是事件风暴,并能迅速、准确地确定事件风暴产生的原因。对于最新的高速宽带技术,例如 SDH 和 ATM,这更具有特殊的重要意义。ECS 提供的相关性分析机制可以显著地减少发送至网络管理员的事件数量,并为管理员提供更多的建议性信息。

（3）分布式管理产品

分布式管理产品（Distributed Management Products）为建立电信管理网络或操作支持系统提供了先进的、基于标准的环境。HP 公司凭借其在网络管理协议、分布式计算、电信业经验和合作伙伴等方面的优势，推出了一系列功能强大的解决方案。分布式管理平台被广泛用作实现 TMN 或 OSS 网元管理和网络管理解决方案的软件平台。分布式管理程序开发工具集可以用来创建能够运行在分布式管理平台上的用户应用程序。

15.4.3 IBM NetView

1. IBM NetView 的连接拓扑

IBM NetView 是 IBM 公司于 1986 年推出的网络管理产品，最初，IBM NetView 主要用于 SNA 网络，但后来逐步演变为能支持多种网络协议、满足局域网络和广域网络管理需要的、功能强大的网络管理工具。图 15-67 就是 IBM NetView 网络连接的典型例子。

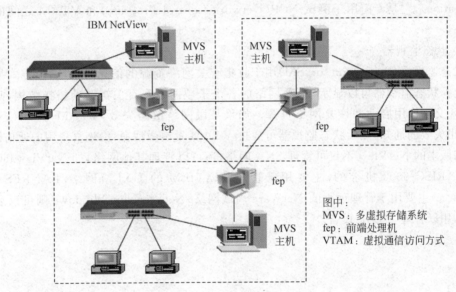

图 15-67 IBM NetView 连接拓扑

IBM NetView 适合于分布管理。图 15-67 画出了典型的 SNA 环境下，三个 MVS 主机通过前端处理机互连，其中一台主机运行 IBM NetView，对三个子域网络实行分布管理，IBM NetView 向管理主机提供所有设备（主机、终端和控制器）的状态信息。

2. IBM NetView 的主要功能

1）网络通信控制设施

网络通信控制设施（Netware Communications Control Facility，NCCF）又叫命令行设施。操作员通过 NCCF 可以发送 NetView、VTAM、MVS 命令或其他命令，用以激活/关闭远程设备（如主机、终端或控制器）。

2）网络逻辑数据管理器

网络逻辑数据管理器（Network Logical Data Manager，NLDM）又叫会话监视器，用于监视分布在不同地点的终端与某个应用子系统之间的交互作用，收集有关性能分析和故障分析定位的信息。这种定位信息有以下三种。

（1）会话轨迹：会话轨迹是关于会话实体的名字、类型和域名，以及会话开始和结束的时间等，这些信息可用于查找故障。

（2）响应时间：响应时间是指在交互式应用中的重要性能参数。NetView 以图形方式显示每个被监视的终端的响应时间，以作为系统维护的依据。

（3）会话监视信息：有关信息响应的时间、会话失败的信息、绑定失败的信息和会话的路由信息等。通过会话监视可得到有关会话的记账信息、配置信息和协议信息。

3）网络问题测定程序

网络问题测定程序（Network Problem Determination Application，NPDA）又称为硬件监视器。可监视的硬件设备包括调制解调器、链路、通信适配器、终端、打印机、设备控制器、磁盘设备和其他特殊设备。对这些设备的检测有两种，即事件和告警。事件是由网络定义的 SNA 非正常操作，而告警是由用户或第三方产品定义的需要立即注意的紧急情况。NPDA 中测定和报告链路状态的程序叫作 LPDA（Link Problem Determination Application），它是专门用于测试 NCP（Network Control Program）和 VTAM 之间的链路的状态。

4）状态监视器

状态监视器（State Monitor，SM）用于收集有关网络资源的信息，并以图形方式显示在屏幕上。状态监视器可以显示 SNA 网络的各个子域网络及有关链路的拓扑结构，并且与 VTAM 交互作用启动和恢复网络资源。如果某段网络链路失效，VTAM 和 NetView 通信，发出失效的通知，然后状态监视器可通过 VTAM 发出激活命令，恢复备用的通信链路。

高版本的 NetView 不仅可管理 SNA 网络，还可以管理其他网络，如 NetView/6000 是运行在 RISC/6000 机上的，主要用于管理 AIX（IBM 的 UNIX）网络；LANRES（LAN RESource）主要用于管理远程的 NetWare 局域网络；NetView for Windows 则可以运行在 PC 上，用以管理 SNMP 设备。

附录 英文缩略词汇

ACL(Access Control List,访问控制列表)

ACP(Association Control Protocol,联系控制协议)

ACR(Attenuation-to-Cross-talk Ratio,衰减串扰比)

ADSL(Asymmetrical Digital Subscriber Loop,非对称数字用户环)

ANSI(American National Standards Institute,美国国家标准协会)

API(Application Program Interface,应用程序接口)

ARP(Address Resolution Protocol,地址解析协议)

ASP(Application Service Provider,应用服务供应商)

ATM(Asynchronous Transfer Mode,异步传输模式)

BER(Basic Encoding Rule,基本编码规则)

BGP(Border Gateway Protocol,边界网关协议)

B-ISDN(Broadband ISDN,宽带 ISDN)

BRI(Basic Rate Interface,基本速率接口)

B/S(Browser/Server,浏览/服务器结构)

CBC(Cipher Block Chaining,密码分组链接模式)

CCITT(Consultative Committee, International Telegraph and Telephone,国际电话电报咨询委员会)

CGI(Common Gateway Interface,公共网关接口)

CMIS/CMIP(Common Management Information Service/Protocol,公共管理信息服务/协议)

CMOT(CMIS/CMIP Over TCP/IP,基于 TCP/IP 上的公共管理服务/协议)

C/S 模式(Client/Server model,客户/服务器模型)

CSMA/CD(Carrier Sense Multi-Access/Collision Detection,载波侦听多路访问/冲突检测)

DAC(Discretionary Access Control,自主访问控制)

DCE(Digital Circuit-terminating Equipment,数据电路端接设备,又称数据通信设备)

DCOM(Data Center Operations Management,数据中心运行管理)

DDN(Digital Data Network,数字数据网络)

DDS(Digital Data Service,数字数据服务)

DES(Data Encryption Standard,数据加密标准)

DHCP(Dynamic Host Control Protocol,动态主机控制协议)

DN(Domain Name,域名)

DNS(Domain Name Server,域名服务)

DSL(Digital Subscriber Line,数字用户环路)

DTE(Data Terminal Equipment,数据终端设备)

DSU(Data Service Unit,数据服务单元)

EAPoLAN(Extensible Authentication Protocol over LAN,局域网扩展认证协议)

EGP(Exterior Gateway Protocol,外部网关协议)

EIA/TIA(Electronic Industries Association and the Telecommunication Industries Association,(美)电子的工业协会和电讯工业协会)

EMA(Ethernet Media Adapter,以太网卡)

E-mail(Electronic Mail,电子邮件)

FDDI(Fiber Distributed Data Interface,光缆分布式数据接口)

FDM(Frequency Division Multiplexing,频分复用技术)

FR(Frame Relay,帧中继)

FTP(File Transfer Protocol,文件传输协议)

GUI(Graphical User Interfaces,图形用户接口)

HTTP(Hyper Text Transfer Protocol,超文本传输协议)

ICMP(Internet Control Message Protocol,控制报文协议)

IDS(Intrusion Detection System,入侵检测系统)

IEEE(Institute of Electrical and Electronic Engineer,美国电气电子工程师协会)

IETF(Internet Engineering Task Force,因特网工程任务组)

IGP(Interior Gateway Protocol,内部网关协议)

IIS(Internet Information Server,Internet 信息服务)

IP(Internet Protocol,网间网协议)

ISO (International Standardization Organization,国际标准化组织)

ISS(Internet Security Scanner,因特网安全扫描程序)

LAN(Local Area Network,局域网)

LSA(Link State Advertisement,链路状态通告)

LSP(Link State Protocol,链路状态路由选择协议)

MAN(Metropolitan Area Network,城域网络)

MIB (Management Information Base,管理信息库)

MIME(Multipurpose Internet Mail Extensions,多用途 Internet 邮件扩展)

MMF(Multi Mode Fiber,多模光纤)

MTA(Message Transfer Agent,报文传输代理)

MTU(Most Transport Unit,最大传送单位)

NCCF(Netware Communications Control Facility,网络通信控制设施)

NCP(Network Control Program,网络控制程序)

NFS(Network File Standard,网络文件服务标准协议)

NIC(Network Interface Card,网络接口卡)

NLA(Next Level Aggregator,二级聚合体)

NLDM(Network Logical Data Manager,网络逻辑数据管理器)

NMP(Network Management Protocol,网络管理协议)

NNM(Network Node Manager,网络结点管理器)

NPDA(Network Problem Determination Application,网络问题测定程序)

ODBC(Open Date Base Connectivity,开放式数据库互连)

OSI(Open System Interconnection,开放系统互连)

PDU(Protocol Data Unit,协议数据单元)

POP(Post Office Protocol,邮政服务协议)

PPPoE(Point to Point Protocol over Ethernet,点对点协议)

RADIUS(Remote Authentication Dial In User Service,远程用户拨号认证系统)

RARP(Reverse Address Resolution Protocol,反向地址解析协议)

RFC(Request For Comments,征求意见文档,Internet 标准草案)

RIP(Routing Information Protocol,路由信息协议)

RLOGIN(Remote Login,远程注册协议)

RMON (Remote MONitoring,远程监控)

ROP(Remote Operation Protocol,远程操作协议)

QDM(Queuing Division Multiplexing,排队复用技术)

QoS (Quality of Service) 服务质量

SATAN(Security Administrator Tool for Analyzing Scanner,安全管理员网络分析工具)

SDH(Synchronous Digital Hierarchy,同步数字系列)

SGMP(Simple Gateway Monitoring Protocol,简单网关监控协议)

SLA(Site Level Aggregator,站点级聚合体)

SM(State Monitor,状态监视器)

SMF(Single mode fiber,单模光纤)

SMI(Structure of Management Information,管理信息结构)

SMP(Simple Management Protocol,简单管理协议)

SMTP(Simple Mail Transfer Protocol,简单邮件传输协议)

SNMP (Simple Network Management Protocol,简单网络管理协议)

SNMPv2c (Community-based SNMP,基于团体名的 SNMPP)

SOAP(Simple Object Access Protocol,简单对象访问协议)

SPF(Shortest Path First,最短路径优先协议)

S-SNMP(Security SNMP,安全 SNMP)

STP(Shielded Twisted Pair,屏蔽双绞线)

TA(Terminal Adaptor,终端适配器)

TCP(Transmission Control Protocol,传输控制协议)

TDM(Time Division Multiplexing,时分复用技术)

TELNET(TELcommunication NETwork,远程登录协议)

TFTP(Trivial File Transfer Protocol,一般的文件传输协议)

TLA(Top Level Aggregator,顶级聚合体)

TP(Twisted Pair,双绞线)

UA(User Agent,用户代理)

UDP(User Datagram Protocol,用户报文协议)

URL(Uniform Resources Locate,统一资源定位器)

UTP(Unshielded Twisted Pair,非屏蔽双绞线)

VACM(View-Based Access Control Model,基于视图的访问控制模型)

WAM(Web Access Management,Web 访问控制)

WAN(Wide Area Network,广域网络)

WDM(Wavelength Division Multiplexing,波分复用技术)

参 考 文 献

［1］ 张国鸣等.网络管理实用技术.北京:清华大学出版社,2002.

［2］ 邹县芳.网络管理维护大师.重庆:重庆大学出版社,2003.

［3］ 蔡皖东.网络与信息安全.西安:西北工业大学出版社,2004.

［4］ 熊桂喜,王小虎译.计算机网络(第3版).北京:清华大学出版社,1998.

［5］ (US)M A Sportack,F C Pappas Editor. High-Performance Networking. Sams,1997.

［6］ (美)Vito Amato.思科网络技术学院教程.韩江,马刚译.北京:人民邮电出版社,2002.

［7］ 彭澎.计算机网络实用教程.北京:电子工业出版社,2000.

［8］ (美)Douglas E.Comer. 用 TCP/IP 进行国际互联.林瑶等译.北京:电子工业出版社,2001.

［9］ 叶忠杰等.计算机网络安全技术.北京:科学出版社,2003.

［10］ (美)麦伍德(Maiwald E). Network Security:A Beginner's Guide(网络安全实用教程).李庆荣等
    译.北京:清华大学出版社,2003.

［11］ 戚文静等.网络安全与管理.北京:中国水利水电出版社,2003.

［12］ 凌雨欣等.网络安全技术与反黑客.北京:冶金工业出版社,2001.

［13］ 袁家政等.计算机网络安全与应用技术.北京:清华大学出版社,2002.

［14］ 葛秀慧等.计算机网络安全管理.北京:清华大学出版社,2003.

［15］ 陈明.网络协议教程.北京:清华大学出版社,2004.

［16］ 雷万云.云计算——企业信息化建设策略与实践.北京:清华大学出版社,2010.

［17］ 杨正洪等.企业云计算架构与实施指南.北京:清华大学出版社,2010.

［18］ 黎连业,王安,李龙.云计算基础与实用技术.北京:清华大学出版社,2013.

［19］ 赵洁,沈苏彬.Web 服务访问控制的设计与实现.西安:计算机技术与发展,2010,(10).

［20］ 杨云江,蒋平.组网技术.北京:清华大学出版社,2013.

［21］ 杨云江.计算机网络基础(第3版).北京:清华大学出版社,2016.

［22］ 杨云江.计算机与网络安全实用技术.北京:清华大学出版社,2007.

［23］ 杨云江,高鸿峰.IPv6 技术与应用.北京:清华大学出版社,2010.

［24］ 杨云江,魏节敏.Internet 应用技术.北京:清华大学出版社,2015.

［25］ 杨云江,曾湘黔.网络安全技术.北京:清华大学出版社,2013.

［26］ 杨云江.一种在网络通信中自动纠错算法的研究.贵阳:贵州大学学报自然科学版,2004,(1).